THEORETISCHE BIOLOGIE

VOM STANDPUNKT DER IRREVERSIBILITÄT DES ELEMENTAREN LEBENSVORGANGES

VON

PROFESSOR DR. RUDOLF EHRENBERG
PRIVATDOZENT FÜR PHYSIOLOGIE
AN DER UNIVERSITÄT GÖTTINGEN

BERLIN
VERLAG VON JULIUS SPRINGER
1923

ISBN 978-3-642-51238-4   ISBN 978-3-642-51357-2 (eBook)
DOI 10 1007/978-3-642-51357-2

HERMANN HECHT
DEM FREUNDE UND FÖRDERER
MEINER ARBEIT

Inhaltsverzeichnis.

Einleitung.

Der Versuch einer „Theoretischen Biologie" kann in zweierlei Sinne gemeint sein.

Einmal entstammt er der Fragestellung: welche theoretischen Elemente lassen sich in den Begriffen und Vorstellungen aufzeigen, die die biologische Forschung und Lehre tatsächlich verwendet? Es wird ihre philosophische Einordnung, ihre methodologische Klärung unternommen, es wird untersucht, was darin spezifisch biologische Elemente sind, was Übertragungen aus den Nachbarwissenschaften, was allgemeine Erkenntnisprinzipien.

Dieser „philosophischen Selbstbesinnung" der Biologie dienen heute zahlreiche Veröffentlichungen, sowohl von seiten der Philosophen wie auch von Fachbiologen.

Diesem Zwecke wollen die nachfolgenden Darlegungen nicht dienen. Vielmehr ist hier das Beiwort „Theoretisch" so gemeint wie in der Zusammenstellung „Theoretische Physik", „Theoretische Chemie". Es soll nicht Wissenschaftstheorie getrieben, nicht Erkenntnisprinzipien sollen erörtert werden, der Versuch gilt der Errichtung eines Gebäudes, nicht um der abgrenzenden Mauern, sondern um der Räume und ihrer Inhalte willen.

Vielleicht wird entgegnet werden, daß diese Aufgabe ja jene Darstellungen erfüllten, die sich „Allgemeine" Biologie oder Physiologie nennen, aber der Name wie auch die unter ihm tatsächlich erschienenen Werke stellen doch etwas anderes dar. Sie suchen das Allgemeine, Prinzipiell-Gleichartige in den verschiedenen, speziellen Erscheinungen auf, also etwa die allgemeinen Charaktere der Zellteilungen, der Reizerscheinungen, der Entwicklungsvorgänge, der Stoffwechselprozesse. Ihre Methode ist die der Vergleichung eines möglichst umfassenden Materials von verschiedenen Lebensverwirklichungen. Sie gehen nicht von einer „Theorie des Lebens" aus, wenigstens nicht notwendigerweise, und wenn sie überhaupt zu einer Theorie, nicht zu einzelnen Theorien führen, so trägt diese deutliche Zeichen der Abkunft von einem, jeweils bevorzugten, Teilgebiete der biologischen Forschung an sich, so der

Morphologie in VERWORNS Zellularphysiologie, der Entwicklungslehre in OSKAR HERTWIGS Biogenhypothese.

Der Unterschied von dem, was hier beabsichtigt ist, wird deutlich, wenn man sich des Titels des klassischen Lehrbuchs der „Theoretischen Chemie", des NERNSTschen erinnert. Dort heißt es im Untertitel: „Vom Standpunkt der AVOGADROschen Regel und der Thermodynamik", dort werden also ausdrücklich die Fundamente genannt, auf denen das Gebäude ruht, und die Einheit des Ganzen entsteht dadurch, daß alles letztlich Variationen über einige wenige Themen sind.

Ist die Biologie eine Wissenschaft sui generis und nicht nur angewandte Physik und Chemie, so muß sie sich auch als solche „Variationen über ein Thema" darstellen lassen, und diesem Versuche ist die vorliegende Arbeit gewidmet

Aber will das nicht auch der Vitalismus?

Man braucht nur alle vitalistischen Formulierungen mit den beiden Hauptsätzen der Thermodynamik und der Regel von AVOGADRO zu vergleichen, um den Unterschied zu sehen. Der Vitalismus ist Philosophie, und es ist kaum ein Zufall, daß die Mehrzahl seiner Vertreter in neuerer Zeit Philosophen waren oder es wurden.

Soll das Thema der Biologie auf einer Ebene mit jenen erwähnten der Physik und Chemie liegen, so ist zu verlangen, daß es sich variieren läßt, d. h. es muß sich ebenso heuristisch fruchtbar erweisen, zu einer ähnlichen Fulle von experimentell zuganglichen Fragestellungen führen wie jene.

Und das Thema, das oder die Grundgesetze müssen der Biologie selbst entnommen sein, sie durfen nicht irgendwelche biologisch, naturwissenschaftlich transzendente Prinzipien oder Begriffe einführen, wie es alle psychologistisch gefärbten Theorien tun; sie dürfen über das Spezialgebiet ihrer Anwendung hinausweisen, wie die Energiesatze ja auch, aber sie dürfen nichts von draußen hereinholen.

Und eine Theorie, gegen die man den Einwand der heuristischen Unfruchtbarkeit erheben muß, mag sie so viel und so schön „erklären" wie nur immer, hat bei dem Forscher kein Recht auf Berucksichtigung.

Die Aufgabe einer theoretischen Biologie in dem hier gemeinten Sinne würde also einmal die Formulierung von Grundgesetzen verlangen und dann in der Durchfuhrung und Anwendung ihre Fruchtbarkeit zu bewähren haben. Dabei ist aber sehr zu betonen, was von solchen Grundgesetzen gefordert werden darf und was nicht.

Niemand verwirft die kinetische Gastheorie, weil er nicht unmittelbar aus ihr die Dampfmaschine in allen Einzelheiten ablesen kann; was mit Recht von ihr zu fordern ist, das ist, daß sie die Möglichkeit der Dampfmaschine in sich birgt, und dem genugt sie ja wirklich.

Ebensowenig ist von einer „Theorie des Lebens" zu fordern, daß

sie etwa die Entstehung der Gattung Homo postuliert, wohl aber, daß
sie die Möglichkeit ihrer Existenz verständlich erscheinen läßt.

Wenn man die Geschichte der biologischen Theorien studiert, wobei RÀDELs Werk der in Darstellung und Urteil vortreffliche Führer
ist, so muß einem auffallen, wie sehr das Formproblem, das Problem
der Entstehung dieser bestimmten Formen das biologische Denken
beherrschte. Die funktionale Bedeutung des Morphologischen diente
selbst wiederum dazu, die spezielle Formbildung zu erklären, sei es direkt
wie im Lamarckismus als Entstehensursache, sei es indirekt wie im
Darwinismus als Erhaltungsgrund. Die physiologische Richtung
wiederum sah ihre Aufgabe darin, jedes funktionelle Einzelproblem zu
entbiologisieren, sie löste diese Aufgabe in zahllosen Fällen und überließ
die Sorge für das Ganze der Entwicklungstheorie.

Obwohl doch das Experiment nicht in einem Falle den Beweis
fur LAMARCK oder DARWIN erbrachte, dagegen die gleichen Faktoren auf
den erblichen Formwandel wirksam fand, welche Intensität und Moda-
lität der einzelnen Lebensvorgänge beherrschen (Temperatur, Licht,
Ernährung), ward der Glaube, das Problem des Lebens sei nur von
dem Artproblem aus zu lösen, nicht erschüttert. In dem „Biogenetischen
Grundgesetz", in der Konstatierung rudimentärer Organe oder atavi-
stischer Bildungen wirkte dieser Glaube bis zu dem Grade fort, daß
man meinte, eine Erscheinung im Einzelleben hinreichend erklärt zu
haben, wenn man sie auf die Stammesgeschichte abgezogen hatte; und
dieser Glaube ist immer noch mächtig, trotz aller Kritik und Abkehr
von speziellen Spielarten der Entwicklungstheorie.

Man muß sich einmal das Absonderliche dieser Einstellung klarmachen: der Anspruch, daß Biologie eine Wissenschaft sui generis sei,
daß es spezifisch-biologische Gesetzmäßigkeit gebe, soll sich nicht auf
ein aller Lebenswirklichkeit Gemeinsames gründen, sondern auf die
Konstruktion einer Geschichte des Lebens auf der Erde.

Die Tatsache, daß die Mannigfaltigkeit der lebendigen Formen
kein Chaos ist, führt ja wohl mit Notwendigkeit zur Deszendenztheorie,
aber sie muß ebenso notwendig weiter führen. Geschichte gibt es nur
dort, wo ein Geschichtsträger ist, Menschheitsgeschichte ist möglich, weil die Menschen zu allen Zeiten in ihrer geschichtemachenden
Struktur wesentlich die gleichen sind. Und ein Geschichtsträger kann
nur ein Wesen sein, das Geschichte machen muß, nicht das sie nur
machen kann. Wenn es also eine Geschichte des Lebens gibt, so ist
das eigentliche biologische Problem der Geschichtsträger.

Zweierlei muß man nach der Analogie mit der Menschengeschichte
von einem Geschichtsträger fordern: er muß selbst Geschichte haben —
Biographie — und er muß von begrenzter Dauer sein, unsterbliche Wesen

haben keine Geschichte. Die Formen selbst können nicht die Geschichtsträger sein, sie sind ja die Geschichtstatsachen, die Epochen; machte man sie zu den Trägern, so müßte man außerdem folgern, daß die unteren jetzt lebenden auf dem Wege zu den rezenten höheren seien. Das glaubt wohl kaum noch jemand. Verlegt man aber den ganzen Geschichtsablauf in eine frühere Erdperiode, so wird die heutige Fauna und Flora der Erde zu einer Art lebendem Petrefakt, die Geschichte wird zu einer Nebenerscheinung, aus der über das Leben nichts Wesentlichstes zu lernen sein kann.

Geschichte oder besser der äußere Anschein von Geschichte könnte aber noch auf eine ganz andere Weise entstehen: wenn eine gewisse begrenzte Summe von Möglichkeiten in der Zeit zur erschöpfenden Realisierung gelangte und jede realisierte Möglichkeit mit der Realisierung in der Zeit existenzunfähig würde, „sich auslebte". Es gibt eine Geschichte des Schachspiels, weil die Zahl der möglichen Partien, wenn auch ungeheuer groß, doch begrenzt ist. Ordnete man die Schachmeisterpartien nach dem Ähnlichkeitsgrade, so bekäme man eine Systematik der Formen, die einen späten Betrachter zur Aufstellung einer Deszendenztheorie des Schachspiels veranlassen könnte.

Es ist klar, wie sich diese Art von Deszendenz von der DARWINSchen in ihrer Erscheinungsform unterscheiden müßte. Mit der zunehmenden Erschöpfung der Möglichkeiten muß die Zahl der neu auftretenden Formen und weiter auch die Zahl der gleichzeitig existenten abnehmen. In die Schachpartien kommt ein wirkliches historisches Moment dadurch hinein, daß die späteren Meister genötigt waren, neue Kombinationen zu ersinnen, weil die alten dem Gegner bekannt sind. Ebenso würde die geschilderte scheinbare Geschichte zu einer wirklichen werden, wenn das Ende einer Möglichkeit, ihr Sichtotgelaufenhaben der Anstoß zur Realisierung einer neuen würde. Um das Bild einer deszendenztheoretischen Systematik zu erhalten, würde offenbar eine der beiden Voraussetzungen — die begrenzte Möglichkeitensumme oder die begrenzte Realitätsdauer als Grund der neuen Realisierung — genügen. Im ersteren Falle müßten wir eine Zeitkurve dauernder Mannigfaltigkeitszunahme, aber mit flacher werdendem Endstück erwarten. Im zweiten Falle hatten wir eine unbegrenzte Mannigfaltigkeit im Nacheinander bei gleichbleibender Formenzahl im Nebeneinander zu fordern.

Beides trifft nicht zu, es wird aber sehr anders in Kombination beider Momente, und damit ist das Problem des Geschichtstragers wiederum gestellt. Die Form als solche, die der Verwirklichung des Lebens einmal genügte, kann bei gleichbleibenden Außenbedingungen nicht später dazu untauglich sein. Eine begrenzte Zahl der möglichen Formen ist von der Morphologie aus nicht einzusehen.

Das Problem des Formenreichtums und des Formenwandels muß

auf den Formbildungsprozeß selbst und seine untermorphologischen Gesetzmäßigkeiten zurückverfolgt, in ihm müssen Momente gefunden werden, welche die Möglichkeit zeitlicher Grenzsetzungen bieten. Wenn das gelänge, so würde man damit ganz gewiß nicht die Entstehung dieser Arten erklären können, aber man würde vielleicht sehen, ob jene Erschöpfung der Möglichkeiten als eine zeitliche Abfolge wirklich vorliegt, man würde an der „Selbsthemmung" der Lebensprozesse im Individuum die Möglichkeit von „Auswegen" im Sinne jener zweiten Annahme studieren, man würde so vielleicht erfahren können, in welchem Umfange die Entstehung von Arten überhaupt möglich ist.

Das alles kann aber erst sekundär geschehen. Für die Grundlegung zu einer theoretischen Biologie ist die Entstehung der Arten schon ein viel zu spezielles Problem.

Selbst wenn die Deszendenztheorie nicht Theorie wäre, sondern in ihrer echten Aufeinanderfolgegestalt erwiesene nackte Tatsache, so könnte sie doch nie das Fundament des biologischen Wissenschaftssystems bilden, sondern sie müßte die Krönung sein. Sie mußte sich aus den Grundgesetzen des individuellen, realen Lebens ergeben wie etwa die Gesetze der Aggregatzustände aus der Molekularkinetik.

Das gleiche gilt mutatis mutandis von den anderen, z. T. schon erwähnten theoretischen Systemen, die aus einem Teilgebiet des Biologischen — Reizbarkeit, Vererbung, Periodizität, Sexualität usw. — das Wesen des Lebens entnehmen und mit viel Scharfsinn und häufigem Bedeutungswechsel der Nomenklatur durchführen. Erst recht aber gilt es natürlich von den modernen biologistischen Philosophien von Bergson bis Spengler. Es gibt ja kaum eine Naturwissenschaft, deren Begriffe eifriger entliehen würden als die der Biologie, aber nirgends auch läßt man den Verleiher weniger dreinreden. Das kann nicht ohne Verschulden der Biologie so geworden sein, die Gründe zu erörtern, ist hier nicht die Aufgabe.

Das biologische Grundgesetz, das alles Weitere zu tragen haben wird, soll bezeichnet werden als „Das Gesetz von der Notwendigkeit des Todes".

Die Geschichte der naturwissenschaftlichen Auffassung des Todes hat eine gewisse Ähnlichkeit mit der Geschichte des Perpetuum mobile. Dem jahrhundertelangen Glauben an die Arbeit aus nichts entspräche der ja heute noch verbreitete Unglaube an die Notwendigkeit des Todes. Dem Ernstnehmen der Unmöglichkeit des Perpetuum mobile würde also das Ernstnehmen der Notwendigkeit des Todes entsprechen.

Tatsächlich hat die Wissenschaft diese Notwendigkeit nicht ernst genommen. Es ist ja kein Ernstnehmen, wenn man den Tod nur als unvermeidlich ansieht, als Abnützungsvorgang der lebendigen Maschinerie oder auch als wesentliche Folgeerscheinung der Lebensprozesse, als etwas, das durch das Leben allmählich heranreift[1]).

Aber überhaupt jede Auffassung, die zwischen Leben und Tod nur das Verhältnis von Position und Negation sieht, sei nun der Tod nur das Aufhören des Lebens oder das Leben das Widerstehen gegen den Tod, jede solche Auffassung nimmt die Notwendigkeit des Todes nicht ernst.

Nicht um den unvermeidbaren, sei es auch als Folge des Lebens selbst unvermeidbaren Tod handelt es sich ja, sondern um den für das Leben notwendigen Tod. Nicht: kein Leben ohne Tod. Sondern: ohne Tod kein Leben.

Es sei erlaubt, das was gemeint ist, an einem einfachen Bilde zu verdeutlichen.

Wenn das Wasser vom Berge strömt, so kommt kein Mensch auf die Idee, ihm eine eigenbegründete Aktivität zuzuschreiben, und die Tiefe, die es aufnimmt und den Strom endet, nur als Negation jener eigentümlichen Aktivität aufzufassen.

Wie sich das Gravitationsgesetz zum Strömen des Wassers verhält, so verhält sich unser Gesetz von der Notwendigkeit des Todes zum „Strom" des Lebens. Anders ausgedrückt also: alles Leben, durch den ganzen Bereich und von den Arten über Individuen, Zellen bis hinunter zu dem „Elementarablauf" des Lebens, von dem noch viel zu sagen sein wird, ist ein Ablauf, und das Bewegende, die „ziehende Kraft" ist eben der Tod.

Freilich, „ziehende Kraft" ist kein Begriff, bei dem man stehen bleiben könnte, so wenig wie bei der fernwirkenden Anziehung der älteren Physik, wir werden ihn später durch konkrete Vorstellungen aus der chemischen Kinetik ersetzen.

Aus dem Gesagten leuchtet ein, daß mit „Tod" nicht nur oder auch nur vornehmlich das Ereignis gemeint ist, dessen Konstatierung die letzte Funktion des behandelnden Arztes ist. Sonst wurde uns ja jeder Fachmann mit der „Unsterblichkeit der Einzeller" widerlegen können. Tod ist das katastrophale Ende eines Ablaufs, im großen wie im kleinsten und gleichgultig, ob es zugleich ein Neuanfang ist oder nicht, es ist die Unstetigkeit, der Sprung in der Geschehensfolge.

Das Wasser — um unser Bild noch einmal heranzuziehen — das in den Gebirgssee fällt, fließt aus ihm noch weiter zu Tal, trotzdem ist der See das Ende jenes Falles, jener erste Ablauf mit all seinen besonderen Attributen ist zu Ende.

Die Beweislast, die uns obliegt, kann also nicht auf dem Felde

---

[1]) Daß der Vitalismus mit seinen Zielstrebigkeiten und Aktivitaten mit dem Tode nichts anzufangen weiß, ist ohne weiteres begreiflich.

der Kontroverse über die „Unsterblichkeit" irgendwelcher Lebewesen oder lebender Teile (Keimzellen) liegen, sondern wir haben einmal aufzuzeigen, daß die gleichen letztisolierbaren Vorgänge, die von Teilung zu Teilung führen, auch von der Wiege zur Bahre leiten, und dann haben wir zu begründen, weshalb wir diese Vorgänge als das Wesentliche, allen Erscheinungen zugrunde Liegende des Lebens ansehen.

Wenn die erste von diesen beiden Aufgaben noch mehr den Charakter eines Beweises trägt, so die zweite den einer Bewährung durch die heuristische Fruchtbarkeit; während die erstere eine prinzipiell lösbare, einmal endgültig zu lösende ist, fällt die zweite mit der Summa scientiae biologicae zusammen. Demgemäß wird der zweite und Hauptteil unserer Darlegungen oft mehr gestellte als gelöste Fragen bringen, aber, wie erhofft wird, doch so, daß die Stellung auch die Möglichkeit der experimentellen Lösung erweist.

Es wird aber notwendig sein, den Inhalt dessen, was als das Todesproblem hier gestellt werden soll, genauer zu präzisieren. Es kann noch nicht genügen, den Begriff des Todes so zu weiten, wie es oben geschah, nämlich jedes Ende des Lebensablaufs einer morphologisch faßbaren Einheit darunter zu subsumieren. Sonst bleibt es bei der mystischen Fernwirkung. Der Tod als Ereignis, als das Ende dieser Zelle oder eines Organismus, kann uns nur ein Anzeichen für einen markierten Punkt in einer kausal verknüpften Geschehensabfolge sein, und da er innerhalb eines räumlich begrenzten stofflichen Geschehens als ein mit Notwendigkeit erscheinender Zeitpunkt auftritt, so muß er ein stoffliches Maximum oder Minimum anzeigen.

Fassen wir „lebendig" und „tot" als Stoffkriterien, so ist der Tod entweder das Minimum an lebendiger oder das Maximum an toter Substanz innerhalb des betrachteten lebenden Gebildes. Das scheint auf den ersten Blick nur eine Benennungsfrage, denn Maximum wie Minimum werden ja nur relative Größen sein und in dem Verhältnis zu der Gegensubstanz gelten, aber dem ist doch nicht so. Es handelt sich ja um ein Geschehen, das in einer Richtung verläuft. Innerhalb des lebenden Systems wird fortgesetzt Lebendes zu Totem, Lebendes entsteht neu aus Material, das von außen herzutritt. Da also beide Stoffarten zunehmen, so kann das schließlich katastrophal sichtbar werdende Mißverhältnis nur ein Zurückbleiben in der Zunahme, nicht ein Abnehmen sein, und es ist berechtigt, den Tod als das Maximum des Toten anzusprechen.

Es ist gut, hier sogleich einem Irrtum vorzubeugen.

Man könnte versucht sein, die Gegensetzung von „lebendig" und „tot", wie sie hier gebraucht ist, für identisch zu halten mit der von Assimilation und Dissimilation. In diesem Sinne wird es ja gemeint, wenn häufig das Leben ein dauerndes Sterben genannt wird.

Nichts wäre ein größeres Mißverstehen dessen, was hier gemeint ist. Das in Dissimilation, im Abbau begriffene Material bleibt überhaupt ganz außer Betracht; es „tot" zu nennen, ist natürlich nicht falsch, aber eine inhaltleere Aussage. In gleicher Weise ist auch der Stein und der Regentropfen tot.

Einen Inhalt gewinnt die Bezeichnung „tot" erst, wenn sie in Beziehung auf das Leben gilt, nicht auf den Begriff, sondern auf den wirklichen Lebensvorgang. Unsere Stoffgruppen, Lebendes und Totes, gehören beide in den Bereich der Assimilation. Lebendes ist alles, was noch in der Assimilation begriffen ist. Tot, aktuell tot ist alles Assimilationsendprodukt, das ohne Veränderung innerhalb der betrachteten biologischen Einheit (Zelle, Organ, Organismus) verharrt.

Könnten wir in allen Fällen die Massen an lebender und toter Substanz quantitativ erfassen und die beiderseitigen Zunahmen verfolgen, so würden wir Kurven erhalten, die untereinander ähnlich sein müßten, ob es sich um den Ablauf einer Zelle von Teilung zu Teilung oder den Lebensablauf eines Organismus handelte. Wie wir sehen werden, können vielleicht Autolyseversuche die Möglichkeit dieser Erfassung geben.

Die Voraussetzung, die erfüllt sein müßte, um die behauptete relative Zunahme des Toten in den lebenden Gebilden exakt nachprüfen zu können, wäre ja ein entschiedenes Kriterium dafür, was als tot und was als lebend innerhalb der Stoffmasse anzusprechen sei. Daß alle passiven Zelleinschlüsse wie Fetttröpfchen, Pigmentkörnchen usw., überhaupt alles Inkrement, das in alternden Zellen und Geweben auftritt, als tot anzusehen ist, dürfte keinem Zweifel unterliegen, aber es genügt offenbar nicht, wenn das Ende der Zelle in der Teilung ebenso erfaßt werden soll wie ihr Zugrundegehen. Trotzdem kann die Betrachtung des alternden Organismus Aufschluß geben, in welcher Richtung jener Unterschied zu suchen sei.

Der oberflächlichste Vergleich des jungen und des alten Individuums ergibt als augenfälligsten Unterschied den Grad an ausgeprägter Gestaltung, und zwar geht die mit dem Alter zunehmende Formausprägung in der Richtung der individuellen Züge. Das Alte ist immer das Strukturreichere, Durchformtere gegenüber dem Jungen. Das, was im Laufe des Lebens zunimmt, ist das Strukturbildende; die im festen, ungelösten Zustand befindliche Masse nimmt absolut und relativ zu, oder umgekehrt ausgedruckt: der Wassergehalt der Gewebe und Zellen nimmt ab.

Da das Gestaltete nur aus dem Gestaltlosen entstanden sein kann — denn die letzte Stoffquelle sind ja die gelösten Nahrstoffe — so muß im Lebensablauf, der Zelle von Teilung zu Teilung und des Organismus von der Befruchtung bis zum Tode, dieser Vorgang gegenuber dem anderen, der Neuentstehung von gestaltlosem, aber zur Gestaltwerdung befähigtem Material, innerhalb des lebenden Systems überwiegen, und diese Diskrepanz muß der letzte Grund für alle Maximumpunkte — der Wachstumsgröße, der Lebensdauer, der Spanne zwischen Teilung und Teilung — sein.

Andrerseits, durch diese Diskrepanz, durch dieses Maximumstreben der Strukturmasse — wobei es sich immer um ein Maximum relativ zum Unstrukturierten handelt — kommt Richtung in das gesamte Lebensgeschehen, wird das Leben ein Ablauf, ein Strom, und es erscheint wohl begründet, das Richtungbedingende als dem Leben wesentlich, den Tod als notwendig für das Leben anzusehen.

Man sieht leicht: dieses Gesetz der Lebensnotwendigkeit des Todes ist ein biologisches Analogon des Entropiesatzes, und wie dieser nur für ein geschlossenes System gilt, so auch jenes, nur daß der Begriff des offenen oder geschlossenen Systems eben biologisch gefaßt werden muß.

Natürlich darf diese Analogie nur als Analogie genommen und nicht zu physikalischen Erklärungsversuchen mißbraucht werden. Unser Gesetz ist ein spezifisch-biologisches, um biologische Irreversibilität handelt es sich, nicht um physikalische oder chemische. Derselbe physiko-chemische Vorgang kann in dem einen Lebewesen reversibel sein, in dem andern irreversibel, oder bei ein und demselben Lebensträger zu einem Zeitpunkt rückwendbar, zu einem andren nicht. Und dann ist ein biologisches System niemals rein räumlich geschlossen, sondern es ist gewissermaßen ein raum-zeitlich geschlossenes System, mit anderen Worten: es wird immer mehr zum geschlossenen System, und dieser Vorgang ist eben der Ablauf des Lebens einer Zelle, einer Kultur von Mikroben, eines Organismus und einer Art.

Um die Konsequenzen dieser Fassung hier gleich anzudeuten, sei es erlaubt, ein Beispiel aus der Pathologie heranzuziehen. Für den Erreger einer Infektionskrankheit ist der befallene Organismus das biologische System, und das Schicksal des letzteren ist — von anderen Momenten abgesehen — die Resultante aus der größtmöglichen Geschlossenheit für den Erreger und der noch hinreichenden Geöffnetheit für das Weiterleben des Erkrankten. Für die Beobachtung, daß von manchen Infektionskrankheiten gerade jugendlich-kräftige Individuen leicht überwältigt werden, kann dieser Gesichtspunkt Bedeutung haben. Davon später mehr!

Wie es kein absolut geschlossenes — räumlich abgeschlossenes — biologisches System gibt, so auch kein absolut offenes, wohl aber gibt es Annäherungen an diese Extreme.

Dem absolut geschlossenen nähern sich die Formen, die einer

Vita minima fähig sind, wie die Bakteriensporen. Das absolut offene ist scheinbar in den durch Setzlinge fortzüchtbaren Pflanzenindividuen verwirklicht oder in den unbegrenzt wachsenden Rhizomen, doch gilt von diesen Fällen, was von den Einzellern zu sagen ist: auch die Einzelzelle oder das Bacterium, die scheinbar dem Gesetz des notwendigen Todes nicht unterliegen, sind ja keine absolut offenen Systeme, denn mit der Teilung hört das eine System auf zu existieren, und zwei neue sind da.

Der Begriff des lebenden Systems führt eine Gefahr mit sich, die in seiner Herkunft aus der Physik begründet ist.

Dort sind wir gewohnt, mit Systemen zu rechnen, die Kreisprozesse durchlaufen, seien es nun die denküblichen idealen Kreisprozesse der thermodynamischen Betrachtung oder die wirklichen der technischen Maschinen, immer kehrt das System in den Ausgangszustand zurück, für unsere Betrachtung hier ist es gleich, ob mit oder ohne Energieaustausch mit der Umgebung.

In der herrschenden Verwendung des Systembegriffs in der Biologie, in der Übertragung auf die räumlich umgrenzten biologischen Gebilde ist diese Herkunft deutlich zu erkennen. Wie selbstverständlich uns diese Art zu denken ist, erhellt aus der Betrachtung des Problems der Assimilation und Dissimilation. Es gibt kaum einen Biologen, der daran zweifelte, daß dies ein — wenn auch nicht immer vollkommener — Kreisprozeß sei, daß die Assimilation einen in der Dissimilation veränderten Ausgangszustand wiederherstelle. Die Auffassung des Lebens als eines Pendelns um eine Gleichgewichtslage, als fortgesetzter Störungen und Wiederherstellungen eines Gleichgewichts — atomistisch von manchen in den Hypothesen eines „lebenden Moleküls" gefaßt, das als besonders labil definiert wird —, diese Auffassung ist wohl die verbreitetste. Das Übergewicht der morphologischen Einstellung mag dazu ebenso beigetragen haben wie in neuerer Zeit die Anwendung der chemischen Gleichgewichtsgesetze, und doch sollten gerade die letzteren uns, wenn wir nur immer bedachten, daß alles Leben ein Ablauf ist, zu ganz anderen Folgerungen veranlassen. Die Abtrennung der „Entwicklung" als einer besonderen „Mechanik" oder auch als der Realisierung irgendwelcher vitalistischer Begriffssysteme kennzeichnen den Zustand.

Es ist heutzutage Mode, auf den „Materialismus" zu schelten, die Zeiten sind ja selbst immer ihre besten Satiriker.

Auch an die Biologie, ja an sie vor allem ergeht der Ruf zur Abkehr von den „Götzen" der Vater; von innen und außen ertönt er, zum Teil mit mehr moralischen und kulturpolitischen Obertönen, zum Teil aus wirklicher, spezieller Wissenschaftskritik heraus. Es werden Experimentaluntersuchungen angestellt, die darauf abzielen, die mechanistische

Erklärungsweise als unzulänglich im konkreten Fall zu erweisen, es wird aus der Definition der maschinellen Systeme deduziert, daß die biologischen Tatbestände zu einem großen Teil nicht maschinell zu verstehen sind.

Was ist denn eigentlich die „materialistische" Biologie? Und was ist oder was wäre nicht-materialistische? Etwa idealistische? Oder intuitiv-schauende?

Wollten wir hier weiter fragen und zu antworten versuchen, so kämen wir in Gefahr, doch jene Art „Theoretische Biologie" zu betreiben, die wir gerade nicht behandeln wollten. Für uns handelt es sich nur darum, die Stellung des vorliegenden Buches zu erkennen, und da ist es klar, daß der Versuch, an Hand einiger bestimmt formulierbarer Gesetze, die nicht nur formal, sondern inhaltlich spezifisch-biologisch sind, durch alle Erfahrungsbereiche der Biologie zu gelangen, daß dieser Versuch nicht eine Biologie ergeben kann, die in den Lebewesen nur komplizierte Maschinenaggregate sieht.

Ebensowenig aber konnte dieser Versuch unternommen werden, wenn die Meinung bestünde, daß die Selbständigkeit der Biologie als Wissenschaft nicht auf eigenen Gesetzmäßigkeiten beruhe, sondern auf eigenen Geheimnissen. Auf die prinzipielle Unerforschbarkeit ihrer Grundphänomene kann man keine Naturwissenschaft gründen. Ob man das nun als „évolution créatrice", „Entelechie", „Impuls", „Aktivität" oder wie sonst verschleiere, das Resultat muß eine unerträgliche Diskrepanz von Forschungsmethode und Lehrsystem sein.

In diesem Sinne, im scharfen Gegensatz zu allen vitalistischen Systemen ist unsere Biologie materialistisch. Sie betrachtet nur materielle Vorgänge, und ihre spezifischen Grundgesetze, welche die Wirklichkeit des Lebens voraussetzen, über seine Entstehung also nichts aussagen, haben — physikalisch-chemisch betrachtet — den Charakter von Summierungssätzen, sie verhalten sich zu den physikalisch-chemischen Sätzen also ähnlich, wie sich die BOLTZMANNschen Wahrscheinlichkeitsberechnungen der Entropie zu den molekularen Einzelvorgängen verhalten.

Nimmt man den Begriff in der reinen Wortbedeutung, als „im Stoffe geschehend", so muß jede Biologie materialistisch sein, und je reiner sie es in der Durchführung ist, um so geringer ist die Gefahr der Grenzüberschreitung und schlechten Vermengung.

Nun gibt es aber doch zweifellos Gebiete der echten Biologie, wo solche Grenzüberschreitungen unvermeidlich sind, so jedenfalls die Physiologie der Sinnesorgane und des Zentralnervensystems; wie ist es bei unserem Versuch damit zu halten?

Auch hier gilt wieder: nicht das Warum, sondern das Was des Tatbestandes muß in der Durchführung der Theorie hervortreten. Gehört die Grenzüberschreitung Physisch-Psychisch zum Wesen des betrachteten Organs, so muß sie sich aus der Stellung desselben im und zum Ganzen bei unsrer Analyse der Erscheinungen mit Notwendigkeit ergeben, ohne daß irgendwelche Annahmen bez. der Funktion des Organs primär mitsprechen dürfen. Die Grenzüberschreitung wird also immer von „unten" her erfolgen und darin bestehen, daß eine im biologischen Range tiefer stehende analysierte Wirklichkeit eine zugeordnete höhere in ihrer Möglichkeit deutlich werden läßt.

In dieser durchgehenden, ansteigenden Gleichnisbeziehung möchte ich das Übermaterialistische des Lebens sehen, das darum aber auch nicht mehr Gegenstand der Biologie ist, sondern — zugleich ein Beweis der Eigenwissenschaftlichkeit der Biologie — über sie hinausweist. In welcher Richtung diese „Metabiologie" liegt, das freilich muß sich schon im Materiellen offenbaren. Das uralte Problem von „Idee und Verkörperung", welches das Leben so unausweichlich stellt, und fur das der biblische Satz „Gott schuf den Menschen Ihm zum Bilde" kein unwissenschaftlicherer Ausdruck ist als etwa die GOETHEsche „Urpflanze" oder der „Plan" des Neovitalisten, ist jenseits der biologischen Thematik.

Einer Naturwissenschaft muß die Wirklichkeit ihres Gegenstandes selbstverstandliche, naive und unproblematische Gegebenheit sein, und eine Naturphilosophie, die ihr das unmöglich machen würde, ist von vornherein abzulehnen. Das gilt nun aber von dem üblichen Mechanismus genau so wie von jedem Vitalismus, sie beide haben das Gemeinsame, daß sie das einzelne Lebensgebilde verabsolutieren, sei es nun in der automatisch funktionierenden Maschine oder der individuellen „übermateriellen" Leitung. In beiden Theorien ist das Einzelne, Individuelle das Primäre, das Verbindende, Geschehende das Sekundäre: erst muß die Maschine sein, dann kann sie funktionieren, erst der Plan, dann die Realisierung.

So entsteht eine falsche Atomisierung des Lebens, eine solche, die nicht — wie jede echte Atomistik — die Kontinuität des stofflichen Geschehens mit der raumlichen Getrenntheit verbindet, sondern nur die letztere zur Grundlage hat, und damit die Grundwirklichkeit des Lebens, seine Überwindung des Individuellen, seinen Fortgang durch die Gestaltungen hindurch verleugnet, zu etwas selbst erst individuell Bedingtem macht. Eine echte biologische Atomistik durfte nicht nach der kleinsten morphologischen Einheit suchen, die als bestandig bleibend im Formenwechsel anzunehmen ware, damit wurde zwar eine Kontinuität des Lebens zu konstruieren sein, aber nun wurde der Formenwechsel seinerseits zu sekundärer Bedeutung herabgedruckt.

Aber muß denn überhaupt eine Bioatomistik gefordert werden? Und wenn ja, ist denn eine andere Atomistik denkbar als die der Physik?

Wenn das Leben in seinen zugrunde liegenden, von allem Spezialisierten befreiten Vorgängen in allen Lebewesen etwas grundsätzlich Gleichartiges ist — und daß dem so sei, ist die selbstverständliche Voraussetzung einer Biologie —, so führt diese Erkenntnis meines Erachtens mit Notwendigkeit zu einer biologischen Atomistik.

Seitdem die Zelle aufgehört hat, als letzte biologische Einheit dienen zu können, und das „omne vivum e vivo" über das „omnis cellula e cellula", „nucleus e nucleo" bis zum „granulum e granulo" hinuntergegangen war, hat man mannigfache morphologische Einheiten als das Atomon des Lebens zu erweisen gesucht oder hat schließlich ein solches als Biogen, Biomolekül theoretisch angenommen.

Gerade hier zeigt sich wieder die Gefahr der Übertragung aus den Nachbarwissenschaften. Das hypothetische lebende Molekül wurde, wie schon der Name sagt, doch immer als ein chemisches, wenn auch noch so labiles, so doch stets wieder in einen eigentlichen Normalzustand zuruckkehrendes Gebilde aufgefaßt. Daß eine biologische Atomistik etwas Grundsätzlich-Anderes sein müsse als die physikalisch-chemische, wurde nicht bedacht, obwohl doch gerade der Satz „omne vivum e vivo" und seine morphologischen Untersätze das eindringlich genug sagten. Es ist eine Ironie der Wissenschaftsgeschichte, daß die Physik eher die Zeit in die Definition ihrer Atome aufnahm, ehe die Biologie erkannte, daß ihre Atomistik nur eine zeitliche, eine Atomistik des Geschehens sein kann.

Was ist denn ein Atom, ganz allgemein definiert?

Offenbar das Minimum an Masse oder Ausdehnung oder Zeitdauer, das noch die wesentlichen Eigenschaften seines Vielfachen an Masse oder Ausdehnung oder Zeitdauer aufweist. Das gewöhnliche chemische Molekül oder Atom, das ja durchaus kein wirkliches Eschaton, sondern ein kompliziertes System kleinerer Konstituenten ist, kann nicht den Anspruch erheben, das einzig-mögliche zu sein, selbst die Physik hat ja in dem Elementarquantum der Energie ein anderes atomares Etwas.

Es ist aber in der allgemeinen Definition eines Atomons nicht einmal das zu fordern, daß der Minimumcharakter ein in physikalischen Maßeinheiten oder Vergleichsgrößen faßbarer sein muß, analog etwa den Atomgewichten.

Dieser Punkt ist für eine biologische Atomistik entscheidend; das offenbart sich, wenn man z. B. die „biologische Zeit" betrachtet: eine dreijährige Ratte ist so alt wie ein sechzigjähriger Mensch. Das — biologisch — kürzeste Leben wäre nicht das in Sekunden gemessen kürzeste, sondern die — von Fall zu Fall verschieden lange Zeiten messende — Ablaufstrecke von einem Anfang zum zugehörigen Ende ohne totalen oder partiellen Neubeginn.

Mit einem Wort: wenn alles Leben ein Ablauf ist, ein Geschehen, das notwendig zu einem Ende — sei es Tod oder Teilung — führt, so muß das Atomon des Lebens ein elementarer Ablauf sein, der alle

Kriterien des Ablaufes, der an den großen, morphologischen Gebilden vor sich geht, aufweist.

Dieser Elementarablauf — wir wollen ihn fortan die Biorheuse nennen und das Masseteilchen, das in diesem Ablauf begriffen ist, das Biokym — muß also mit Notwendigkeit zu Ende gehen, muß aber in diesem seinem Zuendegehen einem neuen Elementarablauf Raum zur Folge geben. Die Existenz eines solchen Elementarablaufes ergibt sich eigentlich schon als logische Folgerung aus dem omne vivum e vivo, wenn man es nur bis ins Chemische zu Ende denkt.

Das omne vivum e vivo bezeichnet ja nicht ein Neu-Entstehen, sondern eine Fortsetzung und Ausbreitung, wie ein Feuer von einer Flammenzone aus sich verbreitet, oder besser: es ist ein Nachrücken auf einen frei gewordenen Platz. Die periodische Neubildung morphologischer Einheiten zeigt dabei an, daß die zugrunde liegenden kontinuierlichen Prozesse ein Moment der Summierung in sich enthalten müssen, das die morphogenetischen Perioden erzeugt. Daß sie sich solchergestalt summieren, beweist, daß es sich nicht um Kreisprozesse handelt, sondern um zu Ende gehende Vorgänge, die im Zuendegehen ihren Nachfolger marschieren lassen, sie sind die letzten, biologisch nicht weiter aufspaltbaren Lebensabläufe.

In der Summierung ihrer Endprodukte bedingen sie die morphogenetische Periodizität und in ihrer Fortgangfolge überlagern sie die morphogenetischen Unstetigkeitsstellen, die Teilungen. So erscheint die Verbindung von Periodizität und Kontinuität verständlich.

Hätten wir diesen Elementarablauf hypothetisch zu definieren, so müßten wir folgendes von ihm fordern: sein Substrat müßte chemisch einer Gruppe zugehören, die in allem Lebenden wesentlich enthalten, ohne die Leben unmöglich ist; die materiellen Träger der Elementarabläufe — die Biokyme — mußten bei grundsätzlicher Zugehörigkeit zu den gleichen Stoffgruppen große individuelle Mannigfaltigkeit zeigen können, der Ablauf selbst mußte in den allgemeinen Zügen bestimmt, im Speziellen je nach Substrat, Medium usw. verschieden sein können.

Gemeinsam mußte sein: Beginn als kleineres Teilchen, Massenzunahme und damit zugleich zunehmende Individualisierung und Spezialisierung, gleichbedeutend mit der abnehmenden Breite der Reaktionsmoglichkeiten, Altern, d. h. zunehmende Reaktionsträgheit, zunehmende chemische Stabilität bei wachsender Loslichkeitslabilität und schließlich: Reaktionsende, Ausfallen aus der Losung. Mit jedem Fortschreiten in der Reaktionenfolge gibt das Biokym zugleich — und zwar gerade in seiner eingeschlagenen Ablaufrichtung — Raum zur Nachfolge frei, es besteht ein kontinuierliches Reaktionsgefälle.

Gegen diese Bioatomistik erhebt sich aber ein theoretischer Einwand: es gibt kein Leben, das nicht an morphologische Struktur gebunden wäre. Nun will eine Atomistik natürlich gerade unter die Struktur hinab, aber die reine Tatsache der allgemein notwendigen Strukturiertheit muß doch irgendwie berücksichtigt sein.

Es sei gestattet, die eingehendere Antwort auf diesen berechtigten Einwand bis zur ausführlichen Darstellung des Biorheusevorgangs zu verschieben. Nur so viel sei hier schon bemerkt: in der Tat will die Biorheusetheorie einen „lebenden Stoff" unabhängig von der morphologischen Struktur annehmen, nicht im Sinne einer chemisch-einheitlichen, bestimmt konfiguriert gedachten Verbindung freilich, wohl aber in dem eines „ens in actu, in statu procedendi", aber damit der Biorheusevorgang ablaufen, damit Leben geschehen kann, dazu bedarf es der Apparatur, des Morphologischen.

Wir hoffen einleuchtend machen zu können, daß es möglich ist, Leben, oder besser: die allem Leben zugrunde liegenden Elementarvorgänge außerhalb organischer Form geschehen zu lassen, daß aber dieses „Leben" sehr rasch am Ende ist, wenn wir nicht durch geeignete Apparaturen die Fortführung ermöglichen. Die beiden Hauptmomente dieser Apparatur sind solche, wie sie die Physiologie längst als allgemeinwichtigste erkannt hat: die Membran und die Ermöglichung von Oxydationen, von energieliefernden Prozessen.

Die morphologische Grundstruktur ist die Zelle oder noch genereller der Unterschied von Kernsubstanz und Plasma. Der morphogenetische Grundvorgang ist das Zellwachstum oder genereller: die Bildung von Kernsubstanz aus Plasma.

Es wird bei der Betrachtung der spezialisierten Zellen im Organismus oft zu wenig berücksichtigt, daß jede, auch die spezialisierteste Zelle zunächst einmal lebt, daß sie, wie die modernen Gewebskulturen zeigen, in diesem ihrem Leben von dem Ganzen viel weniger abhängig ist als man früher glaubte. Es ist vielleicht häufiger, als man gewöhnlich anzunehmen geneigt ist, der „Ablauf" der Organzelle selbst, der ihre Funktion im Organismus ausmacht, jedenfalls sollte man wohl immer erst den Versuch dieser Rückführung machen, ehe man zu solchen Begriffen wie „spezifische Zelltätigkeit" greift.

Und im Zusammenspiel der Zellen und Organe im Organismus gilt sicherlich nicht nur das Prinzip der Arbeitsteilung, sondern zugleich und vielleicht mehr — wie in der Lebewelt als Ganzem — der wechselseitige Parasitismus, der Kampf oder — vielleicht richtiger — die gegenseitige Aufopferung.

„Der Organismus ist ein Vorgang" sagt Jennings, wir würden sagen: der Organismus ist nicht, sondern er wird. Nicht die arbeitsteilige Organisation einer Fabrik ist das adäquate Bild, sondern etwa die Gemeinschaft von Menschen, die für ein fernes Ziel kämpfen und sich opfern.

Die überwiegend morphologische Betrachtung, die in der Biologie herrschte, hat in der Zelle vorwiegend das Element der Vermehrung und Entwicklung sowie des Aufbaus organisierter Lebensträger gesehen. Auch die Cellularphysiologie ist wesentlich darauf ausgegangen, die einzelnen Kriterien des Lebens an der Zelle aufzuzeigen, und sie hat andrerseits wiederum die Vorstellung des organisierten Lebensgebildes auf die Zelle übertragen und in den morphologisch definierbaren intracellulären Bildungen Organe und Organellen der Zelle gesehen.

Wir werden im Unterschiede hiervon versuchen, die Zelle oder allgemeiner die Geschiedenheit in Kern und Plasma als die generelle Apparatur für den Fortgang der Elementarabläufe — Biorheusen — zu verstehen, und zugleich den jeweiligen Status verbundener Abläufe in ihrer Summierung zu den morphologischen und chemischen Zellveränderungen zu erkennen.

Die rein mechanistische Betrachtung von der einzelnen Zelle aus so wenig wie die teleologische von der Funktion innerhalb des Ganzen aus kann ein volles Verständnis geben, es muß eine Art „biographischer" Betrachtung hinzutreten, eine Analyse etwa dessen, was HERING das Gedächtnis der Materie genannt hat.

Wenn die morphologische Forschung die Tendenz zeigt, Strukturelemente um so wesenszentraler für das Leben zu halten, je feiner, je näher der Grenze des Sichtbaren sie sind — man denke an die Granula- und Mitochondrienhypothesen —, so ist die physiologische Forschung stets in der Versuchung, irgendein physikalisches oder chemisches Teilgebiet in besonders naher Beziehung zum Leben zu sehen.

So haben sich Elektrizität, Hydrodynamik, Theorie der Lösungen, Lipoidchemie, Kolloidchemie, Radioaktivität usw. abgelöst. Allgemein kann man feststellen: je mehr Neuland ein solches Teilgebiet noch in sich schließt, um so bevorzugter ist es in biologischer Hinsicht. Aus dem relativen Erfolge aller dieser Erklärungsversuche aber ist der Schluß zu ziehen, daß es in Wahrheit ein solches bevorzugtes Teilgebiet nicht gibt, daß wohl manche physikalischen und chemischen Gesetze für die Biologie wichtiger sind als andere, daß aber der Unterschied zwischen belebt und unbelebt nirgendwo zu einem solchen zwischen verschiedenen Disziplinen der unbiologischen Naturwissenschaften wird. Es ist das im Grunde nichts anderes als die Erkenntnis, daß das Leben mitten hineingestellt ist in die unbelebte Natur und nicht nur einem Spezialgebiet derselben angehört.

Wir werden in den nachfolgenden Darlegungen versuchen, die biologischen Erfahrungstatsachen durch eine eigene, biologische Gesetzmäßigkeit innerlich verbunden aufzuzeigen, anstatt durch die Erörterung physikalisch-chemischer Möglichkeiten nach einem derartigen Generalnenner zu fahnden

Tod und Zellteilung.

Der Tod, dieses große Thema menschlichen Denkens — „der Musaget der Philosophie" nach SCHOPENHAUERS Wort — spielt in der biologischen Erfahrungswissenschaft nur eine recht untergeordnete Rolle.

„Der Tod ist eine allen Metazoen eigentümliche Erscheinung" sagt ein bekanntes Lehrbuch der Physiologie auf einer der letzten seiner tausend Seiten, und nicht viel größer sind Raum und Gewicht diesem Problem in allen einschlägigen Werken zugemessen. Der Tod ist der Physiologie ein Problem unter anderen, nicht wichtiger oder interessanter als andere Teilprobleme.

Dem war nicht immer so. In BURDACHS mehrbändiger „Physiologie", einem sehr lesenswerten Werke aus dem Anfang des 19. Jahrhunderts, ist ein Band dem Lebenslauf und dem Tod gewidmet, und JOHANNES MÜLLER verweist wenigstens darauf.

Ganz neuerdings lebt die biologische Behandlung des Problems wieder mehr auf, anknüpfend an die Namen BÜTSCHLI, WEISMANN, GÖTTE, MINOT, MÜHLMANN, J. LOEB, DOFLEIN, M. HARTMANN, GOETSCH u. a., neuerlich zu monographischen Darstellungen gelangend in den Publikationen von KORSCHELT, A. LIPSCHÜTZ, W. SCHLEIP, DOFLEIN, HARTMANN, E. KÜSTER, P. ERNST.

Wesentlich fördernd haben dabei die neueren Ergebnisse der Protistenforschung, die Erfahrungen über die Eireifung und Befruchtung sowie diejenigen mit Gewebskulturen gewirkt. Hier sollen —unserer Aufgabe gemäß — nur die wesentlichen Tatsachen ohne jeden Anspruch auf die Vollständigkeit eines Gesamtreferates erörtert und zur Entwicklung unserer Grundanschauung benützt werden.

Zwei Erfahrungskomplexe sind es, um die sich die Darstellung zu gruppieren hat: der Zusammenhang der Wachstums- und Zellteilungsvorgänge mit der Erhaltung des Lebens und die Rolle der Oxydationen.

Seit WEISMANN die Lehre von der „Potentiellen Unsterblichkeit der Einzeller" aufgestellt hat, ist das Todesproblem mit der Unsterblichkeitsfrage verknüpft geblieben, nicht ohne dadurch zu — wie M. HART-

MANN mit Recht betont — der Forschung kaum dienlichen Begriffs-
diskussionen geführt zu haben.

Daß es überhaupt so etwas wie potentielle Unsterblichkeit gibt,
ist eine Selbstverständlichkeit, ein anderer Ausdruck für die Tatsache
der Kontinuität alles Lebendigen. Und wenn man sich als eines Kriteriums des Todes der Erscheinung der „Leiche" bedient, die bei den
Einzellern fehle, so heißt das quantitative Unterschiede zu qualitativen
machen und führt nur dazu, mit dem Begriff des „Partialtodes" die
eigene Definition wieder aufzuheben.

Wie HARTMANN mit unwiderleglicher Schärfe zeigt, ist das wirkliche Problem das des individuellen Alterns, oder anders ausgedrückt:
gibt es Leben ohne Ablauf, ohne in bestimmter, nicht umkehrbarer
Richtung vor sich gehende Prozesse?

Wenn diese Frage verneint werden kann, dann läßt sich aus jener
Scheidung nach dem Vorhandensein oder Fehlen der Leiche die zweite
Frage formulieren: wie kommt es und was besagt es, daß in dem einen
Falle das Leben fast die gesamte bisherige Apparatur verwirft und nur
in einem kleinen, längst abgetrennten Teile fortgeht, während es im
anderen Falle nur Teile aus dem Apparat herauswirft oder zerstört,
dagegen den Hauptteil weiter verwendet?

Die Hauptschwierigkeit alles biologischen Denkens liegt ja in dem
Umstand begründet, daß jedes Lebensgebilde zugleich Apparatur „des
Lebens" und Zeitquerschnitt „dieses" individuellen Lebens ist. Wenn
man das Leben dem Fließen des Sandes in der Sanduhr vergleicht, so
ist diese die vollkommen adäquate Apparatur der Zeitmessung, und doch
wird sie mit jeder Sekunde der Zweckerfüllung untauglicher zur Fortsetzung, und schließlich kann nur ein radikaler Eingriff — die Umdrehung — sie wieder zur Uhr machen.

Daß es einen sog. „physiologischen Tod" gibt, darüber herrscht
bezüglich des Metazoons wohl Einstimmigkeit unter den Biologen,
mit Recht wird schon die Tatsache einer für die Art charakteristischen
Lebensdauer als Beleg dafür angeführt, über die Gründe gehen freilich
die Meinungen weit auseinander. Während manche Autoren wie VER-
WORN, R. HERTWIG, BÜHLER, SCHLEIP den Tod als Folge der eigentlichen Lebensprozesse selbst eintreten lassen und unter den Begriff
„Entwicklung" stellen, halten andere an der Vorstellung der Abnützung durch unvermeidbare äußere Schädigungen fest So sagt
E. KORSCHELT (1922):„ . . . so scheint es nach allem, was wir darüber
wissen, doch das Unvermögen zu sein, die den Organismus aufbauenden
Elementarbestandteile dauernd wirkungsfähig zu erhalten, welches den
natürlichen Tod zur Folge hat." Und F. DOFLEIN formuliert: „Der
Tod ist nur eine geduldete Begleiterscheinung des Lebens" und:„ . . . daß
die Substanz, welche der Träger des Lebens ist, unsterblich ist. Es sind

nicht von vornherein in ihr Gesetze wirksam, welche, wie sie den Verlauf des Lebens bedingen, auch seinen Abschluß mit sich bringen. Es sind vielmehr stets von außen wirkende Hinderungen und Hemmungen, welche die Verlangsamung und den Stillstand des Lebensprozesses bedingen."

Wenn nun auch zuzugestehen ist, daß die Erscheinung der arteigentümlichen Lebensdauer sich mit der Abnützungstheorie allenfalls vereinbaren läßt, denn die Empfänglichkeit für die Schädigungen wird von der besonderen Organisation abhängen, so hat es doch immer etwas Bedenkliches, eine so zentrale Tatsache des Lebens mit Begriffen wie Unvermögen, Abnützung zu erklären. Die Folge ist dann, daß man den doch wohl vollkommeneren Formen des Lebendigen, den Metazoen, eine Unvollkommenheit zusprechen muß, die den einfachsten, den Protózoen und Bakterien, abgeht, und um das zu rechtfeitigen, ein „Interesse der Natur" nur an der Art, nicht am Individuum stabiliert. Sollte im Ernst ein Begriff — die Art — über das Seiende — die Individuen — dominieren konnen?

Alle diese Spekulationen uber die „mit dem Tode bezahlte höhere Lebensform", über den „Formenreichtum aus der Vergänglichkeit der Formen", oder die „gesteigerte Entwicklungsmöglichkeit in der Artenreihe durch den raschen Wechsel der Individualgenerationen" haben naturphilosophisch ihren Wert, aber sie sind Metaphysik, nicht Naturwissenschaft.

Die Geschichte unserer Wissenschaft lehrt, daß sich die Mangelhaftigkeit des Gegenstandes am Ende als Mangelhaftigkeit der Erkenntnis zu erweisen pflegt.

Sachlich ist zu der Abnützungstheorie zu sagen, daß gerade vom Standpunkt des Mechanismus, der zirkulär funktionierenden Maschine aus, die sich mit der Funktion immer zugleich selbst repariert, eine Abnützung, eine Kumulation von Schäden nicht einzusehen ist.

Zwei Tatsachen kann die Forschung als so gut wie gesichert ansehen: einmal daß der einmalige Übergang von dem lebenden in den toten Zustand keine Wesenseigentümlichkeit der lebenden Masse selbst ist, sondern in Ausmaß und Zeit des Eintritts von den Apparatur- und Milieubedingungen abhängt, unter denen das Lebensgeschehen steht; und dann daß es ein wirklich stationäres Leben, einen vollkommenen biologischen Kreisprozeß an einer morphologischen Einheit nicht gibt.

Zum ersten. Die WEISMANNsche Lehre von der potentiellen Unsterblichkeit der Einzeller und das JOHANNES MÜLLERsche Wort von dem „Schimmer von Unsterblichkeit", der in den Keimzellen die sterblichen Individuen verkläre, haben in der Folge zu Erkenntnissen geführt, deren Wert unabhängig ist von der Diskussion über jenen gefühlsbetonten Begriff. Sonderbarerweise machte man die Richtigkeit der WEISMANNschen Anschauung abhängig von der Frage, ob es möglich sei, die Einzeller ohne eingeschaltete Konjugation, durch reine Teilungsgenerationen hin unbegrenzt lebend zu erhalten. Die Konjugation, die Verschmelzung zweier Individuen mit einer den Befruchtungsvorgängen analogen Vermischung der beiderseitigen Kernmassen und folgender Teilung, tritt normalerweise nach einem bestimmten Turnus innerhalb langer Reihen von Teilungsgenerationen auf, läßt sich aber in Häufigkeit und Eintrittsmoment, wie CALKINS gezeigt hat, experimentell beeinflussen. Da ihr Anzeichen der Degeneration oder Depression voraufgehen und ihre Unterdrückung unter gewöhnlichen Züchtungsbedingungen das Zugrundegehen der Kultur zur Folge hat, erscheint sie als ein Verjüngungs- und Auffrischungsvorgang. Ihre Notwendigkeit oder Vermeidbarkeit im Experiment ist für die Unsterblichkeitsfrage, als deren Kriterium ja immer die Leiche angeführt wird, belanglos, denn die Einzeller würden damit nur mit den Keimzellen unter eine Kategorie treten; für die Ergründung des Wesens des physiologischen Todes sind die betreffenden Untersuchungen aber von der größten Bedeutung.

Durch jedesmalige Überführung des aus der Teilung entstandenen Tochterindividuums in neue Kulturlösung hat WOODRUFF einen Paramaecienstamm über 6000 Generationen hinaus ohne Konjugation fortgezüchtet, HARTMANN eine Flagellate über 1400 Generationen, der Beweis ist erbracht, daß die Konjugation eine vermeidbare Folge von äußeren Lebensbedingungen ist. Freilich ist auch in jenen experimentellen Anordnungen der Fortgang des Lebens über die Teilungen hin vielfach kein vollkommen stetiger, die Zeitrate der Teilungen variiert und zugleich mit ihrer Verlangsamung ist ein vor allem am Kernbestand ablaufender Prozeß eingeschaltet, der mit Einschmelzung des alten und Bildung eines neuen Kernapparates einhergeht und seiner Ähnlichkeit mit den karyokinetischen Vorgangen bei der Konjugation halber als parthenogenetisch bezeichnet worden ist. Ebenso wie das Eintreten der Konjugation ist nach JOLLOS auch der Eintritt der Parthenogenese in jenen Zuchtungen experimentell herbeizuführen oder hinauszuschieben, ganz vermeidbar scheint sie aber bei Infusorien nicht zu sein.

Jedenfalls ist danach das Wesentliche der „Verjungung" nicht die Verschmelzung zweier Kerne — es genugt bei der Konjugation schon die plasmatische Verschmelzung ohne Kernaustausch (R. HERTWIG) —, sondern die totale Einschmelzung eines der Masse nach Hauptteiles des Kernmaterials, offenbar ist aber die in der einfachen Teilung gesetzte Auffrischung auf die Dauer nicht zureichend, und es bedarf radikalerer Mittel, um das Leben fortgehen zu lassen. Ein Altern auch des Infusors ist nicht zu bestreiten, und es ist von großer Bedeutung, daß die Überwindung seiner Lebenshemmung durch die Zerstörung von Struktur erzielt wird.

Warum aber tritt bei gewöhnlichen Kulturbedingungen und verhinderter Konjugation nicht die „Parthenogenese" vikariierend ein und verhütet das Zugrundegehen? Anscheinend ist die erstere die radikalere Form der Auffrischung, und es muß also auch in jenen besonderen Bedingungen der stets erneuten Kulturlösung prinzipiell das gleiche Moment wirksam sein wie in den revolutionären Vorgängen. Ja, für viele Protozoen wie Amöben, Flagellaten, Trypanosomen scheinen die Züchtungsbedingungen allein zu genügen, um das Leben rein durch Teilung fortzuführen, ohne daß Depressionen oder parthenogenetische Vorgänge eintreten; das gleiche gilt wohl für die meisten Bakterien, wenn auch neuerdings in einzelnen Fällen konjugative Prozesse beschrieben worden sind.

Bei diesen niedersten Lebewesen ist aber auch die Form noch etwas so Relatives, so durch die Umwelt beeinflußbar, kann doch, wie KÜHN gezeigt hat, eine Amöbe die Form eines Flagellats annehmen und ist doch die ganze morphologische Systematik der Bakterien heute vielfach in Zweifel gezogen.

Aus allem erscheint der Schluß als berechtigt: je mehr Strukturbildner ein Lebewesen ist, um so radikaler — strukturzerstörend oder strukturverwerfend — sind auch die Methoden, mit deren Hilfe ein Fortgang des Lebens erreicht wird.

Die von HARRISON inaugurierte, vor allem von CARREL und seinen Mitarbeitern weiter ausgebaute Methode der Gewebskulturen hat die für Keimzellen, Einzeller und Bakterien festgestellte „Unsterblichkeit" — um der Kürze halber diesen wohl nicht mehr mißverständlichen Ausdruck zu gebrauchen — auch für die Körperzellen gültig erwiesen. Freilich mit einer Einschränkung, die für das tiefere Verständnis des Todesproblems sehr bedeutungsvoll ist: je undifferenzierter das Gewebe ist, je tiefer es phylogenetisch und ontogenetisch steht, um so besser läßt es sich züchten. Andererseits kann aber auch hochdifferenziertes Gewebe, wie nervöses, längere Zeit lebend erhalten werden, hier aber tritt an Stelle der Zellvermehrung die Massenzunahme der Zellen und das Wachsen der Fasern.

Der Bedeutung wegen, die sie späterhin für unsere Darstellung gewinnen wird, sei hierbei gleich der neuerdings von CARREL und EBELING gemachten Beobachtung gedacht, wonach Extrakt von embryonalem Gewebe auf Kulturen von Bindegewebszellen einen mächtig fördernden Einfluß ausübt, während andererseits im Serum ein mit dem Alter des serumspendenden Tieres (der gleichen oder einer fremden Art) zunehmendes Maß von Hemmung zugegen ist.

Alle angeführten Tatsachen, deren Kreis sich leicht noch erweitern ließe, sprechen zugunsten einer Anschauung, die nicht in einer Abnützung im Sinne des Defektwerdens, sondern in einem Ersticken in den eigenen Stoffwechselprodukten den Grund der Lebenshemmung sieht. Man hat diese Auffassung wohl auch als „Schlackentheorie" bezeichnet, ein Name, den wir uns aus bald verständlichen Gründen nicht zu eigen machen.

Zu dieser Anschauung stimmen auch die Erfahrungen bezüglich der Regenerationsvorgänge gut, die von den SPALLANZANIschen Salamanderversuchen an bis zu den neueren Forschungen an niederen Tieren (Plannarien, Spongien, Hydren, Ascidien) gelehrt haben, daß die Herauslösung aus dem Zusammenhang wie die Einschmelzung von Organisation eine Auffrischung und eine mit erneutem Wachstum, gemehrter Strukturbildung einhergehende verbesserte Fortführung des Lebens zur Folge haben. Andererseits ist bekannt, daß mit dem Aufstieg in der Tierreihe und mit zunehmendem Alter und Differenziertheit des Individuums die Regenerationsfähigkeit abnimmt; es gibt also einen Grad entstandener Struktur, von dem ab dem Lebewesen dieser Verjüngungsmechanismus nicht mehr zur Verfügung steht. Das ist ein weiteres Argument gegen die Abnützungsvorstellung, denn mit vollkommenerer Organisation sollten wir einen erhöhten Schutz gegen diese erwarten, es ist aber auch wichtig im Hinblick auf das schon bei den Protistenbeobachtungen aufgetauchte Problem, daß die Verjüngungsfähigkeit der Systemeinheiten (Zellen) eine gewisse Phase des Lebensablaufs nicht überdauert.

Daß in den Regenerationsvorgangen, auch wenn sie nicht von Teilstücken ausgehend zu neuen Individuen führen — wie in den eingehenden Plannarienstudien von CHILD —, sondern nur Teile des Organismus ersetzen, ein für das Ganze verjungend wirkender Effekt liegt, zeigen neuere Untersuchungen von M. HARTMANN an Turbellarien und von W. GOETSCH an Süßwasserpolypen. Letzterer Forscher sieht den Grund der potentiellen Unsterblichkeit der Hydren in der Unabhangigkeit der Teilkomplexe, jeder Abschnitt kann regenerativ das ganze Individuum erganzen HARTMANN konnte seine Tiere durch mehrfache Amputationen und dadurch erzwungene Regenerationen monatelang unter Ausschaltung der Fortpflanzung im individuellen Wachstum erhalten, er sieht den Grund der Verjungung in der „Verkleinerung des biologischen Systems" und der damit verbundenen Steigerung des Metabolismus und der Entfernung der Hemmnisse.

Scheinbar nicht zu allen bisher besprochenen verjungenden Vorgängen an den lebenden Systemen stimmen die neuestens so viel diskutierten STEINACHschen und W. HARMSschen Versuche an Saugetieren Hier soll es sich — nach STEINACHs Anschauung — ja nicht um Einschmelzung mit folgender Regeneration, sondern um Anregung einer

Produktion gewisser „Hormone", positiv wirkender innerer Sekrete handeln. Bekanntlich nimmt STEINACH die Existenz einer „Pubertätsdrüse", repräsentiert durch die Leydigschen Interstitialzellen der Keimdrüse, an, deren Sekret den verjüngenden Effekt ausüben soll.

Die Erscheinungen sind bekannt: männliche Ratten, die im Beginn der Seneszenz standen, wurden entweder durch Unterbindung des Samenleiters oder durch Transplantation junger Hoden „verjüngt", d. h. sie wurden lebhafter in ihrem allgemeinen Habitus, das schon spärlich und struppig gewordene Haarkleid wurde wieder voll und glatt, die Haut turgeszent, der Geschlechtstrieb erwachte neu, seine Befriedigung setzte wieder in normaler Form ein, die gesamte Lebensdauer soll in einzelnen Fällen bis zu $^1/_4$ der Norm vergrößert worden sein.

Ähnlich sind die Ergebnisse, die W. HARMS an alten Hunden erzielte, in einem besonders instruktiven Fall eines hochgradig senilen Teckels waren mehrfache Überpflanzungen von jungen Hoden jedesmal von mehrwöchigen bis mehrmonatigen Perioden erneuter Jugendlichkeit gefolgt, schließlich klang die Wirkung rasch ab und das Tier starb einen typischen Alterstod.

Muß man nun die Annahme eines besonderen Jugendhormons zur Erklärung dieser Erscheinungen, die als solche zwar nicht unbestritten, aber im ganzen wohl doch genügend sichergestellt sind, machen?

STEINACH beschreibt als Folge der Samenleiterunterbindung eine Einschmelzung der samenbildenden Zellen bis zur Verödung der Hodenkanälchen und konsekutive Proliferation des Zwischengewebes, aus dessen Vermehrung er auf Überproduktion des hypothetischen Hormons schließt. Aber in diesem Falle wie erst recht in dem der Hodentransplantation sehen wir als erstes doch eine Einschmelzung und als Folge vermehrtes Wachstum aller möglicher Wachstumsorte, nicht nur des Hodeninterstitiums, sondern (HARMS) auch der Samenzellen, der Hautepithelien, der Haare, wahrscheinlich auch der Muskulatur und des Bindegewebes im ganzen Körper. Also prinzipiell gar nichts anderes als in den vorerwähnten Regenerationsversuchen von CHILD, HARTMANN, GOETSCH u. a., nichts anderes wohl auch als das, was für die Pflanze aus HABERLANDTs schönen, später zu besprechenden Untersuchungen bekannt ist.

Erweitert werden unsere Kenntnisse aber insofern, als wir aus den Säugetiererfahrungen ersehen, daß es nicht unbedingt eine „Verkleinerung des biologischen Systems" zu sein braucht, daß zwar das konsekutive Wachstum wohl das Wichtigste an dem Verjüngungsvorgang ist, daß dieses aber nicht notwendig durch Wachstum im räumlichen Sinne repräsentiert zu sein braucht, sondern durch eine Strukturvermehrung, die wir unter dem Namen der „cellulären Excretion" noch ausführlich behandeln werden, gegeben sein kann. Dieser letztere Vor-

gang würde demnach gesteigert werden können, wenn im Körper
lebendes Material zerfällt, und zwar besonders wohl, wenn es so wachs-
tumsfähigem Gewebe entstammt wie jugendlichen Keimdrüsen. Und
weiter läßt sich folgern, daß ein spezifischer Effekt des schmelzenden
Transplantats auf das homologe Gewebe statthat, scheinen doch die
sexuellen Verjüngungserscheinungen im Vordergrunde zu stehen.
Jedenfalls aber wäre es eine lohnende Untersuchung, festzustellen, ob
nicht auch andere wachstumseifrige Gewebeart im Transplantat ähnlich verjüngend wirken kann, ja vielleicht auch strukturlose Materie,
z. B. Embryonalgewebsextrakte (in Anlehnung an die CARREL-EBE-
LINGschen Versuche) oder überhaupt „Biokyme" in den Anfangsstufen des Ablaufs. Davon wird noch zu reden sein.

Der Überblick über die Bedingungen — der Natur und des Experiments —, unter denen das katastrophale, fortgangslose Ende eines
biologischen Systemvorganges vermieden oder hinausgeschoben werden
kann, muß die Gründe zum Eintritt dieses Endes erkennen lassen. In
eine kurze Formel gebracht läßt es sich etwa so sagen: jede Änderung
der Lebensbedingungen (im weitesten Sinne), die die Möglichkeit zur
Strukturbildung für das Lebewesen vergrößert, verringert in gleichem
Maße die aktuelle Gefahr jenes Endes.

Diese Möglichkeit der Strukturneubildung sagt natürlich nichts
aus über den wirklichen, schon erreichten oder erreichbaren Grad von
Durchformtheit. Man kann nur sagen: je tiefer dieser Grad ist, um so
größer jene Möglichkeit; konkret formuliert: je ferner der Ganglienzelle und je näher dem Ei, um so geringer die Gefahr, um so leichter ihre
Abwendbarkeit.

Um ein lebendes System in den Bedingungen seiner Fortdauer zu
erfassen, ist es notwendig, nicht das morphologisch definierte, um-
grenzte Lebewesen zugrunde zu legen, sondern einen „Vitalraum"
als denjenigen, den das Leben in dem betrachteten Falle mit Struktur
zu erfüllen strebt resp. zu erfüllen vermag. Es braucht kaum betont
zu werden, daß dieser Vitalraum nichts mit dem Lebensraum zu tun
hat, der durch die Grenzen der Erfahrbarkeit und Einwirkungsweite
eines Tieres charakterisiert ist. Es handelt sich vielmehr um keinen
realen, in Kubikmetern jeweils festzulegenden Raum, sondern um einen
virtuellen, einen, dessen Größe mit den außeren und inneren Bedingungen
des lebenden Gebildes variiert.

Am einfachsten liegt der Fall etwa bei einer Bakterienkultur im
geschlossenen Gefaß, hier fallen Vitalraum und Kulturmaximum zusammen, soweit nicht ein periodisches Einschmelzen und Neuwachsen
eintritt. Komplizierter wird es schon bei Infusorienkulturen, wo der
tatsachlich während der Kulturlebensdauer mit Struktur erfullte Raum
durch die Einschaltung von Konjugationsvorgangen vergroßert wird.

Bei dem Organismus endlich ist der Vitalraum gleich dem von der Körperhülle umzirkten Raum, vermehrt um das Totalvolumen aller im Laufe des Lebens in Strukturform nach außen abgestoßener Materie.

Der Vitalraum ist also gewissermaßen die Raumprojektion der Lebensdauer eines Systems, und alles, was diese verlängern soll, muß jenen vergrößern, die Verlängerung muß in der Vergrößerung ihre Erklärung finden. Bei all den auf wiederholten Regenerationen einzelner Teile oder dem Wiederaufbau des Ganzen von einem Teil aus beruhenden Verjüngungen ist die Vergrößerung des Vitalraumes evident. Ebenso natürlich bei den Infusorienzüchtungen vom WOODRUFFschen Typus und bei den Gewebskulturen. Aber auch die STEINACH-HARMSschen Experimente zeigen in der Produktionssteigerung von Hautzellen, Haaren, Spermien eine Zunahme der Strukturbildung und damit des Vitalraumes.

Es ist also nicht die Anreicherung irgendwelcher mehr oder weniger nebensächlicher, „nur“ unvermeidbarer „Schlacken“, von deren Entfernung oder Ausschaltung das Schicksal des lebenden Gebildes abhängt. Es ist die Struktur selbst, die, wie sie notwendig entsteht, ja ihr Entstehen recht eigentlich der Lebensvorgang ist, das katastrophale Ende bedingt.

Zwei mögliche Arten der Hinausschiebung des Endes gibt es, die radikale und wirkungsvollere ist die — mehr, weniger ausgiebige — Struktureinschmelzung, die gelindere und wirkschwächere ist die Vergrößerung des strukturerfüllbaren Raumes, wobei es grundsätzlich das gleiche ist, ob man wie bei der erzwungenen Regeneration nach Amputation das biologische System verkleinert oder wie etwa bei der Hodentransplantation die Intensität der — sagen wir — „physiologischen Regenerationsvorgänge“ steigert.

Die hier entwickelte Anschauung der strukturbildenden Vorgänge nötigt zu einer Auseinandersetzung mit der herrschenden Einteilung in Entwicklung und Funktionieren des Entwickelten, also in Entwicklungsmechanik und Physiologie.

Es leuchtet ein, daß unsere Darstellung jener Anschauung verwandt ist, die Altern und physiologischen Tod mit unter das Wort „Entwicklung“ begreift; aber von den Forschern, die diese Anschauung vertreten, hat, soweit mir bekannt geworden, keiner den doch eigentlich folgerichtigen Versuch gemacht, dann auch die gesamten Lebensprozesse, einschließlich der Organfunktionen, von diesem Punkte aus zu sehen. Warum hat man selbst bei einem Organ, dessen Funktion eine so deutlich über Zeit hin erstreckte ist wie die des Großhirns, die histologisch nachweisbaren Alterserscheinungen eben nur als „Alterserscheinungen“ aufgefaßt und nicht auch als Ausdruck der Funktion? Legte das hier nicht schon der Gedanke an das Gedächtnis und seine

Veränderung im Ablauf des Lebens nahe? Vielleicht ist der Grund für die Abgeneigtheit eine zu enge Fassung des Begriffes „Struktur", unter den man alle Substanz fassen sollte, die — ohne radikalen Eingriff irreversibel — aus dem flüssigen und gelösten in den festen, unlöslichen Zustand übergegangen ist.

Tatsache ist, daß die so aufgefaßte Struktur über das ganze Leben hin dauernd zunimmt, daß der relative Wassergehalt der Gewebe und Organe dauernd abnimmt und daß dieses Wasser im Alter fester gebunden ist, weniger leicht abgegeben wird, wie eigene, unveröffentlichte Versuche ergaben.

Und warum hat man bei jenen Organen und Geweben, die auch im Erwachsenen Zellneubildung und Zelleinschmelzung, ganze oder teilweise Zellabstoßung zeigen, hierin nur den Ersatz abgenutzten Materials gesehen und nicht den Ausdruck von Funktion? Wenn z. B. in Fällen weitgehender Zerstörung des Lebergewebes das gesunde eine auffällig große Zahl von Mitosen erkennen läßt, so sieht man darin nur ein Regenerationsbestreben; warum nicht zugleich auch eine infolge der Verkleinerung vermehrte Funktion der betreffenden Teile?

Wenn man sieht, daß künstlich zerstörtes Epithel der Tubuli contorti der Niere sich fabelhaft rasch regeneriert, so liegt doch der Gedanke sehr nahe, daß da nicht nur eine schlummernde Fähigkeit manifest wird, sondern ein an sich physiologischer, mit der Funktion verbundener Vorgang nur mehr ins Auge fällt.

Auf alle diese Einzelfragen kann nicht eingegangen werden, die prinzipielle Schlußfolgerung ist einmal, daß Strukturbildung (bei Entstehung, „physiologischer" und Verlustregeneration sowie dem Altern) und Funktion nicht generell verschiedene Vorgänge zu sein brauchen, und dann für das Problem dieses Kapitels, daß der Tod, der „physiologische Tod" nicht eine irgendwie — morphologisch oder physiologisch — bedingte Folge des Lebens ist, sondern der prägnante Wesensausdruck des Lebens.

Zur Verdeutlichung dieser Behauptung kehren wir noch einmal zu der Erfahrung zurück, daß die Regenerationsfähigkeit mit der Zunahme der Differenziertheit abnimmt und daß gleicherweise in den Gewebskulturen differenzierteres Material weniger züchtbar ist, und zwar Strukturbildung und Massenzunahme (Nervenfasern), aber nicht mehr Struktureinschmelzung (Zellteilung) zeigt.

Der Strukturbildungsvorgang hat eine extensive und eine intensive Komponente, erstere führt zur Volumzunahme und Zellvermehrung, letztere zur starkeren Differenzierung und Verdichtung. Es hat den Anschein, als ob von einem gewissen Grad der Durchformtheit an nur noch die zweite Komponente, allenfalls unter Hinzutritt der reinen Massenzunahme der einzelnen Elemente, möglich sei, aber nicht mehr die eigentliche Vermehrung. Und zwar scheint das aus inneren, nicht nur aus Milieubedingungen so zu sein, wenn auch die letzteren bei der Herbeiführung dieses Zustandes wesentlich beteiligt sind. Denn auch im Explantat gelingt, wenigstens nach der Ansicht der meisten, den CARRELschen Deutungen zum Teil kritisch gegenüberstehenden Forscher, an erwachsenen, differenzierten Geweben eine echte Vermehrung kaum.

Das allgemeinste Strukturelement, noch allgemeiner als die Zelle, ist der Zellkern. Wir kennen vielkernige Zellen oder vielkerniges Plasmodium und Syncytium, und auch bei Bakterien sind neuerdings Mitosen beschrieben worden.

Andererseits ist die nahe Beziehung des Kerns zu den Differenzierungsprodukten vielfach aufgefallen, so beginnt die Anlage der Neurofibrillen um den Kern des Neuroblasten, die bekannten Bilder des Knorpel- und Knochenwachstums zeigen die Ansammlung der Kerne am Orte der Grundsubstanzbildung usw., kernlose Zellbruchstücke können keine spezifischen Produkte mehr bilden. Im Widerspiel dazu ist das Austreten des „Alterspigments" aus den Kernen oft beschrieben worden, bei der parthenogenetischen Kerneinschmelzung der Infusorien treten Pigmentgranula und färbbare Körnchen im Plasma auf, und R. HERTWIG sieht in der relativen Zunahme des „somatischen Kernmaterials" den Grund des Alterns und eventuell Degenerierens des Infusors.

Der funktionale Zusammenhang zwischen Kern- und Plasmamasse hat bekanntlich in R. HERTWIGS „Kern-Plasma-Relation", die ein in engen Grenzen gehaltenes Größenverhältnis konstant findet, seinen Ausdruck erhalten.

Daß Plasmasubstanz in Kernmaterial übergeht, ist evident, die Auffassung des Kerns als eines Organs der Zelle, wie sie vielfach verbreitet ist, entspricht nicht der sonst gebräuchlichen Anwendung dieses Begriffes, ganz abgesehen davon, daß ja der Kern gegenüber der Zelle das Allgemeinere ist.

Freilich hat man sich infolge der morphologischen und physiologischen Befunde gewöhnt, im Kern das Lebende par excellence zu sehen, und es ist ja auch offensichtlich, daß er die Lebensvorgänge weitgehendst beherrscht. Aber ist nicht gerade alles Beherrschen eine mehr negative Wirkungsart, ein Grenzsetzen und Freiheitbeschränken? Ist nicht auch jede maschinelle Vorrichtung ein Formaufzwingen gegenüber einem elementaren Naturablauf? Der eingefaßte Mühlbach wie der Dampfzylinder oder der Draht des Telegraphen? Wir werden auf diese Theorie der indirekten Funktion des Kerns später noch zurückzukommen haben, hier genügt es, festzustellen, daß der Kern das Strukturiertere, das „Gewordene" in der Zelle darstellt,

im Gegensatz zu dem Ungeformten, dem „Werdenden", dem Protoplasma[1]).

Die angestellten Überlegungen sprechen alle wohl sehr entschieden
für die Auffassung, daß hemmende Substanzen bei dem Lebensprozesse
entstehen, und daß, je differenzierter, strukturierter die Lebensgebilde
werden, um so mehr die Möglichkeit schwindet, daß sie sich dieser
Substanzen absolut oder relativ noch wieder entledigen können.

Aber das Entstehen dieser Substanzen als den Grund des Ablaufs,
allgemein und speziell, und damit des Lebens überhaupt anzusehen,
das folgt nicht ohne weiteres und erscheint auf den ersten Blick eher
paradox. Man spricht lieber von der „Aktivität" alles Lebendigen,
hilft sich mit vitalistischen Begriffsapparaturen oder solchen physikalischen Mißgeburten wie einer „Ektropie". Die heuristische Unfruchtbarkeit dieser Gedankendinge sollte uns zeigen, daß wir nicht
darauf ausgehen sollen, das „Wesen des Lebens" zu verstehen, sondern
die Lebensprozesse wie alle Naturvorgänge zu rationalisieren, d. h.
nicht sie definieren, sondern sie beschreiben, die typische Form ihres
Ablaufs aussprechen.

Die Erfahrung hat den Physiker belehrt, daß bei allen in der Natur
von selbst verlaufenden Prozessen ein Energiegefälle vorhanden sein
muß, das sich nach Maßgabe des Fortschreitens des Vorgangs verringert.
Gäbe es nur den ersten Hauptsatz, so würde man nur von Energiever-
teilungen etwas wissen, also gewissermaßen auch von „Aktivitäten",
erst der zweite Hauptsatz erzeugt die große Fruchtbarkeit der thermodynamischen Betrachtung für die Erkenntnis der tatsächlichen Prozesse.

Von einer Aktivität des Lebens zu reden, wäre nur dann notwendig
und berechtigt, wenn es stationäres, vollkommen zirkuläres Leben an
einem isolierten biologischen System gäbe. Gibt es das nicht, ist alles
Leben Ablauf, bei dem die Möglichkeit des Fortgangs in diesem System
eben mit dem Fortgang zugleich abnimmt, so sind wir berechtigt und,
wie ich meine, verpflichtet, dem Tod dieselbe Stelle in der
Biologie anzuweisen, die der absolute Nullpunkt in der
Thermodynamik einnimmt. Es bedarf keiner besonderen Begründung, daß im Biologischen sich dieses stofflich, also — vorlaufig —
morphologisch, letzthin chemisch manifestieren muß.

Gibt es stationäres Leben?

---

[1]) Mit Absicht wird vermieden, Ausdrucke wie „heterogene Phase" u a
scheinbar „exaktere" Begriffe hier zu verwenden, die vorderhand doch nur die
Funktion von Kurzschlussen haben wurden Wie bei der Besprechung der enzymatischen Vorgange noch naher ausgefuhrt werden soll, scheint mir die Vorsicht
und uberlegte Wahl des Punktes fur den Grenzubertritt in das Physikalisch-
Chemische die erste und vielleicht wichtigste Voraussetzung fur den Erfolg einer
biologischen Problemstellung zu sein.

Man könnte versucht sein, die Fälle von Scheintod, von Vita minima, den eingefrorenen Frosch, das eingetrocknete Bärtierchen, die Bakteriensporen und alten Getreidekörner anzuführen. Aber abgesehen davon, daß in allen genügend erforschten Fällen doch schließlich eine zeitliche Begrenztheit für das Wiederauflebenkönnen sich ergeben hat, so bewiese die Möglichkeit auch einer vollständigen Sistierung des Lebens mit späterem Fortgang so wenig etwas gegen den Lebensablauf wie etwa die Thermosflasche etwas gegen den Entropiesatz beweist.

Wahrscheinlich ist eine solche Vita minima, eine äußerst flache Ablaufkurve, auch bei manchen Elementen innerhalb des Organismus etwas ganz Gewöhnliches. Die Markzellen der Bäume erreichen ohne Teilung 80 Jahre, viele Nervenzellen wahrscheinlich noch mehr, es ist durchaus möglich, daß manche Organelemente in dieser Form lange Zeit aufgespart werden können, um später für abgelebte einzutreten. Noch mehr wird das von intercellulären Bildungen gelten, deren Kernlosigkeit, wie wir später sehen werden, einen langsameren Ablauf wahrscheinlich macht und für die — vor allem die muskulären — bis zu einem gewissen Grade (nicht absolut) ihre Funktion die Gestalt einer regenerativen Periodik annimmt.

Daß auch isolierte Zellen oder äquivalente Gebilde relativ lange Zeit ohne Teilung überdauern können, beweisen z. B. die Spermatozoen im Receptaculum seminis der Honigbiene, die drei Jahre erreichen. Paramaecien erhielt CRAMPTON 32 Tage ohne Teilung in guter Lebendigkeit, ähnlich konnte HARTMANN grüne Flagellaten unter Wachstum ohne Teilung wochenlang erhalten, er kommt aber zu dem gleichen Schluß wie RUBNER auf Grund seiner Hefestudien, daß ohne Wachstum oder Vermehrung das Leben unabwendbar zu einem Ende kommt.

Die Erfahrung belehrt also den Biologen ganz ähnlich wie den Physiker, und dem Maximumstreben der Entropie entspricht das Maximumstreben des „Toten" in dem isolierten, für sich betrachteten biologischen System.

Der Tod als Ereignis, als der einmalige Vorgang, der er dem äußeren Anscheine nach ist, hat für unsere Betrachtung nur sekundäre Bedeutung. Wäre die vielfach verbreitete Ansicht richtig, daß er der Übergang aus einem labilen in ein stabiles Gleichgewicht sei, so müßte dabei Energie frei werden und das System unmittelbar nachher energieärmer sein als unmittelbar vorher. Wie MEYERHOF durch plötzliche Abtötung stark atmender Vogelblutzellen im Kalorimeter nachgewiesen hat, ist der plötzliche Tod nicht mit Wärmetönung verbunden und ein Energieunterschied lebender und toter Substanz ist innerhalb der Meßgenauigkeit nicht auffindbar. Unserer Auffassung muß diese Tatsache ja ebenso selbstverständlich sein wie die, daß die Unterbrechung eines elektrischen Stromes kein energieliefernder Vorgang ist.

Es ist ja auch nicht einmal das richtig, daß das Tote ein Ruhendes, Stabileres sei, wir sehen doch in den Organen und Geweben unmittelbar nach dem Tode oder besser: sobald die Sauerstoffversorgung unzureichend wird, Vorgänge einsetzen, die in ihren chemischen und morphologischen Manifestationen alle Lebenserscheinungen weit übertreffen.

Und diese Vorgänge sind der größten Beachtung wert, sie würden uns, wenn wir sie genügend kennen würden, für das Verständnis der Lebensvorgänge wohl ebenso nützlich sein wie die Anatomie der Leiche es für die Morphologie des lebenden Körpers ist. Es ist ja von vornherein sehr unwahrscheinlich, daß diese Prozesse etwas toto genere von den Lebensvorgängen Verschiedenes sein sollten, das lehren die Erfahrungen der Pathologen bei Nekrosen und Degenerationen mit aller Deutlichkeit. Die gewöhnliche Auffassung ist dementsprechend auch die, daß unter Fortfall der assimilativen Prozesse die dissimilatorischen weitergehen und zur Destruktion und Molekülzertrümmerung des lebenden Materials führen. Faßt man dabei Assimilation und Dissimilation als entgegengesetzt gerichtete Prozesse, von denen der erstere die Wirkung des letzteren rückgängig macht — also im Sinne der Theorie des labilen Gleichgewichts —, so können wir dem nicht beitreten, wohl aber, wenn beide als Teile eines Reaktionsablaufs gelten, von denen der eine, der dissimilatorische, im normalen Lebensgeschehen keine notwendige Komponente ist. Das ist natürlich nicht so zu verstehen, als ob nicht notwendig dauernd Abbauprozesse im chemischen Sinne stattfinden müßten, sie sind als energieliefernde Reaktionen natürlich unentbehrlich. Aber das leugnen wir, daß notwendig assimilierte, eigene Substanz abgebaut werden müßte. Notwendig ist nur der assimilative Prozeß, und zwar nicht als Reparation, sondern als Neuentstehung von Substanz, die im stetigen Lebensgeschehen — also ohne Zellteilung, totalen oder partiellen Zellschwund (wozu auch Sekretionen zahlen) — nicht nur nicht abgebaut wird, sondern gar nicht abgebaut werden kann. Das, was in der postmortalen Dekomposition wirkt, ist nicht ein auch intravital dissimilatorisch wirkendes Agens, sondern Material, das bei erhaltenem Fortgang des Lebens selbst assimilativ fortgeschritten ware und nur nach Erloschen des vitalen synthetischen Reaktionsgefälles dissimilatorisch wirkt. Das wird noch deutlicher werden.

Daß die Annahme des Assimilations-Dissimilationsgleichgewichts nicht richtig sein kann, das folgt schon aus der Tatsache, daß es kein stationares Leben gibt, sie ist darum so verhängnisvoll, weil sie ein Fruchtbarwerden der chemischen Gleichgewichtslehre verhindert. Diese kann uns ja gerade darüber belehren, warum Reaktionen ablaufen, und nur wenn nichts geschieht, nimmt sie ein jenem angeblichen biologischen ähnliches „dynamisches" Gleichgewicht an, wo die Umsätze in beiden Richtungen die gleichen sind.

Die chemische Kinetik sagt aus, daß eine Reaktion oder eine Kette von verbundenen Reaktionen in der einen Richtung zu Ende abläuft, wenn das oder die Reaktionsprodukte aus der Reaktion ausscheiden, sei es durch mechanische Fortschaffung — mit oder ohne Zersetzungen — durch anderweitige Bindung (Adsorption), durch gasförmiges Entweichen oder durch Ausfallen aus der Lösung. All das findet bei den biochemischen Reaktionen sicherlich statt, aber von grundsätzlicher Bedeutung für unsere Probleme sind nur die Reaktionsendformen, bei denen sich das Reaktionssystem im ganzen doch verandert, durch die der Prozeß in toto zu einem endlichen wird, sie allein können Wachstum, Entwicklung und die Unstetigkeitspunkte — Teilung und Tod — in das Lebensgeschehen bringen.

Wenn wir eine Gasflamme entzünden, so brennt diese, solange das Gas strömt, aber wenn wir in einem geschlossenen Reaktionsraum Silbernitrat und Kochsalz reagieren lassen, so geht das nur bis zu dem Augenblick, wo der ganze Raum sich mit festem Chlorsilber angefullt hat.

Haben wir nicht ein Reaktionsprodukt, sondern ein System von verbundenen Reaktionen, deren Produkte auf verschiedenen Wegen aus der Reaktion entfernt werden müssen, um den Fortgang zu erhalten, so kann ein Versager das Ganze zum Stillstand bringen oder auch in andere Bahnen drängen. Je größer aber die Gefahr des Versagens an einem Punkte wird, resp. je mangelhafter — chemisch angesehen — dort die Entfernung der Reaktionsprodukte wird, um so notwendiger ist es, daß die übrigen gut funktionieren, zumal falls die — biologisch sicher bedeutungsvolle — Möglichkeit besteht, daß die Mechanismen einander entlasten können. Man denke nur an den Fall, daß Eiweißbausteine sowohl verbrannt wie der Assimilation zugeführt werden können; da die Assimilation eine Auswahl bedeutet, so fordert gesteigerte Assimilation auch gesteigerte Verbrennung der nicht assimilierten Gruppen, anderenfalls würden diese sich anhäufen und die voraufgehenden Phasen der Reaktionsfolge hemmen können.

Mit diesem Gesichtspunkt treten wir nun an die Betrachtung der Rolle der Oxydationen für das Problem des Todes und des Ablaufs, sowie der nekrobiotischen Prozesse heran.

Vor allem durch die Untersuchungen von J. LOEB, O. WARBURG, O. MEYERHOF sind wir über die beherrschende Rolle der Oxydationen bei der Entwicklung des befruchteten oder chemisch zur Furchung angeregten Eies unterrichtet worden. Sie haben zu dem Ergebnis geführt, daß die Oxydationen die unabhängige Variable in der Funktionalbeziehung sind; es gibt Oxydation und auch Oxydationssteigerung ohne

Furchung, aber keine Furchung ohne Oxydationen. Andererseits wirkt die Struktur katalytisch auf die Oxydationen, schon der erste Anstieg des Sauerstoffverbrauches unmittelbar nach dem Eindringen des Spermatozoons ist eine solche strukturkatalytische Wirkung, wie WARBURG wahrscheinlich gemacht hat, und zwar ist es die Veränderung der Eimembran, um die es sich dabei zu handeln scheint.

Nach WARBURG ist in ein und derselben Zelle die Oxydationsgeschwindigkeit um so größer, je mehr Struktur sie enthält, doch steigt die Geschwindigkeit im sich entwickelnden Ei nicht im gleichen Ausmaße wie die Kernmasse, sondern viel langsamer.

Auch im reifenden Ei sind schon erhebliche Oxydationen im Gange — ohne Sauerstoff keine Reifung —, das Interessante ist aber, daß das reife Ei bei Sauerstoffgegenwart sehr rasch zugrunde geht, wenn die Furchung nicht ausgelöst wird, während es unter Wasserstoff lange Zeit lebend und befruchtbar bleibt (J. LOEB). Es muß also zuerst anderweitig — durch Befruchtung oder eine künstliche Entwicklungsanregung — eine Strukturbildung bewirkt sein, damit die Oxydationen, mächtig gesteigert, unter Strukturzunahme weiter verlaufen können.

Wir werden spater, bei Betrachtung der Entwicklungsvorgänge, sehen, daß Grund dafür besteht, in dieser ersten Oxydationsfreisetzung und zugleich Oxydationsentgiftung im Ei die Bildung einer ablaufermöglichenden Struktureinrichtung (eine Art von Krystallisationskern) zu erblicken.

Während aber vorher — beim unbefruchteten Ei — Sauerstoffenthaltung konservierend wirkte, vertragt umgekehrt das in Furchung begriffene Ei Sauerstoffentbehrung nur kurze Zeit und um so kürzere, je weiter fortgeschritten die Entwicklung ist.

Eine energetische Betrachtung der starken Oxydationen, welche die Vorgänge der Zellteilung und Strukturzunahme begleiten, kann nicht genügen. Abgesehen davon, daß der Arbeitsquotient physikalisch nicht zu erfassen ist, so ist — wie MEYERHOF zeigte — im befruchteten Ei die Wärmetönung, bezogen auf den veratmeten Sauerstoff, die gleiche, ob Zellteilung stattfindet oder z. B. durch Urethan unterdrückt ist.

J. LOEB diskutiert die Möglichkeit, daß die Oxydationen giftige Stoffwechselprodukte zu beseitigen haben und daß der Sauerstoff bei der Bewirkung von Synthesen, entsprechend einer alten SCHMIEDE-BERGschen Theorie, benotigt wird.

Ohne in diese Erorterungen hier einzutreten, läßt sich so viel mit Bestimmtheit sagen· alle in der Ablaufrichtung des Lebens liegenden Prozesse — Eireifung, Furchung, Entwicklung — sind an Oxydationen geknupft. Dabei nimmt die Oxydationsgeschwindigkeit wahrend der Furchung dauernd zu, obwohl — wie WARBURG betont — spater die in der Zeiteinheit gebildete Kernzahl wieder abnimmt, es besteht also auch so keine deutliche Beziehung zu der sichtbar werdenden chemischen Arbeitsleistung. WARBURG denkt deshalb an mechanische Mikroarbeitsleistungen zur Beseitigung von Gleichgewichtsstörungen, aber gerade vom Standpunkte der Zelle als zirkulär funktionierender Maschine aus müßte ihr Arbeitsquotient um so günstiger werden, je mehr sie sich dem spezialisierten Typus derjenigen des erwachsenen Körpers nähert, warum also doch eine Steigerung der Oxydationsgeschwindigkeit?

Dagegen sehen wir eine Beziehung zwischen der Zunahme der Oxydationsgeschwindigkeit, der wachsenden Empfindlichkeit gegen Unterbrechung der Sauerstoffzufuhr und dem Fortgange der Entwicklung und Differenzierung, bis schließlich im Erwachsenen das hochstdifferenzierte Gewebe, das zentral-nervöse, am sauerstoffbedurftigsten und empfindlichsten gegen seinen Mangel wird. Auf der einen Seite steht also das reifende Ei mit größter Wachstumspotenz, geringster Strukturiertheit und weitestgehender Unempfindlichkeit gegen Sauerstoffabschluß, auf der anderen die Ganglienzelle mit Verlust der Teilungsfahigkeit, hoher Strukturiertheit, kontinuierlichem Altern und höchster Gefahrdung durch Sauerstoffmangel.

Der Schluß liegt nahe, daß es nicht so sehr gerade Wachstum und Zellteilung sind, die der Oxydation bedürfen, als vor allem der Strukturbildungsprozeß trotz schon gebildeter Struktur, nicht so sehr der morphologische Ablaufserfolg als die Ablaufserhaltung

Erinnern wir uns dessen, was wir oben (S. 31) über Gruppenreaktionen ausführten. Je spezialisierter eine Zelle oder ein Gewebe wird, um so spezieller wird auch die Auswahl unter dem angebotenen Assimilationsmaterial sein, um so kleiner der Anteil, der synthetisch eingebaut wird, um so größer also der verbleibende Rest, der beseitigt werden muß, damit der Reaktionsstrom im Fluß bleibt. Dazu kommt, daß die hochdifferenzierte Zelle altert, daß damit der strukturbildende oder in Massenzunahme assimilierende Prozeß und damit diese Reaktionsendkomponente im allgemeinen Ablauf nachläßt; um so notwendiger wird dann die gute Erhaltung der oxydativ-abbauenden Entfernung der Reaktionsprodukte.

Es ist darum auch keineswegs so, daß ein intensiver Stoffwechsel eines Organs einen wirklichen Stoffwechsel der organeigenen Substanzen beweist. Es sei nur wieder an das Gehirn erinnert und im Zusammenhang damit an die Erscheinungen bei der Hypo- und Hyperfunktion der Schilddrüse, auch da sehen wir ja Stoffwechsel, Wachstums- bzw. Differenzierungsprozesse und Gehirntätigkeit parallel beeinflußt.

So läßt sich kausales und teleologisches Verständnis der Vorgänge verbinden: gemehrte Struktur bewirkt nach WARBURGS Entdeckung gesteigerte Oxydationsgeschwindigkeit durch echte Katalyse, und gesteigerte Oxydationen halten Ablauf und Strukturbildung weiter im Gange.

Wenn der Organismus stirbt, so gehen bekanntlich nicht die sämtlichen Organ- und Gewebsteile zugleich zugrunde, sondern es läßt sich eine Absterbeordnung aufstellen, wobei es freilich die Frage ist, ob man nach den noch vorhandenen Lebensfunktionen oder den schon auftretenden Todesanzeichen fahnden soll. Wir sehen ab von der Möglichkeit der künstlichen Überlebenderhaltung, bei deren Realisierung man die Existenzbedingungen im Organismus bez. Ernährung und Gaswechsel der Natur möglichst nachzubilden sucht. Der Tod der Teile nach dem Tōde des Ganzen ist ja gerade ein asphyktischer, und wir wollen wissen, welche Vorgänge beim Sauerstoffmangel ausfallen, welche erhalten bleiben, welche neu auftreten.

Es ist klar, daß wir aus der Tatsache der irreparablen Schädigung des betreffenden Lebensgebildes nicht erschließen können, ob die Vorgänge, die dazu führten, erhaltene und nur unvollständige Lebensvorgänge oder postmortale im eigentlichen Sinne sind. Der Umstand aber, daß das Eintreten der Irreversibilitat einen für das Organ oder Gewebe charakteristischen Zeitfaktor enthält, daß ferner die eigentlichen Funktionsvorgänge nacheinander erlöschen, sowie außerdem die ahnlichen Befunde bei intravitalen Nekrosen sprechen zugunsten der Annahme, daß es nicht ein spezifisch neuer Chemismus ist, der jetzt einsetzt.

Die Definition des Lebenszustandes ist ja mit unvermeidbarer Willkur behaftet. Bei Organen, die eine leicht reproduzierbare Reizreaktion haben, richten wir uns nach dieser, aber ein Froschmuskel, der noch tadellos zuckt, ist darum doch nicht mehr replantierbar, und eine autotransplantierte, eingeheilte Niere (CARREL) erweist sich mit der Zeit doch als funktionell minderwertig.

Die histologische Untersuchung kann uns hier nicht viel helfen. Es sind keineswegs die asphyxieempfindlichsten Gewebe, die zuerst und am ausgepragtesten histologische Veranderungen erleiden. Den raschesten Kernschwund zeigen die drusigen Organe (Leber, Niere, Speicheldrusen), in der Leber wurde er schon nach 40 Stunden vollendet gefunden, in der Niere betrifft er zuerst das Epithel der gewundenen Harnkanalchen und der Glomeruli, wahrend die Sammelrohren noch nach 14 Tagen Kerne haben. Ganglienzellen wurden noch nach 5 Tagen kernhaltig befunden, wochenlang bleibt die Muskelfaser erhalten, noch langer Bindegewebe und Gefaße Hohere Temperatur begunstigt den Kernschwund. SCHMAUS und ALBRECHT fanden die mikroskopischen Veranderungen im Korper (ligierte Niere) die gleichen wie im Brutofen.

Wie mir Herr Professor VOIT aus Erfahrungen am Hingerichteten und am Tier mitteilt, ist die Darmschleimhaut besonders rascher Konservierung bedürftig.

Wir sehen also dort den ersten Strukturschwund, wo auch intravital die Funktion sich in Strukturwandlungen manifestiert (Sekretion), und wo wir den lebhaftesten intracellulären Stoffwandel annehmen dürfen. Bei den feiner differenzierten, strukturstationären Geweben sehen wir die Struktur um so persistenter, je mehr sie unmittelbarmechanischer Ausdruck der Funktion ist (Knochen, Bindegewebe, Muskel), und da sehen wir die Funktion ebenfalls weitgehend resistent gegen die Asphyxie. In den Ganglienzellen aber haben wir eine Zellart vor uns, die mit relativ persistenter Struktur höchste Empfindlichkeit gegen Sauerstoffmangel verbindet, die — um das immer wieder zu betonen — kontinuierlich altert und, bei geringster chemischer und mechanischer Arbeitsmanifestierung, eines lebhaften, ununterbrochenen Stoffwechsels bedarf.

Es lassen sich danach Organe unterscheiden, deren Funktion mit Strukturbildung und -einschmelzung verbunden ist, solche, deren Funktion an entstandene Struktur geknüpft ist, und solche, deren Funktion mit der fortdauernden Strukturbildung selbst steht und fällt. Es ist von einleuchtender Bedeutung, daß der Hauptvertreter der letzteren Art — das Zentralnervensystem — das Ganze beherrscht, es ist gewissermaßen der Träger der Tradition, das eigentliche Organ des Lebensablaufs. Dieser Gesichtspunkt wird bei der weiteren Erörterung immer wichtig bleiben.

Jene Einteilung in die drei Organarten ergibt von selbst, was wir bezüglich des Überlebens von Funktionen und ihres Verhältnisses zu den postmortalen Vorgängen zu erwarten haben. Bei der ersten Art, den drüsigen Organen, werden die dissimilatorischen Teile der Funktion noch fortgehen können, es sei an die Glycogenolyse in der Leber, die Selbstverdauung des Pankreas und auch an die Wirkung endokriner Drüsen im Transplantat erinnert. Bei der zweiten Art, den Stütz-, Binde- und Bewegungsorganen, wird die Funktion trotz der weitergehenden strukturlösenden Prozesse noch eine gewisse Zeit erhalten bleiben und um so länger, je unabhängiger sie von der Energiezufuhr ist. Bei der dritten Art endlich wird sie sofort mit dem Aufhören der assimilatorischen Prozesse erlöschen.

Welcher Art sind nun diese nekrobiotischen oder besser anoxybiotischen Vorgänge?

Auf das Histologische brauchen wir hier im einzelnen nicht einzugehen, die Bilder und demgemäß die Benennungen sind sehr mannigfach, das funktionell Wichtigste daran sind wohl die Veränderungen bezüglich der Membranen, der Phasenverteilung und räumlichen Ordnung. Die chemischen Vorgänge, die sicherlich das Primäre sind, zeigen vor allem den Charakter hydrolytischer Aufspaltungen und einer Verschiebung der aktuellen Reaktion des Mediums nach der sauren Seite. Wie sehr die chemischen Reaktionen die Vorgänge beherrschen — und nicht etwa irgendwelche primären Diffusionen, Quellungen usw. — zeigt die Temperaturabhängigkeit.

Von der eigentlichen Fäulnis, allen von Mikroben beeinflußten Vorgängen überhaupt ist hier natürlich abzusehen und nur die aseptische Autolyse zu betrachten.

Bekanntlich versteht man hierunter die von SALKOWSKI zuerst beobachtete Erscheinung, daß aseptisch entnommene und gehaltene Organe und Gewebe sich bei Bruttemperatur weitgehend zersetzen unter Bildung der auch bei der tryptischen Verdauung auftretenden Produkte. Die Proteolyse geht anfangs rasch, dann langsamer und kommt meist zum Stillstand bei einem noch relativ geringen Prozentgehalt an inkoagulabel gewordenem Stickstoff. Sie wird gefördert durch schwach saure Reaktion, was — wie HEDIN wahrscheinlich gemacht hat — wohl auf der Paralysierung hemmend wirkender Substanzen beruht; Alkalien hemmen, ebenso O_2, während CO_2 begünstigt (LAQUEUR). Der Vorgang der Autolyse ist aber wahrscheinlich ein recht komplexer, bei dem auch Desamidierungen, Fett- und Kohlehydratreaktionen vorkommen.

Sehr bemerkenswerte Beobachtungen sind die folgenden:

1. Dasselbe Gewebe beim jungen oder gar neugeborenen Tier autolysiert sehr viel stärker als beim ausgewachsenen, z. B. Kaninchenleber: jung 60 Proz. inkoagulablen N, alt 15 bis 20 Proz. (PICK und HASHIMOTO). Hier waren weitere systematisch vergleichende Untersuchungen sehr erwünscht.

2. Ein in lebhafter Tätigkeit gewesenes drusiges Organ, z. B. Mamma (HILDEBRANDT), autolysiert sehr viel starker als ein ruhendes.

3. Gehirn autolysiert sehr leicht, festgestellt an der Aminosäurenproduktion und verglichen mit den meisten anderen Organen (GIBSON, UMBREIL und BRADLEY). Es genugt ein sehr geringer Sauregrad, wie er in vivo bei Asphyxie oder Anamie entstehen kann.

4. Der Autolyse sehr verwandt sind die intravitalen Erscheinungen besonders an der Leber bei der Phosphorvergiftung, und gleichzeitig findet sich bei dieser eine Herabsetzung der Sauerstoffaufnahme und Kohlensäureabgabe.

5. Die autolytischen Enzyme wirken — nach manchen Autoren zum Teil absolut — mindestens relativ spezifisch auf das Eiweiß ihres Herkunftsgewebes, manche sollen zwar auf Peptone verschiedener Abkunft, aber nur auf das gewebseigene genuine Eiweiß einwirken.

6. Rasch wachsendes Gewebe, vor allem bosartige Geschwulste sind sehr wirksame Autolysatoren

7. Röntgen- und Radiumstrahlungen, die je nach der Dosierung bekanntlich sowohl wachstumshemmend wie -steigernd wirken können, beeinflussen die Autolyse im fördernden Sinne.

8. Autolysate sind ein ganz exquisiter Nährboden für Mikroorganismen (HEDIN und eigene Beobachtung).

9. Gewebsautolysate und sterile Macerationssäfte bewirken, wie v. GAZA zeigte, in homologes Gewebe injiziert, eine lebhafte Proliferation desselben. Dazu paßt die Beobachtung, daß sich mit dem Kerzenfiltrat von Hühnersarkom Impfgeschwülste erzeugen lassen (PEYTON ROUS, PEYRON).

Überblicken wir das der Kürze halber tabellarisch gegebene Beobachtungsmaterial, so gewinnt die Anschauung, daß es sich um einen Ausschnitt aus dem physiologischen Ablauf handelt, sehr an Wahrscheinlichkeit. Es wird dementsprechend auch von den meisten Forschern angenommen, daß die als ursächlich wirkend gedachten autolytischen Enzyme normale Endoenzyme der Zellen seien, deren destruierende Wirkung durch die ubrigen Lebensvorgänge in Schranken gehalten werde. Ohne auf das Enzymproblem an dieser Stelle schon einzugehen, läßt sich doch etwas präziser erfassen, was im Leben jene zerstörende Wirkung verhütet: es sind ohne Zweifel die oxydativen Prozesse.

Ein Blick auf die Aufzahlung zeigt, daß einmal wachstumseifriges, lebhaft assimilierendes und sauerstoffbedurftiges Gewebe gute Vorbedingungen für die Autolyse birgt, und daß andererseits intravitale autolytische Vorgange mit Oxydationshemmung einhergehen (Phosphorvergiftung) oder sich daran anschließen (anamische, embolische Prozesse). Man könnte sich vorstellen, daß ein und dasselbe Ferment sowohl lytisch wie synthetisch wirken könnte und unter oxydativen Bedingungen letztere Funktion überwöge.

Aber einmal ist — wie später ausgeführt wird — wenigstens für die tryptische Proteinolyse Sauerstoff zumindest nicht hinderlich, und dann dürfte ein als Katalysator im physiko-chemischen Sinne definiertes Ferment nur die Erreichung des Gleichgewichtes beschleunigen, ein Unterschied in der Katalysatormenge sich nur in der Geschwindigkeit der Autolyse manifestieren. Tatsächlich fällt aber in jenen autolysegunstigen Geweben vor allem die viel größere Masse des Zersetzten relativ zum Unzersetzten ins Auge.

Viel ungezwungener erscheint die Erklärung, daß der lytische Prozeß nicht das Widerspiel, sondern ein Teil des synthetischen ist, und daß dort, wo der „Ablauf" ein rascher ist (infolge der erörterten Reaktionsbedingungen), die Intensität beider Reaktionsgruppen eine gleichermaßen gesteigerte ist. Die von der üblichen abweichende Auffassung vom Wesen enzymatischer Vorgänge überhaupt, die sich damit ergibt, wird im nächsten Kapitel erörtert werden.

Den einen Unstetigkeitspunkt des Lebensgeschehens, den Tod, hatten wir als das biologische „Null absolutum", den Tiefpunkt des vitalen Gefälles zu erweisen gesucht.

Die zuletzt erörterten Erscheinungen leiten zu dem anderen über, der Zellteilung, der radikalen Struktureinschmelzung, um der Möglichkeit neuer Strukturbildung willen.

Die morphologische Arbeit der letzten Jahrzehnte, die Untersuchungen von Boveri, R. Hertwig, Popoff, Godlewski, Roux, Gurwitsch u. v. a., haben einen gewaltigen Schatz an Erfahrungen gesammelt, mit denen die physiologische, zumal chemische Analyse nicht gleichen Schritt hat halten können. Die fundamentale Tatsache für die Forschung nach den Gründen der Kern- und Zellteilung ist die, zuerst von Boveri an Metazoenembryonen, dann von R. Hertwig an Protisten festgestellte und vielfach untersuchte „Kern-Plasma-Relation", das schon erwähnte für Art, Individuum und Lebensbedingungen konstante Verhältnis von Kern- und Plasmagröße der zur Teilung schreitenden Zelle

Beginnt die Zelle mit dem doppelten Chromosomenbestand, so wächst sie zur doppelten der normalen Größe, beginnt sie mit dem halben, so geht sie auch bei halber Größe in Teilung über. Daß es sich bei dem Problem „Warum tritt die Kern- und eventuell Zellteilung ein?" um ein mit Recht so allgemein gefaßtes handelt, das folgt eben daraus, daß bei dem sich furchenden Ei resp. dem wachsenden Embryo und dem sich teilenden Protisten so weitgehend gleiche Gesetzmäßigkeiten gefunden wurden.

Die Kern-Plasma-Relation druckt nicht einen Dauerzustand der lebenden Zelle aus, sondern einen Mittelwert, dessen Unter- oder Überschreiten sich als eine Spannung manifestiert, die mit der Entfernung wachst Die Auffassung dieser Gesetzmäßigkeit als eines Spezialfalles des chemischen Massenwirkungsgesetzes geht aber nicht an, weil es sich offensichtlich nicht um umkehrbare Prozesse handelt, bei denen die Störung des Gleichgewichts von beiden Seiten in gleicher Weise ausgeglichen wurde, sondern um stetig in einer Richtung fortschreitende Reaktionen, deren Folgen eine zunehmende Disharmonie und schließlich die Unmoglichkeit des stetigen Fortgangs sind Das Stetige — wenn auch darum durchaus nicht in allen Zeitstrecken Gleichmäßige — ist die Massenzunahme, sowohl von Plasma wie von Kernmasse, deren zunehmende Diskrepanz schließlich zur Teilung oder zum Tode fuhrt. Genau genommen gilt diese Formulierung nur fur die Einzelzelle, im sich furchenden Ei nimmt ja die Plasmamasse zugunsten der Kernsubstanz ab, und erst, wenn hier die endgultige Kern-Plasma-Relation erreicht ist, geht das weitere Wachstum mit Nahrungszufuhr unter beiderseitiger Massenzunahme vonstatten.

Warum aber, wenn es nur auf das Verhältnis beider Massen ankommt, warum wachst nicht der Eikern als solcher so lange, bis dieses hergestellt ist? Im Sinne der J. Loebschen Autokatalysetheorie der Nucleinsynthese (ich weiß nicht, ob der berühmte Forscher noch an ihr festhält) wäre das ganz plausibel; daß es nicht geschieht, beweist schon, daß in der Kern-Plasma-Relation nicht nur der Ausdruck eines Massenverhältnisses gesucht werden darf.

Aus Boveris klassischen Versuchen an geschüttelten Seeigeleiern hatte sich ergeben, daß kernlose Bruchstücke, wenn sie befruchtet wurden, sich mit zahlreicheren kleineren Zellen von der halben Kernmasse gegenüber der Norm entwickelten. Andererseits zeigen Eier, deren Befruchtung so geleitet wird, daß Kerne mit abnorm großer Chromosomenzahl entstehen, größere und minder zahlreiche Zellen des Embryo, verglichen mit dem normalen. Es kann also bei verschiedener absoluter Größe das konstante Verhältnis beider Massen hergestellt und ertragen werden; daß auch die Größenordnung nicht gleichgültig ist, zeigt die Tatsache der großen Sterblichkeit polysperm entstandener Embryonen.

Der größere Kern in all diesen Versuchen enthält eine größere Chromosomenzahl, wir wurden also die durchgehaltene Verschiedenheit durch die Entwicklung hin verstehen, unter der Annahme, daß die einzelnen Kernfaden unabhängig voneinander und synchron wachsen bis zu einem Maximum, nicht der gesamten Kernmasse, sondern des einzelnen Chromosoms. Von dieser Annahme aus wird auch erst die Wirkung der Kernteilung verständlich. Die glatte Halbierung ändert ja das Massenverhältnis Kern-Plasma gar nicht, und wenn die Kernfäden sich quer teilen würden, so wäre überhaupt nichts Wesentliches geandert[1]). Dadurch, daß sie sich längs spalten, hat die gleiche Masse jetzt fast die doppelte Oberfläche erhalten, damit ist auch oxydationskatalytische Struktur — im Sinne Warburgs — bezogen auf die Gesamtmasse fast verdoppelt worden und im gleichen Maße die Ansatzfläche für die weiter zu bildende Chromosomenmasse. Schließlich ist auch die Entfernung und damit die Diffusionsstrecke von der Zelloberflache zum Kern verkleinert resp. im Ei die Zahl der kurzen Diffusionsstrecken zum Kernmaterial hin erhöht worden.

Es wäre, wie mir scheint, eine lohnende Aufgabe für einen Morphologen, das Beobachtungsmaterial einmal auf die Frage hin durchzugehen, wie sich in wachsenden und sich teilenden Zellen und Geweben der Kern in dem Diffusionsraum stellt.

Sind die Gründe für die Kern-Plasma-Relation und ihre Folge, die

---

[1]) Von der Rolle der Chromosomen als Trager der Erbsubstanz kann hier noch abgesehen werden.

Teilung, in jenen skizzierten Bedingungen zu suchen, so ist zu erwarten, daß sie durch Variierung dieser Bedingungen auch zu variieren ist. Das ist in der Tat der Fall, vor allem die Temperatur erweist sich von Einfluß. Sowohl bei Protozoen (R. HERTWIG, POPOFF) wie bei Embryonalzellen (MARCUS, GODLEWSKI) wirkt die Temperatur so, daß in der Kälte der Kern absolut und relativ zum Plasma größer wird, in der Wärme umgekehrt. Wie ist das zu verstehen?

Aus den Untersuchungen von R HERTWIG und seinen Schülern sind wir über die Wachstumsformen von Plasma und Kern bei Protozoen genauer unterrichtet.

Gleich nach der Teilung erfährt der Kern eine Abnahme an Masse, ein Zustand, dessen Dauer von der Temperatur abhängig ist, dann beginnt er ein langsames Wachstum, langsamer als das Plasma, das von Teilung zu Teilung gleichmäßig wächst. In dieser Zeit des „funktionellen Wachstums" entzieht der Kern dem Plasma „gewisse Substanzen, wodurch dieses aktiviert wird" (R. HERTWIG, Reaktionsendprodukte im Sinne unserer Auffassung). Unmittelbar vor dem Teilungsakt erfahrt die Kernmasse plötzlich eine rapide Zunahme, „Teilungswachstum"

Bei dem Versuch, diese Erscheinungen unter einer Gesetzmäßigkeit zu verstehen, muß man sich gegenwartig halten, daß nach unserer Auffassung der Kern nicht etwas „Aktives" ist. Unmittelbar nach der Teilung ist die Plasmamasse klein, sie kann wenig Kernsubstanz produzieren, weil zunächst wohl noch die mit der Teilung verbundenen lytischen Vorgange fortwirken (Kernabnahme) und die Assimilation erst langsam in Gang kommt. Mit der Massenzunahme des Plasmas wachst auch die Produktion von Vorstufen der Kernsubstanz, je größer die Plasmamasse wird, um so großer wird diese Produktion in der Zeiteinheit, um so langer wird aber auch die Wegstrecke zum Kern hin Das in der späteren Zeitspanne Produzierte hat daher eine längere Umsatzzeit, bis es an den Kern kommt, es muß sich auf dem Wege dorthin zunehmend verdichten, und in der spateren Zeit muß ein steiler und starker Anstieg des Angebots an kernfahiger Masse erfolgen (Teilungswachstum). Nimmt man dazu die oxydationskatalytische Bedeutung des Kerns und die Tatsache, daß bei der Synthese der Kernsubstanz oxydative Bedingungen herrschen mussen, so laßt sich begreifen, daß bei dem rapid wachsenden Angebot an kernfahigen Stoffen die Oxydationen nicht Schritt halten konnen, sei es, weil die Struktur als Katalysator nicht ausreicht, oder weil die Diffusion von Sauerstoff an den Kern hin den Bedarf nicht deckt Die Folge ist, daß in der Kernzone ein asphyktischer Zustand und weiterhin beginnende Autolyse eintritt, die die Teilung einleitet

In der Kalte sind alle chemischen Vorgange starker verlangsamt als die physikalischen wie die Diffusion, jetzt reicht die Strukturkatalyse für das wachsende Angebot länger aus, weil die kernfähigen Stufen langsamer gebildet werden, der Mangel an Sauerstoff wird sich — bei der weniger geminderten Diffusion — später bemerkbar machen, das Teilungswachstum des Kerns kann sich länger fortsetzen: die Kern-Plasma-Relation wird bei der Teilung zugunsten des Kerns verschoben sein. Die entgegengesetzte Wirkung der erhöhten Temperatur ist entsprechend leicht abzuleiten.

Diese Theorie stellt also die für die Oxydationen sich ergebenden Bedingungen (Strukturkatalyse, Oberfläche und Diffusionsstrecke) in den Mittelpunkt der Erklärung der Kern-Plasma-Relation, und es ist nun zu fragen, wie sie gegenüber den Erfahrungen am sich furchenden Ei besteht.

Zunächst sei noch ein Fall betrachtet, der für die Massenwirkungstheorie zu sprechen scheint: in hungernden Tieren nimmt mit dem Plasma auch die Kernmasse ab; aber wie R. HERTWIG gezeigt hat, nimmt in hungernden Paramaecien der Kern zunächst noch zu, dann degeneriert er und stößt sein Chromatin in Pigmentkörnern ab. Es ist also keineswegs ein rückläufiger Prozeß von Kern- zu Plasmasubstanz, sondern ein solcher sui generis, wie er in zugrunde gehenden Zellen eintritt. Daß auch bei der normalen Kernteilung immer ein Teil der Kernmasse aufgelöst wird, ist wohl sicher; dafür sprechen ja auch die Befunde des nach der Teilung zunächst noch abnehmenden Kernvolumens und die oben (S. 20) besprochenen „parthenogenetischen" Kernreduktionen der Infusorien. Aber das ist eben kein rückläufiger Vorgang im Sinne einer Reaktionsgleichung, sondern wiederum eine Entfernung von Reaktionsendprodukten. Zu dieser Auffassung stimmt auch, daß in hungernden Kulturen die Zellteilungen zunächst noch zunehmen, bei geringerer Größe eintreten.

Für unsere Annahme der Rolle des Sauerstoffs wäre auch ein Befund von I. ZWEIBAUM anzuführen, wonach vor der Konjugation der Infusorien der Sauerstoffverbrauch der Kultur sinkt und nachher ansteigt. „Der Stoffwechsel lähmt nach einiger Zeit durch seine Produkte die oxydative und synthetische Wirksamkeit des Makronucleus."

Bekanntlich haben die Beobachtungen bei der natürlichen und künstlichen Entwicklungsanregung des Eies zu der wohl allgemein angenommenen Anschauung geführt, daß dabei zwei verschiedene Faktoren wirksam sind: der erste führt zur Bildung der Eimembran, zum Anstieg der Oxydationen und zur Furchung, der zweite bewirkt, daß die Furchungen regelmäßig verlaufen. Bei der natürlichen Befruchtung lassen sich die beiden Faktoren durch Verwendung artfremden oder arteigenen Samens voneinander scheiden. Bei der künstlichen Entwicklungsanregung bilden vielerlei Einwirkungen wie cytolytische Agenzien (J. Loeb), Temperaturexposition (R. S. Lillie), mechanische Verletzung (Bataillon), den ersten Faktor, Einwirkung von Blut oder Lymphe, von hypertonischem, sauerstoffhaltigem Meerwasser, Exposition in KCN-haltigem Medium, Anaesthetica u. a. den zweiten.

Der führende Forscher auf diesem Gebiete, J. Loeb, sieht in der Wirkung auf die Oxydationen das Hauptwerkzeug dieser verschiedenen Mittel, und in der Tat zeigt, wie Lillie feststellte, die CO_2-Ausscheidung mit der Furchung synchronen Wellenverlauf. Wie erwähnt, hat Warburg diese Theorie durch den Nachweis des mächtigen Oxydationsanstiegs wesentlich gestützt, nicht völlig geklärt ist aber die Wirkung des zweiten Faktors.

Die Tatsachen sind, daß die erste Einwirkung allein, die Membranbildung, in Cytolyse ausgeht, daß andererseits die zweite keine weitere Steigerung der Oxydationen bringt, es wird darum von qualitativer Regelung der Oxydationen gesprochen.

Das Merkwürdige ist aber doch, daß zeitweise Hemmung der Oxydationen (KCN) ebenso wirkt wie Hypertonie mit Oxydationen. Daß unter dem KCN etwas ganz anderes stattfinden soll (an Reduktionen hat Lillie gedacht) ist wenig wahrscheinlich, zumal in vivo, soweit wir wissen, Reduktionen immer an Oxydationen gekuppelt sind. Vielleicht kann man sich vorstellen, daß infolge der Strukturkatalyse an der Eiperipherie (Membran) die Oxydationen relativ zu der Entfernung vom Kern zu sehr beschleunigt werden, dafür konnte die rettende Wirkung der Hypertonie sprechen, die auf die mit der Wasserentziehung verbundene Volumverkleinerung und Verkürzung der Diffusionsstrecke zuruckgefuhrt werden konnte.

Vielleicht findet auch eine Verfestigung der zunächst permeabeler gewordenen Membran statt. Bei der normalen Befruchtung wurde das Gleichgewicht von Peripherie und Innerem durch den oxydationskatalytischen Spermakern hergestellt. Interessant sind in diesem Zusammenhang die Beobachtungen Lillies, daß die Entwicklungsanregung durch kurze Erwarmung nur bei unreifen Eiern nach Losung der Kernmembran wirksam war, aber nur dann regelmaßigen Furchungsverlauf ergab, wenn sie vor Ausstoßung des ersten Richtungskorperchens stattfand

Den gleichen Effekt, den die Hypertonieverkurzung der Diffusionsstrecke fur das Verhaltnis von Innen und Randzone ergabe, konnte auch das KCN erzielen, indem es die Oxydationen an der Peripherie so lange hemmt, bis durch genugend eindiffundierten Sauerstoff ein Reaktionsgefalle nach Innen zu etabliert sein konnte

Konnten wir die erst in spateren Teilen des Buches zu gewinnenden Vorstellungen hier schon voraussetzen, so konnten wir diese Analyse besser durchführen, so muß es der nachträglichen Rekonstruktion des Lesers unter dem Stichwort „Ablaufhemmung" überlassen bleiben.

Die Autokatalysetheorie der Nucleinsynthese (J. Loeb), wonach also das Reaktionsprodukt als Katalysator für seine weitere Entstehung wirkt, die als solche kaum zu halten ist — wie E. Masing gezeigt hat, nimmt die Nucleinsäure bei der Furchung nicht zu, außerdem ist der Vorgang der Kernbildung ein Komplex von chemischen Reaktionen und endlich sollte man von einem Katalysator eine bessere Verteilung im Reaktionsgemisch erwarten —, ist als Autokatalyse der Oxydationen wohl zu begründen. Oxydation fördert Strukturbildung, Struktur katalysiert Oxydation. Daß die Oxydationsgeschwindigkeit nicht entsprechend der Strukturzunahme steigt, das ist verständlich, wenn man berücksichtigt, daß mit zunehmender Geschwindigkeit der Reaktionen die Diffusionen (von der langsamer wachsenden Oberfläche aus) immer maßgebender werden. Außerdem wissen wir aus Warburgs neueren Arbeiten, daß die Strukturkatalyse wohl der Anwesenheit von Eisen bedarf, und es ist anzunehmen, daß im abgeschlossenen Ei der Gesamtvorrat von Eisen, sich auf eine wachsende Strukturmasse verteilend, die katalytische Wirkungskraft der Struktureinheit herabsetzt.

Die bisherigen Darlegungen sollten in aller Kurze eine Theorie entwickeln, die die Gesetzmäßigkeit der Kern-Plasma-Relation und ihre Beziehung zum Eintritt der Kernteilung von der Anschauung des „Ablaufes" aus verständlich macht. Es wurde zu erklären versucht, warum die Spannung zwischen Kern und Plasma den Unstetigkeitspunkt herbeiführt; wie, durch welche Mechanismen die Teilung ausgelöst wird, ist damit nicht gezeigt, ist aber auch für unser eigentliches Thema — Tod und Zellteilung — sekundär.

Es soll nun auch keinerlei Spekulation physikalischer oder chemischer Art zur Erklärung der morphologischen Zellteilungsvorgänge angestellt werden; lediglich die Bedingungen sollen erörtert werden, die den stetigen Verlauf zu einem periodischen machen.

Wir greifen zu dem Zweck auf die Besprechung der Autolyse zurück. Dort war es der Stillstand der Oxydationen, der die autolytischen, destruierenden Vorgänge in die Erscheinung treten ließ, und aus dem verschiedenen Verhalten wachstumseifriger und wachstumsträger Gewebe hatten wir geschlossen, daß die autolytischen, dissimilatorisch auftretenden Substanzen die Frühstufen der oxydativ-assimilatorischen Abläufe sind. Es ist die Autolyse gewissermaßen ein „Rückschlag" des assimilativen Stromes, dem durch Fortfall der Oxydationen oder durch direkte Hemmung ein Hindernis entsteht. Die Vermutung liegt nahe, daß der Beginn der Kernteilung zurückzuführen ist auf eine relative Insuffizienz des oxydativ-synthetischen Prozesses am Kern. Daß ein weiterer Fortgang ohne Teilung zu einer Hypertrophie an

„somatischem Kernmaterial", Anfüllung des Plasmas mit kernfähiger Substanz und Sistierung des Lebens führt, hat R. HERTWIG an Infusorien aufgezeigt, es tritt der am Beispiel des Chlorsilbers illustrierte Fall ein oder vielmehr er nähert sich; denn, wie wir sehen werden, tritt schon viel früher eine Ablaufhemmung ein, wenn kernfähiges Material nicht zum Kern wird.

Im Stadium der Depression der Infusorien werden die Intervalle zwischen den Teilungen immer länger (MAUPAS), die Hemmung verlangsamt den Ablauf ganz allmählich immer mehr, das Kernmaterial in der alternden Zelle verfestigt sich, der Zuwachs wird immer langsamer, die Oxydationen kontinuierlich schwächer. Hier nimmt der Ablauf gegenüber der Hemmung nun in der Tat die Form der Annäherung einer Reaktion an ihren Gleichgewichtszustand an, jetzt kommt es nicht mehr zu einer Unstetigkeit vor dem Erlöschen, zu keinem Neubeginn.

Die junge wachsende Zelle dagegen erfahrt einen mächtigen Zustrom an Kernvorstufen, denselben Stoffen, die außerhalb der Zelle autolytisch wirken, die oxydative Synthese am Kern hält nicht Schritt, es folgt intracelluläre Autolyse als Beginn der Teilung.

Weiter in der Analyse soll hier nicht gegangen werden, wir wollen versuchen, den Weg bis zu diesem Punkte noch zu sichern.

Wie es bekannt ist, daß die autolytischen Enzyme gerade auf ihr Herkunftsmaterial wirken, daß ihre Wirksamkeit durch Kohlensäure und saure Reaktion (also die Folgen ungenügenden Gaswechsels) befördert wird, so wissen wir andererseits, daß Autolysate äußerst kräftige und in gewissem Sinne spezifische Wachstumsanreger sind, sie sind — in unserer Auffassung — in lebhaftem Ablauf begriffene Biokyme. Für die Wachstumsanregung seien nur einige wenige Belege angeführt.

CALKINS überwand mehrfach Depressionen seiner Infusorienkulturen durch vorubergehende Übertragung in Fleisch- und Pankreasextrakte, R HERTWIG sah in hungernden Kulturen häufig beschleunigte Teilungen auftreten, RUBNER fand, wenn er abnehmende Hefekulturen stickstofffrei ernährte, daß die uberlebenden Zellen, in neues Medium gebracht, ihre Wachstumsfahigkeit gegenuber Zellen vor der N-Hungerperiode wieder gesteigert hatten; daß Hefewasser das beste Substrat zur Hefezuchtung ist, ist ja bekannt. All jene Erscheinungen, wie auch das periodische Wachsen von Bakterienkulturen, sind als Wirkung der Autolysate verstandlich.

Erinnert sei auch an den erwahnten Befund von CARREL und EBELING, vor allem aber sei der schonen Untersuchungen von HABERLANDT uber Wundhormone der Pflanzen gedacht. Wenn Kohlrabischnitte eine Zeitlang mit ihrem Wundbrei bedeckt und dann abgespült wurden, so bildeten sich zahlreiche Mitosen, im Gegensatz zu den einfach abgespulten Schnitten. Und hier zeigte sich auch eine

Spezifizität: Brei aus Kartoffeln in gleicher Applikation war wirkungslos, doch ist die Artspezifizität nicht absolut. Abgekochter Wundbrei war viel weniger wirksam als unabgekochter, das deutet auch auf den enzymähnlichen Charakter der Wirkstoffe; wir werden ihre Beziehung zum Ablauf noch erörtern. Ähnlich dem Wundbrei wirkten auch lokale nicht tödliche Schädigungen der Zellen selbst. HABERLANDT denkt selbst an autolytische Enzyme und vermutet auch eine Wesensverwandtschaft zu den Befruchtungsvorgängen. Er erinnert daran, daß das Spermium im Ei eine Penetrationsbahn von nekrotisierender Substanz hinterläßt.

Neuerdings hat v. GAZA auch für den tierischen Organismus die Existenz solcher „Wundhormone" und wachstumsanregender Autolysate nachgewiesen. Ebenso nimmt man vielfach an, daß die WEICHARDTschen sog. „Protoplasmaaktivierungen" auf der Wirkung der aus dem zerfallenden Eiweiß entstehenden wachstumsanregenden (Leukocytose) Stoffe beruhen.

Bekanntlich gibt es heute eine Richtung in der Biologie, die so ziemlich alle Lebensvorgänge als Kolloidphänomene zu begreifen sucht. In der Tat lassen sich ja viele Erscheinungen mit gedanklichen oder wirklichen Kolloidmodellen analogisieren. Aber auch wenn man mit kolloidwirksamen Agenzien Störungen oder Veränderungen der Vorgänge erzielen kann, so beweist das so wenig etwas für die „Kolloidnatur" der Grundvorgänge, wie eine Beeinflussung durch Druck ihre mechanische Natur bewiese. Alle kolloidal oder mechanisch sich manifestierenden Veränderungen beweisen nur, daß „dahinter" etwas vorgegangen ist, und schon die Rolle der Oxydationen bezeugt, daß es sich um echtchemische Reaktionen handelt. Man kann eher sagen: je kolloidaler, um so passiver wird die Rolle sein, die die betreffende Substanz spielt, sind doch auch die Energieumsetzungen bei den Kolloidreaktionen sehr geringe.

Das Problem des Todes wie das der Zellteilung sind letzthin chemische Probleme; wir wollen versuchen, in den nächsten Kapiteln vom Biologischen aus die Problemstellung zu unterstützen.

Enzym und Ablauf.

Die Erforschung des Lebens ist die Erforschung der Enzyme — dieser Satz drückt wohl die Anschauung der meisten chemisch gerichteten Biologen aus.

Aber die Behandlung der Enzymfrage als eines Spezialfalles angewandter Reaktionskinetik — so außerordentlich fruchtbar und methodisch reinigend sie für das ganze Gebiet geworden ist — hat eine

Folge gehabt, die meines Erachtens bedenklich erscheinen muß: sie hat die Frage nach dem Wesen der Enzyme mit einer bestimmten physikalisch-chemischen Definition beantwortet, einer Antwort, deren hypothetischer Charakter zumeist nicht mehr gefühlt wird. Die Aussage lautet: ein Enzym ist ein Katalysator.

„Katalysator" ist ein scharf definierter Begriff der allgemeinen Chemie, er bezeichnet eine Substanz, deren Anwesenheit in einem Reaktionssystem eine oder mehrere an sich verlaufende Reaktionen in ihrer Geschwindigkeit beeinflußt, ohne daß sie selbst in den Reaktionsprodukten erscheint.

Aus der Definition folgt, daß der Katalysator in relativ geringer Konzentration große sichtbare Wirkung erzielen kann, daß er nicht die Lage des Reaktionsgleichgewichts, sondern nur die Geschwindigkeit seiner Erreichung beeinflußt, daß er sich nicht verbraucht resp. nach Beseitigung etwa aus der Reaktion sich ergebender Hemmungen seiner Einflußnahme wieder voll wirksam sein muß.

Die Definition gestattet, daß der Katalysator relativ oder absolut spezifisch auf eine oder mehrere Reaktionstypen (z. B. hydrolytische Spaltungen) eingestellt ist sowie auf Strukturbesonderheiten des Substrates, die zu der Reaktion als solcher keine unmittelbaren Beziehungen haben (EMIL FISCHERs Bild von Schlüssel und Schloß), sie gestattet, daß der Katalysator vorübergehende Veränderungen chemischer oder physikalischer Natur erfährt (Zwischenreaktionen, Adsorptionen). Die chemische Forschung hat sowohl streng struktur- und stereoisomerspezifische Katalysatoren (BREDIGs Camphocarbonsäurespaltungen) kennen gelehrt, wie auch sehr vielfaltig wirkende (H- und OH-Ionen), solche, die durch Zwischenreaktionen wirken (Schwefelsaure bei der Ätherdarstellung), wie auch oberflächenwirksame (kolloidale Metalle).

Nicht notwendig folgt aus der Definition — was man oft lesen kann —, daß der Katalysator die Erreichung des Gleichgewichts von beiden Seiten im gleichen Sinne beeinflussen müsse; man denke etwa, daß der Katalysator einer bimolekularen Reaktion fur die Ausgangsstoffe als positives, die Reaktionsprodukte als negatives Adsorbens wirke, oder betrachte die Zwischenreaktionsbeispiele der Chemie daraufhin, ob sie in beiden Richtungen gleich möglich oder gleich wirksam sein mussen Die Analogie mit dem Schmiermittel einer rotierenden Maschine ist doch nur bedingt zutreffend. Dementsprechend beweist die doppelsinnige Wirkung eines Enzyms — dessen stofflichen Einheitscharakter wir zudem noch nirgends sicher erwiesen haben — nichts fur, ihr Fehlen nichts gegen die Katalysatortheorie.

Nichts enthalt die Katalysatordefinition zur Erklarung des zweiten Hauptcharakteristikums der Enzyme: ihrer großen Thermolabilitat Es gibt zwar auch einzelne temperaturzerstorbare Katalysen, aber fur die Enzyme ist es ein ganz allgemeines Charakteristikum, und von wenigen Ausnahmen abgesehen (Katalasen) liegen optimale und „Tötungstemperatur" der mannigfachen Enzyme in einem sehr engen Bereich. Die verbreitete Erklärung dieser Tatsache ist die Beziehung auf den kolloidalen Zustand der Enzyme, sie hat gewichtige Argumente gegen sich, auf die wir noch näher eingehen werden. Der Wichtigkeit halber seien einige schon genannt.

Einmal ist der kolloidale Zustand in vielen Fällen noch durchaus unbewiesen, daß Enzyme eiweißdichte Membranen passieren können, werden wir sehen, ferner ist der zeitliche Verlauf der Hitzeinaktivierung und seine Veränderung bei weiterer Steigerung der Temperatur viel mehr vom Typus einer chemischen Reaktion als eines Kolloidvorganges.

Aber wie dem auch sei, die Tatsache ist die große Labilität der Körper, und nichts berechtigt uns dazu, diese Tatsache gegenüber dem enzymatischen Wirkungsmechanismus als ganz sekundär zu behandeln. Auf jeden Fall muß die Überlegung, daß ein solches Charakteristikum wie die Thermolabilität unverbunden neben der enzymatischen Eigenschaft steht, einer etwas problematischen Betrachtung der Katalysatortheorie das Wort reden, und von hier wurde bei den unten zu besprechenden Untersuchungen ausgegangen.

Es ist notwendig, den Kern der Katalysatorvorstellung ganz scharf zu erfassen: primär ist die von selbst ablaufende Reaktion, z. B. der hydrolytische Zerfall von Proteinen, dazu tritt hinzu der an sich ruhende und während des Wirkens stationär oder zirkulär immer sich gleich bleibende Katalysator und beschleunigt (um den wichtigsten Fall zu betrachten) eine ablaufende Reaktion.

Sind diese Voraussetzungen bei den Enzymen erfullt?

Zum ersten: verlaufen die „katalysierten" Reaktionen von selbst schon? Die gebräuchliche Antwort lautet: mit unmeßbar langsamer Geschwindigkeit. Praktisch also: nein.

Zum zweiten: sprechen die Erfahrungen dafür, daß die Enzyme relativ stabile, in bestimmter chemischer und physikalischer Individualität verharrende oder dazu zurückkehrende Stoffe sind? Das Gegenteil ist der Fall. Die Enzyme, als definierte Substanzen gedacht, sind hochgradig labil; Temperaturerhöhung, Strahlungen, Lösungsmittel und gelöste Substanzen aller Art, vor allem die H-Ionenkonzentration, aber auch das einfache Stehen in Lösung verändern sie und meist ganz oder teilweise irreversibel.

Um von der Vorstellung der „Kontaktsubstanz" aus diese ungemein mannigfachen Einwirkungen zu verstehen, ist man genötigt gewesen, eine Menge von wiederum mehr oder weniger spezifischen Aktivatoren, Hemmungskörpern, Kinasen, Co-Enzymen usf. anzunehmen; für jede mögliche Kombination von Temperatur, H-Ionenkonzentration, Elektrolytgegenwart usw. gibt es optimale Bedingungen der Wirksamkeit und der Stabilität, ohne daß man diese auf einen anderen gemeinsamen Nenner bringen könnte als eben die Wirksamkeit. Wie groß diese Mannigfaltigkeit ist, das lehren vor allem die Arbeiten von EULER und seinen Schülern, von WILLSTÄTTER, MICHAELIS, RONA u. a. uns immer besser erkennen.

Man geht dabei aber immer von der Voraussetzung aus, daß man das Enzym von Haus aus in bestimmter Konzentration seiner wirkungsfähigen Konfiguration in der Lösung habe, dergestalt also, daß man bei der doppelten gelösten Masse des enzymhaltigen Präparates — unter sonst konstanten Bedingungen — die doppelte Konzentration an wirkfähigen Teilchen habe, bei der dreifachen die dreifache.

Jeder Unvoreingenommene wird beim Anblick der bunten Enzymnomenklatur das Gefühl haben, daß hier der eine Nenner, auf den die große Mannigfaltigkeit gebracht werden sollte, noch zu suchen sei. Dieser eine Nenner kann, da es sich um chemische Vorgänge handelt und wenn anders man deren quantitative Variationen unter der vom Massenwirkungsgesetz beherrschten atomaren Gesetzmäßigkeit begreifen will, nur eine Konzentration sein. Sei es nun eine Konzentration an kolloidalen Teilchen, an Molekülen oder Ionen — diese Frage ist in jedem Einzelfall zu untersuchen —, immer um die zu einer bestimmten Zeit herrschende Konzentration an wirkfähigen, d. h. mit dem Substrat irgendwie affinen Stoffen. Diese Konzentration ist durchaus nicht identisch mit der relativen Konzentration an gelöstem Ausgangsmaterial, diese ist nur einer der bedingenden Faktoren, die anderen sind alle jene unter der mannigfachen Benennung bekannten Dinge, die also von Einfluß darauf sind, welche Konzentration an wirkfähigen Teilchen (dieser Ausdruck als allgemeinster gemeint) — entstanden aus dem Ausgangsmaterial — zu dem betrachteten Zeitmoment schon oder noch vorhanden ist.

Bekanntlich ist es das Bestreben der hervorragendsten Organiker (EMIL FISCHER, WILLSTÄTTER) gewesen und ist es noch, ein Enzym „rein darzustellen". Warum ist es diesen Meistern des Experiments noch nicht gelungen? Ware es etwa nach der obigen Auffassung ein verfehltes Beginnen?

Keineswegs. Abgesehen davon, daß der Name „Enzym" so viel unter sich begreift, was prinzipiell durchaus nicht eines Wesens sein muß, worunter es wohl sicher auch echte, praformierte und stabilere Katalysatoren geben wird — wir sahen ja schon die WARBURGsche Oxydationskatalyse —, so ist die „Reindarstellung" nach unserer Auffassung der Korper eben die Erfassung jener aus dem Ausgangsmaterial entstandenen wirksamen Stoffe. Der Unterschied ist also nur, daß es sich danach weniger um eine Reinigung als um eine praparative Aufgabe handelt, darum, die Bedingungen so zu wählen, daß der wirksame Körper möglichst rasch entsteht und möglichst langsam sich weiter verändert, daß er sich anreichert.

Man wird demnach eine größere Ausbeute bekommen können, wenn man von der wirksamen günstigsten Lösung ausgeht, als wenn man mit der Reinigung am Ausgangsmaterial ansetzt.

Freilich, wenn die Wirkfähigkeit — wie wir für die Eiweißenzyme annehmen zu müssen glauben — nicht an eine Stufe in der kontinuierlichen Umwandlung des Grundmaterials gebunden ist, sondern an etliche aufeinanderfolgende, so wird man mit der chemischen Analyse schwer vorankommen.

Es besteht — auch infolge der Katalysatorvorstellung — in der Biochemie die Neigung, für jede isolierbare chemische Leistung der lebenden Gebilde oder der ihnen entstammenden Lösungen ein besonderes Enzym eventuell mit seinen Co-Enzymen usw. anzunehmen, wenigstens insoweit die Leistung von der morphologischen Struktur unabhängig ist. Die Folge ist die große Anzahl von Enzymen, die, zumal wenn sie als kolloide Teilchen angesehen werden, in dem beschrankten Raum etwa einer Hefezelle oder gar eines Bacteriums von eben noch mikroskopischer Sichtbarkeit — von den neuen hypothetischen „ultravisiblen Viren" (D'HÉRELLES, PRAUSNITZ) zu schweigen — nicht viel Raum für das Substrat übrig lassen, auf das sie doch in geringer Konzentration wirken sollen.

Es· ist auch hier wieder die Neigung zur morphologischen, rein räumlichen Naturbetrachtung, die den Gedanken nicht aufkommen läßt, daß die verschiedenen Wirkungen, die scheinbar verschiedenen Enzyme, aufeinander folgende Wirkungen eines im Stoff ablaufenden Vorganges sein könnten. Daß wir sie nicht zeitlich voneinander sondern können — welche Leistung die Struktur wohl gerade vollbringt — beweist nichts hiergegen, denn in der Lösung werden natürlich alle Reaktionsstufen nebeneinander in dem Reaktionsraum sein. Es wäre eine Aufgabe, die auch in der Richtung der Reindarstellung läge, diese zeitliche Sonderung experimentell herbeizuführen, freilich keine leichte Aufgabe, denn wenn die einzelnen Reaktionen Stadien einer Ablauffolge sind, wird die Hemmung an einer Stelle das Ganze hemmen. Immerhin geben gerade die Erscheinungen der Autolyse Hoffnung, daß es doch gelingen kann, z. B. wenn man durch geeignete Membranen den Reaktionsraum unterteilt.

Mit den bisher erörterten chemischen Argumenten läßt sich die Entscheidung für oder gegen die Katalysatortheorie nicht erbringen, es sei auch nochmals hervorgehoben, daß diese Entscheidung keineswegs für alles, was heute Enzym heißt, im gleichen Sinne ausfallen muß.

Die letztangeführten Erwägungen leiten zu einer biologischen Betrachtung des Problems über, und wir wollen nun, ehe wir in die spezielle Diskussion eintreten, den biologischen Gedanken wieder aufnehmen.

In der Einleitung ist schon in Kürze versucht worden, die aus der Kontinuität und Irreversibilität des Lebens sich ergebenden chemischen Folgerungen allgemein aufzuzeigen.

Eine atomare Betrachtung der Materie — und eine andere ist heute nicht mehr möglich — kann nicht unterlassen, auch jene biologischen Grundtatsachen atomar zu analysieren. Es wurde erörtert, weshalb eine rein räumliche Bioatomistik gerade jenen Grundwirklichkeiten widerstreitet, und abgeleitet, daß nur ein raumzeitliches Letztes, ein elementarer Lebensablauf, das Atomon des Lebens sein kann. Von diesem als „Biorheuse" bezeichneten elementaren Ablauf wurden die nach den biologischen Grundtatsachen zu fordernden Kriterien abzuleiten versucht.

Es ist nun zu fragen, ob und wo sich im Stoffsubstrat der Lebewesen die Wirklichkeit dieser Biorheuse erweisen läßt und wie sie sich manifestiert. Die Beantwortung dieser Frage wird in extenso durch das vorliegende Buch im ganzen zu geben sein, hier spitzt sie sich darauf zu, wo jene Biorheuse von der morphologischen Struktur unabhängig aufgezeigt werden könne. Die Antwort, die wir geben, kann nicht zweifelhaft sein. Morphologisch müssen es die Umwandlungen sein, die aus ungeformten zu strukturbildenden Substanzen, also aus Protoplasma letztlich zu Kernfadensubstanz oder aus isotropem Zellinhalt zu differenziertem, räumlich geordnetem Material führen. Chemisch muß das Material der Biorheusen zu den Eiweißkörpern im weitesten Sinne gehören resp. aus diesen hervorgehen konnen, und eine seiner Manifestationen ist das, was wir „Enzyme" nennen.

Die Enzymeigenschaft ist danach etwas, das innerhalb dieses Ablaufs auftritt, die enzymatische Wirkung kann an den Fortgang des Ablaufs gebunden sein, sie kann aber durchaus auch eine reine Kontakteigenschaft einer oder mehrerer Ablaufstufen, also der damit verbundenen chemisch-physikalischen Zustande sein, die mit dem Ablauf als solchem direkt nichts zu tun zu haben braucht.

Es ist darum auch keineswegs zu folgern, ein „reines" Enzym musse ein Eiweißkörper sein, es muß nur innerhalb einer Biorheuse, die — das ist aus der biologischen Dignitat zu erschließen — letzthin ein proteinchemisches Problem ist, entstehen konnen Das von der Biorheuse-Vorstellung, wie mir scheint, mit Notwendigkeit auf die Enzyme hinleitende Moment ist deren Eigenschaft, sich ohne außere Einwirkung irreversibel zu verandern, von selbst „abzuklingen"; ihre eigentliche Enzymwirksamkeit ist demgegenuber von sekundarer Bedeutung

Bei einer Gruppe von Enzymen allerdings ist meiner Überzeugung nach die Verbindung zwischen diesen beiden Kriterien eine prinzipielle: bei den Eiweißenzymen, den Proteasen, doch ist auch hier das Verhältnis ein solches der Überordnung, d. h. ohne biorheutischen Ablauf keine Proteolyse, aber nicht: ohne Proteolyse kein biorheutischer Ablauf.

Von den Proteasen wird, als einem geeigneten biorheutischen Modell, daher im folgenden fast allein die Rede sein, auf sie allein erstreckt sich auch die persönliche Erfahrung des Verfassers. Es sei darum ausdrücklich betont, daß die Stellung der Karbohydrasen, Lipasen, Oxydasen usw. zu der Ablauffrage bis auf weiteres offen gelassen werden muß.

Natürlich ist die einzelne Biorheuse als zeitliche Größe darum nicht etwa ein im physikalischen Zeitmaß zu messendes Letztes, nicht ein „kürzestes Leben", sie ist definiert durch einen Anfang und ein Ende, nicht durch die Länge der dazwischen liegenden Zeitstrecke. Allerdings können wir über diese Länge und damit über die jeweilige Geschwindigkeit der Biorheusen von vornherein Vermutungen aufstellen.

In schnell wachsenden Gebilden z. B. werden die Biorheusen rasch ablaufen, und dementsprechend würden wir dort auch lebhafte enzymatische Wirksamkeit erwarten; die große Autolysefähigkeit jungen Gewebes wurde schon erwähnt, entsprechend haben pflanzliche Samen und viele Bakterien usw. eine im Verhältnis zur Masse große Enzymkraft. Umgekehrt werden wir erwarten, daß altes und differenziertes Gewebe immer schwächer autolysieren wird, was ja auch zutrifft.

Eine Schwierigkeit der Katalysatortheorie mit ihrer Vielzahl von nebeneinander existenten Katalysatoren ist meines Wissens noch überhaupt nicht geschen worden, obwohl die biologische Betrachtung sie hätte erscheinen lassen müssen, aber es ist eben heute so, daß mit dem Worte „Enzym" der Biologe sich der Kompetenz begibt. Das ist die Frage nach der Entstehung der Enzyme.

Da gerade rasch wachsende Lebensmasse besonders reich an Enzymen — immer ja an der Wirkung erfaßt — ist, sowohl der Mannigfaltigkeit wie der Individualkonzentration nach, so müssen dauernd Enzyme entstehen. Wie entstehen sie? Konsequenterweise muß man für ihre Entstehung wiederum katalysierende Substanzen annehmen, und weshalb sollte nun etwa ein Katalysator mehrere, so verschiedene Enzyme entstehen lassen können? Aber das Enzym X, das die Bildung des Enzyms Y katalysiert, muß auch erst entstanden sein usw., es folgt ein „unendlicher Regressus" der Enzyme.

Bekanntlich gibt es heute eine Richtung in der Biologie, die alles Heil bei den Kolloiden findet. Weil die Lebensvorgänge sich in heterogenen Systemen abspielen, deshalb muß die Heterogenität das Entscheidende sein. Weil kolloidwirksame Agenzien und Einwirkungen die biochemischen Reaktionen beeinflussen, deswegen müssen diese kolloidchemische Vorgänge sein.

Ist das wirklich ein bündiger Schluß?

Was verstanden werden soll, sind doch eben chemische Reaktionen — etwa die hydrolytischen Prozesse —, die mit dem kolloiden Zustand zunächst nichts zu tun haben. Eine chemische Reaktion kann ich auch beeinflussen, indem ich einen Hahn schließe oder ein Glas zerschlage; hat das mit der Reaktion etwas zu tun?

Man kann auch öfter die Analogisierung so begründet finden: kolloidchemische Vorgänge gehen mit geringem Energiewechsel vor sich und ebenso gehen die biochemisch wichtigen Spaltungen und Synthesen über ein geringes Energiegefälle — ergo! Aber wenn wir einen Eiweißkörper hydrolysieren, so kochen wir ihn 24 Stunden mit Säuren. Die Energiedifferenz zwischen Ausgangs- und Endprodukt einer Reaktion besagt nichts darüber, ob und mit welcher Geschwindigkeit die Reaktion wirklich stattfindet.

Natürlich ist es wahrscheinlich, daß der kolloide Zustand auch ein die Reaktionsgeschwindigkeit beeinflussendes Moment ist, aber solange das nicht in jedem Einzelfall und damit immer nur für diesen Fall erwiesen ist, ist mit jenen Begriffen nichts gewonnen.

Es ist ja überhaupt leider eine verbreitete Mode, bei der Betrachtung der Lebens- resp. Zellvorgänge auf der Klaviatur der physikalischen und chemischen Begriffe zu phantasieren, besonders manche Botaniker und Kliniker neigen dazu. Da schwirren dann Membranpotentiale, Phasengrenzkräfte, Binnendrucke, Affinitäten, Ionen mit verschiedener Löslichkeit und Permeierfähigkeit usw, neuerdings natürlich inneratomare Energien durcheinander, daß man nur das eine nicht begreift: daß namlich das ganze in Wirklichkeit doch kein Chaos ist. Es ist eine merkwurdige Erscheinung, daß dieselbe Zeit, die in der Deszendenztheorie die Mannigfaltigkeit der Lebensformen unter dem Zeitgedanken ordnete, glaubte, die Lebensvorgange im reinen Nebeneinander maschineller Teile verstehen zu sollen.

Konform mit dieser Art die Dinge zu betrachten geht naturlich die schon erwahnte, die alle energieliefernden Reaktionen in den lebenden Systemen nur unter dem Gesichtspunkt der geleisteten mechanischen, chemischen oder sonstigen Arbeit beurteilt und dann naturlich — wie z. B A. Tschirch — zu einem ungunstigen Urteil über die Ingenieurqualitat der Natur kommt. Jeder Fabrikchemiker aber weiß, daß fast die gesamte Energiemenge, die er in seinem Betriebe verbraucht, dazu dient, die Geschwindigkeiten der Umsetzungen zu beeinflussen, daß er sie weder in mechanischer Arbeit noch in chemischer

Stapelenergie wiedergewinnt, daß er sie also auch — scheinbar unökonomisch — in die Luft verpufft.

Warum ist man noch nicht auf die Idee gekommen, daß der gewaltige Energieverbrauch der Lebensvorgänge nicht an
einem Arbeitsquotienten gemessen werden darf, sondern
an einem Geschwindigkeitsquotienten?

Etwa weil keine Temperaturerhöhung stattfindet oder doch nur eine
mit den Laboratoriumstemperaturen nicht vergleichbare? Aber ist
denn die Temperaturerhöhung die einzige Art Reaktionsgeschwindigkeiten zu steigern? Ist nicht nach bekannten Gesetzmäßigkeiten ein
anderes Moment ebenfalls sehr wirksam, nämlich die Entfernung der
Reaktionsprodukte aus der Reaktion?

Stellen wir die oftgenannten Tatsachen noch einmal zusammen:
junges wachsendes Gewebe hat einen hohen Sauerstoffverbrauch und
starke Kohlensaureproduktion, ist reich an Enzymkraft (Autolyse,
Pflanzensamen, Bakterien, Sproßpilze), ist weniger differenziert und
recht eigentlich der Kontinuitätsträger des Lebens. Die Kontinuität
des Lebens kann nicht auf besonderen maschinellen Teilen, sie muß auf
Vorgangen beruhen, die die Unstetigkeitspunkte überlagern, die
nicht an dauernde Apparatur gebunden sind, sondern auch ohne morphologische Struktur fortgehen können, die selbst strukturfähige Substanz
zu liefern imstande sind

Damit kommen wir zur biologischen Formulierung unserer Enzymtheorie: jene im letzten Satz charakterisierten, morphologiefreien Vorgänge manifestieren sich in vitro als das, was wir „Enzyme" (wobei
speziell an die Proteasen zu denken ist) nennen. Diese, ihre Enzym-
qualität ist nur eine, die augenfälligste ihrer charakteristischen Eigenschaften, nicht die prinzipiell-wichtigste. Das Wichtigste ist, daß sie in
einer bestimmten Richtung ablaufende Prozesse darstellen, einerlei
ob sie zur enzymatischen (proteolytischen) Wirksamkeit gelangen oder
nicht. Ganz scharf ausgedrückt: das, was wir Enzym nennen, „lebt",
es gibt Leben ohne morphologische Struktur, und wir können dieses
Leben unter Zuführung von „Nahrung" und Sauerstoff und mit einer
einfachen künstlichen Apparatur lange Zeit im Gange erhalten. Chemisch gefaßt: nicht das Substrat ist Träger einer von selbst verlaufenden
Reaktion, die durch das Enzym als Katalysator beschleunigt werden
kann, sondern das Enzym ist Träger eines — unter den geeigneten Bedingungen („Lebensbedingungen") — von selbst ablaufenden Prozesses,
einer Reaktionenfolge, in die das ruhende Substrat hineingezogen
werden kann.

Der Enzymablauf aber gehorcht dem Gesetz von GULDBERG und
WAAGE, der Abhängigkeit von Ausgangskonzentration und relativer
Menge der Endprodukte in der Lösung. „Endprodukte" sind dabei

nicht nur oder nicht einmal vorzugsweise die hydrolytischen Spalt-produkte des Substrats, sondern die Endstoffe des Enzymablaufs.

Diese Hypothese hat nichts gemein mit früher und zum Teil heute wieder vertretenen Anschauungen, wonach das zerfallende Enzym irgendwie energetische Erregungen auf das Substrat übertragen soll, sie bleibt durchaus im Rahmen der üblichen chemischen Vorstellungen, sie kehrt nur das Verhältnis von primärer Reaktion und Sekundär-beteiligtem gegenüber der Katalysetheorie um.

Biologisch darf es wohl als ein Vorzug betrachtet werden, daß der eigentliche Vorgang in das vitale Material, das Enzym, verlegt wird und nicht in das „tote", das Substrat, und daß damit — wie noch deut-licher werden wird — der Wirkungsgrad, die enzymatische Umsatz-beschleunigung, in direkte Beziehung gebracht wird zu dem biologischen Hauptcharakteristicum: der Assimilation. Und — das darf auch vom chemischen Standpunkte aus als Vorzug bezeichnet werden — durch die Verknüpfung der Umsatzgeschwindigkeit (Proteolyse) mit der Ablaufgeschwindigkeit des Enzyms wird jene auf reaktionskinetisch klare Begründung gebracht: Konzentration eines Reaktionsteilnehmers und Entfernung der Reaktionsprodukte.

Es sei nun gestattet, um das Verständnis des folgenden zu er-leichtern, zunächst die Theorie in extenso zu entwickeln, die Folge-rungen zu ziehen und diese dann an dem Erfahrungsmaterial — der freilich schier unübersehbaren Literatur und eigenen auf diese Folge-rungen speziell abzielenden Versuchen — zu prüfen.

Wir nehmen an: in einer frisch bereiteten Enzymlösung, etwa einem Extrakt der Pankreasdrüse, ist die zur proteolytischen Wirkung fähige Substanz in verschiedenen physikalisch-chemischen Zuständen vorhanden; ein Teil ist in dem betrachteten Zeitmoment unwirksam, kann aber in wirksame Form übergehen, ein Teil ist unmittelbar wirkfähig, ein Teil ist einmal wirkfähig gewesen, jetzt aber irreversibel unwirksam.

Diese drei Gruppen — wir wollen sie A—G, H—P, R—Z nennen, um mit der Buchstaben-Intervallbezeichnung anzudeuten, daß es sich in jeder Gruppe um eine Anzahl verschiedener Stoffindividuen handeln kann, die aber untereinander wie auch alle drei Gruppen zusammen im Verhältnis einer Reaktionenabfolge (nicht eines Gleichgewichts) stehen — stellen also einen bei zureichenden Bedingungen von selbst ablaufen-den Gesamtvorgang dar. Schon bei Zimmertemperatur, schneller bei Brutwärme, geht also A G in H P und weiter in R Z über, A G ist die vorwirksame, H P die wirksame, R Z die unwirksame Stoffgruppe bzw. Ablaufstrecke. Um die Betrachtung reaktionskinetisch einzustellen, fassen wir unsere Symbole als Konzentrationen und erkennen als zu einem Zeitmoment unmittelbar gegebene Enzymkraft die Kon-zentration H P.

Für die in einer gegebenen Zeit und bei konstanter Temperatur und H-Ionenkonzentration (p_H) geleistete Verdauung wird außer dieser Konzentration noch maßgebend sein, wie sich H P während der Zeit verändert, wieviel aus A G neu hinzukommt, wieviel in R Z übergeht. Da die drei Konzentrationen aber im Verhältnis der Stufenfolge eines Reaktionengefälles zueinander stehen, so wird auch die Anfangskonzentration R Z von Bedeutung dafür sein, wieviel A G in H P übergeht und wie der Ablauf innerhalb von H P selbst ist; das eigentliche Reaktionsende, das durch Ausfallen aus der Lösung den Ablauf im Gange hält, sei Z; wird die Stufe Y Z aber nur sehr langsam überschritten, so nimmt der ganze Reaktionenablauf doch schließlich die Form der Annäherung an ein Gleichgewicht an, d. h. im betrachteten Falle: die Verdauung kommt zum Stillstand.

Die Überlegungen gelten unabhängig von der Frage, ob Substrat (etwa gelöstes Eiweiß) zugegen ist oder nicht, welches Moment nun aber von vorauszusagendem Einfluß auf H P sein wird. Ist nämlich solches zugegen, so treten die H P-Teilchen mit Substratteilchen vorübergehend zusammen und scheiden so aus dem Enzymgefalle zeitweise aus, die Folge ist ein steileres Gefalle A G—H P und eine erhöhte Anreicherung von H P-Teilchen bei — durch die Bindung an das Substrat — gleichzeitiger Verringerung des Überganges H P—R Z. Es wird also bei dem angenommenen Mechanismus selbsttätig durch das Substrat die Verdauungskraft der Lösung zunachst gesteigert, wir werden sehen, daß die Erfahrung dieser Annahme entspricht.

Erhöhung der Temperatur wird den ganzen Ablauf A — Z beschleunigen, wiederum sowohl bei Substratgegenwart wie ohne diese; der Effekt für die „aktuelle" Enzymkraft wird von Hohe und Dauer der Temperatureinwirkung sowie den Konzentrationen abhangen, das wird in den Beispielen deutlicher werden.

Erhöhen wir die Temperatur immer weiter, so wird natürlich die Zeit, während welcher das Enzymteilchen im H P-Zustand ist, verkurzt, die Wahrscheinlichkeit, daß es auf ein Substratteilchen trifft, bevor es in R Z abklingt, wird damit bei gegebener Substratkonzentration immer geringer, es muß der Augenblick eintreten, wo mehr Teilchen, ohne gewirkt zu haben, abklingen, als neue hinzutreten, es muß also ein Temperaturoptimum geben. Es folgt aber aus dieser Ableitung des Optimums, daß es kein absolutes sein kann, daß es sowohl von der A G-Reserve der betreffenden Lösung und damit von dem Enzymausgangsmaterial als auch und vor allem von der Substratkonzentration und dessen Verteilungszustand abhängen muß. Auch hierfür gibt die Erfahrung Belege.

Relativ einfach läge die Aufgabe, quantitative Beziehungen zu erkennen, wenn jedes H P-Teilchen nur zu einmaliger Wirksamkeit befähigt wäre und danach — oder auch ohne gewirkt zu haben — zu R Z überginge. Das ist augenscheinlich aber nicht der Fall. Es erforderte auf jedes verdaute Substratteilchen ein H P-Teilchen, was man nicht annehmen wird, außerdem müßte dann die Umsatzgeschwindigkeit bei hoher Substratkonzentration rasch abnehmen, die maximalen verdauten Mengen relativ klein sein. Auszuschließen ist die Annahme mit Sicherheit noch nicht, solange wir über die relative Größe von Enzym- zu Substratteilchen nichts Bestimmtes wissen; wir werden sehen, daß sie nach unseren Versuchen sehr unwahrscheinlich wird.

Sieht man von diesem Fall ab, so bleiben zwei Möglichkeiten: entweder das H P-Teilchen kann mehrmals hintereinander mit dem Substrat reagieren oder bei der Aufspaltung entstehen aus dem Substrat selbst enzymfähige Stoffe, natürlich können auch beide Annahmen nebeneinander gelten.

Jenes Hintereinander könnte auf einer Wiederherstellung des Zustandes vor der Substratberührung — also dem gewöhnlichen Katalysatorverhalten — beruhen oder es könnte mit der Veränderung, dem Ablauf auf R Z hin verbunden sein, so daß also das H P-Teilchen sich mit der Wirkung verändert, etwa — und das ist die Theorie, zu der wir auf Grund unserer Erfahrungen gekommen sind — sukzessive mit Hilfe von dem Substrat (Protein) entnommenen Gruppen wächst.

Bei der letzteren Art bestünde die Möglichkeit, daß je nach der besonderen Substratzusammensetzung — den Eiweißbausteinen in ihrer verschiedenen relativen Menge und Bindung im Molekül — das „ablaufende" Enzymteilchen etwas anderes würde. Wir werden sehen, daß das allem Anschein nach wirklich der Fall ist.

Auch bei der eventuellen Enzymfreisetzung aus dem Substrat, die bei den Proteasen nicht so a priori unwahrscheinlich erscheint wie bei anderen Enzymen, würde das neu entstehende Enzym etwas andere Eigenschaften haben können als das Ausgangsferment

Wir wollen nun einige Folgerungen der Theorie an den Beobachtungstatsachen prufen. Dabei ist der Übelstand zu beklagen, dem alle Fermentstudien unterliegen: die begrenzte Vergleichbarkeit der verschiedenen, mit verschiedenen Enzymausgangspräparaten angestellten Untersuchungen.

Dazu kommt der für unsere Fragestellungen nachteilige Umstand, daß die überwiegende Mehrzahl der Untersuchungen sich mit kurzdauernden Wirkungsprufungen begnügt, keineswegs bis zur Erschopfung der Enzymkraft durchgeführt wird und außerdem meist relativ hohe Enzymkonzentrationen verwendet.

Entsprechend der herrschenden Anschauung, daß die wirkende Konzentration mit der Herstellung der Losung gegeben sei und lediglich

— infolge der Selbstzerstörung — abnehmen könne, wird diese nur mit kurzdauernden Verdauungsversuchen festgestellt, meist als Verdauungszeit einer bestimmten Substratmenge. Man kann sich aber leicht überzeugen, daß zwei Enzymlösungen, die im kurzdauernden Verdauungsversuch gleiche Wirkungskraft zeigen, im länger fortgesetzten, unter sonst gleichen Bedingungen natürlich, sehr verschiedene aufweisen können.

Dazu kommt bei Proteasen die große Verschiedenheit der Substrate in ihrer Fermentangreifbarkeit, die sich nicht nur auf die Proteine verschiedener Herkunft, sondern auch auf die verschiedenen Zustände eines und desselben Eiweißkörpers erstreckt, ein Umstand, dessen auch prinzipielle Bedeutung viel zu wenig bedacht wird.

Betrachten wir etwa einen gekochten Eiweißklumpen, den wir bei neutraler oder ganz schwach alkalischer Reaktion in einer Lösung halten, so wird man schwer glauben können, daß er in von selbst verlaufender Aufspaltung begriffen sein soll, und andererseits ist kaum vorzustellen, daß seine relativ rasche Auflösung in einer Trypsinlösung ein reines Kolloidphänomen sei. Wenn ferner, wie u. a. BIEDERMANN sah, ein gekochter Eiweißkörper auch bei feiner Verteilung schlechter verdaut wird als der ungekochte, wenn die Dauer des Kochens von Einfluß ist, so daß eventuell kurzes Aufkochen sogar fordert, so spricht das auch nicht im Sinne der Kolloidtheorie.

Jedenfalls sind hier noch eingehende Untersuchungen vonnöten.

Die Prüfung der Ablauftheorie erfordert länger dauernde Verdauungsversuche und läßt relativ schwache Enzymkonzentrationen geeigneter erscheinen.

Dabei macht sich aber ein Umstand störender bemerkbar, der ebenfalls zu wenig berücksichtigt wird, das ist die Fernhaltung von Bakterien oder wenigstens eine derartige Versuchsführung, daß sie als wirkende Ursache ausgeschlossen werden können. Es hat sich uns in vielfältigen Untersuchungen gezeigt, daß gerade die möglichst „reinen" Enzymlösungen, also unsere H P-Stufen, einen Bakteriennährboden exquisiter Art darstellen. Die gebräuchlichen Desinfizienzien — Toluol, Thymol, Chloroform — erweisen sich demgegenüber als nicht immer zureichend. Andererseits hemmen sowohl diese wie erst recht Formaldehyd, NaF (die außerdem mit Eiweiß reagieren), die schwachen Enzymlösungen schon recht erheblich. Es gilt: Alles, was das Bakterienwachstum hemmt, hemmt auch die Fermentwirkung. Und umgekehrt: Alles was den Enzymablauf hemmt (Endstufen) verschlechtert die Lösung auch als Bakteriennährboden.

Biologisch ist das ja eine Stütze für die Annahme der Verbindung von Enzymablauf und elementarem Lebensvorgang (Biorheuse), praktisch nötigt es dazu, bei dem Nachweis von autolytischen Gewebsproteasen u. ä.

die Darstellungszeit unter die eines wirksamen Bakterienwachstums abzukürzen resp. durch Kulturen die Bakterien als Verursacher der Enzymwirkung auszuschließen. Natürlich wird man immer ein Desinfiziens zugegen halten, uns hat sich Toluol noch am besten bewährt, es hemmt wenig und schützt wesentlich besser als Chloroform.

Am Eingang der theoretischen Überlegungen stand die Annahme, daß zwischen der Thermolabilität und irreversiblen Selbstzerstörung des Enzyms einer- und ihrer Fermentwirkung andererseits ein funktionaler Zusammenhang bestehe.

Dafür ließe sich anführen, daß Fermente, die schon bei niederer Temperatur erheblichere Wirkung entfalten, auch bei erhöhter der schnelleren Zerstörung unterliegen (z. B. Pepsin gegenüber Trypsin), sowie daß manche Zusätze (Glycerin) Selbstzerstörung und Enzymwirkung in gleichem Maße hemmen. Ferner spricht dafür die schon den älteren Untersuchern (Schiff) bekannte Erscheinung, daß die Umsatzgeschwindigkeit zunächst steigt, was man bei sukzessivem Zusatz gleicher Substratmengen für Pepsin und Trypsin leicht erweisen kann, und was ja unserer oben (S. 55) gegebenen Ableitung entspricht. Einleuchtend im Sinne unserer Theorie erscheint folgender Versuch: Wenn man eine nicht sehr starke Trypsinlösung 5 bis 10 Minuten auf 45^0 erwärmt, also eine deutlich inaktivierende Temperatur, und dann die abgekühlte Losung bei 20^0 Casein verdauen läßt, so verdaut sie in der ersten Zeit besser, dann aber schlechter als dieselbe aber nicht vorerwärmte Fermentlosung. Der Versuch gelingt nicht mit jedem Trypsinpräparat, er ist abhängig von der A G-Reserve, er zeigt, daß die wirksame Konzentration in der Warmlösung anfangs gesteigert, dann herabgesetzt ist, was zu erwarten war, wenn, unserer Annahme gemäß, die Temperaturerhohung mehr Teilchen aus A G in H P gelangen laßt, zugleich aber auch — fur den weiteren Fortgang — die A G-Reserve vermindert wird und damit die Gesamtbilanz nach der R Z-Seite verschoben ist.

Da es sich unserer Annahme nach um eine Konzentrationszunahme der wirksamen Teilchen handelt, lag die Vermutung nahe, daß diese kleiner sein mochten als ihre Vorstufen und damit besser durch Membranen diffundieren wurden als jene, daß also eine erwarmte oder erwarmt gewesene Enzymlosung in Dialyseanordnung mehr an Wirksamkeit einbußen wurde und andererseits ein wirksameres Dialysat lieferte als die gleiche unerwarmte. Der Versuch bestatigt das. Im Eisschrank nimmt eine in Schleicher-Schüll-Hulsen gegen gleiche Grundsalzlosung dialysierte Trypsinlosung in Tagen kaum ab, wahrend sie bei 37^0 in 24 Stunden das Vielfache an Wirksamkeit verliert gegenuber der gleichen, gleichgehaltenen Losung im Glase. Entsprechend bekommt man in der Warme wirksamere Dialysate, wenn man dafur sorgt, daß diese nicht weiter inaktiviert werden, also indem man kurz erwärmt, dann in der Kälte dialysiert und diesen Turnus mehrfach wiederholt (so habe ich aus menschlichem Pankreas gut wirksame Präparate erhalten), oder indem man in dem Dialysatraum Eiweiß in Lösung hält oder das Dialysat durch eine Kühlschlinge auf niedrigerer Temperatur hält als die Fermentlösung. Bei Verwendung verschieden dichter Membranen ist damit auch ein Weg gegeben, um die wirksamen Stufen von den anderen und den Verunreinigungen weitgehend zu trennen.

Auch bei der Membranfiltration durch dichte ZSIGMONDY-BACH-MANN-Filter steigt die Wirksamkeit des Filtrates erheblich, wenn die Trypsinlösung vorher kurze Zeit auf höhere Temperatur, die also die Gesamtfermentkraft minderte, gebracht war. Im Gange befindliche Untersuchungen von E. LOEWENTHAL zeigen, daß man den Übergang zu kleineren Teilchen auch optisch und formoltitrimetrisch nachweisen kann.

Auch in diesen Anordnungen hängt der Erfolg aber wesentlich von dem Ausgangspräparat, von der AG-Reserve, ab; nach meinen bisherigen Erfahrungen sind die besten Präparate auch die A G-reichsten, was auf die schonende Behandlung des Ausgangsmaterials bei der Darstellung, wohl auch die Frische der Organe usw. zu beziehen ist.

Noch erheblich wirksamere Dialysate und Ultrafiltrate erhält man aber, wenn man die Enzymlösung nicht allein, sondern zusammen mit Substrat erwärmt, sowohl für die Kombination Pepsin-Rhizin wie Trypsin-Casein konnte das erwiesen werden. Das leitet über zu der Frage des Substratschutzes gegen die Hitzeinaktivierung. Bekanntlich verlieren Enzymlösungen viel weniger an Wirksamkeit, wenn sie der hohen Temperatur bei Anwesenheit ihres Substrates ausgesetzt werden. Die übliche Erklärung dafür ist, daß durch die Bindung Ferment-Substrat ein irgendwie kolloidchemischer Schutz des ersteren bewirkt werde. Auch die Spaltprodukte des Substrats sollen schützen können, eine — für die Proteasen — allerdings nicht unumstrittene Angabe. Wie dem auch sei, jedenfalls fordert jene Erklärung die Bildung eines Ferment-Substratkomplexes, der also größer wäre als das Fermentteilchen allein und eine schlechtere Membranpassage erwarten ließe. Das Gegenteil ist, wie gesagt, der Fall, die Dialysate und Ultrafiltrate sind um ein Mehrfaches wirksamer.

Dazu kommt folgende Beobachtung: ist in einer trypsinhaltigen Lösung sowohl gelöstes wie ungelöstes Eiweiß (Casein, Ovalbumin — Fibrin) zugegen, so wird oberhalb einer gewissen, von den Konzentrationen abhängigen Temperatur das Fibrin besser verdaut als in der reinen Fermentlösung, unterhalb schlechter. Das kann nur so verstanden werden, daß das gelöste Eiweiß für die Enzymteilchen auf ihrem Diffusionswege zu der Fibrinflocke hin einmal als Relais, das andere Mal als Blockade funktioniert.

Es ergibt sich aus alledem, wozu noch die Abhängigkeit des Optimums von der Substratkonzentration tritt, als notwendige Folgerung, daß bei Substratgegenwart eine effektiv höhere Konzentration (im Falle der höheren Temperaturen) an wirkenden Teilchen erzielt oder bewahrt wird als ohne dasselbe. Die Erklärung könnte einmal in einer Neuentstehung von Enzym aus dem Substrat, andererseits in der Bewahrung von HP-Teilchen vor dem zu schnellen, wirkungslosen Übergang in R Z gesucht werden. Ob und in welchem Umfange das erstere stattfindet, vermag ich noch nicht zu sagen, möchte aber das letztere für das Wichtigere in jedem Falle ansehen. Eine direkte Zunahme von totaler Enzymkraft durch das Substrat haben wir in verschiedenartigsten Versuchsanordnungen nicht erweisen können, wohl aber haben wir viele Anzeichen dafür, daß die Substratanwesenheit die Enzymteilchen davor bewahrt, sich untereinander zusammenzulagern, welchen Vorgang wir als einen des Abklingens nach R Z zu sehr wahrscheinlich machen konnten.

Jedenfalls aber ist die Kolloiderklärung der Substratschutzwirkung nach unseren Versuchen unhaltbar.

Bekanntlich können Enzymlösungen auch durch Schütteln inaktiviert werden. Auch hiergegen schützt, wie sich uns zeigte, das Substrat (Eiweiß). Trypsinlösung, die mit Casein ein bis mehrere Stunden geschüttelt wurde, war nicht nur vielfach wirksamer als die caseinfrei geschüttelte, sondern kaum weniger wirksam, als wenn sie nicht geschüttelt war. Membranfiltrate der Lösungen — 1. caseinhaltig und geschüttelt, 2. caseinhaltig, 3. caseinfrei, 4. caseinfrei und geschüttelt — zeigten in Fall 1 bis 3 gleiche Wirksamkeit, 4 viel geringere bis ganz aufgehobene. Interessant ist, daß die Membranfiltrate 1 bis 3 gleich waren, während unfiltriert 3 besser war, eine Hindeutung darauf, daß in 1 und 2 hemmende Stoffe auf dem Filter blieben.

Es sollen nun weiter zwei Beobachtungsreihen besprochen werden, die als starke Stützen der Ablauftheorie der Enzymwirkung angesehen werden dürfen.

Wenn man ein und dieselbe Trypsinlösung unter sonst gleichen Bedingungen in Portionen geteilt auf verschiedene Eiweiße wirken läßt, so paßt sich gewissermaßen das Enzym dem betreffenden Substrat an, d h. in nachtraglichen Parallelversuchen verdaut es das Substrat, mit dem es vorbehandelt war, besser als die anderen Substrate und auch besser als die mit anderen Substraten vorbehandelten Portionen.

Diese Beobachtung wurde zunächst qualitativ an einem größeren Substratmaterial in Parallelreihen festgestellt, neuerdings dann im Verdauungseffekt quantitativ verfolgt.

Die Vorbehandlung wurde vielfach variiert, hier genügt es, an einigen Beispielen die Erscheinung zu demonstrieren.

Erstes Beispiel: Einprozentige Trypsinlösung hat 24 Stunden bei 37⁰ mit 1. Magencarcinom, 2. Tuberkelbacillenmasse (ätherextrahiert), 3. Hundeleber im Dialysator gestanden. Von den Dialysaten werden je 5 ccm mit jedem der drei Substrate (gekocht, 0,2 g) zum Verdauungsversuch angesetzt und 48 Stunden bei 38⁰ belassen. Toluol. Gegen Casein alle drei Dialysate fast genau gleiche Wirksamkeit. Es haben verdaut von:

	Carc	Tbc.	Leber
Carc. Tryps. Dial.	0,13 g	0,0 g	0,02 g
Tbc ,, ,,	0,09 g	0,07 g	0,0 g
Leber ,, ,,	0,09 g	0,02 g	0,04 g

Zweites Beispiel: Ähnliche Anordnung wie oben, Substrate: Tuberkelbacillenmasse, menschliche Magenschleimhaut.

Verdauungsversuch nach Eintrocknen der Dialysate mit gleichen Ruckstandsmengen in Glycerin aufgenommen und mit Phosphatpuffer (p_H: 7.2) $^1/_{20}$ verdünnt, gekochtes Substrat.

Bestimmung des in Lösung gegangenen N_2 mit Mikrojeldahl in 0,5 ccm mg, N_2:

	Tbc.	Mag schlmht.
Nach 24 St. Verdauung:		
Tbc. Tryps. Dial.	0,092	0,032
Mg schl ,,	0,058	0,050
Nach 4 Tagen:		
Tbc.	0,596	0,312
Mg schl.	0,184	0,250

In diesem Falle wie auch sonst oft macht sich bei langer Verdauungsführung eine wahrscheinlich absolute Überlegenheit der einen Lösung geltend; die Spezifizität macht sich meist während der Anfangszeit der Verdauungsversuche am starksten geltend, bei längerer Dauer tritt oft Umschlag ins Gegenteil ein. Von der Ablaufvorstellung aus wird uns das verständlich werden.

Ein anderer Weg der „Fermentzüchtung", der sich brauchbar erwiesen hat, ist der, daß man die Substrate zuerst Pepsin — verdauen laßt, das Pepsin durch Kochen zerstört, von dem Ungelösten abfiltriert, nun Trypsinlösung zufügt und bei einer dem isoelektrischen Punkt des Trypsins (MICHAELIS) nahegelegenen Acidität im Brutschrank stehen läßt. Nach einigen Stunden beginnt eine Ausflockung, die während 24 bis 48 Stunden noch anwächst und die abfiltriert und schwach alkalisch gelöst relativ spezifische Verdauungswirkung gegenüber dem betreffenden Substrat zeigt.

Die andere Beobachtung führt zu den Erscheinungen der Autolyse zurück. Es gelingt nämlich unter gewissen Bedingungen, aus Lösungen genuiner Eiweißkörper wie des Caseins enzymwirksame Lösungen und weiter Trockenpraparate zu erhalten, die so wirksam sind, daß die Ursprungscaseinlösung nur ganz kurze Zeit beständig sein konnte, wenn sich jene Enzymkraft schon darin entfalten würde.

Zur Beschreibung der Erscheinung zitiere ich eine kürzlich in Gemeinschaft mit E. Loewenthal von mir herausgegebene Mitteilung :

Eine Autolyse von Caseinaten in geringfügigem Umfang, bald zum Stillstand kommend, wurde bereits von Walters (Journal of biolog. chemistry, Bd. 11, 1912) festgestellt. Wir fanden bei unseren mit Phosphat-Puffergemischen hergestellten 1 proz. Caseinlösungen (Casein purissimum Merck, Casein nach Hammarsten-Merck, Casein Grübler, selbst hergestelltes Casein nach Danilewsky) in vielen Wochen bei gewöhnlicher Temperatur und unter Toluol keine Abnahme des durch Säure fällbaren Caseins. Wohl aber tritt — wie bereits bekannt — bei längerem Stehen eine verschieden starke, diffuse, weißliche Trübung auf, die durch gewöhnliche Filter und Zentrifugieren nicht zu entfernen ist.

Es hat sich nun gezeigt, daß die Autolyse des Caseins in Gang kommt, wenn man auf physikalischem Wege eine Trennung der in Lösung befindlichen, verschieden großen Teilchen ermöglicht. Die ersten Beobachtungen waren gemacht worden bei Dialyse der Caseinlösungen gegen die reine Grundsalzlösung bei Bruttemperatur. Da der Erfolg dieser Methode an die Qualität des Pergaments gebunden war, das uns später nicht mehr zur Verfügung stand, und außerdem die Täuschung durch Bakterien nicht sicher auszuschließen war, wurde sie verlassen. Die von uns jetzt angewandten Methoden gehen auf die Beobachtung zurück, daß Filtrationen durch De Haën-Membranfilter oder Papierbrei häufig von einer mehr oder weniger raschen Autolyse des Caseins gefolgt waren, und nach Schwund des Caseins proteolytisch auf Casein wie Fibrin wirksame Lösungen resultieren ließen. In vielen Fallen zeigte das Filtrat einen raschen Schwund des noch restierenden Caseins und im Anschluß daran eine proteolytische Wirksamkeit, die in den besten Fallen etwa der einer 0,1 proz. Trypsinlösung (Pankreatin purissimum absolutum Rhenania) entsprach. Bakterienwirkung hier, wie auch in allen folgenden Versuchen konnte mit Sicherheit ausgeschlossen werden auf Grund bakteriologischer Kontrolluntersuchungen, die andernorts veroffentlicht werden sollen. Ebenso wurde die Vermutung, daß es sich um die Beimengung einer Protease aus der Milch handeln könne, dadurch ausgeschlossen, daß diese Erscheinung auch Caseinlösungen zeigten, die vorher 10 Minuten bis 1 Stunde im strömenden Wasserdampf auf 100° erhitzt waren Von der Anschauung ausgehend, daß es sich um die Beseitigung von die Autolyse bzw Proteolyse hemmenden Substanzen handele, wurde die Methodik weiter variiert Dabei erwiesen sich Verdunnung, kurz dauerndes Schutteln mit Kaolin, wie mehrfache Filtration unter Variation des Filtriermaterials als forderlich, also Einflusse, die auch bei der Serotoxinbildung und Serumautolyse wirksam gefunden wurden Wie dort, so zeigte sich auch in unseren Versuchen, daß der Erfolg bei scheinbar ganz gleicher Methodik wechselnd ausfiel. Aus vielfältiger Beobachtung ließ sich erkennen, daß Autolyse bzw. Proteolyse und das Auftreten und die Zunahme der Trübung in einer antagonistischen Beziehung stehen; sowohl die klaren, caseinhaltigen Filtrate, als auch die nachträglichen Verdauungsproben trüben sich wieder, und wenn bei geringer oder fehlender Caseinabnahme schon stärkere Grade der Trübung erreicht werden, so kommt die Verdauung zum Stillstand. Bei rascher Verdauung tritt keine Trübung auf, bei langsamer gehen Caseinabnahme und Trübungszunahme parallel. Wir gewannen daraus den Eindruck, daß Eiweißspaltung und synthetische Bildung grober disperser Teilchen einen zusammenhängenden Reaktionsablauf darstellten, dessen Fortgang durch die Zunahme der (synthetischen) Endstoffe gehemmt wird. Wenn die Konzentration der Endstoffe ein gewisses Maß erreicht hat, ehe das Casein vollkommen geschwunden ist, so steht die Proteolyse still. Daß es sich tatsächlich um Proteolyse und Synthese handelt, zeigt die formoltitrimetrische und VAN SLYKE-Bestimmung der freien Aminogruppen; z. B.: eine 1 proz. Caseinlösung in einem Phosphatpuffergemisch p_H 7,7 10 Minuten auf 100^0 erhitzt, innerhalb 7 Tagen mehrmals filtriert, teils auf 60^0, teils auf 37^0 unter Zusatz von Toluol gehalten, enthielt nach dieser Behandlung in 2 ccm Lösung am

17. XI. 0,25 ccm
18. XI. 0,37 ccm
20. XI. 0,31 ccm
21. XI. 0,24 ccm N_2,

die nach VAN SLYKEe bestimmt wurden. Außerdem begann sich am 20. XI. die Lösung zu trüben. Die Zahlen beziehen sich auf gleichen Druck und gleiche Temperatur.

Soweit das Zitat. Die Untersuchung ist im Fortgang, sie bestärkt uns immer mehr in der Anschauung, daß die Ausgangscaseinlösung den Gleichgewichtszustand einer Reaktionsfolge darstellt oder sich ihm annähert. Durch die Ultrafiltration und die anderen Methoden wird das Gleichgewicht gestört, und die Reaktion kommt wieder oder schneller in Gang, die Lösung trübt sich aufs neue und der weitere Verlauf wird wiederum gehemmt. Durch abermalige Ultrafiltration kann man die Reaktion oft nochmals, eventuell noch mehrere Male in Gang bringen. Auch in den Fällen, wo mit Essigsäure keine Abnahme des Caseins nachweisbar ist, zeigt die Bestimmung des Ganges der freien NH_2-Gruppen, daß der Vorgang doch stattfindet, nur schneller durch die synthetischen Endstufen wieder verlangsamt wird, ein Beispiel:

5 proz. Caseinlösung in NaOH, p_H 7,7, 3mal 1 Stunde auf 60^0.

Davon nach Filtration durch Papierbrei 20 ccm mit 80 ccm Phosphatpuffer entsprechend obigem p_H verdünnt.

Es folgen die Werte des Aminostickstoffs (VAN SLYKE) in je 2 ccm und immer mit einem Tag Abstand. 37^0, Toluol.

0,25   0,34   0,30   0,35   0,35   0,35   0,36   0,28 mgN_2.

Die Zahlenreihe zeigt einen interessanten Befund, der sich bei längerer Versuchsführung so gut wie stets zu ergeben scheint und ähnlich auch bei der Trypsin-Caseinverdauung, nämlich einen wiederholten Wechsel von Zunahme und Abnahme des freien Aminostickstoffs. Es hat uns das in der Annahme einer reaktionskinetischen Verbundenheit der Spaltung mit der Synthese bestärkt. Wir stellen uns vor, daß die im synthetischen Ablauf begriffenen Teilchen andere Moleküle spalten, indem sie ihnen die zu ihrer Synthese geeigneten Gruppen entreißen. Dabei werden anlagerbare Gruppen in größerer Menge frei als zunächst benötigt werden, es überwiegt der Effekt der Hydrolyse im NH_2-Wert. Mit dem Fortschreiten der Synthese, wie es die Stickstoffbestimmung anzeigt, werden erst die freigewordenen Gruppen aufgebraucht, dann tritt aufs neue Spaltung ein und abermals das gleiche Spiel, bis die Reaktion durch das Hemmungsgleichgewicht zum Stillstand kommt.

Daß die „Enzymausbeute" bei anscheinend ganz gleichmäßigem Arbeiten so verschieden ausfällt — eine Beobachtung, die man ja auch bei der Enzymgewinnung aus tierischen und pflanzlichen Geweben und Organen macht, ja beim ganz identischen Ausgangsmaterial —, möchte ich so verstehen, daß weder das Ausgangsmaterial an prozentualer Zusammensetzung bezüglich der verschiedenen Ablaufstufen vollkommen homogen ist — es kann sich ja um relativ wenige wirkfähige Teilchen unter zahllosen indifferenten oder hemmenden handeln — noch man es bei unseren bisherigen Methoden in der Hand hat, die Bedingungen wirklich bis ins Kleinste konstant zu halten Auch die verschiedenen Caseinpräparate waren durchaus nicht gleichwertig, wenn auch keines vollständig versagte. Die besten überhaupt erhaltenen Resultate waren nach Sauerstoffbehandlung der Caseinlösung erzielt worden, oft blieb diese aber auch ganz wirkungslos. Manchmal waren die langer gekochten Losungen recht gut, dann wieder die ungekochten. Salzzusatz ist sicher von Einfluß, Phosphate scheinen zu fordern, ebenso Rhodanide, Calcium scheint zu verlangsamen, d h die Synthese auf den hemmenden Stufen zu halten; entschieden forderlich scheint die Verdunnung nach Entstehen der Trubung und Filtration zu sein.

Von großer Wichtigkeit ware, die Versuche auch auf andere Proteine auszudehnen[1]), mit einigen Sameneiweißen erhielten wir auch positive Resultate Daß gerade das Casein die Erscheinung zeigt, ist biologisch

---

[1]) Nach Fertigstellung dieses Buches erscheint eine Mitteilung von PUTTER und VALLEN, die im Verfolg des d'Herélle-Phanomens (s spater) zu mit den unseren, oben beschriebenen weitgehend ubereinstimmenden Ergebnissen gekommen sind

wegen der Bedeutung dieses Proteins für den wachsenden Organismus interessant, ebenso wie die Analogie zu dem proteolytischen Enzym der Hefe, das ABDERHALDEN und FODOR auch für ein Phosphorprotein halten.

Die mehrfach erwähnte Beobachtung, daß es die zugleich mit der Enzymbetätigung oder Selbstinaktivierung entstehenden wachsenden Teilchen sind, die den weiteren Ablauf und damit zugleich Verdauung wie Inaktivierung hemmen, wurde in zahlreichen Versuchen mit Trypsin immer wieder gefunden. Eine Zahlenreihe der Trypsin-Caseinverdauungsverfolgung mit der VAN SLYKE-Methode sei angefügt, die dieselben Erscheinungen zeigt wie der oben zitierte Caseinautolyseversuch, nur mit absolut größeren Ausschlägen:

Lösung Phosphatpuffer p_H 7,7, 0,5 proz. Trypsin (Rhenania).

1,0 proz. Casein. Täglich 9 Stunden bei 60°. Tägliche Bestimmungen:

0,57 1,04 1,14 1,14 1,06 1,05 1,11 1,08 1,06 1,05 mg N_2.

Natürlich sind die Werte solcher Bestimmungen immer das Resultat von Überlagerungen der beiden, in ihrem NH_2-Effekt gegenteiligen Vorgänge.

Eine andere Methode, um den Zusammenhang von den hydrolytischen mit den synthetischen Vorgängen aufzuzeigen, war die, daß eine Trypsinverdauung mit Substratüberschuß in Dialyseanordnung vorgenommen und außen einmal Sauerstoff, einmal Stickstoff durchgeleitet wurde. Es ergab sich in dem Sauerstoffversuch eine raschere und viel weitergehende Verdauung und zugleich trübte sich hier die Außenlösung, während sie unter Stickstoff klar blieb.

In kurzen Verdauungsversuchen kann man eine fördernde Wirkung des Sauerstoffs nicht feststellen, wohl aber im länger dauernden oder mit vorher schon großenteils inaktivierter Trypsinlösung.

Es scheint uns nach den bisherigen Erfahrungen, als ob der Sauerstoff gerade die letzte Phase des Ablaufs, also den Übergang in die nicht mehr hemmenden, endgültigen Endstufen begünstige.

Für eine solche Hemmungsbeseitigung hat sich in Versuchen von HEDIN an Gewebs- und Harnproteasen Säurebehandlung als wirksam gezeigt. Auch wir hatten von voraufgeschickter oder eingeschalteter Säureumstellung der Caseinlösungen den Eindruck einer Förderung der Autolyse und Enzymausbeute.

Eine Beobachtung, die noch weiterer Verfolgung bedarf, ist die, daß die Hemmung einer weitgehend abgelaufenen Verdauungslösung relativ spezifisch gegenüber dem betreffenden Substrat ist. Das äußert sich auch bei der oben beschriebenen künstlichen Enzymspezifizierung („Züchtung"), dergestalt, daß bei zu langer Fortsetzung der vorbehandelnden Verdauung die Züchtungswirkung sich in ihr Gegenteil verkehrt.

Das Auftreten von Hemmungsstoffen bei der Trypsinwirkung ist neuerdings auch von NORTHORP untersucht worden, er findet ebenfalls in gleicher Weise Enzymwirkung wie Inaktivierung gehemmt. Und bereits länger ist bekannt, daß inaktivierte Trypsinlösung auf frische hemmend einwirkt.

Wir wollen nun — im vollen Bewußtsein, daß die Einzelheiten noch vieler weiterer Aufklärung und Sicherung bedürfen — ein Bild des „Enzymablaufs" zeichnen, damit zugleich das Grundmodell der „Biorheuse" skizzieren. Es darf dabei aber nicht außer acht gelassen werden, daß die enzymatische Wirkung nur eine Seite des Biorheusevorgangs ist und nicht ihr Wesen erschöpft.

Eine stabile, nicht denaturierte Eiweißlösung ist ein im Gleichgewichtszustand befindliches Gemenge von Stufen des Reaktionenablaufs, das je nach Herkunft und Alter der Lösung auf die verschiedenen Stufen anders verteilt sein kann. Denn der Gleichgewichtszustand ist in vielen Fällen sicher kein absoluter, sondern — nach Maßgabe des langsamen Endablaufs (R Z) — verschiebt sich das System langsam nach jener Seite. Das zeigte sich bei unseren Caseinlösungen, und dahin dürfte auch die alte Beobachtung gehören, daß im länger stehenden Blutserum die Eiweißverteilung sich nach der Seite der Globuline verschiebt.

Eine ältere Eiweißlösung wird also vorzugsweise aus Spätstufen des Ablaufs bestehen.

Ein proteolytisches Enzym ist ein Gemisch, das besonders reich an Anfangsstufen des Ablaufs („Frühbiokymen") ist, sowie frei oder arm an hemmenden Endstufen.

Die anfängliche Zunahme der Enzymkraft resp. die Anreicherung der enzymatischen Stoffe ist wahrscheinlich eine Selbstverdauung des Enzymproteins, eine Autolyse im Sinne der Caseinautolyse, die bei Fehlen oder Fortfall der Hemmungen sehr rasch die größeren Teilchen aufspaltet und dadurch aus ihnen eine große Zahl der aktiven freisetzt. Dafür sprechen die Versuche der „Hitzeaktivierung" und ihrer Steigerung durch zugesetztes Casein mit nachfolgender Ultrafiltration, ferner optische und formoltitrimetrische Bestimmungen, die parallel dem Wirksamkeitsanstieg eine Zunahme der Konzentration sowie der freien Aminogruppen in der Trypsinlosung anzeigten.

Die eigentliche Biorheuse beginnt bei dem kleinsten Teilchen der Reaktionenfolge, dessen einfache Gleichsetzung mit den Aminosäuren (E. HERZFELD) mir aber unwahrscheinlich, zumindest nicht bewiesen erscheint (BIEDERMANN, NORTHORP)

Nach unseren Erfahrungen lassen durchaus nicht alle Membranen, die Aminosauren durchlassen, auch das Enzym durch, wir haben viel-

mehr durch sukzessive Dialyse mit verschieden durchlässigen Scheide-
wänden Enzym und letzte Spaltprodukte voneinander trennen können.

Wir enthalten uns einer Hypothese über die chemische Natur
dieser Anfangsstufen und betrachten den weiteren Vorgang nach seinen
allgemeinen Charakteren.

Die eigentliche Biorheuse ist also ein synthetischer Prozeß. Das
Biokym wachst auf Kosten des Substratproteins, es entzieht ihm ge-
wisse Gruppen, dabei wird das Proteinmolekül gesprengt und die
Hauptmasse der Spaltprodukte bleibt als solche in der Lösung.

Über die chemische Natur dieses Vorgangs, der anscheinend
(Sauerstoff) unter Mitwirkung energieliefernder Reaktionen verläuft,
wenn auch bei kurzdauernden Versuchen diese kaum nachweisbar
sein dürften, lassen sich im gegenwärtigen Stande der Forschung
höchstens Vermutungen aufstellen. Ich möchte vermuten, daß man an
die cyclischen Gruppen im Eiweißmolekül und an die Polymerisations-
neigung unter oxydativen Bedingungen denken sollte, aber das ist noch
nicht spruchreif.

In diesem Stadium wird vermutlich schon der Grund zu dem
Aufbau spezifischen (arteigenen) Eiweißes gelegt. Der allgemeine,
unspezifische Beginn der Biorheuse liegt bei der Verdauung wahrscheinlich noch vor dem Eingreifen in das fremde Protein, schon die ersten
Stadien bei der Entstehung des „Enzyms“ durch Zersetzung des Eiweißes der betreffenden Drüse oder (Autolyse) des Gewebes stellen den
Beginn einer Spezifizierung dar. Stehen jetzt mannigfache verschiedene Eiweißkörper zur Verdauung, so geht es im Sinne dieser — also
der arteigenen resp. individuellen — Spezifizierung weiter, bei ein-
seitigem reichlichen Eiweißsubstrat dagegen tritt — vielleicht auch
durch Freisetzung von Biokymen aus diesem selbst unterstützt — eine
Spezifizierung auf dieses ein, wie die „Züchtung“ lehrt.

So wird ja auch die bekannte Erscheinung verständlich, daß bei
Überschwemmung des Darmes mit einem Eiweißkörper dieser durch
Immunitätsreaktionen im Blute nachgewiesen werden kann, davon
später mehr!

Über den weiteren Fortgang der Biorheuse läßt sich einstweilen
nur aussagen, daß die Teilchen immer größer und wahrscheinlich immer
spezifischer werden, wobei es sich — zumindest auch — um echte Peptid-
synthese handelt (van Slyke-Bestimmung, Formoltitration). Weiter
bleiben die Oxydationen wahrscheinlich gerade für die synthetische End-
strecke von Bedeutung. Schließlich bilden sich suspensoide Teilchen
und förmliche Ausflockungen, bei deren Konstatierung man sich freilich in jedem Falle gegenüber einer Täuschung durch Bakterien sichern
muß, wir haben vielfach bakterienfreie Flöckchen erhalten, besonders in
Dialyseanordnung.

Wahrscheinlich gehört auch die bekannte Plasteinbildung durch Pepsin oder Trypsin oder Autolysefermente in Wirkung auf Lösungen von Proteinspaltstücken hierher.

Es bilden sich also letztlich unlösliche Produkte, da aber alle Übergänge vom beginnenden kleinsten Biokym bis zu diesen letzten bestehen und die Reaktion gegen das Ende hin immer langsamer wird, so werden die späteren Stufen hemmend auf die nachfolgenden wirken. Außerdem lagern die späteren offenbar auch die früheren selbst direkt an und verringern damit die Konzentration an zur Proteolyse befähigten Teilchen; diese letztere Hemmung der Proteolyse (besser: Schwächung) ist demnach irreversibel.

Es ist in neuerer Zeit eine große Literatur über den Antitrypsingehalt des Blutserums entstanden, der bei allen möglichen, besonders kachektischen Zuständen, größeren Gewebseinschmelzungen usw. vermehrt gefunden wurde.

Schon länger war bekannt, daß man wie gegen andere Enzyme auch gegen Trypsin immunisieren kann, und es spricht wohl alle Wahrscheinlichkeit dafür, daß es sich in all diesen Fällen prinzipiell um das gleiche handelt, nämlich um die relativ spezifisch wirkende hemmende Eigenschaft der fortgeschritteneren Stufen der Biorheuse.

Bei gesteigerter Gewebseinschmelzung ist vom Standpunkt der Ablauftheorie aus späterhin eine erhöhte Konzentration an weiter abgelaufenen Biokymen im Blute zu erwarten, und ebenso wirkt natürlich die parenterale Zufuhr des Fermentes selbst. Tatsächlich verhalten sich nach den bisherigen Befunden die antitryptischen Serumsubstanzen ebenso wie die bei der Verdauung im Glase entstehenden hemmenden Stoffe. Der ganze Verlauf einer länger dauernden Proteolyse ist nur aus dieser Wirkung und Gegenwirkung zu verstehen, und man erkennt dann, daß die Vorgänge, die etwa bei 37^0 in den Trypsinlösungen vor sich gehen, nicht grundsätzlich verschieden sind, ob Substrat zugegen ist oder nicht.

Es ist bekannt, daß verdunntere Lösungen unter gleichen Bedingungen relativ mehr an Wirksamkeit einbußen als konzentriertere, und andererseits ist bei gleicher Substratkonzentration die Verdauung bei einer geringeren Enzymkonzentration relativ besser als bei einer hoheren. Das ist aus dem Hemmungswiderspiel zu erwarten.

Bei länger fortgesetzter Verdauung wird nach Bayliss der Umsatz immer unabhängiger von der Ausgangskonzentration an Enzym, auch das ist verständlich, denn je länger um so mehr wird die noch restierende Enzymkraft von der Substratkonzentration abhangen, um so mehr beherrscht auch die Hemmung das Feld.

Ist andererseits in einer bestimmten Fermentsubstratkombination die Reaktion zum Stillstand gekommen, so kann bekanntermaßen die

Reaktion wieder weitergehen, wenn Ferment nachgefügt wird. Vom Standpunkt der reinen Katalyse der Gleichgewichtserreichung ist das unverständlich, und man hat deswegen verschiedene Hilfshypothesen gemacht, vom Standpunkt des Enzymablaufs ist es selbstverständlich.

Die Förderung der Verdauung in Dialyseanordnung wird wohl auch weniger auf Entfernung der Produkte der Hydrolyse beruhen als derjenigen der hemmenden Substanzen, NORTHORP bestreitet die Hemmungswirkung reiner Aminosäuren, außerdem müßte die Hemmung von der umgesetzten Substratmenge abhängen und unabhängig sein von der Fermentkonzentration, was nicht zutrifft.

Was die Art der hemmenden Substanzen angeht, so muß man sich gegenwärtig halten, daß es sich auch hier nicht um einen bestimmten Körper handelt, sondern daß es eben die Hemmung in einer Reihe aufeinander folgender Reaktionen ist.

Um einen Vergleich zu gebrauchen: wenn eine Division auf einer Straße marschiert und die Spitze zum Halten gezwungen wird, so steht das Ganze. Um die Schlußkompanie wieder marschieren zu lassen, muß es entweder vorne wieder Raum geben oder aber die mittleren Formationen müssen seitlich hinausgefuhrt werden. Demgemäß kann in unserem Fall der Ablauf weitergehen, wenn die Endstufen entfernt werden (Ultrafiltration) oder mehr aus der Mitte Ablaufglieder hinausdiffundieren (Dialyse). Beides sahen wir bei dem Caseinablauf, beides ist auch von den antitryptischen Substanzen beschrieben worden

Aus den Versuchen mit substrathaltigen und substratlosen Trypsinlösungen geht hervor, daß die Biokyme sowohl unter Eiweißaufspaltung und mit Hilfe von so bezogenem Material wachsen können als auch durch Vereinigung untereinander; es wurde ja schon betont, daß beide Vorgänge im Grunde das gleiche sind. Im letzteren Falle aber nimmt natürlich die Konzentration an wirksamen Stufen (H P) rascher ab, und die von dem wachsenden Biokym, das etwa selbst schon in R Z eingetreten ist, gebundenen H P-Teilchen sind der enzymatischen Wirksamkeit endgültig entzogen.

Man muß zwischen der reinen Ablaufhemmung, die unter Beseitigung der hemmenden Stufen (wobei nach HEDINs Untersuchungen in vivo sicherlich die Veränderung der Reaktion zu Beginn der Autolyse mitwirkt) oder besser: Beseitigung der Hemmung an irgendeiner Stelle des Ablaufes reversibel ist, und der eben beschriebenen irreversibelen Schwächung streng unterscheiden, zugleich aber beachten, daß es dieselben Substanzen sind, die beide Wirkungen ausuben können.

Diese hemmenden, antitryptischen Stoffe, unsere Endstufen, sind ja noch selbst im Ablauf begriffen, das bezeugt schon ihre — gegenüber dem „Enzym" zwar verringerte, aber doch noch ausgeprägte — Thermolabilität. Die eigentlichen Endstufen im strengen Sinne, die unlöslich und reaktionsunfähig geworden sind, werden so gut wie keine hemmende Wirkung mehr ausüben, es sei denn durch direkte Raumerfüllung, etwa in der Zelle. Wenn man also eine hemmende Lösung länger erhitzt, so schwindet die Hemmung, zugleich trübt sich meist die Lösung stärker, und ebenso ist es von dem immunisatorisch erzeugten Antitrypsin bekannt, daß es beim Erhitzen unwirksam wird.

Aus der hier entwickelten Anschauung von der Natur der enzymatischen Proteinolyse ergibt sich noch eine große Zahl von Forschungsproblemen, die erst zum kleinen Teil in Angriff genommen werden,konnten, es seien darum einige hier genannt.

1. Wenn der Ablauf je nach Substrat spezialisiert ist, wofür „Züchtung" wie spezifische Hemmung sprechen, so ist zu erwarten, daß eine mit einem Protein zum Stillstand gekommene Verdauung bei Hinzufügen eines anderen an diesem weitergeht. Das scheint nach einigen Vorversuchen so zu sein.

2. Wenn besonders der letzte Teil der biorheutischen Synthese durch Oxydationen gefördert wird, so ist zu vermuten, daß eine zum Stillstand gekommene Verdauung weitergeht, wenn Sauerstoff eingeleitet, eventuell ein Oxydationskatalysator zugesetzt wird. Auch das scheint zuzutreffen.

3. Unter der gleichen Voraussetzung ist es auch moglich, daß gleichzeitige Anwesenheit gut oxydabler Substanzen die Inaktivierung (unter Synthese) und bei Substratgegenwart die Verdauung fördert. Für Traubenzucker ist das in ein paar Versuchen geprüft und bestätigt gefunden.

4. Es hat aus den Versuchen mit dem Casein allein wie auch mit Trypsin den Anschein, daß Phosphatanwesenheit speziell die Synthese — und damit natürlich den gesamten Ablauf — fordert. Das wàre weiter zu prüfen sowie auf andere Elektrolyte — Ca, K — auszudehnen.

5. Der Strahlungseinfluß ist an unseren beiden Kriterien zu prüfen. Nach den jüngsten Erfahrungen bezüglich der Wirkung von ultravioletten und Radiumstrahlungen auf Albuminlosungen (MOND, PAULI) ist ein Einfluß auf den Ablauf sehr wahrscheinlich

6. Sehr erwünscht wäre es, wenn mit allen Hilfsmitteln eines bakteriologischen Laboratoriums das Bakterienwachstum auf den Biokym-Anfangsstufen einer-, den Endstufen andererseits untersucht wurde. Wir haben mit den enzymwirksamen Stoffen aus dem Casein in ein paar Vorversuchen eine deutliche Forderung des Hefewachstums gegenuber dem Casein selbst gesehen, doch sind die Versuche noch nicht genugend beweiskràftig. Dagegen war der Eindruck des wachstumsfordernden Einflusses der Enzymdialysate auf Bakterien im Gegensatz zu der Caseinbinnenlosung ein sehr markanter

7. Die Frage, ob und welche Proteine bei der enzymatischen Aufspaltung selbst wieder Biokyme freigeben, ist von großer theoretischer

und praktischer Bedeutung. Versuche auf die Autolysierfähigkeit, analog denen am Casein, können hier weiterführen. Es leuchtet ein, daß dieses Problem in die Nachbarschaft der Vitaminfrage führt, Analogien haben sich in unseren Caseinversuchen (Erhitzen) auch ergeben. Es wäre sehr erwünscht, pflanzliche und tierische Gewebsextrakte vergleichend auf Vitamingehalt (Vitamin B), Autolysierneigung des Gewebes und Enzymgewinnung nach unseren Methoden zu untersuchen, wozu mir die Hilfsmittel fehlen.

Jeder Kenner der Serumeiweißforschung wird bei unseren Auseinandersetzungen, besonders den Caseinversuchen, an die Vorgänge gedacht haben, die sich in der Verschiebung der Eiweißfraktionen im Serum manifestieren. Darauf wird später ausführlich eingegangen. Hier sei nur, um die Allgemeinbedeutung der behandelten Probleme, ihre Einfügung in den Rahmen einer „theoretischen Biologie" zu kennzeichnen, ein Satz aus einer sehr interessanten Arbeit aus neuester Zeit von W. G. RUPPEL, ORNSTEIN, CARL und LASCH angeführt: „Wir glauben berechtigt zu sein, dem fließenden Übergang zwischen lyophilem und lyophobem Eiweiß eine besondere Bedeutung bei allen Lebensvorgängen zuzuschreiben."

Der Vorgang, den die Autoren bei dem Übergang von Pseudoglobulin in Euglobulin unter Zerlegung von Albumin beschreiben, ist ein vollkommenes Analogon unserer Caseinabläufe.

Die ausführliche Erörterung der Enzymvorgänge rechtfertigt sich dadurch, daß wir damit das biorheutische Modell gewonnen haben, das uns bei der Ablaufanalyse der Lebensvorgänge in den folgenden Abschnitten dieses Buches dienen wird. Es sei aber nochmals ausdrücklich betont, daß wir in den „Proteasen" nur ein Modell der Biorheuse vor uns haben, das zwar alle allgemeinen Kriterien derselben erkennen läßt, aber nicht zu dem umgekehrten Schluß verleiten darf, daß nur die Proteolyse den biorheutischen Ablauf anzeige.

Bei Besprechung der Immunitätserscheinungen werden sich unsere Anschauungen von dem Elementarablauf noch erweitern, es ist aber zu beachten, daß unser wesentlichstes Interesse den Biorheusen innerhalb der Struktureinheiten gehört.

Wie stellt sich nun ein biologisches System — eine Zelle, eine Kultur, ein Organismus — in der Betrachtung der Biorheusetheorie dar?

Als der resultierende Gesamtablauf einer Unzahl von Biorheusen, deren größere oder geringere gegenseitige Beeinflussung von ihren diversen Spezifizierungen („Ablaufrichtung" wollen wir das fortan nennen) und von der räumlichen Anordnung des Systems bedingt wird, welch letztere wiederum durch die abgelaufenen Biorheusen fortdauernd verändert wird. Der Grad der morphologischen und funktionellen Spezifiziertheit eines Teilsystems oder Gewebes ist der Ausdruck des Spezifizierungsvorganges der fortgeschritteneren Biorheusen.

Einfachste Lebewesen, schnell wachsende undifferenziertere Gewebe im Organismus haben einen relativ größeren Gehalt an Anfangsbiokymen, das kann sich in der Autolyse- resp. Enzymwirksamkeit, der größeren Anpassungsfähigkeit an verschiedene Ernährungsbedingungen, aber auch der größeren Entartungsneigung und Funktionsvariabilität, der stärkeren morphologischen Inkonstanz äußern.

So ändern sich viele Bakterien mit dem Substrat in Form, Chemismus und biologischem Verhalten zu anderen Lebensträgern (Virulenz und deren Änderung durch Tierpassagen oder längere Kulturzüchtung). Im Organismus zeigen wohl die Leukocyten und Granulationsgewebszellen diesen „allgemeineren" Typus; bei den ersteren sehen wir ja auch morphologisch einen Lebensablauf.

Daß eine Zellart spezifizierter ist, das heißt in der Sprache der Biorheusetheorie, daß sie in der Hauptmasse aus fortgeschritteneren Biokymen besteht, daraus folgt geringere Enzymkraft (Autolyse) bei größerer Spezifizität der Enzymwirkung, demgemäß größere Abhängigkeit von geeigneten Ernährungsbedingungen, geringere Wachstumstendenz.

Diese Biokyme werden also schon eine schärfere Auswahl unter dem verfügbaren Substrat treffen, werden einen größeren Anteil desselben nicht assimilieren können, es sei denn, daß das Substrat die günstige, gewebseigene Zusammensetzung hat, werden dem Ablaufende näher, also teilchengrößer, strukturfähiger sein.

Diese Betrachtungen im einzelnen durchzuführen, wird Aufgabe der speziellen Kapitel sein, hier seien nur die allgemeinen Gesichtspunkte aufgezeigt.

Wenn in einem Reaktionsraum mehrere, verschieden spezifizierte Arten von Biorheusen ablaufen, so brauchen sie, wenn Substrat genügend zugegen ist — in erster Linie also Proteine oder Proteinspaltstücke — sich gegenseitig nicht zu behindern. Tritt aber Substratmangel ein, so werden sie in scharfe Konkurrenz geraten und dann auch sich gegenseitig „aufzehren", der Stärkere wird den Schwächeren zu seinem Substrat machen. Welches der Stärkere ist, das wird entschieden werden durch die relativen Konzentrationen an jungen, wachsenden Biokymen einer-, an alten (spezifisch) hemmenden andererseits, sowie an der respektiven Wirksamkeit der „Enthemmung" der Überführung in die letzten, nicht mehr hemmenden Endstufen Diesen ganzen Komplex werden wir fortan als das „Ablaufgefälle" bezeichnen.

Charakteristisch dafür ist das Verhalten von Bakterien zu Verdauungsenzymen: lebende Bakterien werden von den Verdauungslösungen nicht angegriffen, sondern vielmehr — wie wir sahen — in ihrem Wachstum stark gefördert, sie machen also das Enzym zu ihrem Substrat. Sind die Bakterien aber durch Hitze oder chemische Mittel geschädigt, so werden sie verdaut. Es ist zu vermuten, daß auch alte, nicht mehr wachsende Kulturen von den Enzymen verdaut werden, Versuche daraufhin sind erwünscht.

Es werden also diejenigen Biorheusen, die schon reichlicher hemmende Stufen aufgehäuft haben, leichter von anderen, jüngeren überwunden werden. Andererseits können junge, noch nicht weiter spezialisierte Biorheusen in einen im Gang befindlichen gerichteten Ablauf hineingezogen werden und diesen beschleunigen. Das ist der Fall der Förderung des Bakterienwachstums durch die enzymwirksamen Ultrafiltrate und Dialysate Aus den Erscheinungen bei der Inaktivierung der Enzymlösungen geht ja hervor, daß diese große Neigung zur Anlagerung und Synthese haben, sie werden also auch von den schon fortgeschritteneren Biokymen etwa eines Bacteriums angelagert werden und in der Richtung des Wachstums wirken.

Es erhebt sich hier ein Problem, das der Untersuchung wohl wert ist. Man ist gemeiniglich geneigt, die Ansicht, daß die lebenden Gebilde bis zu den kleinsten Einheiten hinunter, von innen heraus wachsen, für selbstverstandlich erwiesen zu halten, man pflegt das als ein wichtiges Kriterium gegenuber anorganischem Wachstum anzuführen. Aber ist es wirklich so sicher erwiesen?

Fur den Organismus als Ganzes naturlich, aber fur die kleinsten Einheiten — einzellebende wie organisierte — ist es angebracht, das Problem immerhin noch zu stellen.

Die Frage fällt zusammen mit der nach der Zellmembran.

Muß alles assimilierbare Material erst eine Membran passieren, um im Inneren umgewandelt und eingebaut zu werden? Ohne in die große Diskussion über die Zellpermeabilität und den Membrancharakter der Zellgrenze einzutreten, läßt sich doch sagen, daß die bisherigen Ergebnisse gerade für die assimilationswichtigen Substanzen wenig befriedigend sind. Eine rein osmotische Erklärung der verschiedenen Zusammensetzung von Cytoplasma und Körperflüssigkeit reicht nicht zu, man hat darum zumal für die eigentlichen Nährstoffe, aber auch für manche Elektrolyte die Annahme von chemischer oder adsorptiver Bindung zunächst an die Zelloberfläche gemacht (MOORE und ROAF, J. LOEB u. a.), damit aber ist eigentlich schon ein Wachstum von außen her postuliert.

Wenn dem so ist, wenn das Assimilationsmaterial allmählich von außen nach innen vorgedrängt wird, wobei es sich verdichtet — im Sinne der fortschreitenden Biorheusen — und das nichtassimilierte — in der Hauptsache vielleicht schon an der Zellgrenze, weiter am Kern —

verbrannt wird, so ist es nicht verwunderlich, daß in der Zelle eine andere Stoffzusammensetzung, auch an anorganischen Stoffen, sich findet, als außen. Es ist eben vielleicht gar nicht notwendig, sich das Plasma als ein ruhendes Raumgebilde vorzustellen, in das Stoffe eintreten und hindurchwandern, sondern das Ganze kann ein Stoffgeschiebe sein, wo einzelne Bestandteile, wie etwa das K-Ion, mitwandern wie Felsblöcke im Eise des Gletschers. Die neuerdings besonders an Gewebskulturen, Wundgranulationen usw. vielfach beobachteten Schiebebewegungen von Epithelien und anderen Zellen (OPPEL) dürften diesen Gedanken weiter stützen können, ebenso die Fibrinolyse durch Gewebskulturen.

Selbstverständlich soll damit nicht behauptet werden, daß dieser Assimilationstypus für alle Zellen usw. gelten müsse, für Amöben, überhaupt Zellen mit Protoplasmaströmung gilt er wohl sicher nicht; und ebenso soll natürlich nicht geleugnet werden, daß für zahlreiche Stoffe und Vorgänge, besonders die excretorischen, eine Betrachtung der Zelle als eines Diffusionsraumes daneben völlig zu Recht besteht.

Es erscheint aussichtsvoll, die Frage des Appositionswachstums einmal an Bakterien zu untersuchen, die Unterscheidung der Bakteriologen von Ekto- und Endoplasma könnte in dieser Richtung deuten, ebenso die Tatsache, daß Kulturen Gelatine verflüssigen können, ohne gelöste Enzyme abzugeben.

Die Biorheusetheorie kann, wie nach den vorstehenden Ausführungen einleuchtend sein wird, die Zellgrenze nicht als Grenze der eigentlichen Lebensvorgänge gelten lassen, nicht nur das Blut und die Gewebsflüssigkeit, auch die Kulturlösung und der Darminhalt, die enzymatisch wirksam sind, werden von ihr als lebend, als in dem Ablauf mitbegriffen in Anspruch genommen. Daß damit die Bedeutung der Struktur auch für das allgemein-biologische Problem nicht verringert wird, braucht wohl nicht besonders betont zu werden; ohne Struktur ist der biorheutische Ablauf, wie der Enzymversuch in vitro beweist, sehr bald am Ende.

Das einfachste Modell einer lebenden Systemeinrichtung ist der Verdauungsversuch in Dialyseanordnung unter Nachfugung des Substrates und Durchleitung von Sauerstoff. Ein vollkommenes ist er noch nicht, denn auch im Inneren reichern sich schließlich doch die Hemmungen an.

Wir sind uns bewußt, daß noch genug Fragen zu dem Elementarvorgang des Lebens offen gelassen werden mußten Nur die nachfolgenden Anwendungen auf die verschiedenen Erfahrungsbereiche der Biologie können darüber belehren, ob die Ablauftheorie auch schon in ihrer gegenwärtigen Gestalt der Forschung wird dienen konnen.

Altern, Wachstum und celluläre Excretion.

„Die Entwicklungsgeschichte des Individuums ist die Geschichte der wachsenden Individualität in jeglicher Beziehung."

Das Wort KARL ERNST V. BAERs ist der prägnante Ausdruck nicht nur für die Lebensstrecke, die wir gewöhnlich unter „Entwicklung" begreifen, sondern für das ganze Leben des Individuums und vielleicht auch der Art.

Um das Altern als „Geschichte der wachsenden Individualität" zu erkennen, bedarf es nur der Betrachtung des eigenen, des menschlichen Lebens, gerade das „in jeglicher Beziehung" offenbart sich dann. Der „Allgemeinste", der Mensch mit der größten Breite des Möglichen, der Grenzenlose ist der Jüngling. Mit 20 Jahren sind tausend Jünglinge genialisch, von denen 999 mit 30 Jahren Philister sind. Die Entstehung dessen, was man Charakter nennt, ist im Seelischen, die Bildung des Spezialisten im geistigen das gleiche wie die Verdichtung und Durchformung der Materie im Ablauf des Lebens.

Und wie im organisierten Leben die Struktureinschmelzung als die biologische Erneuerung auftritt, so kennen wir im Leben großer Menschen seelische Katastrophen und geistige Revolutionen als Bringer neuer Jugend.

Aber diese Geschichte der wachsenden Individualität, die wir in Entwicklung und Altern einteilen, ist begleitet oder besser: ist aufgesetzt auf einen anderen kontinuierlichen Vorgang, das Wachstum. Ausdrücklich betont: kontinuierlichen Vorgang, denn es ist durchaus willkürlich, als Wachstum nur die zwischen Embryonalentwicklung und Abschluß der Längenzunahme eingeschaltete Lebensstrecke zu bezeichnen.

Schon die Tatsache, daß wir — von den Pflanzen ganz abgesehen — Tiere kennen (z. B. Fische), die kein Wachstumsende erkennen lassen, läßt diese übliche Fassung des Begriffes zu enge erscheinen, und außerdem ist das Wachstum ein Vorgang, der als solcher biologisch bedeutungsvoller ist als in seinen Resultaten.

Wir wollen unter „Wachstum" allgemein alle Zunahme der geformten Masse eines lebendigen Systems verstehen, gleichgültig, ob dabei eine Volum- und Massenzunahme des Systems stattfindet, gleichgültig also auch, ob die geformte Materie im Zusammenhange des Ganzen bleibt oder nicht.

Das Körperwachstum im engeren Sinne, die Strukturzunahme bei konstantem Volumen und die celluläre Excretion (die Struktur- und Massenzunahme bei totaler oder partieller Abstoßung des geformten Materials) sind Unterabteilungen dieses allgemeinen Wachstums und müssen unter Berücksichtigung des assimilierbaren Materials in einem funktionalen Zusammenhang untereinander stehen.

Würde jede Zunahme an geformter Masse, jede „Neubildung lebender Substanz" — wie eine verbreitete Definition des Wachstums lautet — mit einer entsprechenden Volumzunahme verbunden sein, so würde es keine „Geschichte der wachsenden Individualität", keine Entwicklung und kein Altern geben.

Als Illustration diene das Beispiel einer fortgesetzt übergeimpften Bakterienkultur; absolut, über unbegrenzte Zeitdauer, dürfte jene Annahme wohl überhaupt nicht verwirklicht sein.

Alles Wachstum des einzelnen Lebensgebildes — der Zelle oder des Organismus — hat eine extensive und eine intensive Komponente, und Entwicklung, Körperwachstum und Altern sind Resultanten aus diesen beiden Komponenten.

Nach den Ausführungen über den Tod leuchtet ein, daß im Leben des Organismus von Anfang an die Intensitätskomponente überwiegen muß. Da es sich hier nur um die „Zunahme lebender Substanz" handelt, reine Quellungen oder Nährmaterialaufnahmen also außer Betracht bleiben, so gilt, daß mit jeder Zunahme des strukturerfüllten Volumens auch die Strukturerfülltheit der Volumeinheit zunimmt, was ja nur eine Beschreibung des Tatbestandes der fortschreitenden Differenzierung ist. Dieser Vorgang ist ein kontinuierlicher, ein „Ablauf", von der ersten Eifurchung bis zum Tode. Die Einschaltung eines stationären Zustandes zwischen Wachstumsende und Beginn der Seneszenz ist wiederum die Folge einer rein morphologischen Einstellung. Eine funktionale Betrachtung — die Verteilung der verschiedenen Krankheiten auf die Lebensalter, wie der Gefährdungen bei ein und derselben Krankheit, die qualitativen und quantitativen Wandlungen der körperlichen und geistigen Leistungen usw. — wird zu dem gleichen Ergebnis kommen wie die Erfahrung des täglichen Lebens, die vom Lebenslauf spricht.

Pütter hat aus der Analyse der Sterblichkeitsstatistik diese Betrachtung durch Errechnung des „Alternsfaktors" exakt durchgeführt, er bringt ihn in Beziehung zur Stoffwechselintensität, was mit unserer Auffassung zusammengeht.

Auch die Statistiken der einzelnen Krankheiten, vor allem der Infektionen, dürften für die Physiologie noch in hoherem Maße fruchtbar gemacht werden können.

Weitere Handhaben zur funktionellen Feststellung des Alterns bieten Stoffwechseluntersuchungen an einem moglichst großen Material, gefunden ist ein stetiges Sinken des respiratorischen Gaswechsels, ebenso der Kohlehydrat-Assimilationsgrenze. Vielleicht konnte auch eine an großerem Material vergleichende Untersuchung des Schlafbedürfnisses und der Schlaffahigkeit der Lebensalter solche Kriterien liefern.

Man muß sagen, daß in der physiologischen und pathologischen Analyse der Alternsfaktor nicht genügend berücksichtigt wird, oft wird bei Untersuchungsreihen das Alter des Versuchsobjekts gar nicht angegeben, selten bei Erörterung der Resultate mitberücksichtigt; gewiß würde vieles, was jetzt als individuelle oder pathognomonische Abweichung gilt, sich dann noch einfügen.

Dringend notwendig wäre eine biochemische Untersuchung des Lebenssubstrates auf verschiedenen Altersstufen, eine Arbeit, die naturgemäß auf breiter Basis angesetzt werden müßte. Einstweilen sind wir für die Analyse der Alternsvorgänge fast ganz auf die morphologischen, makro- und mikroskopischen Veränderungen allein angewiesen, die an meist schon weitgehend vergreisten Organen und Geweben festgestellt wurden, sowie auf die Vergleichung der Lebensdauern der verschiedenen Tierarten mit anderen Arteigentumlichkeiten.

Die strukturellen Veranderungen der Zellen, die — wie KORSCHELT sagt — „unaufhaltsam zum Altern führen", sind von MINOT in ihrem kontinuierlichen Begleiten des Zellebens erkannt und als „Cytomorphose" bezeichnet worden; immer aber wird das Auftreten dieser Veränderungen höchstens als sekundäre Folge der eigentlichen Lebensprozesse, nicht als die Wesensmanifestierung dieser selbst angesehen.

Unsere Kenntnisse solcher Zellveränderungen beziehen sich vorzugsweise auf die Zellen des Zentralnervensystems des Menschen und einiger, nicht sehr vieler Säugetiere, sowie niederer Formen. Diese Zellart wurde von den Forschern bevorzugt, weil dort am frühesten die Vermehrung aufhört und die „Altersveränderungen" einsetzen. Die erhobenen Befunde sind ziemlich gleichartig bei den verschiedenen Objekten: Auftreten und Zunehmen eines körnigen Pigments, dessen Charakter zum Teil als lipoid (osmiierbar), zum andern als melaninartig angegeben wird, weiter Schrumpfung und Verdichtung des Kerns, Zusammenballung (Vermehrung oder Verminderung) des Chromatins, schließlich Größenabnahme der ganzen Zelle, vacuolärer und scholliger Zerfall, Abnahme der Zellzahl, z. B. bei alten Bienen bis auf ein Drittel der jungen.

Die Mitwirkung von phagocytären Zellen dürfte sich wesentlich als Aufräumungsarbeit darstellen. Mit den Ganglienzellen gehen auch die morphologisch und funktionell ihnen zugehörigen Gewebe — Fasermasse, Sinneszellen usw. — zurück, wie überhaupt das Altern des ganzen Organismus wesentlich von dem Altern des Zentralnervensystems beherrscht wird.

Näher auf die histologischen Einzelheiten einzugehen, erübrigt sich, da das Material doch vorzugsweise die sekundären regressiven Veränderungen darbietet und keine Brücke zum Verständnis der Vorgänge schlägt. Es fehlt noch die Möglichkeit, die histologischen Befunde chemisch genügend zu analysieren. Daß im Lipoidbestand des Gehirns mit dem Alter chemisch faßbare Veränderungen vor sich gehen, zeigen Untersuchungen von R. ALLERS. Es würde sicher aufschlußreich sein, in Gehirnen verschiedener Altersstufen das Verhältnis des Proteinanteils zu dem an Lipoiden festzustellen und gleichzeitig Autolyse und Fermenthemmung der Extrakte zu bestimmen.

Ähnliche Veränderungen wie an den vergreisten Nervenzellen, besonders das Auftreten von ,,Alterspigment" werden auch an anderen Organen, vor allem Herz, Muskulatur, Gefäße, beschrieben, ihnen gehen parallel Massenabnahmen der ganzen Organe unter gleichzeitiger relativer und absoluter Zunahme des unspezifischen Zwischengewebes (Zähigkeit alten Fleisches, Alterssklerose der Organe). Auch das Bindegewebe selbst altert, wird brüchiger und unelastischer, die zelligen Elemente nehmen relativ zur Fasermasse ab.

Von allgemein-biologischem Interesse ist die Frage, ob auch die Keimzellen altern, ob also die Deszendenten älterer Individuen lebensschwächer sind. Wir werden bei den Vererbungsfragen darauf zurückkommen, die menschliche Erfahrung scheint dafür zu sprechen, auch fur Tier- und Pflanzenzuchtung ist die Frage bejaht worden, zumal soll die weitere Deszendenz beeinträchtigt sein, die aus älteren Individuen entstammenden Linien früher zum Ende kommen (SPERLICH). Bei Infusorien ist die größere Lebensfähigkeit der jüngeren Exemplaren (nach der Konjugation) entstammenden Reihen wohl sicher erwiesen.

Auch die pflanzlichen Gewebselemente zeigen deutliche Altersveränderungen. Jugendliche Zellen sind plasmareich, während alte fast ganz vakuolisiert sind und nur einen dünnen Belag von Cytoplasma haben, auch ,,Schlacken" werden gefunden, z. B. in den Membraninkrustierungen; GRAFE nennt die Membranen die ,,Nieren" der Pflanze. Koniferennadeln sind um so gerbstoffreicher, je älter sie sind, die Chromatophoren ändern in alternden Blattern die Farbe und schrumpfen, zugleich verkleinert sich der Zellkern.

Auch die auf verschiedenen Altersstufen der Pflanze gebildeten Organe und Teile sind verschieden in Form und Schicksal. So werden die Koniferennadeln des jungen Baumes $5\frac{1}{2}$ Jahr alt, die des alten $7\frac{1}{2}$

Es hieße den Begriff des Alterns mit einer vorgefaßten Meinung belasten, wollte man in all den mit dem Lebensgang zunehmenden Veranderungen nur Nachteiliges vom Standpunkt des Individuums sehen, nur solches als Altern bezeichnen. Zweifellos ist mit dem Altern vielfach auch eine Steigerung der Widerstandskraft, eine Minderung vieler Schadigungsgefahren verbunden, selbst wenn die ,,Lebendigkeit", die Intensitat der Lebensprozesse gleichzeitig zurückgeht. So ist die geringere Anfalligkeit des alteren Individuums mit der verminderten Elastizität und Maximalleistung kaum zu teuer bezahlt. Auch aus dem Pflanzenreich läßt sich die wachsende Widerstandskraft im Alter belegen: ältere Kiefern widerstehen der Schüttelkrankheit besser als junge, nach SCHULTZ und RITZ gehen Kulturen des Bacterium coli von 5 bis 6 Stunden Alter bei Erhitzung auf 53° rascher zugrunde als 8 bis 9 Stunden alte.

Über das erwähnte „Alterspigment" hinaus scheint zwischen Altern und Bildung von gefärbten Substanzen eine nahe Beziehung zu bestehen, und zwar vor allem von den proteinogenen, melanotischen Pigmenten.

Unter Melaninen versteht man chemisch wenig reaktionsfähige, schwer zugängliche Farbstoffe, die stickstoff- und meist auch schwefelhaltig sind und nach Ansicht der besten Kenner (O. v. FÜRTH) wahrscheinlich oxydative Kondensationsprodukte der cyclischen Abkömmlinge des Eiweißes darstellen.

In den nichtgefärbten Vorstufen, den Chromo- oder Melanogenen, sind sie als ein Produkt des Eiweißstoffwechsels in den Zellen und vielleicht auch den Säften anzunehmen und werden unter der Einwirkung von oxydativen Fermenten in die Farbstoffe umgewandelt, ein Vorgang, der sich mit vielen pflanzlichen und tierischen Extrakten auch an Lösungen von Tyrosin, von Brenzcatechin oder Hydrochinon in vitro nachahmen läßt.

Notwendig ist dabei die Gegenwart von Sauerstoff; dessen Fernhaltung sowie Kohlensäureatmosphäre, Erhitzen über 70°, oder Zufügung von Blausäure, dem allgemeinen Oxydationsgift, verhindern das Eintreten der Reaktion.

Nach neueren Forschungen von SALKOWSKY, BRAHN, SCHMIDT-MANN scheinen auch die als eigentliche Alters- (oder „Abnutzungs"-) Pigmente (Lipofuscin) bezeichneten den Melaninen nahezustehen, vom Eiweiß abzustammen und das — nicht immer vorhandene — Fett nur beigemengt zu haben.

Als Vorstufe der Melanine kommt auch das Adrenalin oder ihm verwandte Körper, vor allem das Dioxyphenylalanin (BLOCH) in Betracht, das durch ein Ferment — die Dopaoxydase — im Protoplasma der Hautepithelzellen und vielleicht auch der Bindegewebszellen zu Melanin kondensiert wird.

Nach manchen Autoren (SZILY) soll Nucleolarsubstanz bei der Genese des Pigments beteiligt sein. Nach den Bildern von Wirbeltierembryonalzellen und Zellen melanotischer Tumoren würde danach bei der Kernteilung Chromatin zerfallen und zum Teil im Plasma in Pigment übergehen, oder Chromatinvorstufen wandeln sich dort in Pigment um. Auch R. HERTWIG beobachtete ja an alternden Infusorien die Entstehung von Pigment aus Kernsubstanz.

Ein besonderer Reichtum an „Abnutzungspigment" ist bei chronischen Erkrankungen (Tuberkulose, Carcinose) zu finden, auch bei cerebralen Erkrankungen ist es vermehrt gefunden, vermindert dagegen in der Schwangerschaft.

Das Auftreten der epithelialen Pigmente ist bekanntlich in hohem Maße von dem Grad der Belichtung der Gewebe, zumal natürlich der Haut abhängig, eine Beziehung zu dem Lebensalter ist aber ebenfalls unverkennbar, es sei nur an das gewöhnliche Nachdunkeln blonder Haare mit dem reiferen Alter und an die gelbliche Verfärbung der Greisenhaut erinnert.

Auch die weißen Haare alter Menschen sind keineswegs frei von chromogenen Stoffen, die nach SPIEGLER unter Ammoniakeinwirkung schwarz gefärbt zu erhalten sind. Außerdem ist es nötig, bei dem Studium der Beziehung von Alter und Melanin auch die bei der Säurehydrolyse sich bildenden Melanoidine mit zu berücksichtigen, die bei Ausschluß der aus Kohlehydraten entstehenden ebenso gefärbten Huminstoffe auf die gleichen Vorstufen zu beziehen sind. Eine darauf abzielende Untersuchungsreihe konnte bisher noch nicht zu Ende geführt werden, vergleichende Bestimmungen des Melanin-N in alten (reifen) und jungen Placenten, die Herr Dr. LIEBENOW im hiesigen Institut ausführte, zeigten eine prozentische Zunahme mit dem Alter. Einen hohen Gehalt an Melanoidin-N zeigen Haut- und Hautgebilde (Haare, Nägel, Hörner), ferner Bindesubstanzen (außer Kollagen), also gerade weitgehend chemisch verfestigte und der tryptischen Verdauung widerstehende protoplasmatische Produkte, deren relative Zunahme im Alter (Bindegewebe) auch im Körperinneren schon erwähnt wurde

Interessant für die Auffassung des Vorgangs der Pigmentbildung ist die Beobachtung von MEIROWSKY, daß durch Autolyse von Hautstückchen das Epidermispigment vermehrt wurde, und der Befund v. GIERKEs, daß am Rande einer Lymphdrüsenmetastase von Melanosarkom auch die Bindegewebszellen — sogar in einiger Entfernung — das gleiche Pigment enthielten.

Außer zur Haut hat der Farbstoff noch besondere Beziehung zum Nervensystem, wo er als peri- und epineurales Pigment beschrieben wird. Nach WEIDENREICH soll nach chirurgischen Eingriffen am Schadel, die mit Knochendefekten heilen, an der betreffenden Stelle, wo also das Gehirn der Oberflache nähertritt, eine dunklere Pigmentierung der Haare erscheinen.

Da die vergleichenden chemischen Untersuchungen noch fast nicht vorliegen, sind wir auf die morphologischen angewiesen, die zu einer vollständigen Analyse nicht ausreichen, weil das Auftreten von Farbungen von vielen anderen Faktoren, außer der Entstehung von Vorstufen, abhangt. Immerhin zeigt sich bei den verschiedensten Tierarten oft ein deutlicher Einfluß des Alters. So werden viele Schlangen, die in der Jugend und am Wachstumsende eine lebhafte Zeichnung zeigen, im Alter einfarbig und besonders melanotisch, überhaupt sind die meisten Reptilien in der Jugend farbärmer, das Chamäleon reichert seine Farbenskala mit dem Wachstum allmählich an. Der Farbwechsel auf Reiz ist dagegen bei den meisten Arten in der Jugend prompter, so reagieren Crustaceen, die bereits reichlich Pigment haben, viel langsamer auf die Farbänderung der Umgebung als junge Tiere (R. Fuchs).

Kompliziert liegen die Verhältnisse bei den Insekten, zumal die Farbstoffe ihrer Zeichnung zum Teil der Nahrung (Chlorophyll) entstammen, immerhin ist ein wesentlicher Teil der Pigmente auch auf die Melanine zu beziehen und die Verdunklung bei Luftzutritt auch an Verdauungsflüssigkeit und Hämolymphe nachgewiesen. Dabei scheint das Ferment (Tyrosinase) schon die Bildung der letzten Vorstufe zu bewirken, da von einem gewissen Zeitpunkt der Reaktion an auch Siedehitze die Farbstoffbildung nicht mehr verhindert.

Die Beziehung zu dem Fortgang des Lebens beleuchtet die Tatsache, daß die Pigmentierung zugleich mit der Hartung der betreffenden Teile einhergeht, daß die härteren Teile auch die farbreicheren sind. Gräfin Linden hat in Versuchen an Puppen von Vanessa urticae gefunden, daß Blut, das Puppen zu Anfang der Puppenruhe entnommen wird, weniger melanotisches Pigment beim Stehen an Luft bildet als solches von älteren; wird aber einer jungen Puppe etwas 1 proz. Hydrochinonlösung injiziert, so verhält sich ihr Blut nach einiger Zeit wie das von älteren.

Auch an Fliegenlarven liegen interessante Befunde vor: auch ohne Licht, aber bei Luftzutritt färbt sich der Brei aus älteren Larven dunkel und zwar zunehmend mit dem Alter der Larven, von ganz jungen hergestellter bleibt ungefärbt, auf $70^0\,{}^3/_4$ Stunden gehaltener Brei färbt sich nicht mehr, nach Erwärmung auf 60 bis 65^0 tritt die Verfärbung sehr langsam ein. Alles, was die Verfärbung der Larven hindert, hält auch die Verpuppung auf.

Der Brei der Fliegen färbt sich nicht weiter, enthält keine chromogene Substanz. Nach Batelli und Stern besitzen die ausgebildeten Insekten weniger Polyphenoloxydase als die Larven und Puppen, so ist die Oxydationswirkung auf Hydrochinon bei Fliegen fünfmal schwächer als bei den Larven.

Viel untersucht ist — im Zusammenhang mit dem Saisondimorphismus — die Einwirkung von höherer und niederer Temperatur auf die Pigmentierung der Schmetterlinge (Weismann, Merifield, Standfuss u. a.). Kurze Zeit bei 32 bis 35^0 vor der Verpuppung gehaltene Raupen geben kleinere Puppen ohne das dunkle Pigment, auch die Schmetterlinge aus solchen Wärmepuppen sind heller, umgekehrt werden die dunkelsten Puppen bei niederer Temperatur erhalten. Im allgemeinen geben Puppen bei hoher Temperatur hellere Schmetterlinge, bei niederer dunklere, dabei, sind jüngere Puppen die wandlungsfähigsten, ältere reagieren nicht mehr.

An Käfern fand TOWER bei „mäßiger Reizung" durch Erhöhung oder Herabminderung der Temperatur oder Änderung des Wassergehalts der Luft Zunahme des Pigments bis zum Melanismus und zugleich gute Ausbildung und übernormale Größe. Übermäßige Reizung umgekehrt bewirkte Pigmentarmut bis zum Albinismus, Abnahme der Größe und hohe Mortalität.

Zweifellos handelt es sich in all diesen Fällen nicht um eine isolierte Beeinflussung der Pigmentbildung, sondern eine des ganzen Entwicklungsstoffwechsels, in unserer Formulierung: der Ablaufintensität. Wird, wie in den Schmetterlingsversuchen durch die Wärme, die Metamorphose beschleunigt, so kommt es zu keiner so ausgiebigen Pigmentbildung, umgekehrt wird in den Käferversuchen die Entwicklung bis zu übernormaler Größe gesteigert und diese Intensitätserhöhung — einmal durch die mäßige Erwärmung, das anderemal durch die bei der Abkühlung verlängerte Dauer — drückt sich auch in dem größeren Pigmentreichtum aus.

Wie sehr die Pigmentierung ein Ausdruck des eigentlichen Lebensablaufes ist, zeigen auch die Erfahrungen GOLDSCHMIDTs in seinen umfassenden Schmetterlingsstudien. Er kommt zu dem Resultat, daß wohl das Scheckungsmuster variiert, aber das Gesamtverhältnis „Gefärbt: Ungefärbt" gegeben, oder, anders ausgedrückt, die Pigmentmenge konstant, der Auftrittsort variabel sei. In anderen Fällen ist das Chromogen konstant, das Ferment der Pigmentierung (Oxydase) oder die Auftrittszeit variabel. Ebenfalls im Einklang mit unseren Vorstellungen ist die von GOLDSCHMIDT wie von HAECKER angegebene Beobachtung, daß sich das Pigment an Stellen intensiveren Wachstums ansammelt.

Wenn diese spezialistischen Forschungen hier ausführlicher behandelt wurden, so geschah es aus der Meinung heraus, daß sie mit dem Problem des Alterns in engster Verbindung stehen. Wir möchten annehmen, daß diese gefärbten oder farblosen, chemisch schwer zugänglichen und grobdispersen Stoffe, die vor allem im Integument gerade der metamorphosierenden Tiere oder im periodisch oder kontinuierlich erneuerten Integument der hoheren Tiere auftreten, daß diese Stoffe als nicht weiter angreifbare Endstufen der oxydativen Assimilation oder — in unserer Benennung — der Biorheusen anzusehen sind. Sie sind nicht die einzigen, aber sehr wichtige.

Die vielfach nahetretende Vermutung der besonderen Beziehung der cyclischen Eiweißbausteine zu den eiweißenzymatischen Prozessen wurde bereits berührt. Nimmt man nun dazu einerseits die für die höheren Organismen jedenfalls streng exogene Nahrungsqualifikation (HOFMEISTER) dieser Bausteine, ihre besondere Benötigung gerade seitens des wachsenden Organismus, andererseits ihre bekannte schwerere Aufspaltbarkeit und Verbrennbarkeit im Organismus, die Neigung zu Synthesen (Hippursäure) seitens aromatischer Substanzen im Körper, so kann man sich diesen Gedanken kaum verschließen.

Ferner könnte man auf die wachstumsfördernden Eigenschaften der Tyrosin-, Tryptophan-, Histidinderivate hinweisen, von denen noch zu reden sein wird, um weitere Gesichtspunkte für die Beziehungen zu gewinnen. Von chemischer Seite ist die Kondensationsneigung der Polyphenole unter oxydativen Bedingungen, die mit Bildung gefärbter Produkte einhergeht, mehrfach erwiesen und auch zu biologischen und medizinischen Problemen (Anilinkrebs) in Beziehung gesetzt worden, sonst aber fehlt leider gerade zur chemischen Begründung noch viel. Eine auf krystallisierende Stoffe abzielende analytische Untersuchung verspricht in diesem Falle wenig Erfolg, die Thermolabilität der Vorgänge bezeugt zudem den passageren Charakter der dabei auftretenden Strukturen oder Zustände. Was not täte wäre, außer den oben genannten vergleichenden Bausteinanalysen der Gewebe verschiedener Altersstufen, eine Bilanzuntersuchung der cyclischen Bausteine während längerer Perioden verschiedener Wachstumsintensität, überhaupt ein qualifizierter Eiweißstoffwechsel. Dabei darf man aber nicht die nach Abschluß des Versuches im Körper nicht vorgefundenen Mengen der verfütterten cyclischen Bausteine einfach als verbrannt ansetzen, vielmehr wäre zu ermitteln, wieviel davon auf dem Wege der cellulären Excretion (wovon gleich mehr) den Körper verlassen hat.

Der chemischen Untersuchung müßte eine solche auf die Autolyse resp. enzymatische Aufspaltbarkeit der verschieden alten Gewebe und ihrer Preßsäfte parallel gehen, die chemische Untersuchung und auch die Bilanz sagt uns ja nichts darüber, ob die betreffenden Gruppen in einem Zustande assimilatorischer Gleichwertigkeit sind. Von diesen Problemen wird in dem nächsten Kapitel noch zu reden sein.

Sehr ungenügend sind unsere Kenntnisse der Veränderung im Fett- und Lipoidbestand mit dem Alter. Daß der Fettgehalt des Nierenbeckens, des Epikards u. a. Fettdepots im zunehmenden Alter zunimmt, um im Senium wie bei anderen Kachexien wieder zu schwinden, könnte mit anderen Erfahrungen (Myxödem) zusammen auf die verringerte Ablaufintensität deuten. Es spricht vieles dafür, daß auch Fette und vielleicht auch Lipoide als Endstufen der Abläufe entstehen können; solange wir aber über die Beziehungen der Proteine zu den Fettkörpern im weitesten Sinne so wenig wissen, müssen diese Fragen offen gelassen werden. Im Gehirn nimmt anscheinend der lipoide Anteil relativ zu den

Proteinen im Alter zu. Ob der relative Reichtum alter Exsudate, Eiter, Tuberkelmasse an Cholesterin und Phosphatiden auf das Alter zu beziehen ist, ebenso etwa bei den roten Blutkörperchen, ist kaum zu sagen. Nach WACKER häuft sich im Alter das Cholesterin an, vor allem im Depotfett des Gekröses.

Da es wohl sicher ist, daß die Lipoide (Phosphatide) im Körper entstehen können, da sie mit den Proteinen sich chemisch wie kolloidal verbinden können, andererseits in allen Zellen zu finden sind und dort sicher große funktionale Bedeutung haben, möchte man ihnen wohl eine Beziehung zu den Grundabläufen zusprechen. Damit ist aber nicht postuliert, daß sie eigentliche Stufen der Ablauffolge sein müssen, sie können sehr wohl gewissermaßen als Nebenprodukt entstehen und darum doch strukturell (Membran) wie funktionell (Oxydationen) große Bedeutung haben. Man wird ihnen aber doch, bei Berücksichtigung aller Lebensformen, nicht die gleiche biologische Dignität beimessen wie dem Eiweiß.

Die vorliegenden Untersuchungen über die Altersveränderungen der einzelnen Organe tragen zur Klärung des allgemeinen Problems nicht gerade viel bei. Einzelne Forscher, zumal Pathologen, haben bestimmte Organe für das Altern überhaupt verantwortlich zu machen gesucht, ohne damit viel Beifall zu finden. Abgesehen von dem Gehirn und vielleicht noch dem Herzen, bei welchen Organen diese Betrachtung einigermaßen berechtigt erscheint, sind die Gefäße, ferner die Schilddrüse, Hypophyse, Keimdrüsen als Alternsorgane angesprochen worden. Der Versuch, besondere Altershormone oder umgekehrt Antialtershormone, deren Fortfall das Altern bedinge, festzustellen, haben nicht viel Glück gehabt, so wenig wie die bekannte METSCHNIKOFFsche Dickdarmtheorie.

In der Tat ähneln wohl z. B. die Erscheinungen des Myxödems manchen Greisensymptomen (Trocknung der Haut, Ausfallen der Haare, Verminderung der drüsigen und — wie RÖSSLE sagt — „geistigen" Sekretion); Eunuchen altern frühzeitig und sind durch Hodentransplantation zu „verjüngen", diese Beobachtungen werden wir bald unter einem einheitlichen Gedanken verstehen. Aber so gewiß die Unterfunktion mancher Organe das Altern beschleunigen kann, so ist doch eben das Altern eine allgemeine Lebenserscheinung, deren spezielle Form im einzelnen Individuum natürlich mannigfach beeinflußbar ist.

Außerdem verschiebt jene Theorie nur das Problem, denn es muß dann natürlich gefragt werden, warum denn das Alternsorgan selbst altert.

In Wirklichkeit altern die einzelnen Organe, soweit man Grade feststellen kann, zwar nicht gleichmäßig, aber doch in einem Gesamt-

vorgang und nicht unter einseitiger, sondern wechselweiser Beeinflussung.

Wichtig für die Beziehung zu Wachstum und cellulärer Excretion
sind folgende Beobachtungen.

In den Zellen der epithelialen Organe, die direkt oder indirekt an
die Außenwelt grenzen, unterscheiden sich Kind und Erwachsener
weniger als in den Zellen der Bindegewebe, der Muskulatur, der endokrinen Drüsen und den Ganglienzellen. Allgemein haben jüngere Tiere
kleinere Zellen als ausgewachsene.

Die Masse des Herzens nimmt nach W. MÜLLER bis zum 70. Jahre
zu, sein relatives Gewicht steigt dauernd. Vom 40. Jahre ab soll das
Bindegewebe in den muskulären Partien zunehmen, die Muskelzellen
wachsen noch lange bei Vermehrung und Granulierung des Sarkoplasma, dabei beginnt die Alterspigmentierung schon sehr früh, mit
dem 10. Jahr oder eher.

Auch die Arterien wachsen bis ins hohe Alter, stetig wird das Lumen
weiter und bis zum fünften Jahrzehnt wächst auch die Wandstärke,
allerdings vom Ende des Körperwachstums an nur noch durch un-
elastisches Bindegewebe.

Das Blutbild verschiebt sich während der eigentlichen Wachstums-
zeit von einem überwiegend lymphocytären zu dem späteren 70 Proz.
polymorphkernige Leukocyten haltenden Status; die Polymorphie sah
EHRLICH als Alterszeichen der Zellen an. Daß auch das Blut als solches
altert, dafür läßt sich wiederum auf den CARREL-EBELINGschen Befund
am Explantatwachstum hinweisen.

Im Darm ist besonders die anfangs reichere Entwicklung, mit den
Vierzigen beginnende Abnahme des follikulären Apparates beschrieben
worden, ein Befund, dessen man sich im folgenden Kapitel erinnern
möge.

Leber und Niere zeigen nicht sehr ausgeprägte Altersveränderungen,
wohl regelmäßig ist die Zunahme des Bindegewebes. In der Leber
sollen in der Jugend hellere Zellen vorkommen, sie wächst noch über
das Längenwachstum hinaus, im hohen Alter findet sich Pigmentierung
und Atrophie, vom Zentrum der Acini ausgehend.

Die Niere ist beim Neugeborenen relativ groß, wächst nicht im Maße
des Körperwachstums, die Rinde aber viel stärker als das Mark. Im
Alter findet sich — nicht so regelmäßig wie in der Leber — Pigmentierung der absteigenden Schleifenschenkel und der Sammelröhren,
also in funktionell weniger beanspruchten Zellen, eine Beobachtung, die
einer Abnutzungstheorie nicht entspricht.

Bei vielen Zellveränderungen, die bei der senilen wie bei anderen
Kachexien angetroffen werden, z. B. der fettigen Degeneration, streiten
sich die Pathologen darüber, was als „normales Altern", was als patho-

logisch anzusehen sei; lassen doch manche ein physiologisches Altern überhaupt nicht gelten oder kommen wie MÜHLMANN zu so absurden Schlüssen wie dem, daß das Gehirn schon bei der Geburt insuffizient sei.

Wir glauben, in diese Diskussion nicht eintreten zu müssen; besser als das Altern insgesamt als pathologisch zu bezeichnen, würde man noch manche Erkrankungen als partielles vorzeitiges Altern auffassen, jedenfalls damit mehr im biologischen Denken bleiben, dem alles — Gesundes wie Krankhaftes — Lebensvorgänge sind (KREHL).

Ergab die histologische und chemische Forschung noch keine gerade reiche Ausbeute für das Alternsproblem, so ist nun zu betrachten, ob die vergleichend-physiologische Methode der Beziehung auf andere Lebensdaten weiterhilft.

Der Zusammenhang von Altern und Differenzierung, der verjüngende Einfluß der Struktureinschmelzung und der Isolierung wurde bereits im Tod-Kapitel behandelt, einiges Speziellere muß der Erörterung der Entwicklungsvorgänge vorbehalten werden.

In der Literatur herrscht vielfach noch die WEISMANNsche Betrachtungsweise, welche die Lebensdauer eines Tieres auf die zur Arterhaltung notwendigen Zeitlängen bezieht. Je nach der Tragezeit, der Zeit der Pflegebedürftigkeit der Brut resp. der Dauer bis zur Erreichung des geschlechtsfähigen Alters soll sich die Individuallebensdauer der Art regeln, oder auch nach der Häufigkeit der Fortpflanzungsakte und der Wahrscheinlichkeit des Überlebens und erneuten Geschlechtstätigwerdens der Deszendenz. Eine Erklärung der Lebensbegrenzung ist aus solcher Betrachtung nicht zu gewinnen, es sei denn, daß es, was FLOURENS versuchte, gelänge, in bestimmten Zeitrelationen — etwa der Geschlechtsreifung zur Lebensdauer — konstante Zahlen zu entdecken. Das gelingt aber nicht.

Mit mehr Erfolg läßt sich — wie RUBNER gezeigt hat — eine energetische Analyse durchführen. RUBNER errechnet die Energiesummen, die pro Kilogramm Körpergewicht einmal zur Verdopplung des Geburtsgewichts verbraucht werden, dann in der dem Tier nach beendetem Wachstum noch verbliebenen Lebenszeit erscheinen. Er findet für einige Säugetiere von sehr verschiedener Größe und Wachstumsdauer (vom Kaninchen bis zum Pferd) nahe beieinander liegende Zahlen (zwischen 3900 und 5000 einer-, 163000 und 265000 andererseits), nur der Mensch fällt mit 28000 und 725000 ganz heraus.

RUBNERS Berechnungen sind allerdings nicht unangefochten geblieben, dürften aber doch auf eine zugrunde liegende Gesetzmäßigkeit hindeuten.

Sein Hauptgegner FRIEDENTHAL berechnet einen „Cephalisationsfaktor", d. h. das Verhältnis des Gehirngewichtes zu dem Gesamtgewicht der „lebenden Masse", und findet, daß sich Lebensdauern und Lebensenergiesummen nach diesen Faktoren ordnen.

Mir scheinen diese beiden Betrachtungsweisen gar nicht unvereinbar zu sein, wenn man bei der zweiten nicht die größere Intelligenz als bestimmenden Faktor ansieht (was kaum eine Erklärung genannt werden kann) und bei der ersten nicht nur an das Körperwachstum im engeren Sinne denkt.

Man kann die RUBNERsche Gesetzmäßigkeit ja in zwei, einander gegensätzlichen Richtungen zu verstehen versuchen: einmal — wie es gewöhnlich geschieht — so, daß sich ein bestimmter, für die Einheit der lebenden Masse bei nicht zu fremden Arten ziemlich konstanter Vorrat an irgendetwas verbraucht — das Gleichnis ist das ablaufende Uhrwerk — oder so, daß — man verstatte den plumpen aber prägnanten Ausdruck — „etwas volläuft", das Gleichnis sei das oben angeführte Beispiel einer Ausfallsreaktion im geschlossenen Reaktionsraum.

Es braucht kaum gesagt zu werden, daß von dem Standpunkte dieses Buches aus nur die zweite Deutung in Frage kommen kann. Läßt sich diese Auffassung noch von anderen Erfahrungen aus begründen?

Zunächst ist zu sagen, daß man sich unter dem — nach der ersten Deutung — Verbrauchten schwer etwas Konkretes vorstellen kann. Etwas Stoffliches, das ab ovo vorhanden und nicht ergänzt oder vermehrt werden könnte, kann es nicht sein, dem widerspricht schon die Tatsache, daß ja allein jede Keimzelle des neuen Individuums wieder den ganzen Ausgangsvorrat haben muß. Mit Begriffen wie „Wachstumstrieb", „Vitalität" oder ähnlichen läßt sich auch nichts Konkretes verbinden, gegen die Annahme eines Energiepotentials im Sinne der gespannten Feder sprechen — abgesehen von den naheliegenden energetischen Gegenargumenten — die gleichen Gründe wie gegen die des stofflichen. Dazu kommt noch, daß diese ganze Betrachtungsweise, die nur den primären Zustand der lebenden Substanz, nicht aber die durch den Lebensvorgang selbst geschaffenen und sich dauernd verändernden Bedingungen in Rechnung zieht, gerade das Wichtigste nicht verständlich macht, nämlich die Tatsache der nur sehr beschränkten Gültigkeit der RUBNERschen Gesetzmäßigkeit und die markierte Sonderstellung des Menschen. Damit steht nicht in Widerspruch, daß bei manchen Tierarten, z. B. Insekten, die Verbrauchsvorstellung im stofflichen Sinne von Geltung sein kann, aber da nur im Zusammenhang mit den besonderen Bedingungen (Nahrungsaufnahme).

Die andere Deutung — wir wollen sie kurz „Vollauftheorie" nennen — liegt in der Linie der bei der Analyse des „Physiologischen Todes" angestellten Erörterungen, sie erblickt das Wesentliche in der mit dem Leben einhergehenden Häufung von Hemmungen. Diese Hemmungen, deren Wirkung in der zunehmenden Beschränkung des Reaktionsraumes und zugleich der Verlangsamung der ablaufenden Reaktionen besteht, sind nach unserer Auffassung nicht irgendwelche „Schlacken" (V. HENSEN), sondern die strukturbildenden (Struktur immer im weitesten Sinne) Substanzen, in deren Entstehung wir den Grundvorgang des Lebens aufzuzeigen versucht haben.

Die Lebensdauer eines jeden lebenden Systems muß also von den Bedingungen abhängen, welche die Geschwindigkeit der relativen Zunahme dieser Hemmungen in demselben beherrschen.

Einige dieser Bedingungen haben wir bei dem Verjüngungsproblem schon kennengelernt.

Die RUBNERsche Konstanz der Energiesummen würde besagen, daß bei sehr verschiedenen räumlichen und zeitlichen Ausmaßen des Körperwachstums der Eintritt des Hemmungsmaximums abhängig ist von dem Energieumsatz, was ja eigentlich nur ein anderer Ausdruck ist für unsere Auffassung, daß die Entstehung dieser Hemmungen mit dem Lebensprozeß identisch sei. Daß die Energiebeziehung sowohl für die erste Massenverdopplung wie die Lebensdauer gilt, entspricht unserer Grundvorstellung von der vitalen Bedeutung des Energieumsatzes nicht als einer Arbeitslieferung in erster Linie, sondern einer Unterhaltung des Ablaufgefälles.

Der FRIEDENTHALsche Zusammenhang zwischen Gehirnentwicklung einer-, Wachstumsdauer und Lebenslänge andererseits ließe erkennen, daß eine stärkere Ausbildung des Gehirns die Erreichung des Hemmungsmaximums verlangsamt, zugleich aber — die Zahl für die Gewichtsverdoppelung des Säuglings — die Bildung lebender, d. h. geformter Masse im übrigen Körper, bezogen auf die Einheit der umgesetzten Energie, verringert.

Der Zusammenhang dürfte nun wohl klar sein: das Gehirn ist das „Vollauforgan" par excellence — dementsprechend sein fruhzeitiges Zellvermehrungsende, sein fruher Alternsbeginn — aber es läuft außerordentlich langsam voll, weil es als das differenzierteste Organ nur einen sehr geringen Bruchteil des allgemein-strukturfahigen Materials assimiliert. Um trotzdem seinen Assimilationsablauf, d. h. sein Leben, dauernd im Gang zu erhalten, muß es, wie oben schon ausgeführt wurde, die nicht assimilierten Reaktionsprodukte verbrennen — H. WINTERSTEIN hat den erstaunlich hohen Stoffwechsel des Frosch-Zentralnervensystems festgestellt, man denke auch an die reiche Blutversorgung des Menschenhirns und an dessen große Abhangigkeit davon —, dadurch verringert es das dem ubrigen Korper zu Gebote stehende Wachstumsmaterial und zugleich im weiteren Leben die Hemmungsanreicherung

In diesem Sinne wurden wir also auch mit RIBBERT das Gehirn als das hauptsächlichste Alternsorgan bezeichnen, aber eben so, daß es durch sein Altern das Altern des Körperganzen verlangsamt, und erst wenn es sich selbst dem Hemmungsmaximum, dem „Vollgelaufensein" nähert, setzt das rapidere Altern der übrigen Organe und Gewebe ein.

Außer dem Gehirn wären noch alle diejenigen Organe und Gewebe als Vollauforgane oder — um einen von den Franzosen eingeführten Begriff im übertragenen Sinne zu gebrauchen — als „Stapelnieren", zu bezeichnen, die nicht die Möglichkeit haben, geformtes Material nach außen abzustoßen, wenn sie auch in dieser Hinsicht neben dem Zentralnervensystem eine sekundäre Rolle spielen.

Auf die Folgerungen für die Physiologie des Zentralorgans und die Korrelation der Organe wird später einzugehen sein, natürlich ist auch für das Alternsproblem diese Beziehung zwischen Gehirn und übrigem Organismus keine einseitige, sondern wechselseitig.

Auf die einzelnen Artlebensdauern brauchen wir nicht näher einzugehen, naturgemäß sind die darauf bezüglichen Angaben vielfach unsicher und unzureichend. Allgemein läßt sich sagen, daß innerhalb einer Klasse und je enger die Verwandtschaft der betrachteten Arten ist, um so eher sich deutliche Beziehungen der Lebensdauerreihe zu Körpergröße, Wachstumsdauer und Geschlechtsreifung zeigen, wenn auch dann immer noch markante Ausnahmen häufig sind. Vergleicht man aber durch die Klassen und gar Stämme hin, so lassen diese Erklärungsversuche vollständig im Stich. Zwar bleibt die ja fast banale Tatsache offenkundig, daß lange wachsende Tiere (Fische, Reptilien) auch lange leben, aber andererseits gibt es doch sehr hohe Lebensdauern auch bei sehr kleinen, nicht lange wachsenden Formen (Vögel, einzelne Insekten, kleine Reptilien, Amphibien). Will man versuchen, durch die energetische Analyse Ordnung hineinzubringen, so stößt man auf den Widerspruch, daß sowohl die energetisch hochwertigen Vögel wie auch die träge lebenden Reptilien besonders hohe Alterszahlen aufweisen.

Diese so große scheinbare Undefiniertheit spricht, wie KORSCHELT sagt, für besondere, in der Organisation gelegene Einflüsse, wir glauben, daß sie sich der Vollauftheorie einordnen werden, wenn es gelingt, deren Grundkriterium, die Anhäufung der hemmenden Struktursubstanzen, in ihrem Gang zu verfolgen. Einstweilen sind wir auf mehr qualitative Betrachtungen angewiesen, um die neben Körperwachstum und Stapelraum wichtigste das Altern regulierende Systemeinrichtung — die celluläre Excretion — wirksam zu erweisen.

Zunächst sei noch dem Problem des Alterns im Pflanzenreich eine kurze Betrachtung gewidmet. E. KÜSTER kommt zu dem Ergebnis, daß dieselben Gesetze bezüglich des Alterns, der potentiellen Unsterblichkeit der wachsenden, sich teilenden Zelle und der hemmenden Stoffwechselprodukte wie für das Tier- auch für das Pflanzenreich gelten. Die Rhizome und ebenso die Torfmoose der Hochmoore wachsen zwar unbegrenzt weiter, doch sterben dabei die alten Teile ab; das Wachstum und Leben der Bäume wäre prinzipiell in gleicher Weise unbegrenzt, wenn nicht durch die Höhenzunahme die Lebensbedingungen der peripher fortwachsenden Teile sich zunehmend verschlechterten. Im Grunde ist diese Art der Fortdauer des Lebens keine andere als die der Generationenabfolge von Einzellern.

Besonders ausgeprägt ist aber bei den Pflanzen die Rolle der cellulären Excretion in dem Altern, Sterben und Abfallen von Teilen wie den Laubblättern, während umgekehrt der wachstumsfördernde Einfluß der Entfernung von Vegetationsteilen auf die verbleibenden auf einem vermehrten Zustrom des Assimilationsmaterials zu diesen beruhen dürfte.

Sehr wichtig erscheint folgende Beobachtung: während alles, auch vollkommen differenziertes Gewebe der Pflanzen sich wieder verjüngen, erloschenes Wachstum neu anheben kann und z. B. Blätter sich in Wurzeln und Sprosse umwandeln können, bewurzeln im September abgeschnittene, anscheinend völlige gesunde Blätter sich nicht mehr und sterben ungefähr gleichzeitig mit den Blättern der Mutterpflanze, sie sind schon von dieser „zum Sterben gereizt" (E. BAUR). Hier kommt die schon mehrfach sich uns aufdrängende Vermutung in prägnanter Weise zum Ausdruck, daß jenseits eines Maximums an Ablaufendstoffen die Zelle die Möglichkeit zur Teilung und damit zur Entlastung und Verjüngung nicht mehr hat. Hier könnten vielleicht vergleichende Autolyseversuche auch an tierischen Zellen tieferen Einblick bringen und den Punkt bezeichnen, an dem die Zelle eine innere Einschmelzung nicht mehr erfahren kann, sei es aus einem Mangel an lytischen oder einem Zuviel an hemmenden Stoffen, also aus Frühbiokymmangel oder aus Spätbiokymüberfluß. Einschaltend sei dazu allgemein betont, daß eine solche Zelle den von außen herantretenden auflösenden Einflüssen, die einen degenerativen Zerfall bewirken, natürlich noch zugänglich ist.

Interessant ist auch die Beobachtung, daß sich durch Aufpropfung die Lebensdauer verlängern läßt, und zwar sowohl für das Aufgepfropfte (Cydonia japonica auf C. vulgaris), als auch für die Unterlage (Modiola carolina bepfropft mit Abutilon Thompsoni dauerte $3^{1}/_{2}$ statt eines Jahres, LINDEMUTH). Diese, sowie die Beobachtung, daß mit Pilzen infizierte Blatteile länger grün bleiben, oder die Versuche STAHLS, der im Herbst bei einem Blatt von Ginkgo die Gefäßbündel streckenweise quer durchschnitt und die distalen Teile noch lange grün sah, wenn die andern vergilbt waren, sprechen für die Theorie von der Rolle der cellularen Excretion.

Fast noch instruktiver sind die zahlreichen Fälle, wo lebende Teile — Geißeln, normal-grüne Blätter und stärkeerfüllte Zweige —

„geopfert" werden[1]). Für weitere Belege sei auf die in ihrer knappen Fülle ausgezeichnete Monographie von E. KÜSTER verwiesen, der die vorstehenden botanischen Ergebnisse entnommen sind. KÜSTER kommt zu der Auffassung: „daß auch in wachsenden und sich teilenden Zellen eine allmähliche stoffliche Veränderung vor sich gehen kann, die freilich unter optimalen Lebensbedingungen so stark verlangsamt ist, daß erst nach gewaltigen Zeiträumen eine bedrohende Wirkung angehäufter Stoffwechselprodukte zur Geltung kommen kann, das ist beim spontanen Degenerieren oder Aussterben einer Rasse oder einer Art."

Geht aus allen Erfahrungen im Tier- wie Pflanzenreich die enge Beziehung zwischen Wachstum und Altern hervor, dergestalt, daß eine Art von Reziprozität zwischen beiden („Wachstum" im engeren Sinne gefaßt) besteht, die am deutlichsten in dem Verjüngungserfolg der Regeneration ausgeprägt erscheint, so ist nun zu fragen, ob der Verlauf des Körperwachstums und die ihn beeinflussenden Faktoren weiter zur Erkenntnis dieses Zusammenhanges beitragen. Wir sind ja, wie schon mehrfach ausgeführt wurde, der Meinung, daß damit keine Spezialfragen, sondern das zentrale Lebensproblem zur Erörterung stehe, und RUBNERs Formulierung „Wachsen ist neben dem Lebendigsein die zweitwichtigste Funktion" scheint uns dem Sachverhalt nicht gerecht zu werden. RUBNER bekämpft die von manchen Forschern vorgenommene Gleichsetzung von Wachsen und Leben hauptsächlich mit energetischen Gründen. Der geringe Unterschied im Minimalenergieumsatz des wachsenden vom ausgewachsenen Organismus mache es unmöglich, den in der Ruhebilanz sich ausdrückenden Lebensgrundvorgang mit den Wachstumsprozessen zu identifizieren. Dieser Einwand ist stichhaltig, wenn einerseits als Wachstum nur der räumlichextensive Vorgang gilt, andererseits die Voraussetzung gemacht wird, daß die Produktion lebender Substanz zu allen Zeiten des Lebens den gleichen Energieaufwand — bezogen auf die Masseneinheit — beanspruche. Bezüglich des Wachstumsbegriffes sei auf den Eingang dieses Kapitels verwiesen, jene Voraussetzung aber müssen wir für unzutreffend halten. Mit der zunehmenden Differenzierung wird die Auswahl des Assimilierbaren strenger, mit fortschreitendem Alter verringert sich zugleich das Reaktionsgefälle, seine Aufrechterhaltung muß immer mehr durch die abbauende Entfernung der Reaktionsprodukte übernommen werden (wobei die vermehrte Strukturkatalyse dienen wird), das heißt aber: der Wachstumsquotient der Energieeinheit wird zunehmend geringer. Die Betrachtung mündet wieder in die oben angestellten Überlegungen, wonach der Ruhe-Energieumsatz weniger

---

[1]) Was an die „Autotomie" mancher Tiere, die Selbstamputation, erinnert.

unter dem Gesichtspunkt des Arbeits- als des Geschwindigkeitsquotienten (Reaktionsgeschwindigkeit) betrachtet werden sollte.

Wir wenden uns nun dem Wachstum im engeren Sinne, dem
Körperwachstum zu, und zwar zunächst seinem zeitlichen Verlauf.
Gewöhnlich wird dieser in Form von Kurven dargestellt, die über
einer Zeitabszisse die zugehörigen Körpergewichte als Ordinaten auf-
getragen zeigen. Die so gewonnenen Kurven haben bei den meisten
untersuchten Organismen einen S-förmigen Verlauf, d. h. ein anfänglich ziemlich flacher Anstieg wird allmählich steiler, um dann wieder
abzuflachen und sich parabolisch der Horizontalen zu nähern. Da die
Kurve der Reaktionsgeschwindigkeit einer autokatalytischen Reaktion
ebenfalls die S-Form hat, so haben einige Forscher (Wo. OSTWALD,
ROBERTSON) das Wachstum für einen autokatalytischen Prozeß angesprochen. Dieser Schluß ist aber gewiß nicht zwingend und wird es
dadurch nicht mehr, daß die analytischen Ausdrücke der beiden ähnlichen Kurven zueinander stimmen, es bleibt eine rein formale Ähnlichkeit. Wie DONALDSON richtig hervorhebt, sind diese Wachstums-
kurven ja gar nicht solche von Geschwindigkeiten, sondern von absoluten Zunahmen oder chemisch von „Ausbeuten". Daß ein fünf-
jähriges Kind im Jahre mehr an lebender Masse produziert als ein neu-
geborenes, ist nichts anderes als die Tatsache, daß ich eine größere Ausbeute bei einer präparativen Darstellung erhalte, wenn ich fünf Arbeiter
mit je einer Apparatur anstelle anstatt eines einzigen. Die Geschwindigkeit, d. i. die auf die vorhandene Masse bezogene, also relative Zunahme nimmt aber von Anfang an ab.
Versuchen wir die S-Kurven der Gewichtszunahme — wobei wir in
die Diskussion über das Gewicht als Indikator des Wachstums nicht
eintreten — rein formal zu analysieren, so besagen sie, daß die Substanz-
produktion in der Zeiteinheit und dem ganzen System zunächst entsprechend der Vergrößerung des Systems absolut zunimmt, daß aber
diese Zunahme von Anfang an hinter der Systemvergrößerung relativ
zurückbleibt, trotz gleichzeitiger Steigerung der Ausgangsstoffzufuhr,
und daß dieses Zurückbleiben schließlich die weitere Vergrößerung
paralysiert. Es müssen also von Anfang an Momente wirksam sein, die
entweder die Produktionsbedingungen des wachsenden Systems ver-
schlechtern oder den vergrößernden Effekt der tatsächlich produzierten
Substanz teilweise annullieren (Wiedereinschmelzung oder Abstoßung
der produzierten Strukturmasse). Natürlich können und werden sicherlich beide Momente wirksam sein, und es ist der Versuch zu machen,
aus ihnen ohne Zuhilfenahme eines generell und individuell variierenden
Wachstumstriebes die Daten des Wachstums, zunächst wenigstens
prinzipiell, abzuleiten.

Betrachtet man die Kurven der Wachstumsgeschwindigkeit, der prozentualen Massenzunahme zu den verschiedenen Zeiten, so stellt man fest, daß sie nicht gleichmäßig abfallen, sondern daß sogar Zeiten erneuten geringen Geschwindigkeitsanstieges regelmäßig vorkommen. Das Wachstum verläuft periodisch, bei den verschiedenen Säugetieren in ähnlichen Perioden und mit ähnlichen Unterschieden der beiden Geschlechter. Deutlich ist besonders der Einfluß des Pubertätseintritts in der Einleitung durch eine Geschwindigkeitssteigerung besonders beim männlichen Geschlecht.

Bei diesen Periodizitäten muß man bedenken, daß die Organe und Gewebe durchaus nicht gleichförmig wachsen, daß z. B. die bevorzugte Ausbildung eines differenzierteren Organs das übrige Wachstum verlangsamen wird, daß außerdem von manchen Organen direkt hemmende oder fördernde Einflüsse auf das Wachstum ausgehen können (Thyreoidea, Thymus, Hypophyse). Es ist nicht unberechtigt, wenn Rössle sagt: die Geschichte des postfoetalen Wachstums ist die Geschichte der Organfunktionen, nur muß man eben auch die Funktionen der verschiedenen Organe im Rahmen ihrer eigenen Wachstumsgeschichte sehen.

Die zentrale Tatsache, die eine Wachstumstheorie zu erklären hätte, ist das rasche Absinken der Wachstumsgeschwindigkeit und das Wachstumsende. Zumeist findet man den Betrachtungen den Begriff einer „Wachstumsfähigkeit" oder eines „Wachstumstriebes" zugrunde gelegt, dessen allmähliches Nachlassen vielfach mit dem absoluten Alter der Zellen seit dem Wachstumsbeginn oder der Zahl der voraufgegangenen Teilungen in Zusammenhang gebracht wird. Diese Vorstellungen haben sich nicht fruchtbringend erwiesen, es war ja — nach den Erfahrungen an Einzellern und Gewebskulturen — von vornherein unwahrscheinlich, daß die Gründe zur Sistierung des Wachstums in der Zelle allein, ohne Berücksichtigung der Milieubedingungen zu suchen sein sollten. Gewiß zeigen auch die Ergebnisse der Gewebskultur wie der Regeneration, daß junge, zumal embryonale Zellen wachstumsfähiger sind als alte, aber nicht das Lebensalter der Zelle an sich drückt sich darin aus, sondern die überstandenen Schicksale im Zusammenleben innerhalb des Organismus, einmal herausgelöst, kann sich ihre Wachstumsfähigkeit sogar wieder steigern. Je älter sie im Organismus geworden ist, um so mehr ist sie Träger des Gesamtschicksals geworden, um so mehr hat sie aufgehört, „schicksallos" zu sein, wie es die sich unausgesetzt teilende Zelle ist, um so mehr hat sie teil an der „Geschichte der wachsenden Individualität".

Daß die Wachstumsfähigkeit des Körperganzen nicht notwendig mit einer bestimmten Zeitspanne des Lebens verläuft, geht aus den Untersuchungen von Osborne und Mendel, Aron, Hatai u. a. hervor.

Sie zeigten, daß ein durch Unterernährung lange, eventuell bis über den Zeitpunkt des normalen Wachstumsendes hinaus gehemmtes Wachstum noch nachgeholt werden kann. MENDEL kommt zu dem Schluß, daß „es scheint, als ob die Wachstumsfähigkeit durch die Ausübung dieser fundamentalen Eigenschaft der tierischen Organismen verloren wird".

Andererseits ist die verstrichene Lebenszeit doch nicht bedeutungslos, denn die gehemmten Tiere wuchsen nicht zu der vollen Größe der normal genährten heran.

Diese Erscheinungen sind jedenfalls mit der Vorstellung einer durch das Wachstum resp. die Assimilation selbst bewirkten Produktion wachstumshemmender Stoffe, die wir mit MINOT für identisch mit den Struktursubstanzen halten, besser vereinbar als mit dem Bilde eines allmählichen Verbrauchs eines irgendwie gedachten Vorrats („Fähigkeit").

Das allmähliche Absinken der Wachstumsrate wäre so schon erklärlich, nicht ohne weiteres aber der Stillstand der Körperzunahme bei einer bestimmten, für die Art ziemlich eng definierten Größe. Es fällt ja allerdings das Ende der Gewichts- und Volumzunahme keineswegs mit dem der Längsstreckung zusammen, beim Menschen wird als Ende des Massenwachstums das 50. Jahr etwa angegeben, aber gegenüber dem eigentlichen Wachstumsalter sind die späteren Zunahmen doch äußerst langsame. Wie kommt es, daß es eine artcharakteristische Größe des „ausgewachsenen" Tieres gibt?

Ein allgemeines Gesetz des organischen Lebens kann sich darin nicht äußern, denn es gibt ja, wie erwähnt, stetig weiterwachsende Tiere. Die fortschreitende Verlangsamung des Wachstums und das Altern sind allgemeine Gesetzmäßigkeiten, das Wachstumsende nicht. Die Versuche, das letztere zu anderen Daten, zeitlichen wie die Foetaldauer, morphologischen wie die resorbierende Darmoberfläche, in Beziehung zu setzen, stoßen auf Widersprüche. Gegen eine in der Erbmasse als besonderer Faktor festgelegte Wachstumsgrenze spricht — abgesehen von später zu erörternden erbanalytischen Erfahrungen — die Möglichkeit, die Körpergröße des wachsenden Tieres durch Ernährung sowie chemische oder thermische Einflüsse künstlich beträchtlich zu variieren, und ebenso die Beobachtung, daß dieselben Arten von Hydroidpolypen, Radiolarien, Foraminiferen u. a. in den arktischen Meeren riesig groß werden im Vergleich mit den Exemplaren in den tropischen Ozeanen.

Es scheint so zu sein, daß mehrere, innere und äußere, zum Teil beeinflußbare Momente zusammenwirken, um die arteigentumlichen Wachstumsdaten resultieren zu lassen. Dabei wirken die erblichen Faktoren offenbar nicht „direkt", nicht so, daß gewissermaßen eine begrenzte Form vererbt wurde, sondern über die Bestimmung der Organausbildungen, die dann auf das Gesamtwachstum zurückwirken.

Es kann aber auch nicht einfach so sein, daß jedes Tier bis zu dem Maximum an Hemmungen, bei denen die Zellvermehrung endete, anwächst, welche Hemmungen als stofflich und tatsächlich wir ja erkannt haben, daß also — aus arterblichen Gründen — das kleinere Tier dieses Maximum früher erreichte als das größere. So gewiß diese Hemmungen bei der Verlangsamung wirksam sind, so kann doch der erreichte Endzustand kein statisches Gleichgewicht sein, das bezeugt schon die Tatsache der Regenerationsfähigkeit des Ausgewachsenen. Das Erklärungsbedürftige ist ja nicht so sehr die Erreichung einer kaum noch veränderten Endgröße, sondern die Tatsache, daß diese Endgröße auch bei an Teilen neu einsetzendem Wachstum innegehalten wird, die Tatsache, daß bei der Regeneration von eventuell sehr beträchtlichen Teilen das Regenerat wieder zur Harmonie des Ganzen heranwächst.

Einige Ergebnisse der Regenerationsforschung müssen hier herangezogen werden, um die Art von dynamischem Gleichgewicht, um die es sich zu handeln scheint, schärfer zu erfassen. Wenn einem wachsenden Tiere ein regenerierbarer Teil genommen wird — etwa das Bein eines Krebses —, so übertrifft die Geschwindigkeit des Regeneratwachstums die des Gesamtwachstums beträchtlich, so daß bei gleichbleibender Nahrungszufuhr bei Abschluß der Regeneration das Tier nicht die Größe hat, die es sonst haben würde. Wird andererseits Amputation mit Hunger kombiniert, so kann es z. B. bei Krebsen ein negatives Wachstum geben, es stellt sich das Formgleichgewicht wieder her, aber bei einer geringeren Größe als zu Beginn des Versuches, das Regenerat wuchs auf Kosten des Körpermaterials bis zu den dem' dabei zurückgegangenen Gesamtumfang entsprechenden Ausmaßen.

Eine Art Regeneration ist auch der Vorgang in den OSBORNE-MENDELschen Versuchen: das durch unterwertige Ernährung im Wachstum gehemmte Tier durchläuft nach Einsetzen vollwertiger Nahrung die Gewichtsdifferenz bis zu seinem zeitnormalen Gewicht wesentlich rascher, als sie innerhalb des normalen Wachstums durchlaufen wird. Und das extreme Beispiel sind die Fälle, wo Tiere mit totipotenten Gewebszellen im Hunger sich unter erhaltenem Formgleichgewicht verkleinern und schließlich sogar entdifferenzieren, um nach Ernährungseinsatz den Organismus im normalen Formeneinklang wieder aufzubauen.

Um diese Erscheinungen, besonders die des harmonischen Regenerierens, zu erklären, hat man eine allgemeine, wechselseitige Beeinflussung und Regulierung der Teile im Organismus angenommen, eine Vorstellung, mit der sich bisher etwas Konkretes nicht hat verbinden lassen, zumal die Regulierung nicht auf nervöse Vermittlung angewiesen sein kann.

Es sei gestattet, die Theorie eines dynamischen Gleichgewichts, die hier entwickelt werden soll, zunächst an einem physikalischen Bilde zu analogisieren.

Man denke sich einen geschlossenen Wasserkessel, von dessen Dach eine Anzahl Steigrohre senkrecht nach oben führen, während durch eine Druckpumpe im Kessel Druck erzeugt werden kann. Die Steigrohre sind seitlich in verschiedener Zahl und Höhe von feinen Öffnungen durchbohrt. Wird nun der Druck im Kessel kontinuierlich erhöht, so steigt das Wasser in den Steigrohren auf, anfangs rasch, dann immer langsamer je höher einerseits der Gegendruck der Wassersäulen wird und je mehr Öffnungen bereits spritzen. Das Gleichgewicht wird erreicht sein, wenn die Pumpe den Druck im Kessel konstant hält, d. h. wenn sie ebensoviel Wasser hineindrückt, wie durch die feinen Öffnungen entweicht. Die Hohe der Wassersäulen in den verschiedenen Rohren wird von der Zahl und Weite ihrer Seitenöffnungen abhängen: Je weiter unten und je zahlreicher die Öffnungen vorhanden sind, um so geringer wird die erreichte Hohe sein. Denkt man sich außerdem noch etwa ein Rohr sich zu einem großen Reservoir ausweiten, so wird der Anstieg noch stärker verlangsamt, das Ende später erreicht werden. Wird, während das Wasser im ganzen noch steigt; am Fuße eines Rohres ein Hahn geöffnet, so daß dort die Wassersäule abfällt, und dann wieder geschlossen, so steigt das Wasser in diesem Rohre schnell wieder an, bis es seine dem Gesamtstand entsprechende Hohe erreicht hat („Regeneration").

Es ist wohl kaum nötig, zu betonen, daß hiermit kein Modell der biologischen Vorgänge gegeben, sondern nur die Art des dynamischen Gleichgewichts illustriert werden soll. Laßt sich dieses nun für das zur Erörterung stehende Problem naher charakterisieren?

Wir betrachten das Verhalten eines menschlichen Körpers, der nach einer zehrenden Krankheit in Genesung ubergeht, bekanntlich gibt es kaum ein höheres korperliches Wohlgefuhl als das etwa eines Typhusrekonvaleszenten

Am Stoffwechsel ist die auffalligste Tatsache die Stickstoffretention, die bereits bei so niedriger Eiweißzufuhr eintritt, daß der Gesunde dabei eine negative N-Bilanz zeigen könnte. Ebenso retiniert der gesunde Saugling einen großen Anteil, bis zu 8o Proz , des zugefuhrten Stickstoffs, und dieser tagliche Ansatz ist um so großer, je kleiner das Kind ist. Es ware fur unser Problem von großem Interesse, zu wissen, ob der „spezifische dynamische Koeffizient" (RUBNER) des Eiweißes in diesen Fallen geringer ist, ob er uberhaupt mit dem Alter ansteigt, leider habe ich keine diesbezuglichen Angaben finden können. Durch MICHAUD ist dagegen die wichtige Tatsache festgestellt, daß bei der Ernährung mit arteigenem Eiweiß das Eiweißminimum niedriger ist als bei artfremdem Diese Fragen werden beim Stoffwechsel noch erortert werden.

Halten wir uns gegenwärtig, wie Regeneration und Rekonvaleszenz sich als auffrischend und verjüngend erwiesen haben, so kommen wir zu der Schlußfolgerung, daß mit ihnen — zusamt der voraufgehenden Einschmelzung — eine Entlastung und Konzentrationsminderung bezüglich der hemmenden Stoffe verbunden sei. Daß das Regeneratgewebe, resp. das in der Krankheit geschmolzene so rasch zunimmt, ist der Ausdruck des dort — gegenüber den anderen Körperbezirken — erhöhten Ablaufgefälles. Die „Physiologische Isolation" (CHILD), die „Verkleinerung des biologischen Systems" (M. HARTMANN) dürften sich auf diesen Begriff zurückführen lassen, denn mit der Abnahme der Hemmungen an einem Teile des ganzen ist dort gewissermaßen ein eigenes neues System, eine Art von Parasit des alten entstanden.

Lehrreich sind hierzu Beobachtungen an operativ verbundenen, parabiotisch lebenden Tieren, wo oftmals das eine übernormal wuchs, während das andere hinter der Norm zurückblieb oder förmlich verkümmerte. In diesen Fällen kann es kein positives oder negatives „Wachstumshormon" sein, das den Vorgang beherrscht, denn dieses müßte ja auf beide Tiere in gleicher Weise wirken; dagegen gibt die Annahme eines verschiedenen Ablaufgefälles in beiden — verursacht durch den verschiedenen Reichtum an hemmenden Endstufen — eine befriedigende Erklärung: es ist im Prinzip das gleiche wie bei dem wachsenden Regenerat und dem Ersatz geschwundenen Gewebes, der Strom des Assimilierbaren geht den Weg des größeren Gefälles.

Das harmonische Wachstum und die Einordnung des Regenerats ist also der Ausdruck eines Gefällegleichgewichts der Teile und Gewebe im Organismus. Daß dieses Gleichgewicht kein festes, sondern ein bewegliches ist, das dokumentiert das durchaus nicht gleichmäßige Wachstum der verschiedenen Organe und Gewebe in den verschiedenen Wachstumsperioden.

Je mehr sich das Körperwachstum dem Ende nähert, um so stabiler wird das Gleichgewicht, statisch aber wird es nie, denn nicht nur manche Organe wachsen länger als andere, sondern die meisten Gewebe hören mit der Neubildung geformter Masse nie vollständig auf. Für das lange bewahrte dynamische Gleichgewicht nach sistierter Volumzunahme muß die Abgabe von assimilierter Masse — celluläre Excretion — und die Stapelung das Entscheidende sein; in unserem hydrodynamischen Bilde die seitlichen Spritzlöcher und die Reservoire.

Nun sind aber noch zwei Gesichtspunkte zu beachten.

Einmal lehren gerade die Versuche mit dem künstlich retardierten Wachstum, daß doch eine Wachstumsminderung in summa resultiert, das besagt: auch ohne sichtbare Massenzunahme, ja bei Gewichtsverlust, verliert das Gewebe des wachstumsfähigen Körpers dauernd an dieser Fähigkeit, die hemmenden Stoffe nehmen auch jetzt zu, wenn auch

— entsprechend der geringeren Zufuhr bei der Unternährung — nicht im gleichen Maße wie bei voller Ernährung.

An niederen Tieren hat man durch fortgesetzte Amputationen ein lange protahiertes Wachstum ohne Eintritt der Geschlechtsreife erzielen können.

Was so durch mangelhaften Gesamtzustrom des Assimilierbaren in jenen oft erwähnten Versuchen erzielt wurde, eine trotz Wachstumssistierung eintretende Verringerung der Wachstumsfähigkeit, das wird im normalen Ablauf der Fall sein, wenn durch längere Zeit anhaltendes Übergewicht des Reaktionsgefälles an einem Teile die anderen relativ unterwertig ernährt werden: ihre Hemmungen nehmen allmählich zu und übersteigen schließlich das für eine eventuelle spätere Fortsetzung des Wachstums noch erträgliche Maß.

Hier kommt aber — und das ist der zweite Gesichtspunkt — noch in Betracht, daß der Assimilationszustrom auch dadurch zugunsten des einen Teilablaufgefälles, zuungunsten der anderen verändert werden kann, daß er in seiner qualitativen Zusammensetzung für das erstere besonders günstig wird. Es genügt, wenn er in relativ geringer Menge Stoffe enthält, die jenen Ablaufweg bevorzugen, um einen Hauptteil auch des qualitativ allseitig (für alle Gefälle) geeigneten Zustroms dorthin abzulenken. Ich glaube, daß in dieser Richtung das Wesen der „Wachstumshormone", die Rolle der Drüsen mit innerer Sekretion für Entwicklung, Wachstum usw. gesucht werden sollte.

An einer fur unser Problem sehr wichtigen Frage ist diese Erklärungsart besonders einleuchtend zu machen, an dem Zusammenhang von Wachstumsende und Pubertät.

Vorher aber noch ein Wort zu den „endokrinen Drüsen" überhaupt.

Aus der anatomischen Stellung dieser Organe hat man geschlossen, daß ihre Funktion in der Abgabe von Stoffen ins Blut bestehen muß, sei es im Sinne einer echten positiven Sekretion, sei es im Sinne der „Entgiftung" von im Blute auftretenden Stoffen. Der Beweis für die positive Sekretion wird dann für erbracht erachtet, wenn die parenteral oder per os einverleibte Drusensubstanz bestimmte, der Hyperfunktion der Drüse analoge pharmakodynamische Wirkung erzeugt, zumal aber wenn sie die Ausfallserscheinungen der Drusenexstirpation kompensiert. Der Schluß ist naturlich berechtigt, aber nicht erschöpfend.

Zunachst sei noch eine ebenfalls mit der Stellung im System gegebene Besonderheit dieser Organe hervorgehoben: sie sind „Vollauforgane" im Sinne unserer Definition, sie haben nicht die Moglichkeit der „cellularen Excretion", sie sind also Alternsorgane im engeren Sinne, und bekanntlich zeigen sie ja auch besonders ausgeprägte Altersveränderungen (Thymus).

Nun müssen offenbar alle markierten Punkte auf der Lebensstrecke das — sagen wir kurz: „Problem der Sanduhr" stellen, d. h. es muß etwas abgelaufen oder vollgelaufen sein, eine andere Möglichkeit der Zeitakzentuierung gibt es nicht im vitalen Geschehen.

Wir wollen nicht nochmal all das wiederholen, was gegen das Ablaufen, die Vorratserschöpfung spricht, wir wollen vielmehr an einigen Beispielen die Vollauftheorie durchzuführen versuchen. Wir sind uns bewußt, daß das experimentelle Material in keinem Falle zu einem Beweis ausreicht, es muß uns vorderhand genügen, wenn es auch keine Gegenargumente bietet und unsere Hypothese heuristisch nützen kann.

Ein solcher markierter Punkt ist der Geburtseintritt beim Säugetier. Daß die Entwicklung des Foetus die Geburt bedinge, ist sehr unwahrscheinlich, da sie gar kein markierter Punkt derselben ist. Dagegen gibt es mehrere Möglichkeiten der Graviditäts-Sanduhr bei der Mutter, das Corpus luteum, die während der Gravidität wachsende Hypophyse und die Placenta. Wahrscheinlich ist eine so wichtige und eng definierte Zeitmarkierung nicht durch einen, sondern durch mehrere Mechanismen gesichert; wir erörtern nur die beiden letztgenannten. Die Hypophyse wächst während der Schwangerschaft; in diesem Wachsen selbst eine gleichzeitige Hyperfunktion zu sehen, ist kein zwingender Schluß, wohl aber leuchtet ein, daß, wenn das schon räumlich gesetzte Wachstumsmaximum erreicht ist, eine Autolyse des gehemmten Organs einsetzt und damit die bekanntlich wehenanregenden Extraktivstoffe in den Kreislauf gelangen. Noch naheliegender ist der Gedanke an die Placenta, deren Autolysate auch als Wehenmittel sich erwiesen haben. Die Placenta wächst ziemlich gleichmäßig bis zum 7. Monat, dort tritt ein Knick in der Gewichtskurve wie auch in der der Trockensubstanz ein. Herr Dr. LIEBENOW hat im hiesigen Institut Placentareiweiß verschiedener Altersstufen (vom 2. bis 10. Monat) auf die Bausteinzusammensetzung untersucht, es ergab sich vom 7. Monat an Abnahme des Arginins (Guanidin!), ebenso der Tryptophan- und Prolin-Fraktion, eine Zunahme der Monoaminosäuren, der Melanoidine und des Histidins. Das Ergebnis, das im einzelnen noch zur speziellen Ausdeutung nicht hinreicht, zeigt jedenfalls eine Verschiebung der Eiweißzusammensetzung mit dem Altern und ermutigt zur Fortsetzung solcher Untersuchungen.

Ein anderes Beispiel ist das Aufhören des Knochenwachstums, das sich zeitlich an die Vollendung der Pubertät, wenn auch mit einem gewissen Spielraum, anschließt. Hier hat man einerseits eine Beziehung zur Thymus, deren Wachstum ja ungefähr um die gleiche Zeit schließt, auch zur Thyreoidea und Hypophyse, vor allem aber zur inneren Sekretion der Keimdrüsen selbst angenommen. Einverleibung von Keimdrüsensubstanz beschleunigt die Verknöcherung der Epiphysen, andererseits erreichen jung kastrierte Tiere und Menschen häufig eine abnorme Körperlänge. Der Erweis eines negativen Wachstumshormons aus innerer Sekretion der Keimdrüsen scheint schlüssig, aber gerade hier möchte ich für eine andere Deutung plädieren.

Bekannt ist die Beziehung der Thymus zu den Generationsorganen. Nach CALZOLARI atrophiert die Thymus bei kastrierten Kaninchen langsamer, was nach GOODAL durch Anwachsen des Lymphgewebes darin bedingt sein soll; andererseits atrophiert die Drüse schneller, wenn Stiere zur Zucht benutzt werden oder Kühe schwanger sind (HENDERSON). Man hat diese Beobachtungen damit erklären zu sollen geglaubt, daß die Thymus gewissermaßen endokriner Stellvertreter der Keimdrüsen bis zu deren Erstarken sei. Ich glaube vielmehr, daß die Thymus das Zeitorgan für die Keimdrüsen ist. Man bedenke, daß sie außerordentlich reich an Nucleoproteiden ist, dann kann man sich die Wirkungsweise so vorstellen: die Thymus wächst und altert eine gewisse Zeit, auf der entsprechenden Altersstufe beginnt die Degeneration (dabei braucht sie durchaus noch nicht den größten absoluten Umfang erreicht zu haben, relativ bleibt sie ja immer mehr zurück), die aufgelöste Substanz kommt ins Blut und wirkt nun den Assimilationsstrom in die Keimdrüsen lenkend. Wahrscheinlich wird dort, wenn das Organ sich zu entwickeln beginnt, anfangs doch nur wenig aufgenommen werden und das Thymusinkret erhöht daher auch das allgemeine Wachstum (Pubertätsanstieg, Wachstumsförderung von Kaulquappen durch Thymusextrakt). Allmählich wird die Produktion der Keimdrüsen stärker und zieht nun immer mehr von dem qualitativ wertvollsten Teil des Assimilationsstromes an sich; da ein Teil des gebildeten geformten Materials abgestoßen wird, so bleibt das Gefälle erhalten, der Thymusnachschub wird immer entbehrlicher, und andererseits erhalten andere Wachstumsorte einen qualitativ unterwertigen Zustrom, überschreiten die kritische Hemmungszone und stellen das Wachstum ein. Vielleicht besteht auch eine Ähnlichkeit in den Anforderungen an das Assimilationsmaterial gerade zwischen Knochenwachstum und Keimzellenbildung.

Auch die sekundaren Geschlechtsmerkmale (Bart, Haarwuchs, Brustdrusen usw.) sind ja nichts anderes als das Auftreten von Zonen verstarkten Wachstums und wirken im gleichen Sinne auf das Gesamtwachstum. Daß die injizierte Keimdrusensubstanz oder das Transplantat diese Erscheinungen verstarkt, ist kein Beweis der Endokrinitat dieser Drusen, es ist ja der jenem Gefalle adäquate Zustrom, der also alle die miteinander gekoppelten Wachstumszonen in stärkere Tatigkeit setzt, also bei Kastraten die sekundaren Geschlechtsmerkmale hervorruft. Auf diese Fragen kommen wir noch mehrfach zuruck.

Im Zusammenhang mit der letztgenannten Vorstellung ware eine

Untersuchungsreihe erwünscht, die ein größeres Tiermaterial erfordert, als es mir zu Gebote stand; jungen Tieren, die im kräftigsten Wachstum stehen, wird — parenteral — das Autolysat oder „gezüchtete Ferment" jeweils eines bestimmten Organs durch längere Zeit einverleibt, dann wird durch Vergleich der verschiedenen Versuchsreihen festgestellt, ob die Tiere ein gesteigertes Wachstum jeweils der verwendeten Gewebsart zeigen. Je jünger die Tiere sind, um so eher ist ein Einfluß zu erwarten, auch an metamorphosierenden Tieren (Kaulquappen) ließen sich ähnliche Versuche anstellen.

Eine gute Illustration des dynamischen Formgleichgewichts bieten die Krebse mit primär verschiedener Größe der Scheren der beiden Seiten. Entfernt man hier die größere Schere, solange die Wachstumsgeschwindigkeit noch groß ist, so „kehren sie um", d. h. die Schere der anderen Seite bekommt und behält die Fuhrung. Macht man den Versuch bei älteren Tieren, wo die Regenerations- im Verhältnis zur Wachstumsgeschwindigkeit groß ist, so kehren sie nicht mehr um, die regenerierende Scheere überwächst die andere wieder (PRZIBRAM). Dieser Fall zeigt sehr deutlich das Zusammenwirken von Zustrom und Gefälle. Bei den jungen Tieren ist das Gefälle der unverletzten Schere noch so groß, daß es den durch Fortfall der anderen vermehrten Zustrom aufnehmen kann und dem Regenerat davonwächst, bei den alten hat ihr Gefälle schon so abgenommen, daß sie sich den erhöhten Zustrom nicht mehr zugute kommen lassen kann.

Die Regeneration stellt noch zahlreiche Probleme, auf die bei den Entwicklungsfragen zurückzukommen sein wird, hier sei nur noch ein Gesichtspunkt geltend gemacht, der für das allgemeine Wachstumsproblem und die Hormonfrage von Bedeutung ist. Wenn wachsende junge Hirsche kastriert werden, so bleibt die Geweihbildung aus, erwachsen kastrierte werfen das Geweih ab und bilden es nicht neu. Ist das ohne Annahme eines inneren Sekrets der Hoden zu verstehen?

Da ist zu bedenken, daß die Produktion im Keimdrüsengefälle den Assimilationsstrom für den übrigen Körper nicht nur quantitativ, sondern auch qualitativ verändern muß; er wird gewissermaßen negativ spezialisiert und kann dadurch ebensogut auf ein bevorzugtes Teilgefälle eingestellt werden wie durch eine positive Spezialisierung. Es erscheint beachtenswert, daß die sekundären Geschlechtsmerkmale zu einem wesentlichen Teil mit der Produktion keratinreicher Gebilde (Haare, Geweih) einhergehn, und daß das Keratin in seiner Bausteinzusammensetzung weitgehend das Widerspiel der Keimdrüsenproteine ist.

Entschieden kann diese Frage auf Grund des vorliegenden Materials nicht werden, es ist aber bei der Erörterung der endokrinen Funktion eines Organs, das auch nach außen produziert, die Möglichkeit dieser

„negativen Spezialisierung" immer zu bedenken. Dieser Gesichtspunkt kann nun auch für ein Hauptproblem der Regeneration von Bedeutung sein. Warum regeneriert ein durchschnittener Regenwurm an jeder Hälfte das fehlende Körperende? Dieselben Zellen, die bei etwas anderer Schnittführung ein Schwanzende hätten hervorgehen lassen, führen jetzt schließlich die Kopfbildung herbei und umgekehrt. Ein totipotentes Teilstück aus der Mitte regeneriert beide Enden, ein nicht-totipotentes aus der Schwanzhälfte bildet zwei Schwanzenden. Die angenommene, qualitativ hemmende Fernwirkung des erhaltenen Endes kann, da nervöse Einflüsse nicht maßgebend sind, nur in einer dauernd wirksamen qualitativen Veränderung des Assimilationsstromes bestehen, es bleibt also am Regenerationsort das Gefälle bestehen, das dem verloren gegangenen Teile entsprach und wird daher die entstehenden Zellen immer mehr in jener Richtung differenzieren. Andererseits muß sich das Alter und die ihm entsprechende Spezialisierung der Regenerat-ausgangsstellen von Einfluß zeigen, jenseits einer Grenze ist die Spezialisierung zu weit fortgeschritten, als daß noch andere als die gleichen Zellen gebildet werden könnten. Dazu kommt in unserem Beispiel noch, daß das Stück aus dem Schwanzteil nur aus dem eigenen Autolysat produziert und dieses, als aus dem ältesten Teil des Systems, spezialisierter ist als in dem Mittelstück. Differenzierung der Gewebe und Spezialisierung des Assimilationsstromes sind Momente, die sich gegenseitig steigern müssen in der Richtung der „wachsenden Individualität", eine Erkenntnis, die noch weiterhin von Wichtigkeit sein wird.

Die Regenerations- und Wachstumsförderung durch das Autolysat, die uns schon bei der Zellteilung begegnete, ist ein zukunftsreiches Problem der modernen Forschung, es sei an die Arbeiten uber „Wundhormone" erinnert sowie an eine Mitteilung von ABDER-HALDEN uber synthetisierende Wirkung autolytischer Enzyme auf das Macerationsprodukt des betreffenden Gewebes. Hierher gehoren auch Beobachtungen beim Wachstum von bakteriellen oder Einzellerkulturen. Nach RUBNER ist dieses kein kontinuierliches, sondern ein Rhythmus von Anschwellung, Nachlassen, Wiederanschwellen. Es werden dauernd Exemplare autolysiert und neue entstehen, so auch in den oben zitierten RUBNERschen N-Hungerversuchen an Hefekulturen. Jener Rhythmus konnte so erklart werden, daß in der angewachsenen Kultur die Assimilation stockt, aus Mangel oder Hemmung, viele Zellen zum Absterben und Autolysieren gelangen, worauf dann die uberlebenden neuen Wachstumsimpuls erlangen.

Dies sei hier nur nochmals erwahnt, ehe wir uns jetzt zur Frage der Chemie des Wachstums wenden. Freilich konnen wir den Namen „Chemie" nur bedingt verwenden, denn die meisten Substanzen, von denen ein Einfluß auf das Wachstum bekannt ist, sind vorwiegend biologisch charakterisiert.

Über das allgemeine Verhältnis von Wachstum und Eiweißnahrungszufuhr sagte RUBNER im Jahre 1908: „Gibt man aber größere Eiweißmengen in der Kost des Säuglings, so folgt das Wachstum nicht der Eiweißmenge; das Wachstum ist eine Funktion der Zelle, es kann durch unzureichende Eiweißzufuhr latent werden, aber Eiweiß vermag nicht die Wachstumsschnelligkeit über die von der Natur gesteckten Grenzen zu heben."

Die neuere Forschung hat diese Feststellung nicht erschüttert, wohl aber in zwei Richtungen erweitert: sie hat den Begriff „Eiweiß" durch den der Eiweißbausteine ersetzt (ABDERHALDEN, OSBORNE und MENDEL, HOFMEISTER u. a.) und gezeigt, daß die „zureichende Zufuhr" von dem Gehalt an den einzelnen Bausteinen stark abhängig ist, und sie hat die Beeinflußbarkeit der „Funktion der Zelle" durch spezifisch wirkende Stoffe (endokrine Substanzen, Vitamine) kennen gelehrt.

Hier soll aus dem umfangreichen Material nur das grundsätzlich Wichtigste herangezogen werden, zumal die wesentlichen Tatsachen infolge des aktuellen Interesses sehr bekannt sind.

Wir sprachen von zwei Richtungen, das könnte so aussehen, als wüßten wir bestimmt, daß jene Bausteine eine passive, reine Materialrolle, diese hormonartigen Substanzen eine aktive, funktionelle („Reiz") Bedeutung hätten.

Entsprechend unserer Grundvorstellung werden wir den Begriff eines Wachstumsreizes ebensowenig verwenden wie den eines Wachstumstriebes und zu zeigen haben, daß sich mit dem Begriff des Gefälles im Sinne der Biorheuse auskommen läßt. Sehen wir von den allgemeinen Bedingungen (Oxydationen) ab, so werden alle Momente den Wachstumserfolg bestimmen, die einerseits das Assimilationsgefälle, andererseits den Zustrom an den Gefälleort hin beeinflussen.

Das Gefälle wird erhalten durch Beseitigung der ablaufhemmenden Stufen (Unlöslichwerden oder Abbau), es wird gesteigert durch Zufuhr, Vermehrung der Assimilationsanfangsstufen (Frühbiokyme), die keineswegs identisch sind mit Eiweißbausteinen schlechthin. Der Zustrom umfaßt ja das gesamte assimilierbare Material, wie sich nun aber jene Unterscheidung auf die verschiedenen chemischen Gruppen, Radikale oder physikalisch-chemischen Zustände verteilt, darüber wissen wir noch fast nichts.

Die Versuche mit Eiweißbausteingemischen oder gut analysierten Eiweißkörpern sind zum großen Teil vor der Vitaminära angestellt worden und dadurch in ihrer Deutung nicht sicher. Wir wissen, daß bestimmte Aminosäuren „streng exogen" (F. HOFMEISTER) sind, in der Nahrung zugeführt werden müssen, es sind vor allem die, welche cyclische

Gruppen enthalten, und wir haben ja sowohl bei den Enzymvorgängen wie in diesem Kapitel Gesichtspunkte aufgezeigt, die für eine besondere Assimilationsbedeutung gerade dieser Bausteine resp. Radikale sprechen. Es wird auch angegeben, daß wachstumsgünstige Eiweißkörper an diesen und an Lysin und Cystin besonders reich sind.

Die wachstumsfördernde Wirkung des Tyrosins und des Tryptophans sowie ihrer jodierten und decarboxylierten Derivate ist auch an Einzellern und Kaulquappen festgestellt worden, das spricht wiederum dafür, daß ihre Bedeutung nicht nur die eines Baumaterials neben anderen ist, sondern daß sie zu dem Gefälle eine direktere Beziehung haben. Wenn man an ihre Stellung zu dem Melanin denkt, so drängt sich die Vermutung von Kondensationskernen der Synthese doch sehr auf. Diese Fragen wie auch das Vitaminproblem mögen aber der Erörterung im Zusammenhang der gesamten Stoffwechselvorgänge vorbehalten bleiben.

Wie verhalten sich nun die endokrinen Stoffe zu der Alternative Gefallebeeinflussung oder Zustrom?

Einigermaßen deutlich erscheint die Sachlage in dem gegenteiligen Verhalten von Thymus und Thyreoidea.

Bei Kaulquappen fördert Thymus das Wachstum und hemmt die Metamorphose, Thyreoidea verringert die Massenzunahme oder bringt sogar Gewichtsverlust (ROMEIS), laßt aber die Entwicklung ungehemmt. Auch bei jungen Ratten bewirkt Schilddrusenfutterung nach CAMERON und CARMICHAEL Verringerung der Wachstumsrate bei Hypertrophie von Herz, Leber, Nieren, Nebennieren und Schwund des Fettgewebes.

Thymus wirkt also mehr im Sinne der allgemeinen Massenzunahme, des Assimilationszustromes, Thyreoidea steigert das Gefalle, beschleunigt die Differenzierung und erhoht daher entsprechend sowohl die Oxydationen (Strukturkatalyse?) als auch die Ansammlung von abbaunötigen, nicht assimilierbaren Reaktionsendprodukten. Die Wirkung der Thymus fugt sich der oben entwickelten Theorie gut an, nach der die Druse ja auch im Sinne der Produktion des undifferenziertesten, des Keimplasmas wirkte. Ebenso stimmt die gefällesteigernde Wirkung der Thyreoidea gut zu den Erscheinungen der beiden typischen Schilddrusenkrankheiten, des Myxodems resp. der Cachexia thyreopriva (Hypothyreoidismus) und dem Morbus Basedowii (Hyperthyreoidismus). Die Symptomenkomplexe sind bekanntlich· bei der ersteren Affektion Herabsetzung des Stoffwechsels, besonders niedriger Eiweißumsatz, Wachstumsminderung bei relativer Massenzunahme (Fett), hochgradige Verringerung der epithelialen Hautproduktion (Erloschen der Perspiratio, Haarausfall), verminderte Geschlechtsproduktion, Mudigkeit und Kretinismus oder (C. thyreopriva) geistige Schwache, Gedachtnisschwund; beim Basedow hochgradige Erhohung des Ruhestoffwechsels, erhöhter Eiweißzerfall, Abmagerung, gesteigertes Längenwachstum, beschleunigtes Altern, erhöhte motorische und geistige Erregung, oft Pigmentierung der Haut, erhöhte Schweißsekretion, vermehrte Keratinproduktion (Sklerodermie), starker Hunger. Charakteristisch ist, daß jüngere Personen unter den Folgen der Schilddrüsenentfernung mehr leiden als ältere, von den Tieren Fleischfresser viel mehr als Pflanzenfresser.

Die Gesamtheit der Erscheinungen erscheint verständlich unter der Annahme, daß die Schilddrüse gewisse Stoffe des Zustroms in eine Form überführt, in der sie befähigter zur Bildung von synthetisierenden Assimilationskernen oder allgemeiner: zur Erzeugung von Strukturmasse sind. Daß es sich nicht um eine Entgiftung handelt, dafür spricht auch die Tatsache, daß Schilddrüsenfütterung beim wachsenden Tier das Wachstum der Drüse selbst nicht steigert, sondern mindert. Über die Natur des Increts wissen wir, daß die Stoffe von den cyclischen Eiweißbausteinen herkommen, neuerdings hat Kendall unter dem Namen Thyroxin ein jodiertes Tryptophanderivat als die wirksame Substanz angesprochen.

Robertson hat auf die Beziehung hingewiesen, daß alle Substanzen die „accelerate the growth and reproduction of unicellular organisms and of epithelial tissues, especially carcinoma, retard the growth in weight of animals to which they are administered by mouth". Seine Erklärung ist, daß die cellulären Gewebe in der Proliferation beschleunigt werden, die fibrilläre Substanz dahinter zurückbleibt; wenn man vor der Geschlechtsreife mit der Zufuhr der Beschleunigungssubstanz aufhört, so wächst das fibrilläre Gewebe bis zum Gleichgewicht mit dem — vermehrten — cellulären Gewebe nach und „gigantic animals may be produced".

Im Sinne unserer Vorstellung von der Differenzierung der Teilgefälle wäre diese Erscheinung gut verständlich, so wie auch der Gegensatz von cellulärem und fibrillärem Wachstum zu anderen Erfahrungen stimmt. Es ist eine allgemeine Erfahrung der Pathologie, daß schlecht mit Sauerstoff versorgte Degenerationsherde (anämische Infarkte) mit Bindegewebe ausheilen, auch dort, wo bei guter Blutversorgung das spezifische Gewebe regenerieren kann.

Jene Robertsonsche Statuierung ist wiederum eine gute Charakterisierung des dynamischen Gleichgewichts der Wachstumsgrenze.

Auch von dem Lobus anterior der Hypophyse ist die Beziehung zum Wachstum bekannt (Akromegalie), aber noch nicht genügend geklärt, es wird fördernde wie hemmende Wirkung verfochten. Evans und Long geben an, daß intraperitoneal jungen Ratten einverleibte Substanz wachstumsfördernd auf alle Gewebe und Organe mit Ausnahme der endokrinen und der Keimdrüsen gewirkt habe.

Abschließend sei nochmal daran erinnert, daß alle diese endokrinen Drüsen auch Stapelorgane sind und daß für ihre physiologische Wirksamkeit ihre eigene Geschichte, ihr Altern ein sehr wohl mitbestimmender Faktor ist. Allerdings unterscheiden sie sich z. B. von dem Hauptstapelorgan, dem Gehirn, darin, daß bei ihnen — zumindest während der ersten Lebensepochen — ein Rhythmus von Einschmelzung und Wiederaufbau möglich erscheint, wie ihn die Hypophyse besonders deutlich demonstriert (Gravidität).

Ein Begriff, dessen wir uns schon mehrfach bedienen mußten, ohne ihn genauer gekennzeichnet zu haben, bedarf nun noch der besonderen Erörterung, das ist der der „cellulären Excretion". Wir wollen darunter alle Vorgänge verstehen, bei denen assimiliertes Material, sei es in Form von geformten Gewebsbestandteilen, von epithelialen Produkten, von einzelnen Zellen, von Zelleinschlüssen, Zellteilen oder Zelltrümmern nach außen abgegeben wird.

Man bezeichnet als Excretmaterial gewöhnlich nur solche Stoffe, die tiefmolekulare Endprodukte des dissimilatorischen Stoffwechsels sind, und sieht in den hier gemeinten Substanzverlusten entweder — aktiv — Sekretionsvorgänge oder — passiv — Abnützungsfolgen. Immerhin hat schon MORGAN von einer „physiologischen Regeneration" in bezug auf den normalen Ersatz von Geweben gesprochen und mit dieser Bezeichnung die hier gemeinten Zusammenhänge anklingen lassen.

Es ist ja doch nicht so, daß mit der Erkenntnis eines funktionellen Zweckes bei der Abgabe von hochmolekularem oder geformtem Material gefolgert werden müßte, dieser Zweck sei auch die einzige Bedeutung des Vorganges für den Organismus. Damit z. B., daß der Haarwuchs den Schutz gegen Abkühlung und Strahlung bewirkt, ist doch nicht ausgeschlossen, daß die Produktion von Haaren zugleich eine Ausscheidung sei. Von unserer Ablaufvorstellung aus wäre es sehr verwunderlich, wenn zur Erhaltung des Gefalles nicht auch der Weg der Entlastung des Systems durch direkte Entfernung nicht oder schwer abbaufahiger Assimilationsendstoffe beschritten wurde.

Die teleologisch befriedigende Erklarung der Spermaproduktion enthebt uns nicht der Aufgabe, die Bedeutung des Vorganges auch fur den sezernierenden Organismus zu betrachten, die Beziehung der Fortpflanzungsvorgange zu Wachstum, Lebensdauer und Altern deuten an, wie fruchtbar diese Betrachtung sein kann Die physiologische Verwandtschaft solcher Triebe wie Hunger und Libido sollte vor aller naturphilosophischen Konstruktion zunachst einmal zu einer physiologischen Analyse vom einzelnen Organismus aus fuhren.

Energetisch betrachtet sind alle diese Substanzabgaben nur Verluste, vom Gesichtspunkt des vitalen Gefalles aus, des Geschwindigkeitsquotienten sind sie ebenso positiv wie die Vergrößerung des Kulturraumes einer Protistenzüchtung oder die erzwungene Regeneration eines Krebses.

Daß diese Entlastung für die Lebensdauer eine Rolle spielt, das lehrt schon die Tatsache der geringeren Altersveränderungen derjenigen Organe und Gewebe, denen sie möglich ist. Daß sie keine absolute ist, weder für die betreffenden Gewebe selbst noch gar für den Gesamtorganismus braucht kaum betont zu werden. Wäre sie das, so gäbe es keine „Geschichte der wachsenden Individualität".

Der Begriff der „intracellulären Excretion" wie auch der der Stapelniere oder des Excretspeichers ist in der Biologie der Wirbellosen durchaus gebräuchlich, freilich wird er dort zumeist nur dann angewandt, wenn die Excretnatur der Zelleinschlüsse (Harnsäure, Purinbasen, Kalk, Chitin u. a.) wahrscheinlich gemacht werden kann, immerhin spielen auch lipochrome oder andere Pigmente sowie injizierte Farbstoffe beim Excretnachweis eine Rolle.

So hat MASTERMANN bei einem Kalkschwamm durch Karmininjektion sichtbar gemachte amöboide, degenerierende Mesogloeazellen die ektodermale und entodermale Oberfläche passieren sehen. Ähnliche konkrementerfüllte Zellen treten durch die Hautkiemen der Seesterne aus, während sie bei Seeigeln im Körperinneren gespeichert werden, deutlich zunehmend mit dem Alter.

Analoge Vorrichtungen besitzen viele Würmer, bei den Anneliden werden besonders die Gewebe der Körperwand als Excretspeicher angesprochen, die Epidermis erscheint mit dem Alter zunehmend pigmentiert, ob nicht auch Zellen davon abgestoßen werden, habe ich nicht ermitteln können. Die braunen Pigmentgranula werden durch Phagocyten antransportiert. Auch durch die Darmwand wird intracellulär excerniert.

In gleicher Weise ist Harnsäure bei den Mollusken auf diesem Ausscheidungs- und Stapelweg festgestellt worden. Bei Muscheln und Schnecken soll auch Excretstoff (Pigment) in die Schalen gelangen, wo er gespeichert wird. Bei Ascidien ist die Speicherung sogar die einzige Form der Ausscheidung.

Schließlich sind bei Crustaceen und Tracheaten die gleichen Erscheinungen vielfältig beobachtet worden. Hervorzuheben ist, daß EISIG zuerst die Bildung des Panzers der Krebse als Excretspeicherung angesprochen hat, sowohl der Pigmente als des Chitins wegen, da Chitin in kleinen Körnchen oft auch innerhalb des Körpers und im Bilde einer Ausscheidung zu beobachten ist. Bekannt als Harnsäurespeicher ist der Fettkörper der Insekten.

In all diesen Fällen handelt es sich allerdings hauptsächlich um echte Abbauschlacken, es ist nun aber zu fragen, ob andere, als Sekrete

angesprochene Abscheidungen wie das indolhaltige Sekret der Purpur-
schnecke, die melaninhaltige Tinte der Cephalopoden, die Abscheidungen
von Chinon und campherartigen Stoffen durch die Haut von Myriapoden,
die Seidenproduktion, der Schleim der Amphibien, der Hauttalg der
höheren Säugetiere u. v. a. nicht auch, neben ihrer Funktion, als der
„physiologischen Regeneration" dienend anzusehen sind.

Das zentrale Problem aber ist die Abstoßung geformter Substanz,
deren zweifelsfreie Bedeutung für das Ganze den Botanikern ja längst
bekannt ist und zu der das Einschmelzen des Makronucleus der Infusorien in einer gewissen Parallele steht.

Da man diesem Gesichtspunkt, soviel ich sehe, bisher keine Beachtung geschenkt hat, so ist das Material recht spärlich beigebracht. Die
mit den metamorphosierenden Vorgängen verbundenen Substanzauf-
gaben mögen, wenn schon sie sicher hierher gehören, ihrer Kompliziert-
heit wegen außer Betracht bleiben, dann sind es vor allem die Häutungs-
und Mauserungserscheinungen, die paradigmatisch sind.

Daß der Wechsel der Körperhülle nicht nur deswegen eintritt, weil
sie „abgenützt" oder zu klein geworden wäre, das geht aus einigen
interessanten Regenerationsexperimenten hervor. Werden bei Krebsen
ein oder mehrere Beine amputiert, so wird das Häutungsintervall verlängert, falls die Regenerationsgeschwindigkeit noch groß ist. Bei alten
Krebsen aber, wo die Regeneration langsam geht, tritt die Häutung
rascher ein, und um so kürzer sind die Intervalle, je mehr Beine amputiert wurden. Tritt keine Regeneration ein, so gibt es natürlich erst
recht eine Häutungsbeschleunigung (PRZIBRAM).

Wird also durch die Regeneration das Gefälle erhalten, so tritt die
physiologische Regeneration zuruck und umgekehrt: wird die Oberfläche
verkleinert, so fuhrt der gleiche Assimilationsstrom zu einer auf die erhaltene Oberfläche bezogen stärkeren cellularen Excretion.

Die Hautungen — zugleich mit dem Abwerfen des Endochitins des
Magendarmkanals — folgen sich z. B. bei Asellus aquaticus in kurzen
Zwischenräumen, beim wachsenden Tier in 8 bis 30 Tagen, und dauern
bis zum Absterben an (HAKO).

Die periodische oder kontinuierliche Abstoßung der verhornten
Epidermis bei den Wirbeltieren (Hauten der Schlangen, Mauserung der
Vogel, Haarwechsel der Säuger, Geweihabwurf, Abschilfern der Haut
usw.) sind bekannt genug, um hier nur darauf hinzuweisen.

Eine Vorstellung über die Massenverhältnisse der cellulären Excretion etwa beim Menschen zu gewinnen, ist heute noch nicht moglich.
Die Zahlenangaben über die Haar- oder Nagelproduktion sind sparlich und
schwanken sehr, eine Angabe von BENECKE ist 0,2 g pro die fur das Haupt-
haar. Ich selbst habe ein paar Monate lang die Mengen des zweitägigen
Bartwachstums bei mir bestimmt, die Zahlen gehen von 0,2 bis 0,4 g

Bei Erkrankungen der Haut steigt der tägliche Mauserungswert, der mit 1 bis 2 dg N wohl eher zu niedrig angesetzt wird, auf außerordentlich hohe Werte, so bei Dermatitis exfoliativa, bei Psoriasis besonders auf Werte von 3,12 und 4,24 g N pro die. SALOMON und VON NOORDEN geben an, in einem schwersten Falle von Pemphigus vegetans in 12 Stunden 5 g N-Abgabe in das Wasser des permanenten Bades gefunden zu haben.

Eine wirkliche Vorstellung von der gesamten Abgabe auch nur der Haut zu gewinnen, erscheint schwierig, dazu kommt noch das an den Schleimhäuten, den Hohlorganen mit Anhangsgebilden, Nieren, Keimdrüsen usw. abgestoßene Material, das zu schätzen kaum möglich ist. Die Frage, was davon durch Verdauung oder bakteriellen Abbau dem Organismus wieder zugeführt wird, ist für unser Problem irrelevant, es handelt sich ja um keine stoffliche Bilanz, sondern um die Strukturbeseitigung und „physiologische Regeneration", um die Entlastung des durchformten Raumes und Ermöglichung neuer Strukturbildung. Selbst wenn eine Feststellung dieser Art von Abscheidung keine im Verhältnis etwa zur N-Bilanz beträchtlich erscheinenden Mengen ergeben sollte — im Verhältnis zur Ansatzmenge des Wachsenden wird es kaum wenig sein —, so ist zu bedenken, daß es sich zum großen Teil auch um qualitativ besondere, hochkondensierte, schwer angreifbare Substanz handelt.

Die keratinhaltige Substanz der Epidermis und ihrer Anhangsgebilde wird von keinem Verdauungsferment angegriffen, nach FASAL sind die verhornten Epithelien besonders reich an Tryptophan, die Haare sind sehr cystinhaltig, der Anteil an Melaninen oder melaninogenen Stoffen ist den cyclischen Gruppen ebenfalls zuzurechnen.

Diskutabel ist auch die Frage, ob die Mucinstoffe nicht — unbeschadet ihrer funktionellen Bedeutung — auch als Ablaufendstufen besonderer Art angesehen werden können. Der glukosaminreiche Teil dieser Körper, durch den sie eine gewisse Verwandtschaft zum Chitin haben, dessen Excretcharakter ja erörtert wurde, scheint den Verdauungssäften zu widerstehen. Natürlich besagt ja die Angreifbarkeit durch die Magendarmfermente nichts Sicheres über das Verhalten im intermediären Stoffwechsel, immerhin werden wir jene chemischen Agenzien wohl als die stärksten des Organismus ansehen dürfen, und Stoffe, die dort widerstehen, hier erst recht für schwer angreifbar halten.

Die Frage, die bei diesen Vorgängen noch zu stellen wäre, ist diese: sind die abgegebenen Substanzen nur Endprodukte der für das betreffende Gewebe spezifischen Reaktionen, oder kommen sie schon in vorgeschrittenem Stadium aus allen möglichen anderen Organen dorthin, erleiden dort ihre letzten Veränderungen und gelangen zur Ausfuhr? Ist also eine Mehrproduktion z. B. der Haut lediglich eine gesteigerte Funktion dieses Organs ohne ursächlichen oder wirkvollen Zusammenhang mit dem Gesamtorganismus, oder ist sie — analog etwa der N-Zunahme im Harn — der Ausdruck gesteigerter oder veränderter Prozesse im Inneren?

Ich glaube, die Dermatologen werden die Berechtigung der letzteren Annahme nicht bestreiten. Es sei nur an die im Morbus Addisonii manifeste Beziehung der Nebennieren zur Hautpigmentierung, an das Myxödem, an die Arznei-, Nahrungs-, Serumexantheme, an die Urticaria, an die akuten infektiösen Exantheme (Scharlach, Masern, Pocken) erinnert, und umgekehrt an die oft beobachtete Wirkung von Hautkrankheiten (Erysipel) auf Psychosen, Diabetes usw. In der alten Vorstellung der „Ableitung auf die Haut", der Gefahr des „nach innen schlagen" kommt dieser Zusammenhang ja auch zum Ausdruck. Überhaupt dürfte die Pathologie aus der Beachtung der cellulären Excretion Nutzen ziehen können. Vielleicht ist der Vorteil einer gesteigerten Darmtätigkeit, auf die alte Praktiker bei allen möglichen Affektionen so großen Wert legen, in der Richtung der cellulären Excretion des Darmes zu suchen, eine Frage, die auch dem Experiment zugänglich wäre.

Und wenn der Körper auf „nasse Füße" mit einem Schnupfen reagiert, so ist ebenfalls an eine solche Funktionalbeziehung zu denken. Die Fruchtbarkeit unseres Begriffes für die Konkretisierung und Erforschbarkeit solcher Dinge wie „Konstitution" und „Disposition" soll später aufzuzeigen versucht werden.

Kehren wir zu den Problemen der ersten Hälfte dieses Kapitels zurück und erinnern uns des physikalischen Bildes für das dynamische Gleichgewicht, so waren die Momente, welche die Anstieggeschwindigkeit des Wassers in den Rohren verringerten: die Abnahme des Druckgefälles durch den hydrostatischen Gegendruck (Minderung des vitalen Gefalles durch Zunahme der hemmenden und raumerfullenden Endstufen), die seitlich spritzenden Öffnungen (cellulare Excretion) und die Erweiterung der Röhren zu Sammelbecken (Stapelorgane).

Von diesen letzteren, den eigentlichen Alternsorganen, ist noch einiges zu sagen. Absolut gilt der Begriff des „geschlossenen" Organs für ein jedes von dem Zeitpunkt an, wo die Zellvermehrung und Regenerationsmöglichkeit in ihm erloschen ist, also fur viele während des ganzen Lebens nicht.

Relativ gilt er fur alle, denn keines kann sich von der Altersveränderung vollig frei erhalten, in keinem reicht die cellulare Excretion aus, um die Zunahme der Endstoffe ganz zu verhindern.

Wir wollen hier nur diejenigen Organe aber in erster Linie gemeint haben, die ihre Zellvermehrung, ihr extensives Wachstum („extensiv" mit oder ohne Substanzabstoßung) frühe verlieren, also vor allem das Zentralnervensystem.

Dabei ist einem Mißverständnis vorzubeugen: selbstverständlich kann auch aus dem Gehirn geformte Substanz fortgeschafft werden, die alten Ganglienzellen degenerieren und zerfallen, die Trümmer werden, zum Teil vielleicht gelöst, in der Hauptsache wohl phagocytär, entfernt. Dieser Prozeß, der im Alter deutlich sehr gesteigert ist, aber in gewissem Umfange wohl schon fruh einsetzt, führt aber nicht zu einer Befreiung und Wiederherstellung des Stapelraumes, sondern mit jeder zerfallenden Zelle wird dieser verkleinert; für das Gefälle und die Aufnahmefähigkeit ist diese atrophische Substanzabnahme mindestens nutzlos. Etwas anderes wäre es, wenn die einzelnen Zellen ohne Zerstörung „ausgelaugt" werden könnten; die in dieser Weise (HARMS) gedeuteten Bilder lassen die Frage noch unentschieden; daß der Vorgang von irgend beträchtlicherer Bedeutung wäre, ist ausgeschlossen.

Dagegen kann das Übertreten dieser vorher gestapelten Stoffe ins Blut, in andere Organe und Gewebe natürlich sekundär von erheblicher Wirkung für das Ganze sein, es kann das Altern dieser anderen Teile beschleunigen, vor allem des Blutes selbst. Denn es ist notwendig, sich klarzumachen, daß auch und gerade das Blut als Ganzes ein „geschlossenes Organ" ist, so paradox das klingen muß. Das Blut — als Organ betrachtet — hat keine nach außen gewandte Oberfläche, denn die Diapedese der Blutkörperchen ist wohl zumeist mehr ein Transport von Organ zu Organ als vom Blut nach außen, und eine celluläre Excretion müßte im Falle des Blutes eben nicht nur eine celluläre, sondern ein Austritt der abgelaufenen Biokyme, also von Bluteiweißkörpern selbst sein.

Daß das Blut altert, wissen wir aus den CARREL-EBELINGschen Versuchen, ob — wie ich vermuten möchte — gleich dem wachstumshemmenden auch der fermenthemmende Titer des Serums mit dem Alter zunimmt, ist meines Wissens nicht bestimmt.

Auch über das Verhältnis von Albuminen und Globulinen in dem Blut verschiedener Altersstufen habe ich nichts finden können. Wenn also das Untersuchungsmaterial hier noch ungenügend ist, so läßt sich doch schon aus den Erfahrungen der Immunitätsforschung und der Transplantation folgern, daß das Blut die vom Schicksal und Alter geformten Züge seines Trägers nicht weniger zeigt als die anderen Organe.

Natürlich ist man nicht berechtigt, das Blut isoliert alternd anzusehen, es ist ja gerade das Ausgleichsorgan, aber gerade darum muß es gewissermaßen den Altersquerschnitt des Organismus anzeigen, der natürlich durchaus nicht einfach den Lebensjahren generell entspricht; und wenn es gelingen sollte, einen leicht bestimmbaren Alterstiter des

Blutes zu ermitteln, so könnte daraus auch für das ärztliche Urteil Nutzen gezogen werden.

In den folgenden Kapiteln werden wir diese Gedanken noch in einzelnen Richtungen weiterführen.

Assimilation und Autonomie.

„Als lebendige Teilchen (Plasmateilchen) können wir demgemäß diejenigen kleinsten Masseteilchen bezeichnen, welche selbst die wesentliche Eigenschaft des Assimilationsvermögens besitzen."

Mit diesem Satze geht W. BIEDERMANN an die gewaltige Arbeit, den Erfahrungsbestand des Assimilationsproblems in der vergleichenden Physiologie zusammenzutragen, und er kommt am Ende des 1500 Seiten umfassenden Werkes zu dem Schluß: „Speziell der intermediäre Eiweißstoffwechsel, also gerade die wichtigste Frage, darf als vollkommene terra incognita angesehen werden".

Seit der Vollendung des Buches sind 10 Jahre vergangen, sie haben viele neue Einzelerkenntnisse gebracht, vergleicht man aber unser Wissen etwa über die enzymatischen Eiweißspaltungen mit dem über seine Synthese, die relative Einfachheit dort mit der unendlichen Mannigfaltigkeit hier, so kann man jenen Satz auch heute noch kaum übertrieben nennen.

Es gibt im Bereiche des Lebendigen eine solche Mannigfaltigkeit der Ausgangsstoffe, von denen Wege zu dem lebenden Plasma und schließlich zum toten Eiweiß fuhren, daß man beinahe sagen könnte: es gibt keinen Stickstoff, der nicht assimiliert werden konnte; und ebenso konnen die allerverschiedensten Träger chemischer Spannkraft in den Dienst dieses Vorgangs gestellt werden.

Vom molekularen Stickstoff des Azotobakter bis zu den streng exogenen Aminosäuren der höheren Tiere reicht die Assimilationsbreite des Lebendigen, es erscheint ausgeschlossen, von dem Ausgangsmaterial aus zu einer allgemeinen biologischen Gesetzmaßigkeit zu gelangen. Und ebenso aussichtslos erscheint es, in den energetischen Quellen das Gemeinsame zu suchen, wenn einmal organische Verbindungen, einmal Ammoniak, einmal molekularer Wasserstoff oxydiert werden kann.

Und doch muß es dieses Gemeinsame geben, und ware es nur durch die eine Tatsache verburgt, daß das Assimilationsendprodukt aller Lebensstufen Ausgangsmaterial fur die hochsten werden kann, oder anders: im Tode werden alle Lebewesen gleich, das Tote, das Entstandene, nicht das Ausgangsmaterial ist das Gemeinsame

Es ist gut, sich die Paradoxie des Assimilationsproblems einmal klarzumachen: die bewundernswertesten, fur das wissenschaftliche

Urteil erstaunlichsten Leistungen chemischer Art vollbringen nicht die höchstorganisierten Formen, sondern die niedrigsten. Was die hochkomplizierte, vielkammerige Apparatur des Organismus nicht fertig bringt, z. B. schon den Umbau der Aminosäuren in jeder Richtung, das vermögen die allerkleinsten, kurzlebigsten Gebilde, vom Aufbau aus Anorganischem gar nicht zu reden.

Warum, wenn diese Einrichtungen so wenig Raum beanspruchen, hat sie der höhere Organismus nicht auch? Würde er damit nicht noch vollkommener im Sinne der Autonomie, unabhängiger und leistungsfähiger?

In dieser Art zu fragen muß ein fundamentaler Fehler enthalten sein, sie muß an dem eigentlichen Problem vorbeiführen, aber — in der Tat — vom Standpunkt der maschinellen Auffassung aus ist die Frage berechtigt.

PFEFFER hat sich sehr entschieden dagegen gewandt, die eigentlichen Lebensvorgänge bei Pflanze und Tier deshalb als prinzipiell verschieden anzusehen, weil jene von anorganischen, energieleeren Ausgangsmaterialien aus aufbauen kann, dieses nicht. Die eigentlichen Lebensprozesse seien bei beiden grundsätzlich die gleichen, eben die assimilative Plasmabildung, und der Chlorophyllapparat der Pflanze oder die Einrichtungen der auf Anorganischem wachsenden Bakterien seien nur eine hinzutretende Besonderheit. Um so verwunderlicher könnte dann freilich der Verlust dieser Besonderheiten im Aufstieg zu höheren Lebensformen erscheinen, denn — und das könnte zeigen, in welcher Richtung der Denkfehler zu suchen ist — es ist in der Tat so, daß diese Beschränkung im Ausgangsmaterial mit dem Anstieg parallel geht.

Schon die Hefe- und Schimmelpilze sind für die Kohlenstoffassimilation auf organisches Material angewiesen, sind „heterotroph" dafür (PFEFFER), während sie den Stickstoff noch aus den verschiedensten Ammoniakverbindungen beziehen können. Freilich eine Bevorzugung bestimmten Materiales (Zucker, Aminosäuren und Peptone) tritt hier schon ein.

Für die Protozoen und alle höheren Tiere gilt dann, daß ihr Bausubstrat schon einmal durch den Assimilationsprozeß durchgegangen sein muß, und daß ihre Betriebsstoffe sich auf eine relativ kleine Zahl von Kohlenstoffverbindungen beschränken. Wie wählerisch schon Protozoen sein können, das lehren Versuche von P. JENSEN an Foraminiferen, wonach ein normaler Orbitolites, dem degenerierende Pseudopodienmasse dargeboten wurde, nur die von ihm selbst stammende begierig aufnahm, nicht aber die von einem anderen Orbitolites oder einem fremden Rhizopoden genommene.

Daß man jenen Satz von der Parallelität von Aufstieg und Substratbeschränkung nicht umkehren darf, daß es auch niederste Lebewesen

gibt, die auf ganz spezielle Nährquellen angewiesen sind, das ist bei
einem Blick auf die pathogenen Mikroorganismen einleuchtend.

Zugleich aber lehrt uns die Tatsache, daß glücklicherweise doch nur
ein kleiner Teil der Mikroben pathogen ist, daß mit der Beschränkung
in der Nahrungsbreite bei den differenzierteren Lebewesen anscheinend
eine Minderung der Gefahr verbunden ist, selbst das Nährsubstrat für
andere, besonders Kleinwesen abzugeben. Es scheint doch so zu sein,
als ob das Baumaterial um so spezialisierter sein müßte, zu je höherer
Differenzierung die Assimilation führen soll, und daß andererseits, je
vorgeschrittener im Einzelindividuum die Differenzierung ist, um so
strenger die Auswahl wird, die zum Teil aber dann schon an der Peripherie — der Resorptionsfläche — geleistet wird.

Die spezialisierteste Nahrung hat das befruchtete Ei und weiter
der Embryo im Uterus, schon größer, wenn auch noch beschränkt genug,
ist die Nahrungsbreite des Neugeborenen, dafür kann er aber auch
80 Proz. des aufgenommenen Eiweißes zum eigenen Wachstumsmaterial
verwerten. Die spezialisierteren Gewebe des Erwachsenen treffen kraft
ihres spezifischen Assimilationsgefälles selbst die Wahl unter dem angebotenen Material, sie können nur einen gewissen, für jedes besonderen
Teil des Zustromes aufnehmen und werden daher durch die an der
Peripherie variierende Beschaffenheit des Stromes kaum mehr beeinflußt. Wenn die jugendliche Zelle einem steuerlos treibenden Boote
verglichen werden mag, das an die Richtung des Windes gebunden ist,
so ist die durchdifferenzierte Zelle ein Schiff mit Segel und Steuer, das
nur diejenige Komponente des Windes wirken laßt, die es dem Ziele
zufuhrt.

In diesen Zusammenhang, in die Nahe also der in den vorigen Abschnitten behandelten Erscheinungen mussen wir die Behandlung des
Assimilationsproblems einstellen, die Assimilation ist das Kontinuum
in der „Geschichte der wachsenden Individualitat", in dem Ablauf,
ist das Integral uber die Biorheusen. Wir werden demgemäß von der
ublichen Einteilung in Bau- und Betriebsstoffwechsel keinen Gebrauch machen, sondern die Assimilation als das Ruckgrat des Ganzen
behandeln und den energetisch qualifizierten Umsatz nur von dort aus
berucksichtigen. Alle mit dem Organismus als Arbeitsmaschine verbundenen Fragen, als da ist Stoff- und Energiewechsel des arbeitenden
Muskels, die Lieferung von Warme und Elektrizitat usw. brauchen uns
als physiologische Spezialfragen nicht zu beschaftigen oder doch nur
insofern sie zu dem allgemeinen Problem beitragen.

Es ist bei dieser Einstellung des Problems begreiflich, wenn wir nicht
fragen: welche aktiven chemischen Mittel und Werkzeuge hat der
Organismus, um Stoffbestand und Energiebetrieb zu erhalten, sondern:
welche Stoffe sind befahigt, in den Assimilationsstrom hineingezogen zu

werden, an welcher Stelle findet dieser Eintritt statt? Oder anders: wo beginnt der Assimilationsstrom und wodurch wird er im Gange erhalten? Nach dieser Auffassung sind also die sog. „Baustoffe" nicht dazu da, „abgenütztes, zerstörtes oder abgestoßenes" lebendes Material wieder aufzubauen, sondern nur weil „abgenutzt, zerstört und abgestoßen" wird, bleibt der Assimilationsstrom im Gange. Das Gefälle ist das Entscheidende, sowohl für die Auswahl wie für die Ausnützung der Nahrung.

Alles was wir über den Eiweißansatz im Körper wissen und zum Teil schon im vorigen Kapitel anführten, spricht zugunsten dieser Auffassung, so die große Stickstoffretention des Säuglings bei — wie RUBNER hervorhebt — kalorisch gemessen geringem Eiweißanteil der Nahrung, das gleiche Verhalten des Rekonvaleszenten nach zehrenden Krankheiten, bei Regenerationen, das niedrige Eiweißminimum bei Zufuhr arteigenen Eiweißes und im Hunger. Wir sehen bei dieser Problemstellung in dem Organismus nicht so sehr die räumlich geordnete, automatisch funktionierende Apparatur einer Reihe von einander koordinierten Vorgängen als vielmehr den Zeitquerschnitt eines in bestimmter Richtung gehenden Ablaufes. Wir werden sehen, daß ganz neuerdings zur Erklärung des Entwicklungs- und Vererbungsgeschehens ähnliche Vorstellungen (CHILD, GUYER) angenommen worden sind.

Noch von einer ganz anderen Seite her können wir zu unserer Problemstellung gelangen. Bekanntlich sind die Eingeweidewürmer auf ganz bestimmte Wirtstiere eingestellt, und zwar nicht nur die von den Gewebssäften sich nährenden, sondern auch die, welche, ohne selbst ein eigenes Verdauungssystem zu besitzen, im Darmlumen ihrer Wirte schmarotzen wie die Cestoden. Betrachten wir weiter die Kleinparasiten, so ist es schon des Verwunderns wert, daß so relativ wenige für die einzelne Tierart pathogen sind, daß so wenige im Körperinneren fortleben können, obwohl die mechanischen Schutzvorrichtungen — das lehrt wiederum das leichte Eindringen der pathogenen — ganz unzureichend sind, daß andererseits mit dem Tode, d. h. mit dem Erlöschen der Assimilation alsbald ein reiches Bakterienwachstum beginnt[1]).

Besonders bemerkenswert erscheint aber, daß die Bakterienflora des Darmes normalerweise — auch beim Kinde — schwach entwickelt

---

[1]) Möglicherweise kann im letzteren Falle wohl die Membranänderung eine wichtige Rolle mit spielen, obwohl zu bedenken ist, daß die Permeabilität für gelöste Substanzen nicht gleichbedeutend ist mit der für geformte Gebilde, und daß es problematisch genug bleibt, wie die Bakterien nach Versiegen des Blutstromes weite Strecken in relativ kurzer Zeit zurückgelegt haben sollen. Plausibler erscheint, daß die Bakterien schon vor dem Ende eingedrungen sind, aber sich erst nach dem Assimilationsende entfalten können. Im übrigen ist auf diese Fragen an dieser Stelle kein besonderes Gewicht zu legen.

und zudem auf gewisse Arten beschränkt ist, wofür wiederum die mechanischen und chemischen Bedingungen (Magenazidität) keine ausreichende Erklärung bieten.

Hier wie im Falle der Würmer drängt sich der Gedanke auf, daß schon der Darminhalt in gewissem Maße spezifiziert, „arteigen" ist, daß er nicht einfach ein „totes" Gemenge niedriger Spaltprodukte darstellt, das, wie es den Charakter seiner Herkunft verloren, so noch keinen neuen gewonnen habe. Warum kann der Wurm, der die verschiedenartigste Ernährung seines Wirtes ohne weiteres verträgt, nicht im Darme jedes anderen Tieres leben? Es muß wohl zugegeben werden, daß hier zumindest ein Problem vorliegt.

Noch ein anderes, ein anatomisches, ist wert, einmal als solches betrachtet zu werden, das ist die Länge des Darmrohres. Gewiß ist es verständlich, daß Herbivoren einen größeren Verdauungsraum besitzen als Carnivoren, da sie eine größere, schwerer aufschließbare Nahrungsmenge bergen müssen. Aber auch bei den Fleischfressern und dem omnivoren Menschen erscheint Inhalt und Oberfläche des Darmes erstaunlich groß, wenn man mit der heute wohl meist angenommenen Anschauung vom Wesen der Verdauung herantritt.

Bekanntlich nehmen die meisten Forscher an, daß die Eiweißkörper der Nahrung unter Wirkung der Magen-Darmenzyme kontinuierlich bis zu den Bausteinen (Aminosäuren) oder niedrigen Aggregaten derselben (Polypeptide) abgebaut und als solche resorbiert werden. Ob sie dann ohne Synthese ins Blut und zu den Geweben gelangen, wie manche, besonders amerikanische Forscher annehmen, oder ob sie, wie die ältere deutsche Schule glaubte, in der Darmwand synthetisiert werden und als zirkulierendes Eiweiß zu den Zellen kommen und dort zum Protoplasmabau verwendet werden, oder ob endlich, wie ABDERHALDEN u. a. meinen, ein Teil in den Darmepithelien synthetisiert wird zu Serumeiweiß, ein Teil dort gleich desamidiert und dem energetischen Stoffwechsel zugefuhrt wird, — in jedem Falle erscheint die Resorptionsfläche erstaunlich groß Wäre die Verdauung nichts weiter als eine Hydrolyse des Eiweißes mit folgender Resorption der Spaltprodukte, so ware nicht einzusehen, warum ein Hohlorgan etwa von der Große des Magens nicht — beim Menschen zum Beispiel — genügen sollte, denn die enzymatische Spaltung geht nicht so rasch, daß die Resorption von dieser Flache aus nicht sollte Schritt halten konnen, zudem gibt der Magen seinen Inhalt nur in Portionen ab. Aber auch bei der Annahme eines synthetischen Durchtritts mit aktiver Beteiligung des Darmepithels erscheint die Resorptionsflache sehr groß, wenn man die Langsamkeit der Nachbelieferung und die Schnelligkeit der Abfuhrung bedenkt.

Ganz anders aber erscheint die Sachlage, wenn man die Darmwand wie eine Zell- oder Gewebskultur betrachtet, die auf dem Verdauungsgemisch als ihrem Nährboden wächst. Dann ist es klar, daß eine große Oberfläche notwendig erscheint, um ein ausgiebiges, gleichzeitiges Wachstum bei bester Sauerstoffversorgung und auch einen guten, gegenseitig unbehinderten Abtransport des Gewachsenen zu ermöglichen. Denn es ist selbstverständlich, daß es sich nicht um ein Kontinuitätswachstum des Darmes handeln kann, sondern nur um ein solches mit nach innen, ins Blut gerichteter „cellulärer Excretion".

Diese Hypothese verlegt also die Bildung des arteigenen Eiweißes nicht in den Durchtritt durch eine Zelle, eine Art von inverser Drüsensekretion, wofür einmal die histologischen Bilder des Darmepithels keinen Anhalt geben, andererseits ein biologisches Analogon nicht bekannt ist, sondern in den gewöhnlichen Vorgang des Wachstums und der Vermehrung von Einzelzellen in der adäquaten Nahrlosung Diese Hypothese gilt es nun näher zu begründen.

Um welche Zellen es sich dabei nur handeln kann, ist ohne weiteres klar: um die leukocytären Elemente der Darmschleimhaut, an denen diese ja so reich ist, daß man sie in toto schon als einen riesigen Lymphfollikel angesprochen hat. Es geht einfach nicht an, diesen mächtigen Apparat, der an Zellzahl das Epithel vielfach übertrifft, so wenig zu beachten, wie es gewöhnlich geschieht. Wenn wir ihm die Hauptrolle bei der Resorption und primären Assimilation der Eiweißkörper zusprechen, so haben wir gewichtige ältere und neuere Autoren auf unserer Seite, so vor allem F. HOFMEISTER, der schon Ende der achtziger Jahre die Anschauung vertrat, daß es die Darmlymphkörperchen seien, die dadurch bei der Eiweißresorption mitwirkten, daß sie die Albumosen und Peptone, als welche man damals die Endprodukte der Verdauung ansah, in sich aufnähmen. Seine Ansicht wurde seinerzeit von R HEIDENHAIN erfolgreich bekämpft, der auf das große Mißverhältnis zwischen der Menge an verfügbaren Körperchen und dem Quantum des im Harnstickstoff erscheinenden resorbierten Eiweißes hinwies. In der Tat wird man BIEDERMANN beipflichten müssen, daß die Theorie in ihrer ursprünglichen Form — HOFMEISTER glaubte an einen Transport der resorbierten Eiweißbausteine an die Gewebszellen nach Analogie des Sauerstofftransportes durch die roten Blutkörperchen — nicht haltbar ist. Andererseits hält auch BIEDERMANN eine Beziehung der Lymphocyten zur Eiweißresorption für höchst wahrscheinlich, und neuerdings sind PRINGLE und CRAMER wieder für die HOFMEISTERsche Theorie eingetreten. Seither sind freilich auch wichtige Erkenntnisse hinzugetreten, die den Aspekt der Sache sehr verändern. Einmal wissen wir, daß aller Wahrscheinlichkeit nach ein großer, wohl überwiegender Teil der Eiweißspaltstücke in der Darmschleimhaut oder den inneren Geweben bereits gleich desamidiert und wahrscheinlich großenteils verbrannt wird, auf der Höhe der Verdauung ist die Schleimhaut reich an Ammoniak und alsbald setzt auch die Harnstoffausfuhr durch die Niere ein.

FOLIN und seine Mitarbeiter sowie VAN SLYKE haben mit neuen Methoden den Aminosäurenstickstoff des Blutes nach der Verdauung oder Einführung reiner Aminosäuren wesentlich erhöht gefunden. Der Harnstoffgehalt des Blutes stieg erst, nachdem Leber und Gewebe (besonders Muskel) reichlich Aminosäuren aufgenommen hatten. Nach Ansicht von FOLIN kann die Harnstoffbildung auch außerhalb der Leber, besonders in den Muskeln stattfinden, die meist reicher als das Blut gefunden werden.

Nach unserer Hypothese würde dieser Aminosäurengehalt des Blutes nicht die Quelle des Assimilationsmaterials der Zellen, des Blutes usw. sein, sondern eben der nicht in den Assimilationsstrom eingetretene Stickstoff, der zu alsbaldiger Ausscheidung bestimmt ist. Nach neueren Untersuchungen ergänzen sich auch die Eiweißkörper des Serums nicht unmittelbar aus der Nahrung — nach Verlusten — sondern in längeren Zeiträumen offenbar auf dem Umwege über geformtes Körpermaterial (Leukocyten?), das eingeschmolzen wird.

Die Arbeiten der amerikanischen Forscher würden dafür sprechen, daß die Desamidierungen nur zum Teil schon in der Darmwand stattfinden, sie beweisen nicht, daß die Aminosäuren des Blutes die Quelle der Assimilation sind, gegen welche Annahme sowohl die rasche Desamidierung wie die übrigen erörterten Gründe sprechen. Die älteren Befunde der NH_3-Zunahme im Portalblut während der Verdauung bleiben bestehen, zumal die FOLINsche kolorimetrische Methode den Ammoniak mitbestimmt.

Die alte PFLÜGERsche oder VOITsche Meinung, daß alles Nahrungseiweiß erst zu Zellprotoplasma oder zu Körpereiweiß werden müsse, ehe es endgültig abgebaut würde, ist heute verlassen. Es bleibt für die Lymphkörperchen also nur ein viel geringerer Anteil in Anrechnung, als HEIDENHAIN ansetzte.

Unsere Hypothese unterscheidet sich von der HOFMEISTERs und seiner Nachfolger aber außerdem darin, daß wir die Lymphzellen nicht als Transporteure der aufgenommenen Spaltprodukte ansehen, sondern als auf dem — durch die Enzyme vorbereiteten — Nahrsubstrat wachsende, eigenlebende Zellen.

Danach wäre also die Resorption und Assimilation des Eiweißes nicht eine Funktion einer nachgeordneten maschinellen Einrichtung des Organismus, sondern sie wäre sofort ein in sich geschlossener Ablauf, ein Lebensablauf wie derjenige des Einzellers in der Kultur, dessen Ende die Teilung der Zelle oder ihr Zugrundegehen (hier: ihr Hineinsterben in den Organismus), dessen Beginn aber — wie noch zu begrunden sein wird — die enzymatische Verdauung wäre.

Wie ist nun diese Hypothese zu stützen?

Wir können die ganze, so sehr kontroverse Biologie der weißen Blutkörperchen hier nicht erörtern, wollen nur einige Gesichtspunkte zu unserem Probleme aufzeigen.

Bekanntlich ist die alte Einteilung in mononucleäre (Lymphocyten) und polymorphkernige oder polynucleäre (Leukocyten) mit den verschieden färbbaren Granulis neuerdings besonders von ARNETH weiter unterteilt worden, wobei den Kernformen wesentliche Bedeutung zuerkannt wird.

ARNETH sieht in den von ihm unterschiedenen Arten der neutrophilen Leukocyten Altersstufen, von denen bei Infektionen, Peptoninjektionen usw. die ältesten, „ausgereiftesten" zuerst zugrunde gehen und die Schutz- und Antistoffe liefern sollen. So sah er nach Peptoneinspritzung beim Kaninchen zunächst eine Hypoleukocytose, darauf beruhend, daß sich die alten neutrophilen in den Capillaren mit dem Antigen anreichern und dort zerfallen, anschließend folgt dann eine Hyperleukocytose, vorwiegend aus jungen Formen bestehend.

Uns interessiert vor allem die Verdauungsleukocytose, die absolute Zunahme der gesamten weißen Blutkörperchen nach der Nahrungsaufnahme Sie erreicht in etwa 3 bis 4 Stunden den höchsten Wert, zugleich zeigt der relative Gehalt an neutrophilen um diese Zeit ein Minimum, der an Lymphocyten ein Maximum, dann nehmen die ersteren relativ wieder zu, die letzteren wieder ab (CARSTANJEN).

Die wichtigste Frage ist nun: gibt es den Übergang von den mononucleären zu den polymorphkernigen, von Lymphocyten zu Leukocyten? GRAWITZ hat das angenommen, ARNETH bestreitet es, DOMINICI-MAXIMOW und neuerdings besonders FERINGA in HAMBURGERS Institut haben gewichtige Belege für den Übergang erbracht. FERINGA erzeugte sterile Exsudate und verglich den Leukocytengehalt mit dem Gang der Leukocytenzusammensetzung des Blutes. Er konnte die daraus gewonnene Überzeugung von dem Übergange der Formen durch histologische Prüfung des Gewebes rings um das Exsudat, sowie durch Züchtung in vitro von Myelocyten aus Lymphdrüsengewebe erhärten.

Wir würden danach annehmen, daß der Lebensablauf wenigstens eines Teiles der weißen Blutzellen von lymphocytären verschiedenen Altersstufen über die ARNETHsche Abfolge der neutrophilen zum Alter und Tod (als Zelle) führt, und daß das Autolysat der alten Leukocyten den Eiweißbestand des Blutes ergänzt, modifiziert und den Gewebszellen darbietet.

Daß die Leukocyten (im umfassenden Sinne) bei dem „Transport" von Assimilationsmaterial mitwirken, das zeigt die Rolle der phagocytären, amöboiden Zellen bei allen tierischen Metamorphosen und ebenso die lymphocytäre oder leukocytäre Anreicherung des Blutes bei

chronischer Unterernährung (im Kriege viel beobachtet), bei Kachexien usw.

Wenn unsere Annahme der Altersfolge zutrifft, so würden wir aus
der relativen Zunahme der verschiedenen Formen auf das Gefälle des
Ablaufes schließen können, das freilich von einer Reihe von Faktoren abhängig ist: dem Nachschub, der Wachstums- und Alternsgeschwindig-
keit der Körperchen und dem Verbrauch. So würde die Verschiebung
nach der lymphocytären Seite beim wachsenden Kinde verständlich
aus dem größeren Verbrauch und dadurch gesteigerten Gefälle. Die
Analyse der verschiedenen Leukocytosen und Leukopenien muß
natürlich in jedem Falle besonders versucht werden; das ist hier nicht
unsere Aufgabe. Es sei nur betont, daß unsere Hypothese natürlich
nicht die Entstehung der gesamten Leukocyten auf diesen Weg beschränken, die Rolle des Knochenmarks etwa leugnen will.

Eine Überlegung sei noch angeschlossen: bekanntlich ist die Lymphe,
z. B. des Ductus thoracicus, ärmer an gelöstem Eiweiß als das Blut.
Das wäre verwunderlich, wenn man sie als nur aus dem Blute entstanden
denkt, aber verständlich, wenn das gelöste Eiweiß von zugrunde gegangenen Zellen (der Gewebe und besonders der Formelemente der
Körperflüssigkeiten selbst) entstammt, dann ist die Lymphe, zumal die
des Darmes, jünger als das Blut, in das sie ja einströmt, die Lymphkörperchen altern und sterben also zumeist erst dort, und andererseits
wird der Gewebslymphe ihr Eiweiß von den assimilierenden Gewebszellen entzogen.

Unsere Hypothese erklärt auch, weshalb das Blutplasma bei der
Verdauung nicht reicher an Eiweiß wird, was nach neueren Untersuchungen entgegen alteren auch für das Portalblut gelten würde;
andererseits haben ASHER und BARBÈRA den wichtigen Befund erhoben,
daß bei reiner Eiweißnahrung der Lymphstrom aus dem Brustgang vermehrt ist und diese Steigerung der N-Ausfuhr im Harn parallel geht.

Was nun die lymphoiden Einrichtungen des Darmes selbst angeht,
so ist deren mächtige Entwicklung die starkste Stütze unserer Hypothese. Sowohl vereinzelt kommen Lymphzellen massenhaft in der
Schleimhaut des Wirbeltierdarmes vor als auch in großeren Knotchen
und Haufen (PEYERsche Plaques), und zwar findet man bei verdauenden Tieren das Zottenparenchym reicher daran als bei hungernden.
Daß sie auch das Epithel durchwandern und in das Darmlumen gelangen konnen, ist von HEIDENHAIN besonders bei längerem Hungern
beobachtet worden, in den Noduli erweisen massenhafte Mitosen zumal
in der Verdauung die Neubildung von Lymphocyten. HOFMEISTER hat
gezeigt, daß bei Katzen, die 1 bis 6 Tage gehungert hatten, das lymphoide
Gewebe viel schmaler und zellarmer war als bei verdauenden, und
BIEDERMANN schließt: „Unter allen Umstanden steht fest, daß zwischen

der Massenentwicklung des lymphoiden Gewebes in der Schleimhaut des Darmes bzw. der Zahl der frei vorhandenen Lymphzellen und den funktionell verschiedenen Zuständen des Verdauungstraktus ganz ausgesprochene Wechselbeziehungen bestehen.‟

Daß auch die eosinophilen Leukocyten in der verdauenden Schleimhaut vermehrt sind, ist den Histologen längst aufgefallen, eine Deutung ist von der hämatologischen Forschung zu erhoffen.

Es sei noch betont, daß natürlich nicht nur dort, wo Mitosen beobachtet werden, das Wachstum anzunehmen ist, sondern daß auch der einzelne Lymphocyt noch an Größe zunehmen kann. Ob Wachstum mit Zellteilung stattfindet, wird von den Milieubedingungen und dem Alter der Zelle abhängen.

Leider habe ich über den Gehalt an Lymphzellen im Brustgange keine Angaben finden können, es wäre erwünscht, diesen einmal — natürlich unter Berücksichtigung des gesamten Ausflußvolumens — bei Hunger und verschiedener Ernährung zu untersuchen und zugleich festzustellen, ob und wie sich das Leukocytenbild des Blutes ändert, wenn der Chylus abgeleitet wird Natürlich ist nicht gesagt, daß die neugebildeten oder gewachsenen Lymphocyten nicht auch direkt in das Mesenterialblut übertreten konnten.

Auch bei Wirbellosen spielt die phagocytäre oder intracelluläre Verdauung eine vielfach nachweisbare Rolle, so bei Cölenteraten, wo amöboide Entodermzellen ohne Sekretion eines Verdauungssaftes das Verdaubare aus den Beutetieren herauslösen und abführen. Ähnlich scheint die Aufgabe der sog. Chloragogenzellen bei Würmern zu sein, und bei Echinodermen werden in allen Organen, speziell in der Epithelschicht des Darmes massenhaft amöboide Wanderzellen gefunden, die bei dem Fehlen eines Kreislaufes den Transport ubernehmen.

Die Rolle der Phagocyten bei der Insektenmetamorphose ist bekannt, für unsere weitere Betrachtung ist die Beobachtung wichtig, daß primär die Degeneration des larvalen Gewebes eintritt und sich daran das „Fressen‟ der Phagocyten anschließt; es sollen aus dem Sarkoplasma auch direkt amöboide Phagocyten entstehen können.

Sprechen so die morphologischen und allgemein-biologischen Tatsachen wohl zugunsten der Hypothese, die in der Eiweißresorption einen Zellwachstumsvorgang sieht, so gilt das auch für diejenigen des Energiewechsels.

RUBNER hat nachgewiesen, daß äquikalorische Mengen von Eiweiß, Kohlehydrat und Fett in verschiedenem Maße auf die Stoffwechselintensität einwirken, am größten ist die „spezifisch-dynamische Wirkung‟ des Eiweißes, d. h. wenn bei sonst gleicher Kost einmal ein größerer kalorischer Anteil in Eiweißform gegeben wird, so steigen Gas-

wechsel und Wärmeproduktion beträchtlich an. Wenn man zur Erklärung die „Verdauungsarbeit" herangezogen und dabei an die Sekretion der Verdauungssäfte und die Darmbewegungen gedacht hat,
so ist kaum zu verstehen, weshalb diese so deutlich proportional dem
Eiweißgehalt der Nahrung anwachsen soll, auch besteht dann keine
Verknüpfung mit der Tatsache der gleichzeitigen N-Ausfuhr. Gegen die
Annahme, daß die Nierenarbeit der Grund der stärkeren Verbrennung
sei, spricht einmal die Größe der Zunahme und dann die Beobachtung,
daß einzelne Aminosäuren, in größerer Menge der Nahrung zugefügt,
den spezifisch-dynamischen Einfluß nicht ausüben (LUSK).

Ist aber die Eiweißresorption ein Wachstumsvorgang, so gelten
dafür die in den voraufgehenden Kapiteln angeführten Gesetzmäßigkeiten, die mächtige Oxydationssteigerung der wachsenden Zelle, die
entsprechend der Gefällevorstellung um so größer sein wird, je strenger
die Auswahl des Assimilierbaren ist, je mehr also im Sinne des Geschwindigkeitsquotienten durch Abbau und Verbrennung entfernt
werden muß.

Es wäre eine lohnende Aufgabe, einmal verschiedenartige Eiweißnahrung auf ihre spezifisch-dynamische Wirkung zu untersuchen,
speziell auch arteigenes Eiweiß. Wenn man bedenkt, wie leicht oxydabel
Aminosäuren sind, nach WARBURGS Versuchen mit Tierkohle als Katalysator jedenfalls leichter als Traubenzucker, wie auch nach KNOOPS
Untersuchungen im Körper die Aminosäuren eher „das Feuer für die
Kohlehydrate sind" als umgekehrt, wenn man weiter an die von HOP-
KINS ermittelte Autoxydationskatalyse von Dipeptiden denkt, so erscheint es plausibel, daß die Aminosäuren, wenn sie nicht in das Assimilationsgefälle hineingezogen werden, zuerst das Brennmaterial abgeben Ohne das im einzelnen weiter schon analysieren zu wollen,
glauben wir doch, die Verbindung von Wachstum und Stoffwechsel-
steigerung als Erklärung für die spezifisch-dynamische Wirkung annehmen zu dürfen

Nun aber haben wir uns der Frage nach dem eigentlichen ersten
Beginn des Assimilationsablaufes zuzuwenden

Die Lymphocyten, deren Wachstum in der bisherigen Darstellung
die erste Phase war, halten sich ja nicht im Darmlumen auf, sie sind von
einer eiweißhaltigen Flussigkeit umgeben und waren sicherlich keineswegs bereit, auf einer Aminosaurenlosung zu wachsen Was also ist das,
was aus dem Darminnern an sie herantritt?

Wir sagen· sicherlich kein bloßes Gemisch von Aminosauren und
Polypeptiden, aber auch nicht das, was wir nach einer tryptischen Verdauung in vitro und anschließender Hitzeabtotung des Enzyms erhalten, sondern ein Gemisch von bereits im Ablauf, und zwar schon in

gewissem Grade spezifischem Ablauf begriffenen „Biokymen", von in die Synthese, und zwar die arteigene Synthese eingetretenen Assimilationskernen. Die Verdauungssäfte sind nicht einfache „tote" Katalysatoren der Eiweißhydrolyse, sondern sind Leben vom Leben dieser Art und dieses Individuums.

Ein Wort voraus: ich habe im vorigen und diesem Kapitel die Begriffe der Biorheusetheorie nur sparsam verwendet, weil mir daran lag, deutlich werden zu lassen, daß die angestellten Erörterungen weder aus jener Theorie erschlossen sind, noch mit ihr stehen und fallen, zumal nicht mit den enzymtheoretischen Details, in denen ja noch vieles erforscht werden muß. Die Grundkonzeption dieses Buches, die wir einleitend als „Gesetz von der Notwendigkeit des Todes" formulierten, wurde gefaßt, lange bevor jene Untersuchungen durchaus a posteriori zur Ausarbeitung der Biorheusetheorie führten. Im folgenden aber sollen jene Begriffe mehr verwendet werden, schon allein weil sie die Darstellung leichter verständlich machen.

Wir wollen hier von der Magenverdauung als einer nicht unbedingt lebensnotwendigen und mit der Resorption nicht direkt verknüpften — die verdauungsphysiologischen Detailfragen beschäftigen uns hier nicht — absehen und die Vorgänge im Darm allein betrachten. Nur daran sei erinnert, daß im Magen und vorher im Speichel bereits nicht unbeträchtliche Mengen von eigener Substanz des Organismus zu der Nahrung hinzutreten, in beiden Fällen handelt es sich in der Hauptsache um Eiweißkörper, teils in Form zahlreicher abgestoßener Epithel- und Drüsenzellen, teils um gelöstes Eiweiß und Muzin. Für den Magensaft des Hundes gibt ROSEMANN 0,3 bis 0,5 pm N an, was bei etwa 1500 ccm in 24 Stunden immerhin ca. 5 g Eiweiß entsprechen würde, mindestens die gleiche Menge durfte der Speichel hinzubringen. Viel beträchtlicher aber sind die Eiweißmengen, die im Darme dazukommen, einmal durch Drüsensekretion und Zellenabgabe auf der ausgedehnten Oberfläche, dann vor allem durch den Pankreassaft, der beim Hunde auf 21,8 ccm pro Kilo Körpergewicht und 24 Stunden berechnet wurde und so eiweißreich sein kann, daß die Masse beim Erhitzen gerinnt wie Hühnereiweiß. Schließlich kommt noch die Galle und mit ihr zwar kaum wesentliche Proteinmengen — immerhin auch etwas in den fadenziehenden, mucinähnlichen oder echt mucinösen Beigaben — aber andere Stoffe, auf deren mögliche Bedeutung für das Assimilationsproblem wir noch hinweisen werden.

Alles in allem sind das so beträchtliche Eiweißmengen, die der Nahrung zugefügt wohl in der Hauptmasse — bei normaler, den Darm nicht schädigender Ernährungsform — einen Kreislauf von Sekretion und Resorption durchmachen, daß es eigentlich zu erwarten wäre, die Frage nach ihrer funktionellen Bedeutung sei viel diskutiert worden.

Das ist aber, soviel ich sehe, überhaupt nicht der Fall gewesen, und es hätte gerade dann auffallen müssen, wenn man, wie heute zumeist, die absoluten Mengen der Enzyme für gering und diese selbst für keine eigentlichen Eiweißkörper hält.

Es kommt noch eine andere Überlegung hinzu, welche die Problematik der Verdauung als einer einfachen Aufspaltung des Nahrungseiweißes unterstreicht.

Wäre die Rolle der Verdauungssäfte nur die einer Katalyse der Eiweißaufspaltung (wir sehen hier von den anderen Nahrungsstoffen ab), so ist schwer einzusehen, weshalb nicht eine einmalige Lieferung einer gewissen Katalysatormenge ausreichen sollte, denn da die Spaltprodukte resorbiert werden, der Katalysator aber gerade nach der herrschenden Auffassung nicht permeiieren soll, so müßte er eine große Menge Substrat katalysieren können. Tatsächlich wird aber ein solches Quantum an Verdauungssäften abgesondert, daß in dem Darminhalt bei nicht überreichlicher Eiweißnahrung der Gehalt an eigenem Stickstoff dem an fremdem kaum nachstehen dürfte.

Vom Standpunkt der Biorheusetheorie erscheint die Sachlage unmittelbar verständlich

Bekanntlich hat der Pankreassaft, wenn er dem Ausführungsgange entströmt, noch keine proteolytische Wirkung, sondern das unwirksame Trypsinogen muß erst durch die „Enterokinase", eine thermolabile Substanz des Darmsaftes, aktiviert werden. Das gleiche leisten aber auch andere Mittel, z. B. Kalksalze, besonders aber — eine interessante Beobachtung VERNONS — das aktive Trypsin selbst, letzteres sogar besser als die Enterokinase.

Nach unserer Auffassung ist die Kinase als im aktuellen Ablauf begriffenes Enzym aufzufassen, das durch Aufspaltung der das Trypsinogen darstellenden Proteinkörper deren Ablauf in Gang setzt, anders ausgedrückt: jenes ablaufende Biokym setzt hier die Biokyme zum Ablauf frei, analog etwa der Trypsin-Hitzeaktivierung. Möglicherweise könnte die Kinase auch durch Hemmungsbeseitigung wirken.

Wie dem auch sei, der eigentliche Prozeß beginnt erst jetzt und ist von der Tatsache beherrscht, daß das enzymwirksame Teilchen zuerst das eigene Eiweiß des Bauchspeichels als Substrat hat, daß also die Biorheusen zu Beginn ein spezielles, arteigenes Material fur den synthetischen Ablauf erhalten. Im weiteren Fortgang, der nach unseren Vorstellungen sowohl durch den Ablauf der Biokyme als auch das Freisetzen neuer Biorheusen charakterisiert ist, wird auch das Nahrungseiweiß angegriffen, das — normalerweise ein Gemisch verschiedenartiger Proteine — durch die Magenverdauung noch mehr vermengt, mit arteigenem Eiweiß bereits durchmischt, die Biorheusen in keiner speziellen Richtung mehr ablenken kann   Es ist also dann nebeneinander vorhanden: bereits auf arteigenem Substrat spezifizierte ablaufende Biorheusen, arteigenes Eiweiß und ein mehr oder weniger indifferentes Gemisch von Proteinen und ihren Spaltstücken, es ist also der Fall der oben (S. 61) geschilderten Enzymzüchtungsexperimente gegeben, und zwar in noch weiter gehender Parallelität: derjenigen in Dialyseanordnung. Dort trat jenseits der Membran spezifiziertes Enzym auf, das — zumal bei Sauerstoffversorgung — dort weiter synthetisch ablief, das außerdem ein eminentes Wachstumssubstrat abgab.

Der geschilderte Ablauf wird zum Teil im Darmlumen, zum Teil in der Schleimhaut vor sich gehen und im Wachstum der Lymphocyten enden. Zugleich werden die nicht assimilierten Spaltstücke dort — NENCKI und SIEBER fanden das Portalvenenblut während der Verdauung 4 bis 6mal so reich an NH_3 als das arterielle — oder im Körperinneren desamidiert (auch bei längerer Trypsinverdauung in vitro ist Ammoniak beobachtet worden) und verbrannt, wozu die fördernde Wirkung des Sauerstoffs in den protahierten Versuchen stimmen würde.

Auch in dem betrachteten natürlichen Experiment sind ja die Oxydationsbedingungen jenseits der Membran viel bessere als diesseits.

Einige Folgerungen der hier entwickelten Theorie gestatten eine weitere Prüfung an der Erfahrung. Ein Versuch, den ich selbst leider nicht ausführen kann, weil mir Immuntiere nicht zu Gebote stehen, wäre der: in Dialyseanordnung würde mit dem natürlichen Pankreassaft oder einem Pankreaspräparat und einem Gemisch von Proteinen verschiedener Herkunft (eventuell pepsinvorverdaut) ein längerdauernder Verdauungsversuch, bei Sauerstoffdurchleitung außen, angesetzt und das im Dialysat auftretende synthetisierte Produkt auf seine Artgleichheit mit dem betreffenden Pankreas geprüft. Ein negativer Ausfall würde zwar nicht beweisend sein, weil ja die Mitwirkung der Lymphocyten in dem Versuch fehlt, der positive wäre beweisend.

Einige andere Folgerungen lassen sich aber bereits an dem vorliegenden Erfahrungsbestand prüfen.

Wenn die Resorption und gleichzeitige Überführung in arteigenes Eiweiß ein Enzymzüchtungsvorgang mit Hilfe des arteigenen Substrates der Verdauungssäfte ist, so muß der Erfolg gefährdet werden, wenn in der Nahrung ein bestimmtes artfremdes Eiweiß in überreichlicher Menge und ausschließlich beachtlicher Mengen anderer Proteine vorhanden ist.

Es muß in diesem Falle die Zuchtung eines Teils der Biorheusen auf dieses Substrat erfolgen und sich der artfremde Charakter dem Blute — sei es über die Lymphocyten, wie ich glauben möchte, oder direkt — mitteilen. In der Tat ist ja bekannt, daß nach Überschwemmung des Darmes mit einer einseitigen Eiweißnahrung sich dieser Eiweißkörper durch die biologische Reaktion im Serum nachweisen läßt.

Man hat das so aufgefaßt, daß bei zu großem Eiweißgehalt des Nahrungsgemisches ein Teil ungespalten die Wand passieren könne. Wenn man aber bedenkt, wie lange die Nahrung im Magen verweilt, wie intensiv das Pepsin wirkt, wie allmählich der Übertritt in den Darm erfolgt, so erscheint diese Vorstellung kaum annehmbar. Es ist auch physikalisch unverständlich, wie eine Membran, die an sich für einen kolloidalen Körper undurchgängig ist, bei größerer Konzentration desselben durchlässig werden sollte.

Vom Standpunkt unserer Theorie aus aber ist der Effekt vorauszusagen, die Konsequenzen für die praktische Ernährungslehre, die Pathologie und eventuell auch die Therapie ergeben sich von selbst. Nur darauf sei hier schon hingewiesen, daß als Folgerung dieser Vorstellungen die Richtungsänderung der Biorheusen in deren Gesamtsumme eine relative ist, die sich auch bei nur relativer, lange fortgesetzter gleichförmiger Eiweißernährung geltend machen und vielleicht in der Ätiologie mancher Krankheiten eine Rolle spielen kann.

In neuesten, sehr interessanten Versuchen hat BERCZELLER nachgewiesen, daß junge weiße Ratten bei einseitiger Eiweißkost (ein Eiweiß) schneller zugrunde gehen als im Hunger oder bei einseitiger Kohlehydratnahrung. Eiweißgemische waren günstiger als ein Eiweißkörper allein. Zusatz von Fett verlängerte die Lebensdauer (Fett hemmt Enzymproteinolyse). Eine deutliche Verschiedenheit in der unterhaltenen Lebensdauer zeigten die verschiedenen Leguminosen, mit „hitzeinaktivierten" Hülsenfrüchten lebten die Tiere beträchtlich länger. Ebenso wirkte rohes Eiereiweiß lebenverkürzend, hitzebehandeltes nicht. Von BERCZELLER wie anderen ist beobachtet, daß qualitativ unzureichendes Eiweiß nicht einfach durch Nachfügen der fehlenden Aminosäuren suffizient wird.

Diese Erscheinungen, besonders die der Schädigung durch die unerhitzte Nahrung, sind mit dem Mangel an irgendwelchen Stoffen nicht erklärt, zumal die vitaminreiche Hefe ein besonders ungunstiges Nahrmaterial war. Darauf kommen wir noch zurück.

Auf die ebenfalls hierhergehörigen Eiweißidiosynkrasien soll im nächsten Kapitel, im Zusammenhang mit den Immunitätserscheinungen eingegangen werden.

Eine weitere Konsequenz der Theorie ist diese, daß solche Eiweißgemische, die selbst schon in der Biorheuse begriffen sind oder deren latente Biorheusen durch Fortfall der Hemmungen in Gang kommen konnen, sich bei der Verdauung und Resorption besonders verhalten konnen. Es sind zwei entgegengesetzte Verhaltungsarten denkbar. Einmal konnen die Biorheusen des Nahrungsmaterials mit denen des arteigenen (Verdauungssafte) konkurrieren und zum Teil obsiegen, d. h. im Darminneren zu großeren, unresorbierbaren Teilchen fuhren.

Das wird um so eher der Fall sein, wenn sie einerseits der Magenverdauung durch ihren gelösten Zustand entgangen, andererseits selbst beim Eintritt in den Darm schon spezifizierter und fortgeschrittener sind. Die Schwerverdaulichkeit des Blutserums und des Hühnereiweißes in ungekochtem Zustande würde sich so erklären lassen.

Der andere Fall wäre der, daß die Biokyme der Nahrung beim Eintritt in den Darm durch das Trypsin schnell in großer Zahl und dialysablem Stadium freigesetzt und also, ohne artspezifiziert worden zu sein, durchtreten würden. Das würde z. B. beim Casein der Fall sein können, wenn es in seinem gelösten Zustand in der Milch den Magen passieren würde.

Die Tatsache, daß der Magen in dem Lab eine besondere Einrichtung besitzt, um das Casein zuruckzuhalten, erscheint vom Standpunkt der reinen Hydrolyse aus gerade bei diesem Eiweißkörper schwer verständlich. Casein kann von Trypsin und selbst von Erepsin, dem von O. KESTNER entdeckten peptidspaltenden Enzym des Darmsaftes, ohne weiteres rasch aufgespalten werden, gerade hier bedürfte es der Pepsinverdauung am wenigsten. Jener Mechanismus aber ist notwendig, um eine Überschwemmung der Resorptionsstatten mit Caseinbiokymen resp. eine Züchtung auf dieses zu verhuten.

Verständlich unter dem Gesichtspunkt der Biorheuse stellen sich auch zwei weitere Probleme dar, die wir nur kurz berühren wollen: das Bakterienwachstum im Darm und die Frage der Selbstverdauung von Magen und Darm.

Daß die Flora des Dünndarmes normalerweise nicht mächtiger ist, findet in der Säurebarriere des Magens keine hinreichende Erklärung, denn einmal passieren Getränke den Magen, ohne daß es zur Säuerung kommt, und dann steht ja auch der Weg von unten offen.

Nach neueren Untersuchungen greift Trypsin lebende Bakterien nicht oder nur bei hoher Enzymkonzentration an, ebenso verdauen Plasmodien totes Eiweiß in ihren Vakuolen sehr langsam, lebende Bakterien, Algen u. a. bleiben lange unangegriffen, Schimmelpilzsporen wachsen sogar aus. Unsere Versuche ergaben ja auch, daß Dialysat- oder Ultrafiltratenzymlösungen, also Anfangsbiokyme besonders der unspezifizierten Caseinfermente Bakterien besonders gut wachsen lassen. Andererseits werden abgetötete und thermisch oder chemisch geschädigte Bakterien von den Fermenten verdaut, und demgemäß wirkt der anfangs saure Vakuolensaft der Protisten zunächst abtötend, um nachher bei alkalischer Reaktion zu verdauen (NIERENSTEIN).

Daß die rasche Resorption der hydrolytischen Spaltprodukte das Bakterienwachstum nicht aufkommen lassen soll, wie oft gemeint wird, ist wenig plausibel, denn der Weg zu dem Bacterium ist sicher nicht weiter als der zur Darmwand.

Dagegen wird die Konkurrenz der Bakterien untereinander, die gegenseitige Schädigung durch ihre Stoffwechselprodukte, vor allem wohl der Kohlehydrat vergärenden Bakterien, sie so weit hemmen, daß sie nun den Enzymen erliegen. Hinzu kommt, daß die Biorheusen der letzteren durch den sekretorischen Nachschub und die resorptive Entfernung der Endstufen ihr Gefälle behalten und so in der Konkurrenz um das Substrat überlegen sein werden. Es wäre nützlich, die Bakterienverdauungsversuche einmal bei Dialyseanordnung zu wiederholen; außerdem dürfen nicht noch tote, gelöste Eiweißstoffe oder Spaltstücke aus der Kulturlösung zugegen sein, weil diese sonst von den Enzymbiokymen zuerst angegriffen werden und so die Bakterien schützen.

Die Frage „Warum verdaut sich die Schleimhaut des Magens und Darmes nicht selbst?" hat eine große Literatur aufzuweisen. Es kann wohl heute als sicheres Ergebnis angesehen werden, daß eine durch reichliche Blutversorgung erhaltene gute „vitale Intensität" des Gewebes allein vor der Autodigestion schützt, die postmortal oder bei lokaler Anämie außerordentlich rasch erfolgt. Bekanntlich gehört ja das Intestinalepithel zu den postmortal am raschesten zerstörten Geweben, und die frisch exzedierte, angesäuerte Magenmucosa verdaut sich in kürzester Zeit selbst. Diese große Autolysierneigung entspricht ja der uns bekannten Erscheinung bei lebhaft wachsenden Geweben, und daß die Magen-Darmschleimhaut zu diesen gehört, folgt aus der gewaltigen Sekretion und Zellproliferation, es ist ja keineswegs sicher, ob nicht z. B. das Erepsin einfach das Autolysat der abgestoßenen Darmzellen ist. Es ist also in diesen Zellen eine mächtige Assimilation, ein starkes biorheutisches Gefälle wirksam, wobei die während der Verdauung hochgesteigerte Durchblutung und Temperaturerhöhung — der verdauende Magen soll auf 40⁰ und darüber kommen — fordernd mitwirkt. Man muß auch bedenken, daß in den Zellen von der Blutseite nach der Lumenseite hin ein abnehmender Sauerstoffgehalt bestehen muß, der um so mehr akzentuiert wird, je lebhafter die Assimilation dort im Gange ist, daß also hier, je mehr die Zelle an Volumen zunimmt, um so ausgeprägter die Autolysebedingungen eintreten, welch letztere dann als Sekretion in die Erscheinung tritt.

Man kann etwas paradox so formulieren: die Schleimhaut verdaut sich deshalb nicht selbst, weil sie sich — im tätigen Zustande — immerfort selbstverdaut, aber unter den oxydativen Bedingungen von außen her auch dauernd wieder aufbaut.

Daß man aus der Schleimhaut Stoffe hat extrahieren können, welche die Verdauung hemmen, ist kein Argument gegen diese Auffassung, natürlich enthält das Gewebe auch hemmende Spatstufen; es ist bemerkenswert, daß die von Weinland extrahierte Substanz thermolabil war. Angaben über thermostabile Substanzen können das Problem nicht lösen und bleiben problematisch, denn sie erklären ja gerade nicht, warum die Selbstverdauung nach dem Erlöschen der Oxydationen so rasch erfolgt.

Vielleicht ermöglicht die Auffassung der Eiweißresorption als eines Wachstumsvorganges es auch, weitere Gesichtspunkte für die Aufgabe der Galle im Darm zu finden. Bisher beschränken sich unsere Kenntnisse hier ja wesentlich auf die Mitwirkung bei der Spaltung und Aufnahme der Fette, die enzymaktivierende Wirkung der gallensauren Salze, die problematische antibakterielle Rolle und neuerdings die vermutete Hormonfunktion des Cholins an der Darmperistaltik. Wenn ja auch sicher die excretorische Bedeutung der Gallenabsonderung nicht unbeträchtlich ist, so ist doch jene sekretorische Funktion einigermaßen dürftig, und die anscheinend sichergestellte Tatsache des inneren Kreislaufs einiger Gallenbestandteile, vor allem des Cholesterins, harrt der Erklärung.

Es läßt sich einstweilen nur auf die Möglichkeit hinweisen, daß es sich um eine Förderung der resorptiven Zellwachstumsvorgänge handeln könnte, wobei zur Stütze dieser Vermutung dienen mag, daß das Cholesterin in allen Zellen enthalten ist, daß es nach ROBERTSON einen wachstumsfördernden Einfluß an Einzellern und Gewebskulturen haben soll und daß es fraglich ist, ob der tierische Organismus es selbst herstellen kann. Schließlich wäre noch anzuführen, daß nach älteren Autoren, wie auch neuerdings nach BARBÈRA bei erhöhter Eiweißzufuhr die Gallensekretion gesteigert ist, mehr als bei Fett und erst recht als bei Kohlehydratüberschuß. Unbedingt notwendig ist die Anwesenheit der Galle im Darm — wenigstens bei normaler Ernährung, die z. B. wohl stets genügend Cholesterin enthält — nicht, wie auch FR. MÜLLER bei Gallenstauung am Menschen den Eiweißstoffwechsel nicht verändert fand. Man sollte aber einmal an Gallenfisteltieren Versuche mit cholesterinfreier Nahrung machen.

Es könnte scheinen, als würde von der hier aufgestellten Theorie der Eiweißassimilation die Bedeutung der Leber für den Eiweißstoffwechsel über Gebühr herabgesetzt. Dem ist nicht so. Aus den Versuchen mit der ECKschen Fistel, der Ableitung des Pfortaderblutes direkt in die Vena cava inf., weiß man, daß — wenn keine besonderen Intoxikationsbedingungen gesetzt werden — der Eiweißstoffwechsel keine Alteration erleidet, nicht einmal eine Zunahme des Ammoniakanteils auf Kosten des Harnstoffs im Harn der Tiere ist sicher erwiesen, wenn auch wahrscheinlich. Die Assimilation und die Zusammensetzung des Bluteiweißes war nicht verändert, aus gewöhnlicher Kost wie aus völlig abgebautem Eiweiß (ABDERHALDEN, FUNK und LONDON).

Nichts spricht dafür, daß die Leber die gleiche Bedeutung, die sie für die dissimilatorische Phase des Stickstoffwechsels, die Harnstoffbildung hat, auch in assimilatorischer Hinsicht besäße, auch die Amidierungen (Alanin aus Milchsäure, EMBDEN) und Aminosäurenumbauten spielen beim höheren Organismus ja sicher keine entscheidende Rolle. Vergleichend-physiologisch spricht dagegen viel für die Stapelfunktion des Organs, die sicher nicht nur auf die Glykogenspeicherung sich beschränkt, sondern, wie der Leberschwund im Hunger lehrt, ein Eiweißreservoir darstellt.

Daß zwischen dem Assimilationsproblem und der Vitaminfrage eine enge Beziehung besteht, kann wohl als eines der gesichertsten Ergebnisse auf diesem viel umstrittenen, modernen Felde der Ernahrungsforschung angesehen werden. Sie findet einen prägnanten Ausdruck in den Worten, mit denen C. FUNK die Wirkung der Vitamindarreichung auf den avitaminotischen Organismus kennzeichnet: „der therapeutische Effekt kann in seiner Schnelligkeit nur mit dem plötzlichen Auftreten des Wachstumsimpulses im keimenden Samen verglichen werden."

Versucht man aus der Fülle der Tatsachen, wie sie kurzlich in der zweiten Auflage von FUNKS Buch und in dem Aufsatz von SJOLLEMA zusammengestellt worden sind, die wesentlichsten Gesichtspunkte für unser Problem zu gewinnen, so ergibt sich etwa Folgendes:

Bei der raschen Heilwirkung und den minimalen benötigten Mengen von Substanz kann es sich nicht um Zellbausteine im gewöhnlichen Sinne handeln.

Ebensowenig kann es ein einfacher pharmakodynamischer Effekt sein, bei dem die wirksame Substanz verbraucht und daher immer neu benötigt wurde, denn die Gewebe und Organe selbst an Avitaminose eingegangener Tiere enthalten noch Vitamine, wie die Heilwirkung ihres Extraktes an avitaminotischen Tieren zeigt. Auch geht der Organismus keineswegs besonders okonomisch damit um, wie der Vitamingehalt der Faeces lehrt.

Der Vitaminbedarf (Minimalmenge) eines Lebewesens ist keine absolute, sondern eine relative Große, zumal die Zusammensetzung der Nahrung ist von Bedeutung Anscheinend gilt, daß je geringer die Eiweißzufuhr, um so hoher das Vitaminminimum, sowohl beim Menschen (Pellagra?), wie beim Tier (Taubenpolyneuritis) wie auch bei Bakterien (Meningokokken alterer Zuchtung brauchten keine Vitaminzufuhr, wenn ihnen genugende Mengen von Aminosauren gegeben wurden)

Wird eine großere Kohlehydratmenge zugefuhrt, so steigt auch das Vitaminminimum.

Es gibt sicher mehrere Vitamine, wobei die Frage eines genetischen Zusammenhanges noch offen ist. Es ist noch nicht zu entscheiden, ob die als eine Substanz aufgefaßten Vitamine (z. B. Vitamin B) nicht doch nach ihrer Herkunft unterschiedene, nur in gewissem Umfange untereinander vertretbare Stoffe sind. Der scheinbar verschiedene Gehalt der Ausgangsmaterialien könnte auch so eine Erklarung finden, ebenso das verschiedene Heil- oder wachstumfördernde Verhalten bei den verschiedenen Testobjekten (Tier, Hefe) und mit verschiedener günstigster Beinahrung.

Die Vitamine sind relativ beständig gegen thermische und chemische Alterationen, jedenfalls so sehr, daß ihre Eigenschaften nicht an einen physikalischen Zustand gebunden sein konnen. Andererseits ist keines absolut thermostabil, Erhitzen auf 120^0 vernichtet jedes, doch braucht die Inaktivierung — wie bei Enzymen oder Immunstoffen — eine gewisse Zeit. Sauerstoff steigert die Inaktivierung, doch bleibt nach FUNK bei den chemischen Reinigungsprozeduren die Hauptmasse bis an das Endstadium hin anscheinend intakt, dann aber verschwindet sie schnell. „Man gewinnt fast den Eindruck, daß die Begleitsubstanzen das Vitamin zu stabilisieren vermogen" (FUNK).

Die letztgenannten Erfahrungen sind analog den Erscheinungen eines im Gleichgewicht der Ablaufhemmung befindlichen Biorheusesystems, also mit der Annahme verträglich, daß die Vitamine aus den Begleitsubstanzen entstehen, freiwerden und zur Wirkungslosigkeit weiter abklingen. Wenn — z. B bei der Aufarbeitung — immer ebensoviel Vitamin neu frei wird wie abklingt (was die Gleichgewichtsvorstellung plausibel macht), so muß der im biologischen Versuch manifeste Gehalt konstant bleiben. Es wäre der Versuch zu machen, aus einem gegebenen Ausgangsmaterial die Ausbeute zu steigern, ohne initiale chemische Agenzien, sondern durch dauernde schonende Entfernung der wirksamen Stoffe, z. B. durch Dialyse aus Warm in Kalt. Eine gewisse Analogie zu unseren Versuchen der Enzymgewinnung aus dem Casein ist unverkennbar. Auch dort verhinderte voraufgehendes längeres Erhitzen auf 100^0 die Enzymgewinnung nicht, auch dort wird sie durch langes, höheres Erhitzen zerstört. Dort beruhte die Ausbeute zweifellos auf der Störung eines Gleichgewichtes. Erinnert sei auch an die Nährwertverminderung der Milch durch langes Kochen.

Die weitestgereinigten Vitaminpräparate waren noch stickstoffhaltig, die Ausbeuten bei den angewandten Methoden minimal.

Die vitaminreichsten Ausgangsmaterialien sind wachstumseifrige Zellen und Gewebe oder die spezifischen natürlichen Nahrgemische wachsender Organismen (Hefe, pflanzliche Samen, Milch, drüsige Organe), analog also zu deren Reichtum an autolytischen Enzymen. Oxydative Bedingungen scheinen den Gehalt der Losungen an Vitaminen zu vermindern.

Die Vitamine sind keine hochmolekularen, kolloid gelösten Stoffe, sie sind dialysabel, wie die Frühbiokyme.

Die funktionellen Erscheinungen der B-Abitaminosen (die als die wichtigsten wir hier vorzugsweise betrachten) charakterisiert FUNK als „Verlangsamung aller Lebensprozesse". Der Gaswechsel ist verringert, steigt auf Vitaminzufuhr, die Assimilationstätigkeit ist geschwächt, die Nahrung wird schlechter ausgenützt (Eiweiß im Kot), es sinken alle äußeren und inneren Drüsensekretionen, die Haut zeigt trophische Störungen, der Gastrointestinaltraktus ebenso, das Nervensystem ist schwer geschädigt.

Die Frage nach der primaren Schädigung wird verschieden beantwortet, je nachdem ob die Veränderungen des Zentralnervensystems (FUNK), die Genese der Verdauungssäfte (ABDERHALDEN), der Mangel an Sekretionen uberhaupt (LUMIÈRE) oder die Oxydationshemmungen (DUTCHER, HESS, ABDERHALDEN) an den Anfang gestellt werden.

Die pathologische Anatomie der fortgeschrittenen B-Avitaminosen ergibt den Befund degenerativer Veranderung des ganzen Nervensystems, ebenso der Muskulatur, die Atrophien der Organe treten in der Reihenfolge auf: Thymus, Testikel, Milz, Ovarien, Pankreas, Herz, Leber, Nieren, Schilddrüse, Gehirn. Schwerste Veranderungen erleidet der Darm, die obersten Partien am schwersten, das Epithel schwindet teilweise, die Zotten atrophieren, das lymphoide Gewebe geht zugrunde.

Der Eintritt der Avitaminose ist kein plötzlicher, sondern — je nach Tierart, Grad des Vitamindefizits und Beinahrung — ein verschieden weit hinausgezögerter und allmählicher.

Alle diese Erscheinungen sind nicht nur nicht unvereinbar mit der hier entwickelten Assimilations- und Ablauftheorie, sondern, wie ich glaube, eine Bestatigung. Ja, wußte man noch nichts von solchen, wie vorstehend charakterisierten notwendigen Nahrungsbestandteilen, man wurde ihre Existenz auf Grund der Ablaufvorstellung postulieren müssen.

Die Biokymbilanz eines Organismus, der keine ablaufbereiten Biokyme in der Nahrung erhalt, muß mit Notwendigkeit negativ sein Selbst wenn er aus den Nahrungseiweißen in gewissem Umfang Biorheusen im Darm freisetzt, selbst wenn das mehr sein sollte, als er in seinen Enzymen dabei einsetzt (wobei nur die resorbierten in der Bilanz positiv eingehen), so kann das unmoglich den Verlust wettmachen, der durch die abgelaufenen — gestapelten oder abgestoßenen — Endbiokyme dauernd eintritt. Es ist aber nicht einmal wahrscheinlich, daß in der Resorption, bei vitaminfreier Eiweißnahrung eine — zugunsten des Organismus — positive Biokymbilanz eintritt, es wird nur, je nach Menge und Art der Eiweißnahrung, die Negativitat verschieden groß

sein, und dem entspricht der vitaminsparende Effekt einer eiweiß-
reicheren Kost.

Wir nehmen also an, daß in den Vitaminen Assimilationskerne,
Anfangsbiokyme, die demgemäß auch relativ unspezifiziert sind, vorliegen, durch deren Zufuhr in der Nahrung die Biokymbilanz des Organismus positiv wird, das Ablaufgefalle also erhalten bleibt. Diese Zufuhr
bedeutet für das vitale Gefälle das gleiche auf der einen Seite, was die
cellulare Excretion und die Strukturwerdung auf der anderen sind.
Dafür sprechen alle auf den vorigen Seiten aufgeführten Charakteristica
der Vitamine und ihres Ermangelns, es ist nicht notig, sie nochmals
aufzuzahlen.

Über das stoffliche Verhaltnis der Vitamine zu den Enzymen läßt
sich noch nichts sagen, in unserer Theorie wurde die Frage so lauten:
welchen Stufen der Biorheuse kommt der Vitamin-, welchen die verschiedenen Enzymcharaktere zu? Es sind Versuche im Gange, zu untersuchen, ob bei der Enzymgewinnung aus Casein nach unseren Methoden
sich auch der Vitamingehalt konzentriert, die Erfahrungen bezuglich
des Bakterienwachstums konnten dafür sprechen. Einfach identisch
sind Vitamin und Enzym naturlich nicht, mir scheint das wahrscheinlichste, daß die Vitamine die fruheren, allgemeinsten Stufen, die eigentlichen Assimilationskerne sind.

Daß damit alle bekannten Erscheinungen der Avitaminosen verstandlich wurden, lehrt ein Blick auf die voraufgehenden Seiten; daß im
Bilde der Erkrankungen die nervösen Erscheinungen so hervortreten,
ist uns im Hinblick auf die Auffassung des Nervensystems als des
Assimilationsorgans katexochen interessant, davon wird noch zu
reden sein.

Die Beziehung des Vitamin- und Assimilationsproblems zu den
Immunitätsvorgängen wird im folgenden Kapitel berührt werden.

Wenn wir uns jetzt der Betrachtung des Stoffwechsels im
ganzen und speziell des Eiweißstoffwechsels zuwenden, so wird es
nicht mehr wundernehmen, wenn wir die Auffassung der Assimi-
lations- und Dissimilationsvorgänge als zweier gleichwertiger, entgegengesetzt gerichteter Vorgänge, als des Hinundher um eine Gleichgewichtslage ablehnen. Uns ist der Lebensablauf ein Assimilationsstrom
von — aus den vielerörterten Gründen — im Gange des Lebens abnehmendem Gefälle, demgegenüber die Dissimilationsprozesse eine sekundäre, dienende Rolle spielen. Natürlich sind sie darum nicht un-
wichtig oder gar entbehrlich, aber das „Wesen des Lebens" machen
sie nicht aus. „Leben" beginnt bei dem ersten Assimilationskern, bei
dem Start eines Biokyms, und insofern glaube ich allerdings, daß die
Vitaminforschung die Grenzuntersuchung des Lebens betreibt, noch

mehr als die Enzymforschung. Wem die künstliche Synthese eines Vitamins gelingt — und warum sollte sie nicht gelingen? — dem gebührt in Wahrheit der Lorbeer, den man seinerzeit glaubte, WÖHLER für die Harnstoffsynthese schon geben zu dürfen. Daß er damit kein „Schöpfer" wäre, braucht wohl nicht gesagt zu werden.

In der Diskussion des Eiweißstoffwechsels herrscht eine merkwürdige, sonderbarerweise unerkannte Unlogik. Man betrachtet die Bilanz des Stickstoffs in Einfuhr und Ausfuhr, quantitativ und in Hinsicht auf die einzelnen Ausfuhrstoffe, man ermittelt ein Eiweißminimum und eine Hungerstickstoffausfuhr und sucht daraus die Maße eines Bau- und eines Betriebsstoffwechsels zu finden.

Da der Hungerstickstoffverlust offenbar kein Maß der normalen „Reparationsquote" darstellt, so glaubt man nach FOLIN, diese in den individuellen Konstanten der Harnsäure-, Ammoniak-, Kreatinin- und Neutralschwefelausfuhr zu haben und bezieht diese sogar ausdrücklich noch mit auf die Sekretionen, Hautverluste, Haare usw. — Aber gerade diese geformt oder ungeformt nach außen abgegebenen Bestandteile können im Harnstickstoff doch gar nicht erscheinen! Und der Stickstoff, der im Hunger im Harn erscheint, ist nicht der des zugrundegegangenen und ersetzten oder nicht ersetzten Organeiweißes, sondern der Überschuß aus der Einschmelzung entbehrlicherer Gewebe, nachdem den lebenswichtigeren oder besser: assimilationsgefällereicheren ihr notwendiges Material geliefert ist. Wenn der Hungerstickstoff bei noch vorhandenem oder auch zugefuhrtem N-freiem Brennmaterial niedriger ist als das alimentäre Eiweißminimum, so besagt das die zu erwartende Erkenntnis, daß korpereigenes Material die adäquatere Assimilationszufuhr ist als fremdes und darum jener Überschuß geringer ausfallt.

Fragen wir uns doch einmal ist es denn sicher, ja uberhaupt nur wahrscheinlich, daß beim gesunden, ernahrten, nicht gealterten Organismus Organsubstanz in nennenswertem Umfange eingeschmolzen wird? Ist das vor allem fur die Organe und Gewebe wahrscheinlich, die eine nach außen kommunizierende Oberflache haben? Wird nicht, wenn wirklich — in pathologischen Fallen — Korpersubstanz eingeschmolzen wird, ohne daß wie im Hunger dieses Material zugleich der Assimilation zugefuhrt wird, dieses sogleich durch eine andere Stickstoffverteilung im Harn manifest? So daß der Gedanke naheliegt, die Stickstoffausfuhr als Harnstoff sei mit der Assimilation irgendwie verkoppelt. Und weiter. wissen wir nicht, daß gerade das Autolysat, die Trummermasse eines Gewebes das beste Assimilationsmaterial fur seine uberlebenden Teile ist? Wenn also in einem Gewebe, das uberhaupt noch assimilations-, wachstums- oder regenerationsfahig ist, Teile zerfallen, so wird das Zerfallsmaterial in erster Linie, vor allem fremden, dem Assimilationsstrom wieder zugefuhrt werden

Ich meine, der Harnstickstoff entstammt zum größten Teil solchem Material, das nie assimiliert worden ist, zum kleineren denjenigen Zellen und Geweben, die ohne Oberfläche nach außen altern oder ihren ganzen Ablauf in Blut und Lymphe durchleben, und zwar hier demjenigen Teil ihrer Zerfallsmasse, der nicht in den sekundären Assimilationsstrom an dem gleichen oder einem anderen Gewebe eingetreten ist.

Verfolgen wir einmal das Schicksal des Nahrungseiweißes an Hand unserer Assimilationsauffassung!

In der Darmwand wird ein Teil in arteigenes Lymphocytenwachstum übergefuhrt, ein Teil dort oder in der Leber und den Geweben desamidiert — erste Harnstoffquelle; der Lymphocyt kommt ins Blut, altert, stirbt, seine aufgelosten Bestandteile kommen ins Blut (Harnsaurequelle) und treten z. B. im Gehirn in ein neues Assimilationsgefälle hoher Spezifizitat ein, der Hauptteil wird desamidiert und verbrannt — zweite Harnstoffquelle.

Die herrschende Annahme ist ja heute die, daß mit aller Zelltatigkeit eine Dissimilation der protoplasmatischen Eiweißsubstanzen mit N-Verlust an das Blut und weiterhin den Harn verbunden sei Die Grunde zu dieser Annahme habe ich nicht finden konnen, denn gerade die Organart, deren Tatigkeit man am besten bestimmen und variieren kann, die Muskeln verursachen in Tatigkeit keinen stärkeren Stickstoffverlust als in Ruhe, also wahrscheinlich gar keinen Und in dieser Frage ist der negative Ausfall beweisend, der positive nicht, denn natürlich assimilieren alle lebenden Gewebe, und da sie von dem dargebotenen Assimilationsmaterial nur einen Teil ihrem speziellen Bedarf (Gefalle) gemaß aufnehmen, so mussen dabei auch stets stickstoffhaltige Bruchstucke auftreten, die desamidiert und wahrscheinlich auch gleich verbrannt werden. Steigt also die Assimilation in einem Organ, was bei der Tàtigkeit schon aus der besseren Durchblutung zu erwarten ist, so muß auch der desamidierte Anteil der Stickstoffsubstanzen steigen, der damit doch keineswegs dem Protoplasma entstammt. So können sich auch die von THOMAS erhobenen Befunde erklaren, der bei einer dem Eiweißminimum entsprechenden Stickstoffquote eine geringe Steigerung der N-Ausfuhr mit der Muskelarbeit fand. In diesem Falle ist die Assimilation gerade des Muskels in der Ruhe auf das Mindestmaß gesetzt und wird durch die Tàtigkeit (Durchblutung) gesteigert, was ja auch der Erfahrung des Wachsens der Muskeln mit der Übung entspricht.

Man sollte bei Versuchen in der THOMASschen Anordnung einmal feststellen, ob nicht gleichzeitig die Assimilation anderer Organe mit ihren Folgen (Sekretion, cellulare Excretion, Wachstum) starker zuruckgeht

Wenn aber die intensive Funktion einer so mächtigen und dazu noch der Oberfläche entbehrenden Organmasse wie die Muskulatur keinen Stickstoff ins Blut liefert, so hat man wahrlich keinen Grund, es für andere Organe zu vermuten, außer natürlich denjenigen, deren Funktion eben darin besteht, wie den endokrinen Drüsen; deren Sekret endet aber wahrscheinlich nicht im Harn.

Die Frage ist aber nicht nur von theoretischem Interesse. Man hat sich gewöhnt, die vermehrte Stickstoff- und zumal Aminosäurenausscheidung auf einen primären Gewebszerfall im Körper zu beziehen? Andererseits begegnet diese Erscheinung dem Kliniker bei so verschiedenartigen Affektionen, wo häufig sonst nichts auf degenerative Erkrankung eines Organs (Leber) hindeutet, daß es dem Verständnis dienen wird, wenn man auch an die gestorte Assimilation als primäre Ursache denkt.

So erscheint auch der Befund von VAN SLYKE und MEYER erklarlich, die von in die Vene gebrachten Aminosauren nur einen kleinen Teil im Harn wiederfanden, das normale Gewebe nimmt diese offenbar sofort auf. Wenn also diese Körper im Harn vermehrt auftreten, wird der Grund nicht allein in ihrer gesteigerten Abgabe ins Blut als vielmehr in der daniederliegenden Assimilation und damit auch verminderten Desamidierung zu suchen sein, denn es spricht vieles dafur, daß synthetischer Einbau einer-, Desamidierung und Oxydation andererseits miteinander gekoppelte Vorgange sind, entsprechend auch den Enzymablaufversuchen.

Wir nehmen also an, daß die Hauptmasse des Nahrungsstickstoffs nie zu korpereigenem Eiweiß wird, daß wir aber vielleicht in der Lage sind, zu ermitteln, wieviel von dem Harnstickstoff korpereigenem Eiweiß, wenn auch in der Hauptsache nur den Blutkorperchen, entstammt. Wenn wir am gesunden, kraftigen Individuum und bei purinfreier Kost Harnstoff und Harnsaure bestimmen, und zwar in zwei Perioden von großem Unterschied in der Eiweißzufuhr, so beziehen wir die — geringe — Zunahme von Harnsaure wohl mit Recht auf das Mehr an gebildeten und zugrundegegangenen Leukocyten Machen wir den Versuch bei einer großeren Reihe verschiedener Eiweißgaben, so werden wir eine obere Grenze der lymphocytaren Assimilation dort finden, wo weitere Steigerung der Eiweißzufuhr keine Vermehrung der Harnsaure mehr macht, die untere dort, wo die Harnsaure bei weiterem Sinken des Harnstoffs nicht mehr abnimmt und die N-Bilanz noch nicht negativ wird. Innerhalb dieser Grenzen balanciert die Assimilation in Zufuhr einerseits, Ansatz und Abstoßung andererseits, die Breite dieses Bereiches zeigt die Elastizitat der Assimilation, in erster Linie im Darm selbst, in zweiter im Korperganzen, an, es ware wichtig, sie in verschiedenen Lebensaltern und bei Krankheiten zu ermitteln.

Der Versuchsansatz enthalt einige stillschweigende Voraussetzungen, die es nun zu erortern gilt.

Daß die bei nucleinarmer Kost ausgeschiedene Harnsäure einerseits mit den Verdauungsvorgängen, andererseits mit den Schicksalen der Leukocyten engste Beziehung hat, geht aus älteren und bekannten Erfahrungen hervor. Alles was Hyperämie und Tätigkeit des Magendarmkanals steigert, vermehrt die ausgeschiedene Harnsäure. Und andererseits ist der Harnsäuregehalt von Blut und Harn erhöht bei Leukämie, in der Krise der Pneumonie, im Fieber, bei Röntgenbestrahlung, also stets wenn Leukocyten in größerer Masse zugrundegehen. Höchst wahrscheinlich kann die intermediär freiwerdende Nucleinsäure zum Teil wieder in assimilierenden Zellen Verwendung finden, jedenfalls entspricht bei purinreicher Kost die ausgeschiedene Harnsaure nicht vollständig dem Puringehalt der Nahrung, wahrscheinlich ist aber bei endogen freiwerdendem Purin immer ein bestimmter Anteil zur Ausscheidung in den Harn bestimmt.

Natürlich gilt diese Beziehung der endogenen Harnsäure auf die Leukocyten nicht absolut und nur fur den normalen Fall, wo ein erheblicher Zerfall von Gewebe mit Abgabe der Trümmer ins Blut nicht anzunehmen ist, dann aber scheint mir jener Versuchsansatz schon durch die Tatsache der mit der Eiweißzufuhr steigenden Harnsäure berechtigt zu sein.

Man hat gegen jene HORBACZEWSKIsche Theorie bezüglich der Harnsäure und Leukocyten viele Einwände gemacht und gewiß ist sie kein strenges Gesetz, aber daß die Leukocyten in der Norm die Hauptquelle der Harnsäure sind, haben HORBACZEWSKI und seine Nachfolger doch sehr wahrscheinlich gemacht. Mit Leukocytenzählungen, die mit der wechselnden Verteilung in den Gefäßbezirken und der ja sicher von vielen Faktoren abhängigen Lebensdauer des einzelnen Blutkörperchens variieren, ist niemals ein ausnahmsloser Parallelismus des Harnsäurewertes zu verlangen, mir scheint aber, daß die häufigeren für die Theorie positiven Befunde mehr ins Gewicht fallen als die selteneren negativen. Es wird nicht viele biologische Gesetzmäßigkeiten geben, wo das Verhältnis von Regel und Ausnahme so günstig ist wie hier. Das, was man an die Stelle der HORBACZEWSKIschen Theorie zu setzen gesucht hat, die Deutung der endogenen Harnsäure als ein Maß der „Intensität der Zelltätigkeit" ist nichts als ein Wort.

Der Hungerstoffwechsel ist darum für uns von besonderem Interesse, weil er den Zusammenhang von Assimilation und Autonomie, den wir in der Kapitelüberschrift angedeutet haben, zu demonstrieren geeignet ist. Er ist charakterisiert durch eine längere Zeit gleichbleibende, sehr niedrige Stickstoffausscheidung und eine sehr verschiedene Beteiligung der Organe an der Substanzabnahme. Der Abfall der Stickstoffausscheidung ist bei voraufgegangener eiweißreicher Ernährung steiler als bei mittelernährten Tieren, und zwar über die Tage der unmittelbaren Nahrungsnachwirkung hinaus. Man hat das mit einer „Reizung" zu größerer Intensität der Zelltätigkeit durch die voraufgegangene Ernährung erklärt, von der Ablauftheorie aus würde es bedeuten, daß nach vorheriger starker Assimilationstätigkeit und bei plötzlichem Erlöschen des Zustroms die Autolyseneigung der Gewebe eine größere ist, was wir ja auch schon wußten. Je mehr überlastet das Gefälle war, um so mehr wird bei plötzlichem Aufhören des Nachschubes der Rückschlag, den die Autolyse anzeigt, einsetzen. Und zwar werden davon besonders die Organe betroffen, deren Entlastung durch Sekretion auf nervösen oder chemischen Reflex erfolgt, und die jetzt bei Fortfall des Reizes auch minder durchblutet werden, also die drusigen Organe des Verdauungssystems, Leber, Pankreas, Milz, Darmlymphgewebe. Da während der ersten Periode des Hungerns der Energiebedarf größtenteils durch die N-freien Reservestoffe gedeckt wird (80 bis 90 Proz.), so glaubt man in dem Stickstoff das Maß der Abnutzung resp. Opferung der Gewebe zu haben, bezieht ihn auf alle Organe und nimmt an, daß der Verlust der wichtigeren Organe — der also auch darin enthalten sei — durch die weniger wichtigen, die demnach mehr abgeben als im Harn von ihnen erscheint, wieder kompensiert werde

Gibt man dem Hungernden Kohlehydrat, so kann man den Harnstickstoff noch unter das reine Hungerminimum hinabdrücken, dieses kann also nicht das abgenützte Protoplasmaeiweiß selbst sein, zumal das, wie oben ausgeführt wurde, ja zum wesentlichen Teil geformt abgegeben wird, nach Voit ist z. B der Hungerkot gegenuber dem bei Fleischkost weder an Masse noch an Stickstoffgehalt betrachtlich vermindert.

Teleologisch betrachtet geben die zweitwichtigen Organe mehr ab, um die wichtigeren zu erhalten, wie kommt das zustande? Vergleicht man die Angaben uber die relativen Verlustzahlen bei den verschiedenen Tieren, so findet man diese sehr voneinander abweichend; wahrend z B nach Voit die hungernde Katze ihr Herzgewicht fast erhalt, vermindert sich dieses nach Chodat bei der Taube relativ mehr als Muskel und Gedarm Nur das Nervensystem scheint immer bewahrt zu werden

Jedes Organ hat sein Assimilationsgefalle, dessen Erhaltung von den oft erorterten Bedingungen abhangt Laßt es nach, so werden andere Organe mit starkerem Gefalle uberwiegen oder vielmehr solche, deren Gefalleerhaltung an sich schon weniger auf der cellularen Excretion als der Strukturbildung und der Oxydation beruhte, das gilt in erster Linie vom Zentralnervensystem Alle normalerweise quantitativ stark assimilierenden Organe, deren Funktion mit der Nahrungsaufnahme verbunden ist, werden in erster Linie angegriffen werden, weniger die, deren celluläre Excretion davon unabhängig ist wie Haut und Niere. In zweiter Linie kommen die Gewebe, deren Assimilationsgefälle normalerweise nicht sehr groß ist, wie die Muskulatur. Dazu tritt noch der Umstand, daß die an sich schon ungleiche Blutverteilung, die bei dem normalen Gehalt an Nährmaterial auch die minderbedachten Gewebe hinreichend versorgt, bei dem Unterangebot des Hungerblutes die besser durchbluteten unverhältnismäßig bevorzugt, sie wird im Hunger und bei Muskelruhe noch einseitiger werden.

Diese Annahme des wesentlichen Einflusses der Durchblutung steht im Einklang mit MIESCHERS berühmten Untersuchungen am Rheinlachs. Bekanntlich baut der Lachs bei absolutem Hunger während der Sommermonate die Keimdrüsen mächtig aus und entnimmt das Baumaterial in der Hauptmasse der Muskulatur. MIESCHER fand nun, daß der am schlechtesten durchblutete Rumpfmuskel am meisten schwindet, etwas weniger die etwas besser versorgte Bauchflossenmuskulatur und gar nicht die viel blutreicheren Brust- und Kiefermuskeln.

Unserer Autolysevorstellung entspricht das ebenso vollkommen, wie es der Tätigkeits-Dissimilationstheorie widerspricht und zugleich mahnt, endlich aufzuhören, einen starkeren Sauerstoffverbrauch eines Organs auf dissimilatorische Vorgange zu deuten („Dissimilation" aber bedeutet doch wohl nicht schlechtweg jeden z B. zuckerverbrennenden, analytischen Prozeß, sondern den Abbau von „lebender Substanz").

In jenen Untersuchungen sah MIESCHER gleichzeitig Milz und Darm äußerst hyperämisch werden (trotz des Stillstandes der Verdauung) und das Milzvenenblut enthielt dreimal soviel Leukocyten — und zwar vom jungen kleinen Typus — als das Herzblut. MIESCHER glaubte trotzdem an keinen Zusammenhang der Leukocyten mit dem Stofftransport, weil er das Blut in dieser Zeit doppelt so reich an Globulinen fand als im Fruhjahr, er sah jene Hyperämie nur als passives Korrelativ der Anämie des Muskels an. Ich möchte doch glauben, daß die Mitwirkung lymphocytárer Prozesse nach diesen Befunden sehr wahrscheinlich ist; das Globulin kann ja auch sekundär den Leukocyten entstammen. Die von DOBSON gefundene, auch von MIESCHER bestatigte Milzschwellung während der normalen Verdauung spricht doch auch im Sinne der Mitwirkung des Organs bei dem Assimilationsprozeß.

Ob allgemein beim Hunger die Leukocyten besonders an der Verteilung des freiwerdenden Assimilationsmaterials beteiligt sind, läßt sich nicht entscheiden, erwähnt wurde ja schon die Lymphocytose bei chronischen Inanitionen. LUCIANI fand in den ersten Hungertagen einen mächtigen Abfall der Leukocyten (von 14500 auf 860) beim Hungerkünstler Succi, später stiegen sie wieder auf 1550. Solange nicht mehr Erfahrungen über die Lebenscyclen der weißen Blutzellen vorliegen, lassen sich diese Fragen nur stellen, immerhin spricht auch jener Steilabfall nach Aufhören der Nahrungszufuhr deutlich im Sinne unserer Assimilationstheorie. Systematische Untersuchungen des Leukocytenganges in ersten Hungertagen nach verschiedener voraufgehender Ernährung könnten uns über den Leukocytenablauf wohl belehren.

Der spezifische Zellfaktor („Individuelle Beschaffenheit des Protoplasmas“), den RUBNER bei den Wachstumsvorgängen wirksam fand, zeigte sich auch — neben einer Temperaturabhängigkeit — in Inanitionsversuchen an Kaltblütern, die KR EHL und SOETBEER anstellten, von Bedeutung. Hier wie dort werden wir ihn auf das Assimilationsgefälle beziehen.

Mit dem Vorschreiten der Hungerperiode muß dieses Gefälle in toto abnehmen, der tägliche Assimilationsverlust wird kleiner; setzt jetzt wieder die Ernährung ein, so kann sie mit einem kalorisch viel geringerem als dem normalen Werte (22 bis 27 Kal./Kilo) Gewichtsstillstand, ja Zunahme erzielen (FR. MÜLLER). Es ist die uns bekannte Funktionalbeziehung von Assimilationsgefälle und Stoffwechselintensität.

Auch die im Hunger häufige Albuminurie durfte ihre Deutung darin finden, daß die Niere, die, wie ihr großer Sauerstoffverbrauch lehrt, ein Organ mit starkem Assimilationsgefälle ist (auch die große Regenerationsfähigkeit ihres Epithels spricht dafür), aus Nährmangel der partiellen „Liquidation“ (MIESCHER) verfällt.

Während man früher annahm, daß der Grundumsatz des Hungertieres sich wesentlich als das zum Ersatz des Wärmeverlustes notwendige Mindestmaß darstellte, hat E. VOIT gezeigt, daß die Körperoberfläche sich kaum vermindert bei starker Gewichtsabnahme, der absolute und relative Energieverbrauch dagegen mit der Abnahme des Eiweißbestandes sinkt BERCZELLER hat gefunden, daß bei aufgehobener Wärmeabgabe (Aufenthalt in Körpertemperatur gleichem Raum) Ratten den Hunger nicht länger aushielten. Kinder — mit ihrem viel höheren Assimilationsgefälle — halten den Hunger sehr viel kürzere Zeit aus als Erwachsene (3 bis 5 Tage gegen 20 bis 30); wenn da auch der geringere Fettreichtum mitsprechen wird, so wird das wichtigste doch die allseitig starke Assimilation sein, die eine innere Umstellung auf einzelne lebensnotwendigste Assimilationsgefalle, die beim Erwachsenen automatisch eintritt, nicht ermoglicht. Es ist eben beim wachsenden Organismus die Beherrschung der Teile von der Zentrale des Ganzen aus noch nicht so vollkommen, sie wird es im Laufe des Lebens immer mehr, die Teile wachsen nicht nur harmonisch, sie wachsen zu immer großerer Harmonie, zu vollkommenerer Autonomie des Ganzen. Je mehr das Wachstum des Ganzen nachläßt, je mehr die Assimilationsgefalle der Teile sich verringern, um so großer wird die Herrschaft des Gehirns über das Ganze, weil sein Gefalle viel weniger auf die extensive Wachstumskomponente gestellt ist.

Auch die Autonomie der Lebewesen, auch dieser spezifisch-biologische Begriff kann ebensowenig wie „Entwicklung" oder „Vererbung" aus der Vorstellung eines zirkulär funktionierenden maschinellen Systems heraus verständlich gemacht, auch er muß letzthin auf den Ablauf und damit auf das Assimilationsproblem bezogen werden. Die Betrachtung des Hungerstoffwechsels kann deutlich zeigen, wie das zweckmäßige Zusammenwirken der Teile zur Erhaltung des Ganzen ein Kampf ist, in dem der Unterliegende dem Sieger dienen muß, der Besiegte wird sofort zum Sklaven.

Weil das Gewebe seinen Assimilationsstrom nicht mehr speisen kann, sinken die Oxydationen, und weil diese gesunken sind, ändern sich die Reaktionsbedingungen (Saurung, Anhaufung der Endprodukte), verschlechtert sich das Assimilationsgefalle, verschieben sich die Bedingungen weiter zugunsten der Autolyse. An sich ist ja das eigene Autolysat das beste Regenerationssubstrat, und waren die Oxydationsverhaltnisse nicht schon verschlechtert, so wurde es wohl ganz in den Assimilationsstrom der erhaltenen Teile des eigenen Gewebes gezogen. Der stickstoffschonende Effekt der Kohlehydratzufuhr wird auf der Verbesserung dieser Reassimilation beruhen.

Es ist ja sicher nicht so, daß das eingeschmolzene Material des einen Organs vollständig zur Verfügung der anderen gestellt wird, es wird vielmehr so sein, daß jener Kampf sich zunächst innerhalb des Organs abspielt, wobei ein Teil der Trümmer reassimiliert, ein Teil verbrannt wird und jeweils nur der Überschuß mit dem Bluteiweiß oder in Leukocyten fortgeht. Die so zweckvoll erscheinende Tatsache, daß der hungernde Organismus sich sehr rasch auf ein niedriges Gaswechsel- und N-Ausfuhrniveau einstellt, das dann lange beibehalten wird, während er theoretisch doch zunächst noch aus dem vollen leben könnte, ist damit verständlich geworden. Der Stickstoff macht zum überwiegenden Teil und lange Zeit den Kreislauf innerhalb des Organes selbst durch, der dabei desamidierte Anteil ist, da es das adäquate Material ist, klein und bleibt ebenso wie der Überschuß ziemlich lange Zeit konstant, solange auch noch N-freies Material die Hauptenergiequelle bleibt. Der Überschuß wird aber am Orte des stärkeren Gefalles assimiliert bzw. desamidiert, auch dieser freiwerdende Stickstoff bleibt also auf gleicher Höhe. So verharrt die Gesamtassimilation, aus vielen inneren Kreisläufen resultierend, im ganzen lange ziemlich gleich und die Konstanz des Energieumsatzes ist ein Zeugnis der direkten Abhängigkeit von der Assimilation.

Was schließlich die Insuffizienz dieses Automatismus erzeugt, noch ehe alles entbehrliche Gewebe verbraucht ist, ob der prämortale Anstieg der N-Ausfuhr, wie die meisten annehmen, das Ende der Fettreserve anzeigt oder etwa ein Unzulänglichwerden jenes Überschusses und Gehirn-

autolyse oder — wie Versuche von MANSFELD und HAMBURGER anzudeuten scheinen — einen Hyperthyreoidismus, der ja erklärlich wäre und
mit dem Einsetzen der Schilddrüsenautolyse einen markierten Zeitpunkt in das Geschehen brächte, ist nicht sicher zu sagen. Daß der Ablauf der endokrinen Drüsen den Vorgang sehr beeinflussen muß, ist klar.

Im Hunger zeigt sich, worin die eigentlichen Alternsorgane — Gehirn, Herz — den relativ jugendlicheren, regenerierenden überlegen sind,
gleichwie der Erwachsene dem Kinde; sie wären die Beherrscher wie des
ganzen Ablaufs so eines jeden Zeitabschnitts desselben, auch wenn keine
Herrschaftsmittel in den nervösen Leitungsbahnen vorhanden wären.
Natürlich verfeinert der Leitungsapparat die Autonomie, er beschleunigt die Einstellung, aber er verändert sie nicht prinzipiell, und das
kann ja auch nicht sein, denn die Impulse für die Befehle, die das autonome Nervensystem übermittelt, müssen den schon beginnenden Um-
stellungen der Organprozesse entstammen. Wie LANGLEY betont,
gehen ja alle Leistungen, die das autonome Nervensystem regiert, auch
unabhangig von diesem vor sich. Die autonomen Nerven sind charakterisiert durch das pharmakologisch spezifische Verhalten ihrer Umschalt-
stellen (Ganglien) und ihrer Endigungen gegenüber Substanzen, von
denen einige wie das Adrenalin, das Cholin, das Pituitrin als korpereigene
Hormone entdeckt wurden. Verallgemeinert sich der O. LOEWIsche
Befund, daß bei der Vagusreizung im Herzen eine den Reizerfolg uber-
tragende geloste Substanz auftritt, so ware das ein weiterer Beleg für die
innige Verknüpftheit dieser nervosen Gebilde mit dem Chemismus der
Organe.

Das nervöse Zentralorgan, am empfindlichsten gegen jede Alte-
rierung seines Assimilationszustandes, seines Ablaufs, wird auch am
feinsten auf jede Änderung im Gesamtassimilationszustand, dessen
jedesmaligen Zeitquerschnitt ihm das Blut darbietet, reagieren. Es wird
das um so mehr, als es — ahnlich einem selbstregistrierenden Baro-
meter — die aufeinander folgenden Zustandsquerschnitte aufbewahrt,
als es auch das vegetative Gedächtnis des Korpers ist.

Die an dem Hungerstoffwechsel exemplifizierte, assimilatorische
Autonomie ist die unterste von mehreren, ubereinander gelagerten,
deren oberste das selbstbewußte Leben ist. Jene ist die primitivste, aber
die mächtigste, der Herrschaftsbereich, wie er sich von unten nach oben
vervollkommnet, nimmt er auch an unmittelbarer Wirkungskraft „an
der Front" ab Wenn einmal in jener untersten Autonomiesphare eine
Storung des dynamischen Gleichgewichts der Teilablaufe eingetreten ist,
so konnen die hoheren Regulationssysteme es in den seltensten Fallen
allein wiederherstellen

Unsere rezeptierende Medizin mit ihren symptomatischen Methoden ist ein Beleg dieses Satzes nach der Passivseite, unsere und noch

mehr unserer Enkel diätetischen Methoden werden ihn positiv bewahrheiten.

Für die Autonomie des Organismus, wie sie sich so herausstellt, ist also nicht etwa die Zentralleitung einer sozialen Organisation oder auch der Zentrifugalregulator einer Dampfmaschine der adäquate Vergleich, sondern ihr Analogon ist der emporschießende Strahl einer Fontäne, die durch ihre Bewegungsgröße ihre Gestalt bewahrt. Auch hier ist es nicht der Organismus als Einrichtung, sondern der Organismus als Ablauf, der sich selbst erhält.

Unter den mannigfaltigen Erfahrungstatsachen, die zur Erkenntnis des Primates der Assimilation dienen können, wollen wir einige noch kurz betrachten.

Gerade die letzten Jahre der Erforschung der intermediaren Stoffwechselvorgänge haben in großer Zahl Beispiele fur die unmittelbare chemische Verkopplung von aufbauenden und abbauenden Reaktionen erbracht, angefangen von der Oxydations-Reduktionskoppelung der CANNIZZAROschen Aldehydumlagerung, die nach PARNAS in Gewebssaften beschleunigt wird, die C NEUBERG in der Nebenform der Hefegarung nachwies. Auch die Nitratassimilation der grünen Pflanzen konnte WARBURG als einen solchen gekoppelten Prozeß erweisen, und weitere Beispiele liegen in der Muskelerholungsphase (EMBDEN, HILL, MEYERHOF u. a.), in den LIPSCHÜTZschen Nitrobenzolreduktionen usw. vor. In einstweilen noch komplexer Form zeigt sich das Analoge in unseren Enzymversuchen, wo Förderung der oxydativen Synthese des Enzyms die Hydrolyse des Substratproteins beschleunigte.

Hier wie bei dem Ablauf in den lebenden Systemen im ganzen wird nicht gespalten, um aufzubauen, sondern weil aufgebaut wird, wird auch gespalten. Die Vorgänge sind untrennbar verbunden, alles was in den einen eingreift, muß auch das Ganze beeinflussen, aber da die Assimilation dasjenige ist, das den Fortgang der Vorgänge in einer Richtung bewirkt, ist sie der beherrschende Partner.

Es ist lehrreich, unter diesem Gesichtspunkt die Wirkung einiger Stoffwechselgifte oder Medikamente zu betrachten.

Besonders interessant ist das Chinin. Sein Einfluß wird charakterisiert als eine Verlangsamung der gesamten Lebensprozesse, sowohl der anabolischen wie der katabolischen (H. MEYER). Dadurch kann es bei geringer wirkender Menge Eiweiß sparen, in größerer unter Erlöschen des Energieumsatzes das Leben vernichten. Da auch reine Enzymwirkungen durch Chinin geschwächt oder aufgehoben werden (LAQUEUR, RONA), ist wohl das wahrscheinlichste, daß die Hemmung wie eine gleichmäßige Bremsung des ganzen Ablaufs wirkt. Unter Chinin wird — im Hunger wie bei Fütterung — wenig stickstoffhaltiges Material

zersetzt, während der gesamte Sauerstoffverbrauch und die Wärmebildung beim Gesunden durch die erhöhte Oxydation N-freier Substanz
erhalten bleiben kann, vielleicht unterstützt durch die zentral bedingte
motorische Unruhe. Im Fieber dagegen wird Oxydation und Wärmebildung
herabgesetzt und ebenso nach MOLDOVAN in Trypanosomenkulturen.

Diese Differenz zwischen Fiebernden und Normaltemperierten ist
für die Theorie des ersteren von Interesse, man kann daraus folgern,
daß die vermehrte Wärmebildung des Fiebernden an Assimilationssteigerung gebunden ist, eine später noch zu entwickelnde Vorstellung.
Zu ihr paßt die Erfahrung, daß passive, nicht durch vermehrte Tatigkeit eines Organes bedingte Hyperämie keine Erhöhung des Sauerstoffverbrauchs bewirkt.

Im Gegensatz zu dem Chinin, das also gewissermaßen den Organismus in den Zustand des Greisenalters versetzt, wirken die Stoffwechselgifte der Gruppe Phosphor, Arsen, Antimon, Quecksilber offenbar
direkt hemmend an dem Assimilationsablauf. Das zeigt sich bei der
Verwendung schwacher Dosen, wo ihre Wirkung der eines geringen
Sauerstoffmangels entspricht und den „Stoffwechsel anregt“. Nach
MANSFELD und MÜLLER bewirkt Sauerstoffmangel beim hungernden
oder stickstoffgleichgewichtigen Kaninchen eine Steigerung der Stickstoffausscheidung, die beim schilddrüsenlosen Tiere ausbleibt Im
letzteren Falle ist gemäß unserer Vorstellung das Assimilationsgefalle
und entsprechend die Autolysebereitschaft von vornherein geringer; je
größer das Gefälle, um so notwendiger sind die Oxydationen, um es zu
unterhalten.

Die „anregende“ Wirkung entspricht unserer Analyse der Hungerprozesse: eine geringe initiale Autolyse fordert die nachfolgende Assimilation, auch H. MEYER deutet die Erscheinung im
Sinne des regeneratorischen Stoffansatzes. Ganz entsprechend erfolgt
auf geringe Dosen z B. von Arsen: N-Retention und N-Ansatz, Forderung von Blutkörperchenbildung, Haarwachstum, Hautregenerierung,
auf starkere: Eiweißzerfall, N-Verlust, „unzweifelhaft gehen beide
Wirkungen, die wachstumsfordernde und die zerstorende, oft, vielleicht
sogar in den meisten Fallen nebeneinander her“ (H MEYER).

Daß die Gifte in hoheren Vergiftungsgraden bevorzugt die Leber,
weiter die Niere, die Blutkorperchen angreifen, entspricht dem Verhalten im Hunger, der großen Autolyseneigung und dem Sauerstoffbedarf dieser Assimilationsstatten.

Nach FRANK und ISAAK besteht bei Phosphorvergiftung nicht
ein toxischer Eiweißzerfall, sondern der vermehrte Stickstoffumsatz
beruht auf der Nichtverbrennung noch energiehaltiger Eiweißbruchstucke Dementsprechend bewirkt das Gift bei der Phlorrhizinglykokosurie keine Vermehrung des Eiweißzerfalls, offenbar ist durch das

letztere Gift bereits die Assimilation zugunsten der Autolyse beeinträchtigt.

Diese Beobachtung leitet zu der Frage über, ob es gelingt, auch die Erscheinungen der Stoffwechselpathologie von dem Boden der Ablauftheorie aus zu analysieren.

Wir wollen hier an dem meiststudierten Falle, dem des Diabetes in seinen experimentellen und klinischen Formen den Versuch machen, ohne uns zu verhehlen, daß er noch nicht völlig gelingen kann, allein schon weil das Symptom der Zuckerausscheidung im Harn von so verschiedenen Faktoren abhängig ist.

Der Diabetes mellitus ist eine Erkrankung vorwiegend der wohlhabenderen Bevölkerung, die in ihrer Ernährung eine Luxuskonsumption betreibt. Demgemäß war er durch die Nahrungsbeschränkung der Kriegszeit an Haufigkeit herabgemindert. Die bessere Ernahrung des Wohlhabenden der Vorkriegszeit war gegenüber der des Minderbemittelten vor allem eine eiweißreichere, speziell an tierischem Eiweiß, der relative Kohlehydratanteil der Nahrung war geringer. Schon das spricht dafur, daß die Schadigung nicht auf einer primàren Überlastung des Zuckerabbauapparates beruhen wird.

Ein weiteres pathogenes Moment ist die erbliche Disposition, die oft vergesellschaftet ist — in den Individuen oder Familien — mit anderen Erkrankungsneigungen (Schrumpfniere, Gicht, Sklerose, Apoplexie usw.), deren Gemeinsames die „Stockung" im Sinne der alten Medizin, das frühzeitige Altern, die Verlangsamung der Lebensprozesse ist.

Man unterscheidet bei den experimentellen Glykosurien vor allem zwei Typen, diejenige nach Phlorrhizinvergiftung, deren Ursache in der Niere selbst angenommen wird, und die nach Exstirpation des Pankreas, welche die Folge einer verminderten oder aufgehobenen Abbau-(Glykolyse) und Stapelfähigkeit (Glykogenbildung) des Organismus für den Traubenzucker darstellt. Dazu treten noch die Glykosurien, die als Folge gesteigerter Glykogenolyse in der Leber den Blutzucker über das von der Niere retinierte Maß erhöhen (Zuckerstich, Adrenalinglykosurie).

Adrenalin wirkt autolysebegünstigend, es steigert dementsprechend auch den Eiweißzerfall hungernder Tiere (EPPINGER, FALTA und RUDINGER, UNDERHILL und CLASSEN). Bei schilddrüsenlosen Tieren bleibt Zuckerstich wie Adrenalininjektion wirkungslos, und E. LANGFELDT fand, daß Thyreoidin, das allein keine Glykogenolyse macht, Adrenalin in der Weise unterstützt, daß sonst unwirksame Konzentrationen des letzteren jetzt wirksam werden. Derselbe Autor gibt auch an, daß Adrenalin das H-Ionenoptimum der Leberdiastase bei Phosphatgegenwart nach der alkalischen Seite (von 6,2 auf 7,73) verschiebt, leider gibt er nicht an, ob auch die Autolyse jetzt schon bei dieser Reaktion gesteigert wird. Diese neuen Befunde stimmen aufs beste zu der Annahme, daß das Adrenalin eine primäre Assimilationshemmung mit Autolyse macht, eventuell mit nachfolgender Ablaufsteigerung.

Können wir noch weitere Beziehungen zwischen Glykogenolyse und Autolyse feststellen?

Das Glykogen ist in allen entwicklungsfahigen Zellen regelmäßig gefunden worden, es ist besonders reichlich in lymphoidem, in embryonalem Gewebe und in malignen Geschwülsten. Die Hyperglykàmie, als Folge verstärkter Glykogenolyse, ist beobachtet bei Abkühlung und Überhitzung, bei Asphyxie, Kohlenoxydvergiftung, oft bei fieberhaften Erkrankungen, zumal bei Sepsis, Erysipel, Pneumonie, ferner auch bei der Phlorrhizinvergiftung selbst nach Ausschaltung der Nieren.

In allen diesen Fällen ist auch vermehrter Eiweißzerfall beobachtet, sind autolytische Vorgänge infolge der Oxydationsbehinderung, des Eingriffs in die Assimilation (Infektion) plausibel.

Auch die Versuche von LESSER u. a. bezüglich des Eintritts der postmortalen Glykogenolyse, aus denen dieser Autor auf eine raumliche Trennung von Glykogen und Diastase geschlossen hat, sind unter der Annahme verständlich, daß die Glykogenbildung mit der Assimilation, die Glykogenolyse mit der Autolyse irgendwie verknüpft ist. Beim Frosch ist das Glykogen im Winter stabil, wo auch die Assimilation vor dem Tode ein Minimum war und entsprechend gering die postmortale Autolyse ist, zerstort man die Zellen, so tritt die Verzuckerung ein, aber auch das autolysehemmende Gleichgewicht wird durch diesen Eingriff gestort.

Die Frage der Phlorrhizinglykosurie scheint mir durchaus noch nicht so klar zu sein, wie es in manchen Darstellungen, die eine reine Nierensekretionsanomalie darin sehen, den Anschein hat. LEVENE sowie BIEDL und KOLISCH fanden das Nierenvenenblut beim Phlorrhizinhund zuckerreicher als das der Arterie; der gesteigerte Eiweißzerfall in der Vergiftung, die erhöhte Zuckerbildung aus Eiweiß, obwohl der Glykogenvorrat nicht ganz aufgebraucht wird, und mit einem gegenuber dem Pankreasdiabetes erhohten Quotienten D/N (LUSK), die schon erwahnte Beobachtung von UNDERHILL, daß dabei nach Nierenausschaltung Hyperglykàmie eintritt — all diese Tatsachen sprechen dafur, daß das Gift eine allgemeine Wirkung auf den Stoffwechsel hat, die vielleicht in der Niere nur besonders stark hervortritt. Sieht man in dem Zuckerdurchtritt eine Schadigung der Niere, so muß es auch wundernehmen, daß gerade pathologische Nieren die Phlorrhizinwirkung oft vermissen lassen

Ich glaube, daß die von FRANK und ISAAK entwickelte Vorstellung, daß die Niere den Zucker verliert, weil sie ihn in ihrem eigenen

Stoffwechsel nicht verbrauchen kann, sehr beachtenswert ist. Wenn man annimmt, daß der Zucker normalerweise in den Glomerulis filtriert und in den abwärtigen Gängen wieder aufgenommen und verbrannt wird, so erscheint die Konzentrierung im Harn bei dem Phlorrhizintier nicht so unverständlich, wie LICHTWITZ meint. Man darf ja nicht die Harnzuckermenge der Blutzuckerkonzentration gegenüberstellen, sondern der gesamten in der Sekretionszeit durch die Niere gegangenen Blutmenge.

Dazu paßt der mikroskopische Befund von NISHI, daß normalerweise in der Rinde Zucker vorhanden ist, nicht aber im Mark, beim Phlorrhizintier aber im Gegensatz zu allen anderen Glykosurien die Rinde wenig, das Mark aber sehr viel Zucker enthält. Nimmt man dazu den Hyperglykämiebefund der Nierenvene, so kann nicht mangelhafte Ruckresorption, sondern nur insuffiziente Verbrennung der Grund der Phlorrhizinglykosurie sein.

Es ist klar, daß diese Auffassung, wenn sie sich weiter bestatigen[1] läßt, der Frage der Blutzuckerschwelle neue Gesichtspunkte zuführen muß. Es ist ja zu sagen, daß man mit dem Begriff einer „Stauhöhe" des Zuckers im Blute, deren Überschreiten Glykosurie zur Folge habe, physikalisch schwer etwas verbinden kann, einerlei ob man an Filtration oder Sekretion denkt. Nun hat aber zudem HAMBURGER mit seinen Schülern ein so elektives Verhalten der verschiedenen Zucker dem Nierendurchtritt gegenüber erwiesen und eine Abhangigkeit der Stauhöhe von dem Ionengehalt der Durchspülungsflüssigkeit, daß man die Befunde mit einem Permeabilitätsmechanismus kaum vereinbaren kann. Sieht man aber in der „Stauhöhe" nichts weiter als das Maß des Eigenverbrauchs der Niere (wobei natürlich nicht der gesamte Blutzucker, sondern nur der durchpassierte verbrennen muß), so wird sowohl die Konstanz dieses Wertes als auch seine Beeinflußbarkeit durch sehr viele Momente einleuchtend.

Wenn diese Vorstellung von der Phlorrhizinwirkung zutreffen sollte, so würde sie diese Glykosurie der des pankreaslosen Tieres mehr annäheren, und die Brücke könnte ein Versuch von I. DE MEYER bilden: Hundeniere, mit 0,1 Proz. dextrosehaltiger Lockelosung durchspült, ließ Zucker durch, nach Zusatz von Pankreasextrakt (nicht dem anderer Organe) verminderte sich die Zuckerausscheidung.

Es kann hier nicht eine ausfuhrliche Darstellung der Diabetesforschung gegeben, sondern soll nur versucht werden, die Beziehung zum Assimilationsproblem zu begründen.

---

[1] In einer mit A. KARSTEN angestellten Untersuchung fand ich den Eisengehalt des Harns der funktionalen Belastung der Niere parallel. Das sollte einmal am Phlor. Tier gepruft werden.

Wir wollen von einem auffälligen Gegensatz ausgehen:

Wie Hofmeister fand, hat der gesunde hungernde Organismus eine erhöhte Neigung zu alimentärer Glykosurie, er scheidet Zucker aus auf Nahrungsgaben, die der nichthungernde glatt verträgt. Der Diabetiker hat nach Hungerkuren eine gebesserte Kohlehydrattoleranz, er scheidet nach den Gemüsetagen der Haferkur (von Noorden) weniger von dem aufgenommenen oder intermediär gebildeten Zucker aus.

Wir wollen den Unterschied im Assimilationszustande so formulieren: der gesunde Hungernde hat eine Minimumassimilation, die durch Autolyse gedeckt wird und bei an sich gutem Gefälle (was die Hemmungen angeht) leicht abläuft, er braucht nicht viel zu verbrennen. Der Diabetiker hat eine durch Hemmung geminderte Assimilation mit schlechtem Gefälle und mehr als hinreichendem Assimilationszustrom er kann nicht viel verbrennen. Beide müssen, um das Gefälle zu erhalten, in erster Linie die nichtassimilierbaren N-haltigen Stoffe entfernen, beim gesunden Hungernden ist das abnorm wenig, weil er das adäquate Material erhält und die Assimiliation sich auf das Minimum das wir analysierten, einstellt. Beim normal genährten Diabetiker ist das abnorm viel, weil bei gehemmter Assimilation die Aufrechterhaltung des Gefälles in erhöhtem Maße durch den Abbau bewerkstelligt werden muß. Das spiegelt sich in der Beobachtung wieder, daß der spezifisch-dynamische Effekt des Eiweißes beim Diabetiker größer zu sein scheint als beim Gesunden (Lichtwitz).

Es entspricht dem: je schwerer der Diabetes, um so größer, gegen die Norm erhöht, scheint die Wärmebildung zu sein, was bei dem Verlust durch die Zucker- und Azetonkörperausscheidung im Harn eine enorme Nahrungsaufnahme bei ungeregelter Diat zur Folge hat. Auch die Zuckerausscheidung selbst ist in diesen Fallen vom Standpunkt der Gefälleerhaltung aus „nützlich“, sie ist eben auch eine Form der Entfernung der Endprodukte. So erklärt sich das scheinbar paradoxe Verhalten, daß auf Eiweißzufuhr, z. B. Casein, mehr Zucker in den Harn gehen kann als auf die im Kohlenstoffgehalt äquivalente Menge Dextrose. So erklärt sich's auch, daß die Regelung und Einschränkung der Eiweißzufuhr vielfach wirksamer ist als die Kohlehydrateinschränkung. Die Assimilationshemmung ist ja ein vor allem bei ungeregelter Diät rasch und dauernd zunehmendes Moment, was sich in der allgemeinen Sklerose der Diabetiker oft manifestiert. Daß die Leber anscheinend meist besonders betroffen ist, mag damit zusammenhängen, daß sie normalerweise — schon der Masse nach und der primären Aufnahme der resorbierten Nahrung wegen — eine so große Beteiligung an der Assimilation hat. So erklart sich wohl, daß intravenös oder rectal eingegebener Zucker oft besser ausgenutzt wird als per os eingeführter. Man braucht nicht anzunehmen, daß der Zucker in der Leber ad peius verändert wird, wogegen schon die gleicherweise ungünstige Wirkung des Eiweißes spricht, sondern jede Assimilationsbelastung zieht eine konsekutive Mehrbelastung der Abbaukomponente der Gefälleerhaltung nach sich. Das dürfte als Erklärung für den sog. „Reiz" von Zucker oder Eiweiß auf die Leber dienen können, der eine tagelang anhaltende Steigerung der Zuckerausscheidung, über die Menge der „reizenden" Gabe hinaus, zur Folge hat. EMBDEN und ISAAK durchströmten die Leber eines pankreaslosen Hundes mit Dextroselösung, der Zuckergehalt nahm zu.

Man kann beim Diabetiker mit der Eiweißzufuhr weit heruntergehen, ohne daß die N-Bilanz negativ wird, er hält seinen Eiweißbestand zähe fest und hat auch an Hungertagen einen sehr geringen Eiweißverlust. Wenn in solchen Kuren die Kohlehydrattoleranz sich gebessert hat, kann man mit relativ kleinen Eiweißgaben sogar N-Retention bis zu erheblichen Mengen erzielen.

Das ist ja nichts anderes als der Ausdruck seines geringen Gefälles und entsprechend niedrigen Bedarfs an Assimilationsnachschub. Um diese scheinbare Ökonomie ist der Diabetiker wahrlich nicht zu beneiden, dem Kliniker bietet sich damit eine Handhabe, um zu einem Urteil über die Schwere seines Falles zu kommen: je leichter, mit je geringeren Mengen die N-Retention zu erzielen ist, um so geringer das Gefälle.

Andererseits betont auch VON NOORDEN, daß die meisten erzielbaren N-Retentionen der schweren Fälle mit einer wahren Fleischoder Protoplasmaanreicherung nichts zu tun haben (DENGLER und MAYER); er sagt: „Es ist etwas da, was trotz reichlichster Eiweiß- und Kalorienzufuhr unerbittlich an dem Muskelprotoplasma zehrt und dem Wiederaufbau der Muskeln energischen Widerstand entgegensetzt".

Seit der Entdeckung des experimentellen Pankreasdiabetes durch v. MEHRING und MINKOWSKI hat man diesem Organ eine Vorzugsstellung in der Theorie der Krankheit eingeräumt.

Wir wollen uns hier begnügen, auf die schon erörterte Bedeutung des Organs für die Assimilation hinzuweisen. Die Frage, ob das Pankreas ein bei der Glykolyse speziell im Muskel mitwirkendes inneres Sekret (O. KESTNER) liefert, ist noch umstritten (STARLING), sicher ist, daß die Erhaltung eines nicht mehr mit dem Darm kommunizierenden Pankreas oder eines Teiles davon genügt, um das Auftreten des Diabetes — fürs erste wenigstens — zu verhindern. Freilich scheint notwendig zu sein, daß es im Gefäßbezirk des Pfortaderkreislaufes bleibt (HEDON) und es ist natürlich aus den positiven Erfolgen bei Pankreasverlagerung nicht zu erschließen, ob nicht der normale Weg jenes antidiabetischen Sekrets doch über den Darm geht.

In den Erscheinungen ähnelt der Pankreasdiabetes den schweren
Mellitusformen, besonders auffällig ist die starke Ausscheidung von
Aminosäuren, das baldige Eintreten der aus der unvollkommenen Fett-
und Aminosäurenverbrennung sich herleitenden Acetonkörper, die
absolute Kohlehydratintoleranz, von denen auch bei Muskelarbeit nichts
mehr verwertet wird.

FRED M. ALLAN beschreibt eine für den Diabetes charakteristische
Degeneration der Langerhansschen Inseln im Pankreas, die durch
eine Überspannung der Zellfunktion durch eine die geschwächte Assi-
milationskraft übersteigende Ernährung (auch experimentell) hervorgerufen sein soll.

Daß nun tatsächlich während des Diabetes die Assimilation gemindert ist, das ist ja aus vielen bisher für sekundär gehaltenen Symptomen bekannt genug.

Besonders an der Haut, den Gefäßen, im Auge, im Gehirn, der
Niere usw. manifestiert sich diese Tatsache, die (SALOMON und VON
NOORDEN) besonders in „frühzeitigen degenerativen und senilen Veränderungen" sich auswirkt. Dahin gehört auch, daß infektiose Entzündungen leicht eitrig werden (Furunculose) und schwer heilen, daß
überhaupt alle Heilungs- und Regenerationsvorgange gehemmt sind
— in unserem Sinne ein Zeichen des geringeren Gefalles, das die Körper-
biorheusen an sich und gegenüber fremden (Erreger) insuffizient macht.

Auch die häufig gemachte Beobachtung, daß interkurrente Krankheiten einen Diabetes gebessert, ja geheilt haben, wahrend beim Gesunden umgekehrt leichter alimentare Glykosurie eintritt (analog den
eingangs berichteten Hungerbeobachtungen) ist so verständlich. Einerseits wird der Erreger selbst den Zucker verbrennen, andererseits wird
er durch Gewebseinschmelzung dieses assimilatorisch entlasten und fur
die Folge begunstigen, ein Moment, daß ja auch in den Hungerkuren,
den Badererfolgen wirksam sein wird

Ein Wort noch uber die Niere. Es ist beobachtet worden, daß bei
Hinzutritt von Nierenerkrankungen die Glykosurie oft abnimmt oder
ganz aufhort Vielleicht ist das auch im Sinne der beim Phlorrhizin-
diabetes entwickelten Vorstellungen so zu deuten, daß die entzundete
Niere eine gesteigerte Assimilation und damit auch Oxydation hat.
Es lohnte sich vielleicht, bei der Erforschung der Albuminurien auch
einmal an den Gesichtspunkt der cellularen Excretion, der biorheutischen Entlastung des Organismus zu denken Der HEDINsche Befund,
daß Eiweißharne eine eventuell recht erhebliche proteolytische Wirkungskraft haben, spricht in diesem Sinne, denn wir wissen ja, daß
starker, „steiler" assimilierende Gewebe eine größere Autolysierfahigkeit
ihrer Substanz zeigen

Fassen wir die Beobachtung am Diabetes zusammen, so sehen wir in den Hauptsymptomen (Hyperglykamie und Glykosurie, Acetonurie, gesteigerter Eiweißzerfall) lauter „nützliche" oder vielmehr selbsttätige Entlastungsvorgänge einer Assimilation, die infolge der Abnahme des Gefalles, der Zunahme der hemmenden Stufen in erhöhtem Maße auf den Abbauweg zur Entfernung der Endprodukte angewiesen ist und zugleich — gemaß der Koppelung von Oxydation und Assimilation — die Oxydationen nicht entsprechend steigern kann. Das Primare ist also nach dieser Anschauung die Hemmung der Assimilation, gewissermaßen ein beschleunigtes Altern, und die ätiologischen Erfahrungen — hereditäre wie erworbene Disposition — entsprechen dieser Annahme.

Daß die Kohlehydratassimilation mit dem Altern stetig sinkt, hatte sich in meinen Versuchen ergeben, daß nicht alle Greise zuckerkrank werden, ist deshalb doch nicht verwunderlich. Nach allem was wir wissen, scheint das Altern, das zum Diabetes fuhrt, ein disharmonisches zu sein, ein Moment, das sicherlich in der Ätiologie sehr vieler Krankheiten eine Rolle spielen wird. Alle Erkrankungen, die keine unmittelbare außere Ursache haben, stellen ja — wie wir es schon nannten — das Problem der Sanduhr Gerade weil das dynamische Gleichgewicht ein dynamisches ist — und ware es das nicht, so ware die Breite der Autonomie viel geringer — besteht die Möglichkeit, daß die automatischen Ausgleichsvorgange, die auf eine Storung hin eintreten, nach einer anderen Richtung hin das Gleichgewicht unwiderruflich schadigen und schließlich vernichten. Weil die Autonomie keine Maschineneinrichtung ist, sondern mit dem Ablauf des Lebens identisch, so wird auch mit jeder Beanspruchung ihre fernere Effektivität irreversibel geschmalert und um so mehr, je starker die Beanspruchung war.

Es ist wohl Grund zu der Annahme, daß im Falle des Diabetes Organe wie Leber und Pankreas solche des disharmonischen und dann naturlich kumulativ beschleunigten Alterns sind, aber doch soweit im Rahmen des Ganzen, daß sie durch dieses (z. B. vermehrte celluläre Excretion, Muskelaktion) teilweise, aber wenigstens in den schweren Fallen, nicht völlig entlastet werden konnen. Die Heilung eines Diabetes, z. B. unter der Schonungstherapie mit Hungerkuren, wird aber, ebenso wie die Spontanheilungen in interkurrenten Infekten, auf einer solchen Entlastung beruhen

Wenn es sich bestatigt, daß Vitaminzufuhr den Diabetes günstig beeinflussen kann, so ist es nach den Vitamindarlegungen überflüssig zu betonen, daß damit die assimilative Theorie der Krankheit gestützt würde. Das gleiche gilt von einer „Proteinkorpertherapie", deren Wesen ja offenbar eine primäre Autolyse mit folgender sekundärer Assimilationsteigerung zu sein scheint.

Es wird aber gerade von diesem Standpunkte aus erklärlich, daß dieselbe Therapie einmal hilft, einmal nicht hilft, der Erfolg ist ja von den beiden Momenten des Gefälles abhängig, dem Zustrom wie der Hemmung.

Eine eigentlich ätiotrope Therapie des Diabetes müßte auf die Entlastung von den Hemmungen ausgehen, eine Aufgabe, die freilich etwas von dem Kräutlein wider den Tod an sich hat. Immerhin wäre es schon viel, wenn es uns gelänge, die Disharmonien des Alterns auszugleichen, die Verteilung der Hemmungen auf die Organe zu beeinflussen, den Assimilationsstrom zu lenken. Das muß möglich sein und ist vielleicht in manch einer medikamentösen Heilwirkung schon aktuell.

In einem späteren Kapitel werden wir diese Gedanken für weitere Fragen der „pathologischen Physiologie" fruchtbar zu machen suchen.

Es ist nicht die Aufgabe dieser Darstellung, in die Einzelheiten der chemischen Forschung des intermediären Stoffwechsels einzutreten und etwa die Abbauwege des Zuckers, der einzelnen Aminosäuren usw. zu betrachten. Diese Erkenntnisse werden erst dann dem allgemein-biologischen Problem dienen können, wenn es gelingt, die Verknüpfung der oxydativen oder allgemein destruktiven Prozesse mit den vitalen Synthesen in extenso zu analysieren; der Weg dazu führt meines Erachtens weniger über die komplizierten Stoffwechsel-, Durchströmungsversuche usw. — so wertvoll sie für alle speziellen Fragen sind — sondern in erster Linie über die Erforschung der enzymatischen Vorgange.

Jetzt sind wir imstande, auf die Eingangsfrage nach dem Verlust an chemischer Machtfulle mit der biologischen Vervollkommnung des Systems eine Antwort zu geben.

Die Autonomie einer lebenden Einheit ist der Ausdruck seines vitalen, assimilatorischen Gefalles.

Solange dieses Gefälle ein einfacher, ungeteilter Strom ist, muß es chemisch machtig sein, um sich zu erhalten. Am machtigsten ist das ablaufende Einzelbiokym — Enzyme wirken noch unter Bedingungen, die das Leben des einfachsten strukturierten Gebildes sistieren —, es folgen Bakterien, Pilze, Pflanzen usw — Bei den Organismen ist mit dem Anstieg in der Tierreihe das eigentliche die Autonomie beherrschende Gefalle immer mehr zentralisiert und durch Isolierung von der Außenwelt und Zwischenschaltung der nachgeordneten Gefalle in seinen Erhaltungsbedingungen stabilisiert. Die fur die Autonomie wichtigste Zwischenschaltung scheint mir die periphere Resorptionsassimilation zu sein, durch die der Organismus gewissermaßen der Nahrung schon den Stempel seines jeweiligen Status aufdruckt

Die Isolierung aber wird erreicht eben durch den Verlust jener chemischen Machtfulle der niederen Lebewesen Der Assimilationsvorgang der höheren Lebenssysteme setzt „weiter oben" an, weil er zu größerer, vom Darminneren zum Blut, vom Blut in die Organe zunehmender Spezifizität führen soll. Ja, wir wissen nicht, ob nicht für manche Organe, wie etwa das Gehirn, noch eine weitere Station in den endokrinen Drüsen passiert werden muß. Also nicht nur das Resultat, das Assimilierte, ist spezifisch, sondern schon der Strom und von Anbeginn an.

Die vergleichend-physiologische Betrachtung des Assimilationsproblems gipfelt in der Physiologie des Gehirns.

Immunität und Individualität.

Die zentrale Tatsache der Immunitätsforschung ist die Spezifizitat.

Dieser Satz wird vielleicht heute nicht mehr auf so unbedingte Zustimmung rechnen können wie in der ersten großen Blütezeit der Serologie, der Zeit PASTEURS, ROBERT KOCHS, v. BEHRINGS, EHRLICHS, BORDETS usw., die dem Forschungsgebiet die Nomenklatur und die großen Theorien gab.

Heute beherrscht die „unspezifische" Therapie mehr und mehr das Feld, man leugnet die Spezifizität vieler Erscheinungen natürlich nicht, aber das Interesse, die Hoffnungen gehoren ihnen weniger als ehemals.

In Wahrheit sind aber auch die „unspezifischen" Vorgänge gar nicht frei von Spezifizität, nur ist ihr Träger in diesen Fällen allein der behandelte Organismus. Wenn z. B. der kranke, etwa tuberkulöse Organismus auf parenterale Zufuhr verschiedener Agenzien (Milch) typisch anders reagiert als der gesunde (Herdreaktion, Fieber), so drückt sich darin doch auch eine Spezifizität aus, wenn auch — im Gegensatz zu der typisch-immunisatorischen — gewissermaßen eine einseitige.

Das ist keine bloß formale Begriffsspielerei. Die Frage ist vielmehr, ob all die vielseitigen, im weitesten Sinne serologischen Tatsachen eine innere Zusammengehörigkeit besitzen oder nicht. Nimmt man das an — vom Standpunkt der Maschinentheorie aus ist es unnötig, von dem unsrigen, dem der Ablaufvorstellung aus ist es unvermeidlich —, so kommt man zu der Unterscheidung dieser beiden Arten von Spezifizität.

Die einseitige, die in gewisser Parallele zu dem JOHANNES MÜLLERSchen Gesetz der spezifischen Sinnesenergien steht, ist der Ausdruck der bestimmten Ablaufrichtung des behandelten Organismus.

Die zweiseitige, die ihren Typus im Antigen-Antikörperverhältnis hat, kennzeichnet den Zustand einer geänderten Ablaufrichtung.

Man kann über ihr Eintreten allgemein voraussagen, daß sie — nicht nur, aber vorzugsweise — dann eintreten wird, wenn mehrere Ablaufrichtungen miteinander konkurrieren.

Zwei oder mehr innerhalb eines biologischen Systems vor sich gehende Abläufe müssen sich untereinander beeinflussen. Sie werden um das Substrat konkurrieren, sich gegenseitig zum Substrat zu machen streben, und von dem Ablaufgefälle der Konkurrenten, von dem Grad der vorhandenen spezifischen Hemmung wie auch von der Spezifizität des Assimilationszustromes wird es abhängen, wer Sieger wird.

Das Überwuchern einer Bakterienart über die andere, die Differenzierung durch verschiedene Nährböden erscheinen als ein geeignetes Untersuchungsmodell dieses Problems, ebenso wie die Anordnung der Parabiose.

Diese letzteren Versuche, die eine Art tierischer Aufpfropfung darstellen, bei denen zwei Partner in ihren Gefäßsystemen vereinigt werden, haben sehr interessante Belege zu der Auffassung der Spezifizität als Ablaufrichtung ergeben.

Bei Parabiose verschiedenartiger Partner wird mit zunehmender Zeitdauer die biologische Individualität jedes Partners nicht vermindert, sondern gesteigert (MAYEDA, G. SCHMIDT). G. BORN fand bei Verschmelzung von Amphibienlarven die wichtige Tatsache, daß bei gemeinsamem Darmrohr die Partner während des Zusammenlebens gleich groß und gleich weit entwickelt blieben, während bei getrennten Verdauungssystemen oft die eine Larve die andere im Wachstum überholte, obgleich die verkümmernde in der Ausdifferenzierung gleichen Schritt hielt. Dieser Befund ist zugleich eine weitere Stütze der im vorigen Kapitel entwickelten Anschauung, daß die Ablaufrichtung bereits während der Resorption im Darm eingeschlagen wird. Der besser resorbierende Partner erhält seinen spezifischen Zustrom und überwuchert infolgedessen den anderen.

Bei Warmblütern gelingt eine heteroplastische Vereinigung nicht und bei älteren Tieren auch die homoioplastische nicht mehr, was auf deren zu große „biochemische Differenz" zurückgeführt wird Die biochemische Spezifizierung nimmt also im Laufe des Lebens ebenso zu wie die morphologische, und zwar muß das für den Organismus als ein Ganzes genommen gelten, nicht für einzelne Gewebe oder das Blut allein.

Wäre das Assimilationsmaterial, wie es in der Körperflüssigkeit den Geweben zugeführt wird, nicht bereits im Sinne dieses individuellen Ablaufes spezifiziert, wäre es ein indifferentes Aminosäurengemisch, so wäre nicht einzusehen, warum die Parabiose unmöglich sein sollte, warum es andererseits nicht allen Bakterien günstigste Wachstumsbedingungen gewährte

Nach dieser Auffassung ist die allgemeinbakterizide Kraft des Serums — BUCHNERS „Alexine" — ein Ausdruck dafür, daß das Serum „lebt", solange es wirksam ist, daß es einen gerichteten Ablauf hat, der in Konkurrenz mit dem Bakterienablauf tritt. Es ergibt sich daraus als selbstverständlich, daß der „Alexin-Gehalt" eines Serums individuellen und innerhalb des Individuums zeitlichen Schwankungen, abhangig von allen möglichen außeren und inneren Ursachen, unterliegt, daß er in vitro ein pro Raumeinheit begrenzter sein muß, daß er im Stehen, rascher bei erhöhter Temperatur sowie bei Luft- und Lichtzutritt, abnehmen muß, und daß, wenn der Serumablauf zum Ende gelangt ist, dieses ein guter Nahrboden fur die vorher abgetötete Bakterienart wird.

Auch die Differenzen fur die Tier- wie Bakterienarten werden so verstandlich, es werden die Bakterien- mit den Serumbiorheusen um so besser konkurrieren konnen, je stärker ihr eigenes Assimilationsgefalle (Virulenz), je adáquater ihnen der Assimilationszustrom in dem betreffenden Serum und je inadaquater ihnen die hemmenden Endstufen des Serums sind.

Bekanntlich ist die bakterizide Kraft eines Serums begrenzt; während kleinere Mengen eines Bacteriums in kurzer Zeit zerstört werden, zeigen größere nur eine anfangliche Entwicklungshemmung, eventuell auch Abnahme der Keimzahl, um dann zu ungehindertem starkem Wachstum überzugehen. Ebenso hat das Serum, das einmal Bakterien zerstört hat, bei einer späteren neuerlichen Impfung keine bakterizide Kraft mehr.

Alle Eigenschaften der Alexine wie auch ihre von den meisten Autoren angenommene Herkunft aus den Leukocyten und anderen autolysierenden Zellen samt ihrer Fahigkeit, auch andere körperfremde geformte Elemente zu zerstoren, passen zu der schon von BUCHNER vermuteten nahen Beziehung zu proteolytischen Enzymen. Wenn man dieser Annahme folgt, so ist damit aber noch keineswegs gesagt, daß es sich um eine einfache Verdauung der Bakterien usw. durch eine Protease handelt.

Wir wissen, wie resistent lebende Bakterien gegen Verdauungsfermente sind und wie schwach die allgemein-tryptische Kraft des Serums ist, besonders infolge der ihm ja auch innewohnenden antitryptischen Wirkung, in unserer Theorie: der hemmenden Endstufen Nach den erwähnten Versuchen bezüglich der Verdauung lebender Bakterien in Protozoen müssen wir auch hier eine primäre Schädigung mit nachfolgender Verdauung erwarten, und in der Tat hält man die Alexinwirkung fur einen komplexen Vorgang, der prinzipiell der spezifischen Bakteriolyse mit Komplement und Amboceptor gleichartig sein soll.

Diese Anschauung stützt sich auf die Tatsache, daß der PFEIFER-sche Versuch bei Verwendung schwach virulenter Bakterien auch mit normalem Serum gelingt. Der berühmte Versuch ist folgendermaßen angesetzt worden: Choleravibrionen wurden mit spezifischem Immunserum, das durch Erhitzen inaktiviert war, Meerschweinchen in den Peritonealraum gebracht, es zeigte sich, daß sie dort ihre Form veränderten und dann aufgelöst wurden. Der gleiche Erfolg wird erzielt, wenn man in vitro zu dem Gemisch Vibrionen + inaktives Immunserum frisches Normalserum hinzusetzt oder wenn man von vornherein frisches Immunserum verwendet.

Die Tatsache nun, daß bei Verwendung mindervirulenter Kulturen der Versuch auch ohne spezifische Immunkörper gelingt, zeigt die Richtung an, in der die Ablauftheorie jene primäre Schädigung zu suchen hat.

„Virulenz" ist nach ihr gleichbedeutend mit Assimilationsgefälle, je schwacher dieses ist, um so leichter wird der betreffende Ablauf in der Konkurrenz der Biorheusen unterliegen, zum Substrat der anderen werden. Im Serum besteht eine Balance tryptisch-antitryptischer Kraft, die durch vielerlei Eingriffe im Sinne des Absinkens des antitryptischen Titers gestört werden kann, nach DE WAELE veranlaßt jede Globulinflockung im Serum Proteolyse, alle möglichen Adsorbentien, so koaguliertes Fibrin, Kaolin, abgetötete Bakterien, wirken in diesem Sinne.

Nimmt man nun an, daß diese antitryptischen Stoffe (Endstoffe) von den Bakterien adsorbiert werden, so kann die Wirkung eine zwiefache sein: einmal wird der bakterielle Ablauf selbst gehemmt — entsprechend dem allgemein (spezifisch nur erhöht) hemmenden Charakter der Endstufen — und zweitens wird die proteolytische Wirkung des Serums — d. h. sein weiterer Ablauf — freigesetzt.

Es ist danach verständlich, warum die Alexinwirkung eine so begrenzte ist: nur eine Maximalzahl von Bakterien kann von den adsorbtiv hemmenden Endstufen besetzt und „gebremst" werden, die nichtgebremsten aber werden von der proteolytischen Komponente nicht angegriffen, sondern vielmehr im Wachstum gesteigert, zumal sie dann in dem Proteolysat ihrer zerstörten Gefährten den günstigsten Nährboden haben, sobald der Serumablauf nicht mehr konkurrieren kann.

Es ist gegen die Auffassung der Alexine als enzymwirksamer Stoffe (BUCHNER), der sich die EHRLICHsche Vorstellung von dem Komplement als Enzym an die Seite stellt, der Einwand (GRUBER) erhoben worden, daß sie sich als Enzyme bei der Wirkung nicht verbrauchen dürften. Nach unserer Darstellung des Enzymablaufs brauchen wir nicht zu sagen, daß dieser Einwand nicht stichhaltig ist, im Gegenteil: daß sie sich verbrauchen, resp. daß der Vorgang zum Stillstand kommt, spricht für den enzymatischen — biorheutischen — Charakter.

Noch zwei weitere Tatsachenkomplexe schließen sich dem gut an. Bekanntlich ist in der EHRLICHschen Nomenklatur das Komplement der unspezifische, sehr thermolabile, im Normalserum vorhandene Stoff (der wahrscheinlich mit dem Alexin identisch ist), der im Zusammenwirken mit dem spezifischen Immunkörper, dem „Amboceptor" (am Globulin haftend, weniger thermolabil) die Immunreaktion (Bakteriolyse, Hamolyse) bewerkstelligt.

Nun vertritt die EHRLICHsche Schule die Anschauung, daß es eine Vielzahl verschiedenartiger Komplemente gibt, nicht nur von Tierart zu Tierart verschieden, sondern auch innerhalb ein und desselben Serums. Sie stützt sich auf die Erfahrungen, daß ein Serum eventuell wohl mit Blutkörperchen + Immunserum, nicht aber mit Bakterien + Immunserum Lyse bewirkt oder umgekehrt, und daß ein mit einem Bakterien-Immunserum-Gemisch erschopftes Normalserum oftmals fur ein anderes Objekt noch komplementwirksam sei.

Für diese Erscheinungen gibt die Ablauftheorie Verständnis auch ohne die Annahme mehrerer verschiedener Komplemente Man muß nur stets bedenken, daß der Reaktionserfolg nur eintreten kann, wenn dem Komplement (Anfangsbiokyme) die Möglichkeit des Ablaufs gewahrt ist. Enthalten nun die Zusatzgemische diesen Ablauf hemmende Stoffe, so wird er eventuell ungenügend oder gar nicht stattfinden und der Reaktionserfolg bleibt aus, obwohl das Objekt (Bakterien, Blutkörper) mit „Amboceptor" beladen, „sensibilisiert" (BORDET), also selbst spezifisch gehemmt ist. Man wird danach im negativen Falle annehmen, daß das betreffende Immunserum selbst den Ablauf des Normalserums hemmt oder daß das Gemisch Korpuskel + Immunserum die hemmenden Substanzen des Normalserums nicht genügend ausschaltet.

Die Zweckmäßigkeit dieser Betrachtung wird unterstrichen durch die vielfältig erwiesene Tatsache, daß für den Amboceptorgehalt des Gemisches oder genauer für die Menge des Immunserums ein Optimum besteht, daß ein zu großes Quantum davon den lytischen Effekt ebenso ausbleiben läßt wie ein zu geringes. Im ersteren Fall wird eben der Komplementablauf selbst so stark gehemmt, daß der Effekt ausbleibt, wobei der hemmende Effekt wie in unseren Enzymversuchen sowohl in der rein reaktionskinetischen Wirkung der tryptisch-antitryptischen Balance bestehen kann als auch in dem Verbrauch des Komplements (Frühbiokyme) durch synthetischen Zusammentritt mit den Spätbiokymen des Immunserums.

Auch der Vorgang der „Komplementablenkung" würde diesem Versuch der Analyse nicht entgegen sein. Die von GENGOU, BORDET, vor allem von NEISSER und SACHS, von WASSERMANN, LANDSTEINER, PORGES u. v. a. erforschte Erscheinung besteht darin, daß ein komplementhaltiges Normalserum, das mit einem Antigen-Immunserumgemisch zusammengebracht war, für ein zweites z. B. hämolytisches Immunsystem unwirksam geworden ist.

Bei der weiteren Untersuchung des bekanntlich in der Syphilisdiagnose wichtig gewordenen Phänomens hat sich gezeigt, daß die Spezifizität der reagierenden Komponenten keine so strenge ist, wie man anfangs annahm, besonders das Antigen kann durch den alkoholischen Extrakt normaler Organe und selbst durch Lecithine ersetzt werden, wenn auch quantitative Unterschiede bestehen.

Auch hier gibt es für die Ablauftheorie zwei Möglichkeiten: entweder wird der Komplementablauf durch das erste System freigesetzt und führt zum Verbrauch der lytischen Anfangsbiokyme oder er wird dadurch gehemmt, wobei eine Bindung an die hemmenden Stoffe irreversibel hemmen würde. Die relative Unspezifizität des Antigens im ablenkenden System spricht mehr für eine physikalische, adsorptive Bedeutung, und die wahrscheinlichste Annahme ist dann die einer Kombination von Ablauf des Komplements und Bindung seiner Biokyme an die des Immunserums. Weiterer Aufschluß müßte in dieser Frage optische und chemische Untersuchung auf Proteolyse bringen können, falls sich die Vorgänge (Synthese und Spaltung) nicht zu sehr überlagern.

Die zweite Tatsache, die mit der Ablaufvorstellung des Komplements resp. Alexins gut zusammengeht, ist die von BUCHNER für das letztere, von FERRATA, SACHS und TERNUCHI, BRAND u. a für das erstere gemachte Beobachtung, daß die Wirksamkeit erlischt, wenn man das Serum gegen Wasser dialysiert. Ebenso schwindet das Komplement im stark verdünnten Serum rascher, während Zusatz von Kochsalz es stabilisiert. Diese Erscheinungen erinnern unmittelbar an unsere Enzymdialyseversuche; sie finden ihre Erklärung, wenn man an das tryptisch-antitryptische, besser an das Gleichgewicht zwischen Anfangs- und Endbiokymen denkt. Im Serum tritt ja durch die Dialyse oder Verdünnung eine Vergrößerung der Globulinteilchen bis zur Ausflockung ein, und, wie schon erwähnt, bei diesem Vorgang wird das Serum proteolytisch wirksam, d. h. der Ablauf kommt in Gang. Bei der Dialyse gehen außerdem die dialysablen Stufen in das Dialysat über und bedingen so eine weitere Komplementabnahme, es wird ja auch angegeben, daß z. B. bei langerem Stehen Albumin zum Teil in Globulin übergeht (RUPPEL, MOLL).

Auf jeden Fall deuten die Erscheinungen alle auf einen Ablauf hin, und dem entspricht auch der konservierende Einfluß des Salzzusatzes, dessen ablaufhemmende Wirkung sowohl in unseren Versuchen sich bestätigte wie auch aus älteren Erfahrungen der Trypsinwirkungsschwächung durch Kochsalz hervorgeht. Die Hemmung des Endablaufs bis zu den unlöslichen Stufen sistiert ja den Gesamtablauf und erhält damit die Frühbiokyme auf ihrer Stufe, d. h. sie schützt im Sinne der zitierten NORTHORPschen Untersuchung.

Diese Betrachtungen bilden auch eine Brücke zu anderen, nicht-immunisatorischen Vorgängen im Serum, der Serotoxinbildung sowie ferner der ABDERHALDENschen sog. „Abwehrferment-Reaktion".

Frisches Normalserum, dessen Injektion vom homologen oder nicht-sensibilisierten heterologen Tiere reaktionslos vertragen wird, gewinnt durch verschiedenartige Eingriffe eine mehr oder weniger hochgradige Toxizität, deren Äußerung dem anaphylaktischen Chok wie auch der intravenösen Trypsininjektion ähnlich ist. Eine Art der Bildung des Toxins ist die Behandlung des Serums mit einer Kontaktsubstanz, die eiweißartiger Natur sein kann aber nicht muß, erprobt sind u. a.: Präzipitate, native Sera, Bakterien, Trypanosomen, gekochtes Placentareiweiß, Pepton, Agarsol, Kaolin, Baryumsulfat, Stärke, Kieselsäuregel. Ebenso wirkt Verdünnung des Serums mit destilliertem Wasser und kurzdauernde Erwärmung auf 37⁰, stärkere Verdünnungen werden schneller toxisch (JOBLING und PETERSEN). DE KRIEF und GERMAN fanden mit der VAN SLYKEschen Methode Abnahme des Aminostickstoffs bei Auftreten der Toxizität mit Agar oder Inulin als Kontaktsubstanz, später wieder Zunahme. Die echten Serotoxine wirken auch nekrotisierend in der Subcutis (wie Trypsininjektion), ferner vom Peritoneum aus und am isolierten Darm, sie passieren Kerzen- und DE HAENsche Ultrafilter. BORDET beobachtete schon, daß bei der Serotoxinbildung eine Trübung des Serums eintritt, nach JOBLING und PETERSEN wirkt auch wiederholtes Berkefeld-Filtrieren toxifizierend, wenn auch schwächer, längeres Schütteln bei Bruttemperatur bewirkt hingegen Globulinflockung und Komplementschwund.

Die erzielte Toxizität ist offenbar um so größer, je kürzere Dauer der Eingriff beansprucht — kurzdauernde Erwärmung bei Verdünnung — sie ist die Folge einer Gleichgewichtsstörung unter Verhütung der Entstehung eines neuen Gleichgewichts. Die Erscheinung der Abnahme des freien Aminostickstoffs bei der Toxinbildung, der die Beobachtung korrespondiert, daß der Stickstoffgehalt des giftigmachenden gekochten Placentareiweißes nicht ab, sondern eher zunahm, zeigt den Fortgang des synthetisierenden Endablaufs als das Primäre der Giftentstehung an und entspricht ja unseren Erfahrungen bei der Enzymentstehung in der Caseinlösung. Andererseits ist häufig auch bei Eiweiß-

antigen als serotoxischer Kontaktsubstanz das Auftreten von dialysablen, abiureten und ninhydrinreagierenden Produkten beobachtet
worden.

Es muß bei der Frage nach dem Enzymcharakter einer wirkungs-
mäßig definierten Substanz wie des Komplements, Serotoxins immer
diese Ablaufnatur bedacht werden, die es mit sich bringt, daß synthetische und analytische Prozesse sich überlagern und bald den einen,
bald den anderen mehr in die Erscheinung treten lassen, zumal bei Verfolg der Hydrolyse mit NH_2-Bestimmung oder Ermittlung des koagulablen und inkoagulablen Stickstoffs. Dann werden die meisten Einwände, die besonders neuerdings gegen die Enzymnatur gemacht worden
sind, sogleich hinfällig. So haben JOBLING und PETERSEN gefunden,
daß bei der Bakteriolyse durch Komplement und Immunserum der
nichtkoagulable Stickstoff nicht zunimmt und daß bei Behandlung der
Bakterien mit Komplement allein diese nicht nur nicht verdaut, sondern
gegen verdauende Fermente wie Trypsin resistenter werden. Das ist
offenbar kein Einwand, sondern in voller Übereinstimmung mit den
Erfahrungen über die Verdauung lebender Bakterien — die Bakterien
werden durch das unterliegende Komplement in ihrem Ablauf gesteigert,
also resistenter — und mit den oben angezogenen Überlagerungen von
Synthese und Proteolyse. Das im Immunversuch lytische Komplement
läuft dabei selbst synthetisch ab und vermehrt an seinem Teil den koagulablen N, wie wir es im Fermentzüchtungs-Verdauungsversuch auch
oft sahen.

Gegen die Auffassung BRONFENBRENNERs, daß Komplement und
antitryptische Substanz sich decken sollen (weil bei der positiven
ABDERHALDEN-Reaktion das Serum inaktiviert wird) verhalt sich
DOERR mit Recht skeptisch, schon die viel größere Thermolabilitat des
Komplements spricht dagegen.

Wohl aber können nach unserer Anschauung Komplement und
antitryptische Substanz Stufen eines Ablaufs sein, was vorher Komplement war, geht im weiteren Verlauf in antitryptischen Stoff über.
Unsere Erfahrungen mit dem Gleichgewicht in der Caseinlösung, dem
weiteren Ablauf bei Störung des Gleichgewichts und dem schließlichen
Aufbrauch der ablauffähigen Stoffe (Biokyme) spiegeln die betrachteten
Erscheinungen im Serum vollkommen wieder. Auch die Einflüsse der
Temperatur, des Lichts und der Luft, der Verdunnungen und Adsorptionen, sowie die für den Erfolg — Enzymausbeute, Toxizität — wesentlichen zeitlichen Momente sind ganz analog.

Es könnte als Einwand angefuhrt werden, daß bezuglich der
chemischen Natur der serologischen Stoffe abweichende Befunde erhoben worden seien. Die besonders von BANG, MUCH u a. verfochtene
Lipoidnatur der hauptsachlichen Korper (Komplement, Antigen), der

von Pfeifer angenommene Nichteiweißcharakter der Immunkörper scheinen gegen eine Analogisierung mit Proteasen zu sprechen. Dazu ist aber zu bemerken, daß diese Charaktere auf Grund des Löslichkeitsverhaltens angenommen sind, daß aber, wie Michaelis und Rona zeigten, Protein an Lipoide gebunden diesen in die Lösungsmittel folgen kann, daß außerdem auch bei unseren Caseinfermenten wirksame Alkoholauszüge zu erhalten sind, gewisse Stufen also alkohololöslich sein müssen, daß gerade sehr wirksame Lösungen öfters keine Biuretreaktion mehr gaben, und hier ist das Ausgangsmaterial ein einwandfreier, lange extrahierter Eiweißkörper.

Es soll damit aber gar nicht die Möglichkeit, daß innerhalb des Ablaufs Lipoidkörper auftreten, abgestritten werden. Wir wissen von den chemischen Reaktionen dabei fast nichts, sie sind zweifellos höchst mannigfaltig, und die Tatsache, daß Lipoide, speziell Phosphatide, im lebenden System gebildet werden, spricht sehr dafur, daß sie in den Ablauf, die Biorheuse hineingehören. Sie darum, wie Bang es tut, als die eigentlichen Lebensstoffe anzusprechen, erscheint mir so verfehlt wie jede Bindung des Lebens an eine chemische Gruppe anstatt an das stoffliche Geschehen.

Durchaus ungeeignet, um die Frage nach der Natur etwa der Antigene zu entscheiden, sind die Verdauungsfermente, wenn z. B. Trypsineinwirkung den Antigencharakter eines Stoffgemisches nicht oder nicht weitgehend beeintrachtigt, so beweist das nicht, daß der betreffende Körper kein Protein sei. Gemäß der Ablauftheorie kann die Antigeneigenschaft ihren materiellen Träger wechseln, etwa auf das „gezüchtete" Ferment übergehen, und andererseits kann der eigene Ablauf des Antigens — besonders bei Bakterienproteinen — in der biorheutischen Konkurrenz über das Enzym siegen.

Daß reine Lipoide Antigencharakter haben können, beweist übrigens nicht, daß Proteine bei dem Vorgang unbeteiligt seien. Der Einfluß kann in einer Richtungsänderung innerhalb des Organismus bestehen, die etwa durch adsorptive oder chemische Bindung bestimmter hemmender Stufen bewirkt wird. Damit berührt sich die Annahme von Wolf-Eisner, daß bei Idiosynkrasien etwa gegen Arzneimittel die Hypersensibilität sich nicht gegen die auslösenden Stoffe, sondern gegen Verbindungen derselben mit körpereignem Eiweiß richtet.

Ein der Serotoxinbildung verwandter Vorgang ist wohl auch die Erscheinung des Giftigwerdens des Gerinnungsblutes.

Nach H. Freund sind dabei Früh- und Spätgifte zu unterscheiden, de Krief nimmt eine labile und eine stabilere Komponente an, von denen er die letztere mit dem Serotoxin identifiziert. Es ist plausibel, daß auch der Gerinnungsvorgang den Ablauf von Hemmungen befreit, die sich dann im Serum neu bilden und den weiteren Ablauf sistieren.

Den Übergang von diesen im üblichen Sinne unspezifischen Erscheinungen zu den spezifischen mag eine Beobachtung von BRONFENBRENNER bilden, nach welcher Sera gravider Tiere mit Placenta in vitro behandelt giftig wurden für die betreffende Tierart, während heterologe und männliche Sera ungiftig blieben. Eine derartige Beziehung zwischen der Serotoxinbildung und der ABDERHALDENschen Reaktion ist auch von anderen Forschern beobachtet worden, sowohl so, daß Sera mit positivem Ausfall der Reaktion giftig wurden, als auch daß dieselben Eingriffe (Adsorbentien), welche die Serotoxinbildung bewirken, einen positiven Ausfall der ABDERHALDEN-Reaktion vortäuschten.

Bekanntlich basiert die ABDERHALDENsche Probe auf dem Nachweis proteolytischer Vorgange bei Zusammenbringen von einem Serum mit gekochter Organsubstanz, wobei der positive Ausfall auf ein im Serum vorhandenes spezifisch auf das betreffende Organeiweiß eingestelltes proteolytisches Ferment hindeuten soll. ABDERHALDEN nimmt an, daß bei Zerfall von Geweben und Übertritt seines Eiweißes in das Blut dort ein „Abwehrferment" auf dieses Eiweiß gebildet wird, das seinen Abbau besorgt. So soll das Gravidenserum ein spezifisches Ferment auf Placentareiweiß, das von Krebskranken eines auf Carcinomproteine enthalten. In die Diskussion dieses vielumstrittenen Gebietes kann hier nicht eingetreten werden. Nach allen erörterten Eigenschaften solcher biorheutischer Gleichgewichte wie das Blutserum ist einleuchtend, welche Schwierigkeiten mit allen Methoden des proteolytischen Nachweises verbunden sind, die in ihren Anordnungen das Gleichgewicht zu stören geeignet sind, so bei der Dialyse oder schon durch Adsorptionsvorgange. Optische Methoden unterliegen außerdem der erwahnten Gefahr der Überlagerung synthetischer und analytischer Prozesse. Andererseits ist die Ausschaltung der hemmenden Stufen im Serum selbst ein Vorgang, der in gewissem Maße spezifisch sein kann, derart daß in einem Immunserum — und ein solches ist auch das ABDERHALDEN-aktive — bei der Immunisierung die Ablaufe in bestimmter, durch das Antigen gegebener Richtung verandert sind und infolgedessen seine antitryptischen Spatstufen von dem zugesetzten Antigen besonders leicht gebunden werden Moglicherweise kann auch der Antigenantikorperkomplex zur Adsorption oder Bindung der unspezifischen hemmenden Stoffe besonders befahigt sein, wie wir es schon fur die Amboceptor-Antigenverbindung vermuteten

Diese Auffassung der ABDERHALDEN-Reaktion ist durch neuere Untersuchungen von PLAUT, PEIPER, BRONFENBRENNER u a gestutzt, sie deuten den Vorgang auch in dem Sinne, daß ein fermenthemmender Stoff adsorbiert wird und diese Enthemmung die Autodigestion des Serums fortgehen laßt.

Dementsprechend kann hitzeinaktiviertes Serum durch Zusatz von normalem wieder ABDERHALDEN-positiv werden. BRONFENBRENNER sensibilisierte Placentagewebe mit inaktiviertem Gravidenserum und konnte mit der sensibilisierten Substanz in jedem frischen Serum Autodigestion auslösen.

Wenn so der Antigen-Antikörperkomplex die hemmende Substanz paralysiert und die Proteolyse in Gang setzt, so schließen sich diese Vorgänge ganz an die oben unter der EHRLICHschen Nomenklatur besprochenen an. Dem entspricht es auch, daß bei positivem Ausfall der ABDERHALDEN-Reaktion das Komplement schwindet, und daß andererseits die Inaktivierung der Graviditätssera durchaus nicht so leicht ist wie die Zerstörung des Komplements, daß die wirksamen Stoffe auch darin den Immunkörpern gleichen. Ferner entspricht dieser Auffassung, daß mit Wasser verdünnte Sera leichter den positiven Ausfall geben, der Ablauf wird ja — vgl. die Serotoxinbildung — dadurch befordert, die Hemmung gemindert.

Bei der bisherigen Betrachtung der Spezifizitatsvorgänge haben wir eine Erfahrung noch nicht zur Erklarung mit herangezogen, die sich doch sehr aufdrängt: die Erscheinung der „Fermentzüchtung", der künstlichen Spezifizierung.

Die Tatsache der durch das Substrat bedingten bestimmten Richtung des biorheutischen Ablaufs, welche die Biokyme in ihrer enzymatischen Eigenschaft auf das zugehörgie Substrat speziell abstimmt, ist ein notwendiges Glied in der Kette. Wenn die spezifischen Antikörper auf dem Wege des Ablaufes entstehen, so muß das Antigen wie das Substrat in der Fermentzüchtung wirken, denn daß es nicht einfach in seinem eigenen Ablauf — z. B. dem Autolysat der aufgelösten Bakterien — zum Antikörper wird, geht aus der Überproduktion des Antikörpers gegenüber der Menge des Antigens mit Sicherheit hervor. Es ist aber keinesweges gesagt, daß diese „Züchtung", die Richtungsbestimmung durch das Antigen nur im Serum selbst, analog unseren Versuchen mit den gelösten Enzymen, vor sich geht; es ist im Gegenteil als sicher zu behaupten, daß sie in der Hauptsache intracellulär abläuft, vor allem in den Zellen des myelo-lymphatischen Apparates, die ja auch als antikörperreicher gegenüber dem Serum längst erwiesen sind, aber wohl auch in fixen Gewebszellen.

Der große Unterschied in der Dauer einer aktiven gegenüber einer passiven Immunitat, wie auch die Beobachtung der Steigerung der Antikorperproduktion durch einen unspezifischen „protoplasmaaktivierenden" Reiz sprechen unbedingt dafür. Für das Verständnis speziell der Immunitätsdauer knüpfen wir an die im vorigen Kapitel entwickelten Vorstellungen an, nach denen das Autolysat eines Gewebes das erste Material seiner Neubildung ist. Ist also die Ablaufrichtung etwa der leukocytären Biorheusen durch das parenteral einverleibte Antigen einmal in bestimmter Weise geändert, so hat das Zellmaterial bei der Neuentstehung — infolge des Teilungsmechanismus wie auch der Assimilationszufuhr im Autolysat — die Tendenz, diese Richtung beizubehalten.

Es leuchtet wohl ein, daß die ganz allgemeine, in ihren Symptomen so mannigfache Folgeerscheinung parenteral einverleibter antigenwirksamer geformter und ungeformter Substanz unverständlich bleibt, wenn man in einem indifferenten Aminosäurengemisch die Assimilationsquelle der Zellen und Gewebe sieht. Ist aber, wie wir annehmen, der Assimilationsstrom ein schon ganz spezifischer, bestimmt gerichteter, wie er an die Zellen herantritt — eben den art- und individualeigenen Charakter ausmachend, der über alle Richtungsdifferenzen innerhalb der verschiedenen Gewebe übergreift — so müssen auch kleinste Mengen eines spezifisch anders richtenden Substrats große Wirkung ausüben können.

Die Möglichkeiten der Störung sind ja überaus mannigfache, an den verschiedenen Konstituenten des biorheutischen Gefälles können sie eingreifen und in den verschiedenartigsten Symptomen in die Erscheinung treten.

Der gesunde, normal ernährte Organismus ist ein System von Abläufen, intra- und extracellulären, die gleichsam symphonisch abgestimmt sind, die Abgestimmtheit wird erhalten dadurch, daß das von außen zukommende Material schon beim Passieren der inneren Grenze des Systems in den jeweiligen Status der biorheutischen Differenziertheit, die selbst eine Funktion des Lebensablaufes ist, eingestellt wird. Diesen Mechanismus lernten wir im letzten Kapitel kennen.

Je größer das Gesamtassimilationsgefälle, um so mehr tritt von dem in der Nahrung zugeführten Material in den Assimilationsstrom ein, um so weniger spezifiziert ist er aber auch, während umgekehrt beim hochspezifizierten alten Organismus ein viel geringerer Anteil des Nahrungseiweißes zu Assimilationsmaterial wird. Der Säugling retiniert dementsprechend einen hohen Prozentsatz des Nahrungsstickstoffs, der Greis extrem wenig. Bezeichnenderweise sind ganz jugendliche ebenso wie alte Tiere nicht oder schwer anaphylaktisierbar. Andererseits sind junge Individuen leichter infizierbar, entsprechend der größeren Allgemeinheit ihres biorheutischen milieu interne, und der enterale Schutz gegen den Übertritt fremden Eiweißes ist unvollkommener, ihre allgemein-bakterizide Kraft (Alexin) ist geringer, was wohl auch mit auf dem Mangel an „Amboceptor", also den hemmenden, die Bakterien „bremsenden" Spatstufen im Serum beruhen dürfte.

Es wäre erwünscht, an Individuen verschiedenen Alters die bakterizide Kraft des Serums im Vergleich mit seiner antitryptischen Wirksamkeit zu ermitteln.

Auch in den Organen und Geweben hat man bakterizide Substanzen nachgewiesen, so neuerdings O. FLEMMING in Sekreten wie Tränen, Sputum, Nasenschleim und dem wäßrigen Extrakt vieler Gewebe. Die Substanz wirkt optimal zwischen 37° und 60°, bei 75° wird sie rasch zerstört, sie wird von Kollodium adsorbiert, geht aber durch Papier-, Watte- und Kerzenfilter.

Die allgemein-biologische Grundanschauung dieses Buches — das „Gesetz von der Notwendigkeit des Todes" oder die Biorheusetheorie — nimmt für die hier betrachteten Vorgänge die Gestalt einer Hypothese an, die sich folgendermaßen formulieren läßt.

Die Basis aller Immunitätserscheinungen ist die Tatsache der spezifisch gerichteten biorheutischen Abläufe innerhalb des Organismus, seiner Gewebe wie der Körperflüssigkeit und ihrer cellulären Elemente, vor allem der Leukocyten, sowie der Bestimmtheit des Ablaufgefälles durch das relative Mengenverhältnis der Biokyme der verschiedenen Stufen.

Immunität, d. h. spezifische Reaktion des Organismus auf den Eintritt fremder geformter oder ungeformter Substanz ist möglich, wenn a) das Antigen selbst einen spezifischen Ablauf hat, oder b) als richtendes Substrat der Organismusbiorheusen dienen kann, oder c) durch chemische oder adsorptive Bindung speziell ausgewählter Biokyme gewisse Biorheusen des Ablaufsystems des Körpers gesondert hemmen oder fördern und dadurch eine Veränderung des interbiorheutischen Gleichgewichts von spezifischer Auswirkung setzen kann.

Welche dieser Möglichkeiten den einzelnen Erscheinungen zugrunde liegt, wird sich in vielen Fällen nicht ohne weiteres sagen lassen, gewiß wird sich mancher Vorgang aus mehreren Faktoren zusammensetzen. Die Begründung der Hypothese wird sich darauf beschränken müssen, die Systematisierbarkeit des ganzen Gebietes mit ihrer Hilfe zu erweisen, d. h. alle Vorgänge in ihrer Sprache zu beschreiben. Wenn wir dieser Aufgabe gemäß im folgenden die einzelnen Immunitätstatsachen analysieren, so versteht es sich von selbst, daß es sich in den Einzelheiten um vorläufige und heuristisch zu wertende Darstellung handelt, der Weg zu tieferem experimentellen Eindringen wird sich dabei aber klar erweisen.

Von den typischen Immunitätsarten scheidet sich prinzipiell die sog. natürliche oder angeborene Immunität, besser Unempfänglichkeit gegenüber bestimmten Erregern genannt.

Weder ist sie passiv, d. h. durch Einverleibung von Serum des unempfänglichen Tieres auf andere übertragbar, noch geht die natürliche bakterizide Kraft der Seren gegenüber einem Erreger der Empfänglichkeit der Tiere parallel. Die ganze Erscheinung stellt sich näher an diejenige der Resistenz als die der eigentlichen Immunität, und dem entspricht es auch, daß die Unempfänglichkeit eine relative, keine absolute ist, daß sie vom individuellen Zustand (Ernährung, Abhärtung usw.) des Tieres mit abhängt, und daß die Zuführung großer Infektionsmengen eine Grenze des Ertragbaren erscheinen läßt. Bei dem Zustandekommen der Infektionsabwehr wirkt das Gewebe des Organismus entscheidend mit, vor allem wohl auch wieder die Leukocyten, weniger als Phagocyten denn als Lieferanten gelöster Stoffe (Pettersson, Gruber), und es ist weniger eine primäre Bakterizidie als eine Entwicklungshemmung, ein Nichtwachsenkönnen, das sich manifestiert.

Uns ist das Ganze ein typischer Fall der biorheutischen Konkurrenz, ganz analog der Verdrängung einer Bakterienart durch die andere in vitro; darum versagt auch das Serum allein, dessen biorheutisches Gefälle nur im Zusammenhang des ganzen Assimilationstroms erhalten bleibt. Die besondere Rolle der Leukocyten entspricht unserer Annahme (vgl. voriges Kapitel), daß diese die Hauptbiokymlieferanten des Serums sind. Hört der Nachschub auf, so fällt die Entwicklungshemmung durch die Konkurrenz fort und das Serum wird zum guten Nährboden. Ist von vornherein der Erreger in uberreicher Menge zugegen, so siegt er und die Resistenz wird durchbrochen. Dem fügt sich gut die Feststellung an, daß avitaminotische Tauben ihre Unempfänglichkeit gegen Milzbrand einbüßen, gemäß also der Verminderung des organismischen Assimilationsgefälles.

Noch ein Moment kommt hinzu Bekanntlich verschwinden die meisten intravenös eingebrachten Erreger sehr rasch aus dem Blute, sie werden von Geweben jeweiliger Prädilektion aufgenommen. Unterliegen nun diese dem Erreger — wieder gemäß der Konkurrenz — so lokalisiert sich der Prozeß zunächst, und so ist es verständlich, daß z B. Kaninchen trotz ausgepragter Bakterizidie des Serums hochempfanglich fur Milzbrand sind; sind andererseits die betreffenden Gewebe Sieger, so kann wie bei Huhnern trotz fehlender Serumbakterizidie die Erkrankung ausbleiben Die Grunde, die zur Lokalisation der Bakterien fuhren, können mannigfacher Art sein, eine davon wird durch einen schönen Versuch von Buchner demonstriert:

Wurden zwei Glaschen mit einem bakteriolytischen Serum beschickt, beiden die gleiche kleine Menge von z. B. Typhusbacillen zugesetzt und in das eine außerdem ein Bauschchen entfetteter Watte gebracht, so war das wattefreie alsbald steril, wahrend in dem anderen nach vorübergehender Hemmung kräftiges Wachstum einsetzte. Ich glaube nicht, daß die Deutung, die Watte verhindere das Herandiffundieren der bakteriolytischen Serumstoffe, richtig ist, Watte ist kein

Diffusionshindernis, zumal in dem Gläschen erhebliche Konvektionsströmungen vor sich gehen müssen, und der Wachstumsvorgang demgegenüber langsam geht. Ich möchte es so deuten, daß die ablaufhemmenden Stoffe, welche die Bakterien primär bremsen müssen (Amboceptor), von der Watte adsorbiert werden anstatt — wie in dem anderen Gläschen — von den Bakterien, und daß darum das Bacterium in dem biorheutischen Wettkampf siegt.

Die Lokalisation braucht also keine besondere Ursache zu haben, es genügt, wenn das Bacterium dort, sei es dem erörterten Mechanismus gemäß, sei es etwa auch wegen eines adäquaten Assimilationszustromes, bessere Entwicklungsbedingungen findet, dann wird das — zufällig — dorthin verschleppte Bacterium sich dort vermehren.

Es ist aber auch sehr wohl denkbar, daß das Bacterium an einer Stelle sich lokalisiert, weil es dort zunächst gute Bedingungen hat, und sich damit doch selbst das Ende bereitet. Es kann dort eine Art von lokaler echter Immunität erzeugen, indem es durch spezifische Richtung der Gewebsbiorheusen — das Eiweiß der zerfallenen Bakterien als Substrat — seinen eigenen Ablauf hemmende Spätstufen erzeugt, die dann sekundär den erhaltenen Gewebs- oder Leukocytenbiorheusen den Sieg verleihen. Schließlich kann auch die Lokalisation bei Behinderung der Abführung der Bakterien resp. ihrer Zerfallsprodukte zum Ende des Wachstums analog dem in der geschlossenen Kultur führen.

Ein Moment kommt hinzu, das bei der Lokalisation — und um so mehr, je behinderter die Entfernung der Herdsubstanzen ist — die Chancen des Gewebes gegenüber dem Erreger (und relativ zu denen des Serums) steigern kann: wenn primär ein stärkerer Gewebszerfall einsetzt, so wird dessen Assimilationsgefälle (von der Gewebslymphe an) spezifisch gesteigert, der vorher allgemeinere Assimilationzustrom auf das Gewebe speziell eingestellt und dieses im Wettkampf dadurch begünstigt.

Natürlich ist der Erfolg dieser verschiedenen Geschehnisse immer relativ bedingt, immer kann dasselbe Ereignis sowohl nützlich wie schadlich für den Erkrankten sein.

So wird z. B. ein erheblicher Gewebszerfall bei sehr virulenten Erregern zu deren Gunsten ausschlagen können, wenn das Autolysat doch in den Assimilationsstrom des Bacteriums gezwungen wird, was um so wahrscheinlicher ist, je schwächer an sich schon das Assimilationsgefälle des Gewebes (Alter, primäre Schädigung, Diabetes) war. Der Kampf zwischen Erreger und Organismus resp. Gewebe hat den Charakter eines Vabanque-Spieles, die Kämpfer setzen ihre Streitkräfte ein, ohne sich den Rückzug auf den status quo ante zu sichern. Jede ins Gefecht eingesetzte Truppe wendet sich, wenn sie keinen Erfolg hat, gegen ihren Herrn und vergrößert dessen Niederlage. Das ist wohl auch der Grund, warum viele unserer therapeutischen Maßnahmen im einen Falle ebenso eklatant nützen wie sie im anderen, scheinbar ganz gleichen Falle schädigen (z. B. Heilentzündung, Hyperämie), davon wird im nächsten Kapitel noch mehr zu sagen sein.

Daher ist aber auch die so beliebte Frage nach der Zweckmäßigkeit einer pathologischen Erscheinung müßig, es gilt da wie im Kriege, daß der Erfolg entscheidet. Nicht die Motive, sondern den Mechanismus einer Reaktion des Organismus gilt es zu erforschen und immer im Zusammenspiel mit dem des Reaktionserregers.

Von den verschiedenen erörterten Möglichkeiten, die „natürliche Immunität" unter der Ablaufvorstellung zu deuten, wird man keine als die maßgebende bevorzugen, ich möchte nur vermuten, daß der Grad der Spezifizität und Richtungsdifferenz gegenüber dem Erregerablauf zusammen mit der Intensität des Ablaufs von besonderer Bedeutung ist. Jedenfalls darf man die Erscheinungen wiederum als Stütze unserer allgemeinen Assimilationstheorie, wie sie im letzten Kapitel entwickelt wurde, in Anspruch nehmen.

Unter Allergie ist nach DOERR allgemein die veränderte Reaktionsfähigkeit zu verstehen, die der Organismus nach Krankheit oder Vorbehandlung mit einer körperfremden Substanz erlangt. In allen Fällen entstehen unter dem Einfluß der Behandlung im Organismus Substanzen, die mit dem behandelnden Agens in Reaktion treten. Die erfolgte Reaktion führt zu Manifestationen in vivo oder in vitro, die sehr verschiedener Art sein können, die aber — wenn unsere Hypothese sich bewährt — den inneren Zusammenhang der Ablaufprozesse erkennbar machen müssen.

Es sollen hier zunächst die allgemeineren, nicht an lebende Antigene oder ihre Produkte gebundenen Vorgänge erörtert werden, wobei wir die meistuntersuchten und paradigmatischen Erscheinungen bevorzugen.

Es besteht ein naher Zusammenhang zwischen den unter dem Namen Präcipitation und den als Anaphylaxie oder allgemeiner Überempfindlichkeit gekennzeichneten Erscheinungskomplexen

Die Pracipitation ist zuerst von KRAUSS beim Zusammenbringen eines Immunserums mit dem Filtrat der zugehörigen Bakterienkultur beobachtet worden, sie stellt sich dar als eine Ausflockung und hat, wie die Forschung vielfältig festgestellt hat, einen hohen Grad von Spezifizität. Als Antigen — Pracipitinogen — geeignet sind zahlreiche tierische und pflanzliche Eiweißkorper, eiweißhaltige Losungen und Organextrakte, Albumosen und Peptone ermittelt worden. Die Pracipitine, die im Serum auftretenden Antikorper, sind weniger thermolabil als etwa das Komplement, durch Erhitzen auf 60 bis 70⁰ werden sie nur der fällenden, nicht der bindenden Fähigkeit beraubt.

Ebenso verliert nach EISENBERG auch das Präcipitinogen durch längeres Erhitzen nur die Koagulierbarkeit, nicht die Bindungskraft. Bei der Entstehung des Präcipitats (von Eiweißcharakter) werden beide Komponenten verbraucht.

Die Annahme von P. HIRSCH, daß der Präcipitation eine fermentative Spaltung vorausgehe, wurde von DOERR nicht bestätigt. Die Spezifizität ist keine absolute, auch dem Antigen verwandte Proteine ergeben eine — minder starke — Ausflockung. Das Phänomen tritt nur in vitro ein, im strömenden Blute nicht, doch konnte die Bindung der beiden Faktoren (Abnahme des Präcipitingehaltes auf Reinjektion des Präcipitinogens) auch dort festgestellt werden. Wichtig für unsere Analyse ist die Beobachtung, daß im Falle einer passiven Immunisierung (z. B. mit Diphtherieheilserum) der Antikörpergehalt (Diphtherie-Antitoxin) im gleichen Maße zurückgeht, wie sich Präcipitine gegen das injizierte Serum bilden, und daß die Bildung der Antigen-Antikörperbindung Komplementschwund bewirkt. Das Präcipitin ist mit Ammonsulfat in der Euglobulinfraktion fällbar.

Bei unseren Versuchen der Enzymgewinnung aus Casein hatte sich gezeigt, daß, wenn einer caseinfrei gewordenen, klarfiltrierten Lösung etwas Casein zum Verdauungsversuch zugesetzt wurde, sich die Lösung alsbald — bei 37⁰ — wieder trübte, und zwar um so rascher und intensiver, je eher die Proteolyse wieder zum Stillstand kam (s. S. 63). Durch geeignete Maßnahmen — Säurevorbehandlung, mehrfache Filtration, etwas höhere Alkalinität — war es zu erreichen, daß diese Trübung sich nicht diffus weiter verdichtete, sondern eine flockige Ausfällung eintrat, deren Substanz von Casein deutlich verschieden war. In den Fällen, wo die Trübung sehr rasch eintrat, die Proteolyse dagegen nicht nachweisbar war (wenigstens auf Essigfällung), darf man annehmen, daß die Lösung nur relativ späte Stufen des Ablaufes enthielt, die mit dem zugesetzten Substratcasein oder seinen ersten Spaltstücken sogleich zu größeren Komplexen zusammentraten, chemisch ließ sich die baldige Abnahme der freien NH_2-Gruppen feststellen. Auch bei den an längere Züchtung angeschlossenen Verdauungsversuchen sah ich oft nach anfänglicher Abnahme oder auch sogleich eine Zunahme des koagulablen Eiweißes oder auch eine Ausflockung ohne Fällungsmittel.

Diese Beobachtungen sind erneut herangezogen worden, weil sie als Modell des Präcipitationsvorgangs gelten können. Wir würden das Präcipitin auffassen als spätere, synthetisch schon fortgeschrittene Biokyme eines durch das Antigen als Substrat gerichteten Ablaufs, die von dem neu zugefügten Antigen spezifisch gebunden werden.

MICHAELIS hat gezeigt, daß ein Überschuß an Präcipitin niemals hindert, wohingegen oberhalb einer gewissen Konzentration an Präcipitinogen die Ausflockung ausbleibt; nimmt man wenig Präcipitin auf unverdünntes Antigenserum, so kann die Reaktion ausbleiben, die eintritt, wenn man dieselbe Präcipitinmenge zu verdünntem Antigenserum zusetzt (CALCAR). Das ist verständlich, denn bei größerer Antigenkonzentration verteilt sich das verfügbare Präcipitin auf eine größere Teilchenzahl, so daß die einzelnen Teilchen nicht zu der zum Eintritt der kolloidalen Zusammenballung nötigen Größe heranwachsen.

Wir würden also mit DOERR keine Aufspaltung des Präcipitinogens durch den Antikörper für notwendig halten oder doch keine soweitgehende, daß sie als Proteolyse sich manifestieren müßte, wohl aber in dem synthetisch ablaufenden Präcipitin den Kern des Ausflockungskomplexes sehen. Wenn HIRSCH Proteolyse gefunden hat, so ist das mit DOERRS negativem Befunde durchaus vereinbar. Tritt die Präcipitation ein, so ist mit der Lähmung der Antitrypsie des Serums die Möglichkeit des „Komplementablaufs" (das ja in der Tat schwindet) und damit der Autodigestion des Serums gegeben. DOERR ließ es in seinen Versuchen nicht bis zur Ausflockung resp. Trübung kommen, aber er hat bewiesen, daß die eigentliche Proteolyse nicht der primäre, sondern, wenn sie eintreten kann, ein sekundärer Vorgang ist.

Die Verbindung der Anaphylaxie mit der Präticipitinreaktion besteht darin, daß alle anaphylaktogenen Stoffe auch präcipitinogen sind, sie sind ausnahmslos hochmolekulare Proteinsubstanzen oder deren Gemische.

Der Begriff der Anaphylaxie knüpft sich an die Erscheinung des anaphylaktischen Choks. Solche Tiere, die sensibilisierbar sind (Affe und Ratte sind es beispielsweise nicht), werden durch die parenterale Einverleibung kleiner Mengen eines fremden Eiweißkörpers in einen Zustand versetzt, der sie auf eine neuerliche Injektion mit schweren, eventuell tödlichen Erscheinungen reagieren läßt.

Die Haupterfahrungen, einfach aneinander gereiht, sind folgende:

Die Sensibilisierung gelingt mit kleinen Dosen besser als mit großen, mit übergroßen gar nicht oder mit geringerer Spezifizität.

Die Entstehung der Überempfindlichkeit hat eine Inkubationszeit, innerhalb welcher Reinjektionen wirkungslos sind. Die Überempfindlichkeit ist an die Produktion von Antikörpern gebunden und demgemäß passiv mit dem Serum auf andere Tiere übertragbar, hat dort aber auch erst eine mehrstündige Inkubation (OTTO).

Die passive Hypersensibilität klingt rasch ab, bei Verwendung heterologen Serums rascher als homologen, die aktive klingt langsam ab, dauert Jahre.

Durch voraufgeschickte Injektion einer unterschwelligen Reinjektionsdosis wird der Chok auf eine an sich wirksame Dosis verhütet, ebenso wirkt langsame (10 Minuten) Einverleibung der Chokdosis nicht chokmachend.

Je mehr und je häufiger das Antigen injiziert wird, um so unspezifischer reagieren die Antikörper, bei fortgesetzter Überschwemmung mit Antigen stellt der Organismus die Antikörperproduktion ein.

Jedes Antigen, das eine Tierart sensibilisiert, wirkt auf alle überhaupt sensibilisierbaren Arten.

Jede Tierart reagiert auf die verschiedenen Antigene mit ein und derselben, von Art zu Art verschiedenen Anaphylaxiereaktion, z. B. das Meerschweinchen mit Spasmus seiner glatten Bronchialmuskulatur, das Kaninchen mit Kontraktion der Arteriolenmuskulatur der Lunge, der Hund mit Blutstauung in der Leber.

Die glatte Muskulatur sensibilisierter Meerschweinchen von welchem Organ auch immer kontrahiert sich bei Einwirkung minimaler Antigenmengen maximal (W. H. SCHULTZ).

Die Annahme der Entstehung eines bestimmten Anaphylaxiegiftes, das dem Histamin (Imidazolathylamin) verwandt gedacht wurde, hat sich nicht halten lassen.

Zum Eintritt der Reaktion muß der Antikörper zellständig sein oder werden (passive Sensibilisierung), bei der letzteren Art erleidet er nach der Zellbindung noch eine weitere Veränderung (Aktivierung) (OTTO, DOERR, COCA u. a.).

Durch fortgesetzte Zuführung unterschwelliger Antigendosen läßt sich ein überempfindliches Tier desensibilisieren, nach Aussetzen der Zufuhr kehrt die Überempfindlichkeit mit der Zeit zurück. Analoge Erfahrungen sind bei menschlichen Idiosynkrasien gemacht worden.

Aus den Forschungen von LANDSTEINER, OBERMEIER und PICK u. a. geht hervor, daß die Spezifizität durch chemische Veränderung am Antigen lenkbar ist. Jodierte, diazotierte, methylierte Proteine verlieren die Artspezifizität und erzeugen Antikörper, die auf die eingefuhrten Gruppen spezifisch eingestellt sind. Solcherart immunisierte Tiere lassen sich durch Zuführung der substituierten Gruppen (ohne Protein) desensibilisieren.

Geringere Antigenmenge verlängert die Latenzzeit. Bei Konkurrenz mehrerer Antigene werden die Latenzzeitdifferenzen der einzelnen vergrößert. Im allgemeinen sensibilisiert das an Menge überwiegende Antigen zuerst. Diese Konkurrenz gilt auch für die Eiweißfraktionen des Blutes. Nach DALE und HARTLEY, DOERR und BERGER wirkt Albumin erst, wenn die Globulinsensibilität schon abnimmt, nach RUPPEL und Mitarbeiter ist Albumin überhaupt kein Antigen.

Die Antigenwirksamkeit ebenso wie die nachherige Chokwirkung eines Serums (erforderliche Menge) wird gesteigert, wenn der Antigenspender selbst parenteral mit Eiweiß behandelt war, dabei ist eine relative und absolute Globulinzunahme in seinem Serum eingetreten.

Das antigene Eiweiß muß hochmolekular und wasserlöslich sein, Protamine, Histone, Globin, Gelatine sind unwirksam.

Solche Anaphylaktogene, die beim Erhitzen koagulieren, verlieren dabei die Antigennatur, die nichtkoagulierenden wie Casein, Ovomucoid, Proteosen der Pflanzensamen nicht.

Es besteht ein gewisser Parallelismus zwischen der antigenen Wirkungskraft und der Aufspaltbarkeit durch Fermente. Racemisierung durch Laugenwirkung bedingt Verlust der Antigenfunktion und der Fermentierbarkeit.

Aktive und passive Präparierung des Meerschweinchens hat gesteigerte Leberautolyse (Zunahme des inkoagulablen N) zur Folge (HASHIMOTO und PICK, FENYVESSY und FREUND). Milzexstirpation verhindert bei aktiver Präparation Leberautolyse und Überempfindlichkeit, bei passiver nur die erstere.

Im anaphylaktischen Chok hört die Autolyse plötzlich auf, gleichgultig, ob man die Sensibilisierung und Antigenzufuhr am intakten Tier oder am überlebenden Leberbrei ablaufen läßt („Fermentchok").

Nach JOBLING und PETERSON ist der anaphylaktische Chok eine Störung der Trypsin-Antitrypsinbalance, sie geben an, daß Sensibilisierung mit Pferdeserum den Gehalt des Serums an Protease und Hemmstoff nicht verandere, daß aber nach Antigenreinjektion ein Anstieg der unspezifischen Protease mit plötzlichem Absinken des Antitrypsins und Zunahme des inkoagulablen N eintrete. Nach dem Chok soll die refraktäre Phase auf Erhöhung des antitryptischen Titers beruhen.

Analog diesen Erscheinungen ist beim Hunde die Wirkung intravenöser Trypsininjektion am Chokorgan wie auf die tryptisch-antitryptische Serumbalance.

Der Komplementschwund bei der Sensibilisierung hängt von der Menge der freien Antikörper ab, nicht vom Chok.

Tiere, die mäßige Präcipitinbildner sind, lassen sich gut passiv sensibilisieren und umgekehrt Es werden also dort, wo die Antikörper größere Tendenz haben, zellständig zu bleiben, diese auch bei passiver Zufuhr leichter zellständig.

Eine Umkehrung der passiven Sensibilisierung — erst das Antigen, dann das Antikorperserum — ist wirkungslos (DOERR).

Absättigung von Antikorper und Antigen in vitro und vivo zeigt keine konstanten Relationen.

Fütterungshypersensibilitat läßt sich besonders leicht peroral desensibilisieren, von der Schleimhaut aus erzeugte von dort aus

Reichlich zirkulierender Antikörper sättigt das reinjizierte Antigen ab, so daß keine Reaktion in vivo erfolgt, wohl aber am blutfreien, isolierten Organ (WEIL).

Kochsalz soll chokhemmend wirken (RICHET).

Dieser tabellarischen Zusammenstellung, die natürlich nicht absolut vollständig sein kann, Genüge zu tun, bedarf unsere Hypothese keiner weiteren Hilfsannahmen außer bezüglich des Reizmechanismus am Chokorgan. Die dafür zu machende Annahme werden wir später bei den Reizerscheinungen allgemein gut begründbar finden.

Den zugrunde liegenden Prozeß sehen wir im Anschluß an DOERR u. a. als ein an der Zelle geschehendes Analogon der Präcipitin-Präcipitinogenreaktion an, dessen Mechanismus unsere Theorie folgendermaßen beschreibt.

Durch die primäre, präparative Antigenzufuhr tritt eine Richtungsänderung auf das Antigen als Substrat an einem Teil der Abläufe des Organismus ein (Milz, Lymphorgane). Dazu ist es um so besser geeignet, je fermentierbarer es ist (der erwähnte Parallelismus), außerdem ist spezifischeres Eiweiß geeigneter als unspezifischeres (biorheutisch jüngeres), dem entspricht der Unterschied von Albumin und Globulin als Antigen. Der Vorgang der Richtungsänderung bedarf einer gewissen Zeit (Inkubation). Die Wirkung kumuliert sich entsprechend dem oben geschilderten Mechanismus des Zusammenspiels von Autolyse und Zellneubildung, die Autolyse ist ja in den Organen gesteigert gefunden, eine Folge der Richtungsänderung, welche die davon befallenen Zellen zu biorheutischen Konkurrenten der normalgebliebenen macht, es ist eine Art von „aseptischer Infektion" der Gewebe.

Bei der Autolyse werden spezifisch gerichtete Biokyme — die Antikörper — frei, zum Teil bleiben sie frei im Blut, zum Teil treten sie an die Gewebe (soweit sie nicht überhaupt dort entstanden sind) und in deren Assimilationsstrom ein. Die letzteren sind also die zellständigen, die auch bei der passiven Sensibilisierung herantreten können, unter deren „Aktivierung" möchte ich das Eintreten in den Assimilationsstrom der Zellen vermuten. Ob es ein besonderes Antikörper-produzierendes Organ gibt, was der Milzexstirpationserfolg für das Meerschweinchen wahrscheinlich macht, läßt sich nur im Einzelfalle entscheiden.

Wird das Antigen in sehr großer Menge präparativ gegeben, so tritt — gemäß der „aseptischen Infektion" — eine stärkere Autolyse ein, es ist also jetzt neben dem Antigen viel körpereigenes Substrat der Biorheusen vorhanden und die spezifische Richtungsänderung bleibt aus, in gleicher Weise wirken, wie gezeigt worden ist, auch Röntgenbestrahlungen.

Wird dem sensibilisierten Tier die Chokdosis reinjiziert, so tritt — analog dem Mechanismus der Präcipitation und der Caseinversuche — die Bindung ein und der weitere Ablauf der spezifischen Biokyme — Antikörper — wird gehemmt.

Im Autolyseversuch äußert sich das als „Fermentchok", im Blute umgekehrt als Beseitigung der unspezifischen Hemmung analog dem Amboceptor-Antigenverhalten in den Bakteriolysen und das Komplement läuft ab: Serumautolyse.

An den Zellen, die im Sinne des Antikörpers spezifiziert sind, deren adäquater Assimilationszustrom er ist, bewirkt es Stockung der Assimilation, kürzlich haben ABDERHALDEN und WERTHEIMER mitgeteilt, daß im anaphylaktischen Chok der Gaswechsel in toto und an den isolierten Geweben herabgesetzt sei, Vitamine änderten daran nichts. Diese Assimilations- (Ablauf-) Hemmung sehen wir als den „Reiz" an. Dazu paßt gut, daß Chinin, das ja assimilationsmindernd wirkt, die Tiere gegen die Reinjektion empfindlicher macht.

Die schützende Wirkung der der Chokdosis voraufgeschickten unterschwelligen Dosis könnte darauf beruhen, daß durch die geschilderte Enthemmung der Serumproteolyse die Möglichkeit gegeben ist, die nachfolgende Chokdosis unschadlich zu machen. Bei der langsamen und darum unwirksamen Einverleibung der Chokdosis kommt naturlich auch einfach die größere Verdünnung mit in Betracht.

Die Tatsache des bevorzugten Chokorgans ist von sekundarem Interesse, die Bevorzugung des Lungenkreislaufs in mehreren Fallen belegt das noch: dort gelangt das Antigen zuerst hin.

Die durch die Antigen-Antikörperbindung im Blute bewirkte Ablaufförderung fuhrt natürlich auch den Zellen mehr und allgemeineres Assimilationsmaterial zu und wirkt so der Chokgefahr der Reinjektion entgegen, ein Mechanismus, der bei der zeitweisen Desensibilisierung durch fortgesetzte Antigenzufuhr von Bedeutung sein kann. Die Desensibilisierung wird außerdem wohl auch darauf beruhen, daß der zirkulierende Antikörper verhindert wird, zellstandig zu werden, d h in den Assimilationsstrom der Chokgewebe einzutreten, die dadurch allmahlich wieder entspezifiziert werden.

Auch in den Organen muß auf die Assimilationsstockung eine gesteigerte Autolyse und damit Freisetzung eigener Biorheusen folgen, die sowohl entspezifizierend wirkt als auch einer abermaligen Chokdosis gegenuber konkurrieren kann (refraktare Phase).

Daß die Desensibilisierung eine vorubergehende ist, spricht dafur, daß sie in der Hauptsache am freien Antikorper und den Chokorganen, aber nicht oder weniger an den Produktionsstatten der Antikorper (Lymphgewebe) angreift, auch das erscheint ohne weiteres plausibel.

Das allmähliche Abklingen der Sensibilität ist dagegen etwas ganz anderes, es ist als die langsame Entspezialisierung durch den normalen Assimilationsstrom verständlich. Die lange Dauer dieses Abklingens beleuchtet den circulus vitiosus, der sich ja aus unserer Assimilationstheorie unmittelbar ergibt, eine Folgerung, deren Wichtigkeit für das Verständnis pathologischer Prozesse wir im folgenden Kapitel noch vielfältig aufzeigen werden.

Auf den Zusammenhang von Temperatursturz und Assimilationshemmung, den unsere Hypothese herstellt, auf seine Bedeutung für die Theorie der Zentrenfunktion werden wir ebenfalls noch ausführlich eingehen.

Die nahe Verwandtschaft der menschlichen Idiosynkrasien, der Serumkrankheit und Tuberkulinempfindlichkeit zu den besprochenen Erscheinungen macht es unnötig, auf diese hier noch näher einzugehen. Erwähnt sei nur die interessante Beobachtung, daß während eines Masernexanthems die cutane Tuberkulinreaktion erlischt, ein Beispiel der zeitweiligen Konkurrenz mehrerer Ablaufrichtungen. Es ist ein analoger Fall zu der von DOERR und BERGER ermittelten Tatsache, daß das Euglobulin das Albumin als Antigen verdrängen kann aber nicht umgekehrt, das Euglobulin hat die größere Antigenkraft, es ist eben die spätere, spezialisiertere Stufe.

Wir haben zu Beginn dieses Kapitels den Mechanismus der Bakteriolyse schon von unserer Theorie aus analysiert und wollen uns in der allgemeinen Analyse der bakteriellen Immunitätserscheinungen darum auf mehr andeutende als ausführende Erörterungen beschränken.

Alle Theorien, die zur Erklärung dieser Gruppe von Immunitäten — und da die Forschung hier einsetzte, haben sie die Vorherrschaft bewahrt — aufgestellt worden sind, sind mit einer großen inneren Schwierigkeit belastet, prinzipiell der gleichen, der wir schon bei der Enzymfrage begegnet sind: der notwendigen Annahme einer beliebig großen Zahl von ad hoc im Organismus entstehenden differenten Substanzen.

Freilich lehrt die Erfahrung, daß sich das Denken an eine solche Schwierigkeit oder vielmehr an ihr Übersehen gewöhnt; im Anfang wurde sie durchaus gefühlt und führte zu dem Versuch (BUCHNER), die spezifischen Immunstoffe direkt von den Antigenen abzuleiten, als Stoffwechselprodukte oder spezifische Eigengifte der Bakterien.

Diese Annahme ließ sich, schon aus Gründen der quantitativen Relationen, nicht halten, jener Schwierigkeit aber trug auch die berühmte EHRLICHsche Seitenkettentheorie noch in etwa Rechnung, indem sie den Immunkörperbildungsprozeß in Beziehung zu den normalen Ernährungsvorgängen der Zellen zu bringen suchte, freilich ohne tatsächliche Basis und ohne damit doch wirklich jener Schwierigkeit Herr zu werden.

Auf die EHRLICHsche Theorie, die ihren großen fruchtbaren Einfluß auf die Forschung gehabt hat, einzugehen, ist hier nicht erforderlich, zumal sie keine das ganze Gebiet der Allergien umfassende Anschauung geben kann.

Gerade die Überwindung jener besprochenen Schwierigkeit aber, ebenso wie die einheitliche Betrachtung des ganzen Bereiches dürfen wir wohl als einen Vorzug unserer Hypothese bezeichnen.

Die Toxin-Antitoxinbindung ist das klassische Beispiel eines Immunitätsvorganges, zugleich bis jetzt das therapeutisch erfolgreichste.

Die eigentlichen Bakterientoxine, die von den Mikroben produzierten löslichen Gifte, von denen die Endotoxine als beim Bakterienzerfall freiwerdende Gifte unterschieden werden, sind charakterisiert durch ihre große Thermolabilität, schon bei 45° gehen sie allmählich zugrunde, und auch gegen Licht und Sauerstoff ist z. B. das Diphtherietoxin sehr empfindlich (KASTLE und ELVOVE). Nach Eintritt in das Medium eines empfänglichen Tieres werden sie sehr rasch von den bevorzugten Geweben aufgenommen und gelangen zur Wirkung, so daß eine nachträgliche Antitoxinzufuhr nicht mehr hilft.

Die aufgeführten Eigenschaften kennzeichnen diese Toxine als Frühbiokyme, die noch in raschem Ablauf begriffen, aber doch schon von ausgesprochener Spezifizität sind. Sie treten in den Prädilektionsgeweben, die ich als ihr adäquates Substrat ansehen möchte, in die biorheutische Konkurrenz ein, auch frischer Brei des Gewebes bindet das Toxin, gekochter nicht. Natürlich können bei der Prädilektion auch rein physikalische Momente von Bedeutung sein.

Durch ihre zunächst erfolgreiche biorheutische Konkurrenz bedingen sie in dem Gewebe eine Assimilationshemmung mit folgender Autolyse. Gewinnt das Gewebe infolge der autolytischen Anregung sekundär die Oberhand, so macht es das Toxin zum biorheutischen Substrat, es folgt die entsprechende Richtungsänderung seines Ablaufs und damit weiterhin die Produktion von Antikorpern — denn der geänderte Ablauf wird in Konkurrenz mit dem normalgebliebenen zu stärkerem Zerfall seiner Zellen fuhren, damit sowohl zum Freiwerden von Antikörpern wie auch zu dem beschriebenen circulus —, d. h. also von spezifisch auf das Toxin eingestellten Spatstufen Bis diese Spatstufen entstanden sind, also wahrend des ersten autolytischen Stadiums der biorheutischen Konkurrenz von Toxin und Gewebe, wird ein weiterer Toxinnachschub den Kampf zuungunsten des Gewebes entscheiden konnen, und diese theoretische Folgerung spiegelt sich wieder in der Beobachtung, daß bei allen aktiven Immunisierungen zunachst eine Phase erhohter Empfanglichkeit eintritt.

Die Immunitätsvorgänge können berufen sein, uns auch in die Einzelheiten der Assimilation noch weitere Einblicke zu verschaffen, z. B. legt die Tatsache, daß sich gegen die so labilen Toxine gut Antitoxine bilden, aber nicht oder kaum gegen die wesentlich resistenteren Endotoxine, den Gedanken nahe, daß nur bis zu einem gewissen Stadium des Ablaufs resp. bis zu einer gewissen Teilchengröße der Eintritt in den Assimilationsstrom möglich sei.

Natürlich ist das hier skizzierte Bild der Antitoxinbildung nur beispielhaft zu nehmen, der Mechanismus kann mannigfach sein, das allein Maßgebende ist, daß die Theorie auch hier wie bei den antibakteriellen Immunstoffen eine Richtungsänderung der Abläufe im Gewebe (dem Prädilektionsgewebe, dem lymphocytären Apparat) im Sinne der Spezifizierung auf das Antigen annimmt.

Auf einen Einwand ist kurz einzugehen. Wenn das Toxin ablaufendes Biokym ist, so könnte man erwarten, daß es enzymwirksam sei, nun verflüssigen Diphtheriekulturen Gelatine nicht. Demgegenüber ist zu sagen, daß es sich um ein schon spezialisierteres Enzym handeln muß, das nur oder fast nur sein adäquates Substrat verdaut, dafür spricht, daß die typisch-toxinbildenden Infektionen eine besonders ausgesprochene Prädilektion zeigen. Außerdem wissen wir nicht, wie das Toxin in der Kultur zu den Bakterien selbst steht, ob es nicht alsbald immer wieder in deren Ablauf hineingezogen wird, und schließlich könnten in dem Kulturmedium Bedingungen herrschen, die dem Toxinablauf ungünstig sind, Enzymwirkung würden wir gerade in solchen Kulturen erwarten, in denen das Toxin sich nicht anreichert. Daraufhin wie auch mit Prädilektionsgewebseiweiß sollten einmal Versuche angestellt werden.

Die Tatsache, daß schwach saure Reaktion die Kulturlösung entgiftet und zugleich das Wachstum hemmt, deutet darauf hin, daß beide Faktoren in einem positiven Funktionalverhältnis stehen.

Die Antitoxine sind gegen Hitze (70 bis 80°), Luft und Licht viel resistenter als die Toxine, sie stehen in enger Beziehung zu den Globulinen, charakterisieren sich also durchaus als Spätbiokyme.

Die Toxin-Antitoxinbindung wird heute wohl allgemein für eine chemische gehalten, jedenfalls wird sie, wenn die erste Anlagerung adsorptiver Natur ist, nachher chemisch verfestigt, die Grenzen zwischen beiden Bindungsarten sind ja auch keine scharfen.

Die Bindung erfolgt in quantitativen Proportionen, sie ist hochspezifisch, erfolgt bei 37° rascher als bei Zimmertemperatur, in konzentrierter Lösung schneller als in verdünnter. Die quantitative Relation wird durch das sog. „DANYSZ-v. DUNGERN-Phänomen" scheinbar eingeschränkt, danach wird bei einmaligem Zusatz des Toxins zu einer gegebenen Antitoxinmenge mehr Gift neutralisiert als bei portionsweisem Zufügen. EHRLICH hat das auf ungiftige aber bindungsfähige „Toxoide" zurückführen wollen, deren Existenz er durch Antitoxinminderung mit inaktiviertem Toxin erhärten konnte.

Vom Boden unserer Theorie aus würden wir diese Toxoide als weiter abgelaufene Toxinbiokyme ansehen, deren Bindungsvermögen dem der wirksamen, labilen Frühbiokyme nachstehen muß. Ferner bleibt die Möglichkeit zu erwägen, daß die Agglomeration bei überschüssigem Antitoxin weitergeht, derart, daß ein Toxin sekundär noch weitere Antitoxine binden kann, daß der Komplex noch wächst. Dafür spräche die Beobachtung, daß an sich neutralisierende Toxin-Antitoxingemische noch in vivo toxisch wirken, wenn man sie kurz nach der Herstellung einverleibt; es ist denkbar, daß die Toxizität — der weitere Ablauf — erst verschwindet, wenn größere Komplexe entstanden sind. In Analogie hierzu ist auch der Effekt einer Trypsin-Antitrypsinneutralisierung nach HEDIN von der Zusatzform abhängig.

Nach ARRHENIUS und MADSEN geht die Toxin-Antitoxinbindung mit einer relativ großen Wärmetönung einher, was unseren Anschauungen über die Beteiligung energieliefernder Prozesse bei dem synthetischen Endablauf entsprechen würde.

Der Toxin-Antitoxinvorgang wurde sich in unserer Theorie dem der Pracipitatbildung prinzipiell an die Seite stellen, eine Beziehung, die auch schon — z. B. von DEHNE und HAMBURGER — angenommen ist. Die verschiedenen Manifestationen der Immunität liegen alle auf der einen Linie des spezifizierten Ablaufs und entsprechen nur verschiedenen Stationen.

Das Phänomen der spezifischen **Agglutination** von Bakterien ist dem Pracipitationsvorgang so nahe verwandt, auch darin, daß es nur in vitro und unter besonderen Bedingungen zu realisieren ist, daß wir es hier nicht erortern wollen.

Von Bedeutung hat sich auch der Ort, von wo aus immunisiert wird, für den entstehenden Schutz erwiesen. Subcutane Immunisierung schutzt oft nur oder vorzugsweise gegen cutane Infektion usw, die Art, wie sich durch den autolytischen Circulus die Antikörperbildung (Richtungsanderung) uber ein Organ ausbreitet und lokalisiert, wird daraus feststellbar Daß gegen enterale Infektion besonders schwer zu immunisieren ist und andererseits perorale Immunisierung nur sehr unvollkommen gelingt, war nach unserer Assimilationstheorie zu erwarten Dort ist durch den Mechanismus der individualspezifizierten Richtung des Assimilationsstromes, durch das reichliche eigene biorheutische Substrat die Moglichkeit einer Spezifizierung auf bestimmte fremde Substrate sehr erschwert Es lohnte aber den Versuch zu machen, mit sehr großen Massen abgetoteter Kulturen die Richtungsanderung zu erzwingen

Wäre die Wirkung der Toxin-Antitoxinbindung auf die Entgiftung beschränkt, so würde der therapeutische Effekt, z. B. der passiven Immunisierung mit Diphtherie- oder Tetanusheilserum den Krankheitszustand, die Infektion nicht treffen, die Erfahrung lehrt aber, daß dieses doch der Fall ist. Eine Erklärung dafür ist in verschiedener Weise möglich. Einmal könnte der Toxin-Antitoxinkomplex wachstumshemmend wirken oder das freie Toxin fördert die Entwicklung der Bakterien direkt oder über die Gewebseinschmelzung. Eine direkte Förderung in Analogie der Assimilationssteigerung durch das eigene Autolysat würde das Toxin in die Nähe des „Aggressins" von BAIL stellen, einem aus manchen Bakterien zu gewinnenden löslichen Extrakt von spezifisch das Wachstum der Bakterienart fördernder Wirkung, von dem es sich durch dessen Ungiftigkeit und geringere Thermolabilität (spätere Stufe) unterscheidet.

Eine auf Grund der bisherigen Anschauungen schwer verständliche Erscheinung, die unsere Theorie verständlich macht, ist die therapeutisch verwertete Tatsache, daß auch bei währender Infektion eine aktive Immunisierung mit abgetöteten oder untervirulenten Bakterien noch heilsam wirken kann.

Die Erklärung ist die, daß die im Ablauf gehemmten oder sistierten Bakterien leichter zum Substrat der organismischen Biorheusen werden als die hochvirulenten, wachstumseifrigen der Infektion und daß daher die Antikörperbildung (spezifische Ablaufrichtung) besser in Gang kommt. Das entspricht ja der mehrfach zitierten Fermentierbarkeit geschädigter Bakterien, sowie der Erfahrung, daß vorsichtig abgeschwächte Bakterien zur Immunisierung geeigneter sind als hitzekoagulierte.

Auf die leicht durchzuführende Analyse der Kurven des Antikörpergehalts bei aktiver Immunisierung wollen wir nicht eingehen; die Entstehung eines Maximums, das nicht durch Antigenzufuhr weiter zu steigern ist, muß erwartet werden, da sich schließlich auch hier ein dynamisches Gleichgewicht der Nachlieferung und des Abklingens der ja auch noch ablaufenden Antikörper-Spätbiokyme einstellen muß. Dabei wird die celluläre Excretion von Bedeutung sein, und man wird aus der Persistenzdauer einer Immunität auf die Gewebe der Antikörperbildung Rückschlüsse ziehen können. Wenn ein Organ mit nach außen kommunizierender Oberfläche den Antikörper in seinen Assimilationsstrom aufnehmen kann, wird ein Teil desselben dem autolytischen Circulus entzogen und eine raschere Entspezifizierung durch den Nahrungsassimilationsstrom möglich sein.

Die beim Zerfall vieler Bakterien freiwerdenden Endotoxine, die z. B. aus Choleravibrionen von PFEIFFER nach vorsichtiger Abtötung gewonnen wurden, charakterisieren sich in unserer Systematik als spätere Ablaufstufen, sie unterscheiden sich von den Ektotoxinen durch größere Resistenz gegen Hitze, geringeres Diffusionsvermögen und die Tatsache, daß sich nicht oder in geringem Maße Antitoxine gegen sie erzeugen lassen. Die bei aktiver Immunisierung mit den betreffenden Bakterien (Typhus, Cholera) entstehenden Antikörper richten sich gegen das Bakterienwachstum und nicht gegen die Endotoxine. Diese letzteren stehen also auf derselben Ablaufstufe wie die Antikörper und es erscheint verständlich, daß eine Entgiftung, die wir ja als Ablaufsistierung aufzufassen Grund haben, nicht eintreten kann. Eine Bindung der späteren Ablaufstufen untereinander, der synchronen Stufen, tritt offenbar viel schwerer und mit geringeren Affinitäten ein, das lehren sowohl die Enzymablauferfahrungen als auch die Tatsache, daß sich der Antikörpergehalt einer Lösung nicht durch innere Absättigung alsbald vermindert.

Die Giftwirkung der Endotoxine ist auch eine viel weniger spezifische als die der Ektotoxine, sie ähnelt mehr der von parenteral einverleibten fremden Proteinen überhaupt — in kleinen Dosen: Entzündungssymptome, Leukocytose, Fieber, in großen: Temperatursturz, Lähmung, Hypoleukocytose —, WOLF-EISNER sieht daher den Giftcharakter nur in der artfremden Eiweißnatur. Daß die Krankheitsbilder doch ziemlich verschiedenartig und im Verhältnis zu der Fremdeiweißmenge besonders schwer sind, kann auf der großen biologischen Ferne des Bakterieneiweißes beruhen.

In der neuesten Zeit macht eine Entdeckung viel von sich reden, die sich an den Namen des Pariser Bakteriologen D'HÉRELLE knüpft. Es war schon lange bekannt, daß die Bacillen im Ruhrstuhl außerordentlich rasch zugrunde gehen. D'HÉRELLE wies nun im Stuhl von gunstig verlaufenden Dysenteriefallen eine Substanz nach, die eine Kultur von Ruhrbacillen rasch zur Auflösung bringt. Das Bedeutsame aber ist, daß ein wenig von dieser aufgelösten Kultur — kerzenfiltriert — genügt, um neuerlich eine Kultur aufzulosen und so fort. Der Entdecker nimmt auf Grund dieser letzteren Tatsache sowie einiger Kulturbilder ein „ultravisibles Virus", einen „Bakteriophagen" an, also ein Lebewesen, das sich zu dem Bacterium biologisch so verhält wie dieses zu dem Kranken. Die meisten Nachuntersucher sind ihm in dieser Annahme nicht gefolgt, sondern haben alsbald an ein Ferment gedacht, das bei der Bakteriolyse aus den Bakterien immer neu frei wird

OTTO zeigte, daß man auch ohne Ruhrstuhl, aus den Bakterien direkt nach der Filtration die Substanz im Kulturfiltrat erhalt, daß eine entsprechend spezifische auch aus anderen Bakterienkulturen im Kerzenfiltrat zu gewinnen ist.

Es gilt nach seinen Erfahrungen, daß der Bakteriolyt um so spezifischer ist, je schwächer er absolut löst.

Nachdem von mir schon in einer Mitteilung auf die Verwandtschaft des Phänomens mit unseren „Fermentzüchtungsversuchen" sowie der Enzymgewinnung mittels der Ultrafiltration von Caseinlösungen hingewiesen war, haben auch französische Untersucher sowie neuerdings JÖTTEN ebenfalls mit Trypsin den „Bakteriolyten" aus Kulturmaterial gewonnen[1]).

Die Argumente gegen die Enzymnatur (PRAUSNITZ) sind auf die herrschende Katalysatortheorie bezogen zutreffend, gegenüber der Biorheusetheorie nicht. Will man den Bakteriolyten „lebendig" nennen, so kann ich dem nur zustimmen freilich nicht in dem Sinne eines organisierten Lebewesens, sondern des Biokyms. Das Phänomen ist meines Erachtens nichts weiter als die Selbstverdauung durch die Autolysatbiokyme, die durch die Ultrafiltration (Kerzenfiltration) von der Hemmung befreit sind. Da aber das Verdauungssubstrat lebende Bakterien sind, so wird es auch von deren Zustand abhängen, ob sie oder das „Enzym" in der biorheutischen Konkurrenz siegen. Das verschiedene Verhalten nach Zusatz von verschiedenen Desinfizienzien wird darauf beruhen. Die von PRAUSNITZ beobachtete Züchtung des Bakteriophagen auf Serumfestigkeit dürfte auf einer Auswahl nach den Ablaufrichtungen beruhen.

Im Anschluß an die Immunitätsvorgänge und in Überleitung zu dem Kapitel über „Konstitution und Disposition" wenden wir uns noch den Erscheinungen zu, die unter den Namen „Unspezifische" oder „Proteinkörpertherapie", „Protoplasmaaktivierung", „Reiztherapie" usw. heute viel bearbeitet und erörtert werden. Unserer eingangs dieses Kapitels gegebenen Definition gemäß rechnen wir diese Erscheinungen doch auch dem Spezifizitätsproblem zu, weil sie in Wirkungsgrund und Wirkungsform mit der Tatsache der Spezifizität des Organismus, der bestimmten Ablaufrichtung im engen Zusammenhang stehen.

Die Erfahrungen, die zur Abgrenzung des Gebietes geführt haben, sind mannigfacher Art und liegen zum Teil schon weit zurück, die Einheitlichkeit der betrachteten Tatsachen stellt sich vom Organismus aus dar, nicht von den Einwirkungsarten, daher unsere Formulierung der einseitigen Spezifizität.

Vom Standpunkt der Ablauftheorie ist es klar, daß jede Art von Einflußnahme auf den Körper, sei sie physikalischer oder chemischer

---

[1]) Neuestens hat auch BORCHARDT in Tierversuchen die Beziehung des Bakteriolyten zum Pankreasferment aufgezeigt.

Natur, wenn ihre Wirkung in den räumlichen Bereich der Abläufe eintritt, den biorheutischen Strom alterieren kann.

Die Reaktion des Organismus, d. h. die Manifestation eines veränderten Geschehens, kann der Ausdruck der unmittelbaren oder der mittelbaren Veränderungen durch den Eingriff sein, etwa wie die aufschäumende Woge der unmittelbare, der veränderte Stromlauf die mittelbare Folge des in den Gießbach gestürzten Felsblocks ist. Die erstere Form wird bei massivem, die zweite bei schwächerem Eingriff der gleichen Art das Symptomenbild beherrschen, eine Erwartung, die ihren biologischen Ausdruck in dem sog. „ARNDT-SCHULTZschen Gesetz" findet: schwacher Reiz — Anregung, starker — Lähmung der Lebensprozesse.

Unsere Annahme erfordert, daß alle „Reizwirkung" auf lebendes Material letzthin einen Übergangsmechanismus von Reiz zu Erregung hat, mögen die nach außen davon liegenden Übertragungsmechanismen sein welche sie wollen, eine Forderung, die bei der allgemeinbiologischen Gültigkeit des Gesetzes der Reizbarkeit im weitesten Sinne für eine allgemeine Theorie des Lebens eine Selbstverständlichkeit ist.

Die Biorheusetheorie sieht diesen Übergang in der Einwirkung auf die organismischen Abläufe, in den unmittelbaren Manifestationen eine Ablaufstockung, in den mittelbaren eine Veränderung der Intensität (Gefälle) oder der Richtung.

Alle drei Formen sind uns bereits begegnet, die erste im tödlichen Chok, die zweite in der Bakteriolyse und Serotoxinbildung, die dritte bei der Immunkörperproduktion.

Die Folgerungen für die allgemeine Reizphysiologie werden im letzten Kapitel erörtert werden.

Der Name „Protoplasmaaktivierung" ist von WEICHARDT eingeführt worden, weil die Wirkungsäußerungen einer mäßig dosierten parenteralen Zufuhr von Eiweiß oder hochmolekularen Eiweißspaltstücken oder auch deren Entstehung im Organismus selbst durch Bestrahlung, Medikamente usw. in einer „allgemeinen Steigerung aller Lebensprozesse" bestehen.

Die Beobachtungen sind dementsprechend mannigfaltige: Zunahme der Sekretion von Milch-, Speichel-, Magendrüsen, des Pankreas und der Tranendrüsen, vermehrte Gallen- und Lymphbildung, ferner: Zunahme der Globulinfraktion im Blute, vermehrte Antikörperbildung im sensibilisierten Tier, Steigerung lokalisierter Entzündungsvorgänge, erhöhte Diurese mit vermehrter Stickstoffausfuhr, Hyperleukocytose, Anstieg des Blutzuckers, Gerinnungsbeschleunigung des Blutes, Fieber.

DASTIN fand bei Mausen eine Anregung der Zellvermehrung, Mitosen in allen Organen mit vermehrungsfahigen Zellen.

WEICHARDT wies nach, daß das Bakterienwachstum durch die hochmolekularen Spaltprodukte gefördert, in größeren Dosen gehemmt wird. Die von ihm aus der Muskulatur gewonnenen Stoffe waren vermehrt, wenn das Tier vorher ermüdet war oder die Muskeln mit Milchsäure behandelt waren, ebenso nach Infektionen oder postmortaler 24stündiger Aufbewahrung bei Bruttemperatur.

Der Hyperleukocytose geht eine kurzdauernde Verminderung der Leukocyten voraus, die Leukocytose pflegt länger anzudauern als der Temperaturanstieg und erst recht als die vermehrte Stickstoffausfuhr.

PICK und HASHIMOTO fanden beim Meerschweinchen nach parenteraler Zufuhr von Pferdeserum eine Zunahme des inkoagulablen N in der Leber von 6 bis 9 auf 20 bis 24 Proz GOTTLIEB und FREUND beobachteten eine langdauernde Veränderung der Reaktion des autonomen Nervensystems, zentral und peripher. An den Gefäßen ist nach der Proteinkörperinjektion eine erste vasodilatatorische und eine zweite konstriktorische Phase unterschieden worden Bei fieberhaften Krankheiten findet meist erst eine kurze Steigerung der Temperaturerhöhung, dann ein Abfall statt. FREUND unterscheidet zwei Arten von Wirkstoffen Früh- und Spätgifte, die er auf fast alle glattmuskularen Organe wirksam fand. Am gesunden Tiere bewirkt die „Aktivierung“ eine Resistenzvermehrung gegen Infektionen, die aber rasch abklingt.

Aus alledem scheint sich herauszustellen: der zweiphasische Verlauf, die anfängliche Zunahme des inkoagulablen N (Autolyse) und die konsekutive Assimilationssteigerung.

Zeigt uns das schon, wie die Ablauftheorie den Mechanismus darstellen wird, so wird das Verständnis noch durch einige sehr interessante Beobachtungen erleichtert.

H. PFEIFFER fand das Blut nach schweren Verbrennungen, Lichtschädigungen, Hämolysinvergiftungen wie im anaphylaktischen Chok überschwemmt mit einer trypsinartig wirkenden Substanz. PETERSEN sieht das Wesen der Proteinkörperwirkung in einer Störung der Ferment-Antifermentbalance durch vermehrte Fermentbildung. Ganz neuerdings wird von I. B. MURPHY, I. HENG-LIU und E. STURM ein sehr interessanter Befund mitgeteilt: Während Lymphocyten aus Thymus und Lymphdrüsen der Ratte im normalen Rattenserum sofort untergehen, halten sie sich in einem Serum, das von Tieren stammt, die röntgenbestrahlt worden sind, zwei Stunden und vermehren sich um 15 bis 30 Proz. Diese stimulierende Wirkung zeigt das Serum ein bis zwei Stunden nach der Bestrahlung des Tieres, 17 Stunden später ist es wirkungslos, ebenso versagt Bestrahlung des Serums in vitro.

Nimmt man dazu noch die Symptome nach Einverleibung größerer Dosen der Proteinkörper, die der hochgradigen Ermüdung ähneln —

Sinken der Temperatur, verlangsamte Atmung, Hypoleukocytose, und die Tatsache, daß Tiere nach der Erholung hiervon resistenter gegen eine Wiederholung sind, sich also in einer Phase gegenteiliger Wirkung befinden, so ergibt sich die einfache biorheutische Analyse der Vorgänge.

Die unmittelbare Wirkung der in die Zirkulation gebrachten eignen oder fremden hochmolekularen Proteinkörper ist eine Assimilationshemmung durch Sperrung des Zustroms — sei es durch Ablenkung der Frühbiokyme vor dem Eintritt in den Assimilationsstrom der Zellen, so daß sie im Blute weiter ablaufen, sei es durch mehr physikalische Bindung — das Resultat ist auf jeden Fall eine plötzliche Ablaufstockung in den Zellen mit anschließendem Umschlag in Autolyse. Ist die paenterale Dosis groß, so werden auch die Autolysatbiokyme weiter im Ablauf gehemmt, die in der Körperflüssigkeit ablaufenden Biorheusen führen zu weiterer Zunahme der hemmenden Stufen, die Assimilationshemmung steigert sich und hält an.

Wird der Zustand der unmittelbaren, hierdurch (Zentrum!) gesetzten Gefahr überwunden, so restiert eine Anreicherung an Autolysat in den Geweben, also von gewebseigenen Fruhbiokymen, die zu stark erhöhter Assimilation führen und bei einer Wiederholung der Injektion Sieger bleiben. Wird der Zustand aber durch Häufung des fremden Substrats chronisch, so resultiert fortgehende Autolyse, Abmagerung und Kachexie.

Tritt in dem eben betrachteten Falle die unmittelbare Wirkung in den Vordergrund, so bei der Kleindosierung die mittelbare. Auch hier ist die Assimilationshemmung das Primäre (Zweiphasenmechanismus), aber sie wird durch die der Autolyse folgende Assimilationssteigerung uberkompensiert, es setzt gesteigerte Assimilation, verbunden mit vermehrtem Abbau stickstoffhaltigen Materials, gesteigerter Warmebildung, Hyperleukocytose usw. ein.

Bei biologisch ferner stehendem Eiweiß spricht wohl der eigene Ablauf desselben mit, jedenfalls sind hiervon viel kleinere Dosen erforderlich. Fur diesen eigenen Ablauf spricht auch die Angabe von MATHES, daß er bei gleicher Methode der Darstellung seiner Albumoselosungen manchmal hochwirksame, manchmal unwirksame Praparate erhielt, was unseren Erfahrungen bei der Caseinenzymgewinnung gemäß ist. Man darf wohl vermuten, daß ein selbst noch biorheutisch aktives oder aktivierbares Proteinpraparat im Aktivierungsversuch wirksamer sein wird als ein „totes".

*   *   *

Überblicken wir ruckschauend die so mannigfachen Erscheinungsformen der Immunitatsphanomene — zweiseitig und einseitig spezifische — so gewannen sie für uns ihre Einheit von der biorheutischen Autonomie des Organismus aus, die den Gesamtablauf in der eingeschlagenen Richtung hält.

Das Bestreben, diese Richtung gegenüber ablenkenden Einwirkungen zu behaupten, ist die Grundlage aller Spezifizitätserscheinungen; es ist, wie wir sahen, nichts weiter als das Wesen jedes biorheutischen Systems. Es ist zugleich der Ausdruck dessen, was man „Individualität" nennt, gerade weil es nichts von Anbeginn des Ablaufs an absolut Festbestimmtes ist, sondern die Schicksale, die einwirkungsfähigen Geschehnisse der Umwelt die Richtung nicht ungeändert lassen.

Jede immunisierende Krankheit ist eine solche Richtungsänderung von offenbarer Wirkung und viele kleinere Einwirkungen, die nur in der Summierung einen Effekt erzielen, werden sich unserer Beobachtung entziehen. Manches von dem, was wir jetzt „endogen" nennen, wird wohl solche Entstehungsursache haben. Es ist ja einleuchtend, daß etwa eine Disharmonie des Alterns, eine wachsende Störung des biorheutischen Systemgleichgewichts im Organismus aus solchen Einflüssen auf die einzelnen Ablaufrichtungen entstehen kann.

Der Ablauf hält die ursprüngliche Richtung im ganzen fest — das folgt aus dem biorheutischen Gesamtsystem des Organismus, aber ebenso folgt, wie wir sahen, daß jede einmal doch eingetretene Richtungsänderung im ganzen oder an biorheutischen Teilsystemen ebenfalls große Beharrungstendenz hat.

Das allmähliche Abklingen einer Immunität ist prinzipiell auch ein „Heilungsvorgang" — mag das auch paradox klingen — so gut wie jede andere Rückkehr zur Norm.

Diese aus dem Antrittsstatus und den mannigfaltigen Schicksalen resultierende Ablaufrichtung macht die biochemische Individualität, Einzigartigkeit jedes Organismus aus.

Die Besonderheit des Individuums ist nichts Fixiertes, sondern etwas Geschehendes, etwas, das dauernd im Werden ist, zunimmt und durch alles, was dem Individuum von außen widerfährt, gesteigert wird.

Wie in der Durchformtheit des Lebewesens sich die absolute Zeit jedes einzelnen Lebens offenbart, so ist das Fließen dieser Zeit der biorheutische Strom, der — einem Lavaflusse vergleichbar — mit abnehmendem Gefälle zugleich schwerflüssiger, immer leichter aufhaltbar, immer schwerer ablenkbar wird, bis er am Ende erstarrt.

Konstitution und Disposition.

Wenn ein Gesunder erkrankte, so können wir in vielen, vielleicht den meisten Fällen verstehen, warum er krank wurde; wenn ein Kranker gesund wird, wissen wir selten, warum er genas. Denn es ist kein Wissen, nicht einmal eine Theorie, wenn man von dem Sieg des Körpers über die Krankheit, der vergleichsweisen Stärke von Krankheitsursache und Widerstandskraft des Organismus redet.

Wie kommt es, daß der vollkräftige, gesunde Organismus von der Krankheit befallen wird und der durch das Leiden geschwächte, herabgekommene sie schließlich überwindet?

·Und das sogar bei Krankheiten, die keine Immunität, sondern eine erhöhte Anfälligkeit hinterlassen, oder auch bei nichtinfektiösen Leiden.

Das ist doch ein Problem, vielleicht in Wahrheit das zentrale Problem einer „pathologischen Physiologie".

Die Ära der pathologischen Physiologie, der pathologischen und klinischen Experimentalforschung hat in therapeutischer Hinsicht zu Enttäuschung und Skepsis geführt, ebenso wie vorher die der pathologischen Anatomie und die der klinisch-diagnostischen Systematik

Man sehnt sich nach dem „Arzt", man beschuldigt die „Krankheit", daß sie zwischen den Therapeuten und den „kranken Menschen" getreten sei. Christian science, anthroposophische Medizin usw. sind die karikierten Abschattungen dieses Zeitwillens

Aber der kranke Mensch kommt nicht dadurch zu seinem Recht, daß man eben doch die Krankheit auf Grund des experimental-pathologischen Wissens behandelt oder nicht behandelt und eine „individuelle Psychotherapie" daraufsetzt. Auch nicht dadurch, daß man an ihm selbst auf seine Krankheit hin experimentiert Der kranke Mensch muß eine biologisch, nicht psychologisch oder soziologisch oder gar philosophisch faßbare Größe werden

Aber die Schuld liegt gar nicht bei den ärztlichen Disziplinen, sie liegt bei der Biologie. Wohl hatte diese die Medizin von der Individualität, der Wesenheit der Krankheit befreit, aber sie hatte ihr nicht die Individualität des Erkrankten dafür gegeben, weil sie selbst die Individualität des Gesunden nicht besaß. Weil ihr selbst das Individuum nur ein morphologisches und funktionales Variationsproblem war, nicht das Zentralproblem des Lebens überhaupt, so blieb auch die Entpersonalisierung der Krankheit nur unvollkommen In der pathologischen Anatomie bekam die Krankheit eine scheinbare Sichtbarkeit als ein Individuelles — und welch ein ungemeines psychologisches Übergewicht das Morphologische hat, weiß jeder, der Mediziner unterrichtet —, und im Denken des Arztes lebte die Krankheit als der Gegner, der bekämpft wird, ruhig fort. Es wird nicht viele Ärzte geben, die am Krankenbette anders denken als: wird die Widerstandskraft meines Patienten ausreichen, um die Krankheit zu überwinden?

Die Medizin aber liefert selbst das Kriterium dafür, ob ein Individualitätsbegriff, den die Biologie ihr darbietet, gültig ist oder nicht: ist das Individuum biologisch erfaßt, so sind damit zugleich auch die Grenzen bestimmt, die unserem therapeutischen Handeln gesetzt sind.

Skepsis ist ja überspannter Glaube. Wer bereit war, schließlich selbst an das Kräutlein wider den Tod zu glauben, der glaubt bald an gar keine Kräutlein mehr.

Es ist das ja im Grunde das gleiche Problem, das wir oben als das Zentralproblem der pathologischen Physiologie ansprachen, in anderem Gewande: das der Gesundung.

Da die Biologie sie im Stich ließ, hat die Medizin sich selbst zu helfen gesucht, sich die Begriffe „Konstitution" und „Disposition" geschaffen und aus Statistik und arztlicher Erfahrung nebst einigen biologischen Spezialien ihnen Inhalt geben wollen. Wäre ihr das völlig gelungen, so könnte sie in der Tat auf pathologische Physiologie verzichten.

Es wird wohl niemand behaupten wollen, daß dem so sei, daß das, was unter jenen Namen dargeboten wird, dem wissenschaftlichen Verlangen genügen könne.

Im Grunde sind es nur Bezeichnungen für Tatbestände, die der Arzt durch langjährige Erfahrung beurteilen lernt, intuitiv ist der gute Arzt biologischer als seine Biologie.

Aber beruhigen kann sich die wissenschaftliche Medizin dabei nicht, sie muß von der Biologie verlangen, daß sie ihr das Individuum zum Forschungsgegenstande macht, daß sie ihr die Möglichkeit gibt, die Grenzen des ärztlichen Könnens festzulegen. Nur die Physiologie kann den Arzt von der Skepsis heilen, die er von ihr davontrug.

Eine „theoretische Biologie" kann an diesem Problem weniger vorbeigehen als an jedem anderen; freilich ist sie hier weniger als bei allen anderen in diesem Buche behandelten Themen in der Lage, das vorhandene Untersuchungsmaterial zugrunde zu legen weil es in hierfür geeigneter Form fast nicht vorhanden ist. Das folgt ja aus dem eben geschilderten Zustande der Wissenschaft.

Die in der neuesten Zeit zahlreicher gewordenen Behandlungen des Konstitutionsproblems (F. KRAUS, I. BAUER, W. H. SIEMENS) basieren in erster Linie auf dem Erfahrungsschatze des Arztes, suchen zum Teil morphologische oder funktionale Typen (von den verschiedenen

Organsystemen aus) aufzustellen oder auch ein einzelnes Organsystem (endokrine Drüsen, vegetatives Nervensystem) als speziell konstitutionsbedingend zu erweisen, oder sie legen die allgemein-biologischen Grundlagen der Erblichkeits- und Variationsforschung dar.

Daß das Vererbungsmoment sehr wesentlich beim Entstehen des als Konstitution bezeichneten Komplexes mitwirkt, ist selbstverständlich, aber solange wir diesen nicht besser erfaßt haben, wird auch jener Zusammenhang nicht weiter analysierbar sein. Vererbung bezeichnet ein Geschehen, Konstitution, wie der Begriff gemeinhin gebraucht wird, einen Zustand, nur wenn wir diesen auch in eine zeitliche Linie, in eine Abfolge verbundener Vorgänge umformen können, dürfen wir hoffen, in jenen Zusammenhang — zu beiderseitigem Gewinn — tiefer einzudringen.

Wenn man das endokrine und das nervöse System für das Verständnis der Konstitution in den Vordergrund rückt, so ist das sicherlich nicht unberechtigt, man wird von seiten dieser Systeme, vor allem des nervösen, in erster Linie die Symptome erwarten dürfen, aus denen man auf das individuelle X schließen kann.

Aber es können doch nur Schlüsse auf etwas, auf ein Zugrundeliegendes sein, jene Systeme machen nicht die Konstitution, die eben nicht die Resultante einer Summe von Funktionen, sondern das gemeinsame Bedingende des ganzen Funktionierens überhaupt ist. Wer den Zeitquerschnitt, der sich dem Betrachter eines lebenden Systems darbietet, als etwas Zustandliches nimmt und in dem abgestimmten Zusammenspiel von Organen und Systemen die Inganghaltung des Ganzen sehen will, der muß ein Zentrum der Automatie annehmen, eine letzte Instanz, welche die dauernd wechselnde Lage beherrscht.

Gerade der Mechanist, wenn er seine Theorie wirklich zu Ende denkt, kommt ohne die „Seele" nicht aus, und der Vitalismus mit seiner übermateriellen „Leitung" ist in Wahrheit der konsequente Vollstrecker seines feindlichen Bruders.

Es ist vielleicht nicht unnutz, das gerade an dieser Stelle zu sagen, weil es Anzeichen dafür gibt, daß die Reaktion gegen den Mechanismus auch unter den Ärzten in der Richtung auf den Vitalismus geht. Das hieße recht den Teufel mit Beelzebub austreiben

Die mechanistisch denkende Forschung ist wahrlich nicht unfruchtbar auch für die Pathologie geblieben, erst der Name „Konstitution", der selbst noch den Mechanismus deutlich als seinen Vater verrat, bezeichnet den Punkt, wo sie versagen muß. Hier ist die Frage nicht zu umgehen, ob der Satz „Ich lebe" als Subjekt-Pradikatsatz zu gelten hat, oder ob es richtiger hieße. „Ich werde gelebt", ob das Leben nur das Funktionieren des Organismus ist oder nicht vielmehr der Organismus Zeitquerschnitt und Raumprojektion des Lebens.

Wie die Biorheusetheorie diese Frage beantwortet, braucht nicht gesagt zu werden, wie sich ihr das Individualitätsproblem darstellt, dürfte im voraufgegangenen Kapitel deutlich geworden sein. Es ist nun natürlich nicht möglich, hier eine vollständige pathologische Physiologie vom Standpunkt der Biorheusetheorie aus zu geben, es sollen nur die in ihr enthaltenen Möglichkeiten zum Verständnis der Entstehung und des Verlaufes sowie der Heilung krankhafter Abweichungen vom normalen Lebensgeschehen erörtert und die Anwendbarkeit der Theorie an einigen allgemeineren Problemen der Pathologie — Entzündung, Fieber, bösartige Geschwülste, Atrophien usw. — aufgezeigt werden. Natürlich bleiben alle Folgezustände anatomischer Veränderungen (z. B. Herzklappenfehler, Apoplexien) ganz außer Betracht, überhaupt alles, was von speziellen Organläsionen aus hinreichend analysierbar erscheint.

Die Biorheusetheorie — ihrer Grundlage gemäß — betrachtet die Individuen nicht von der Geburt aus, sondern vom Tode, sie fragt nicht: wie lange hat dieser Mensch schon gelebt? sondern: wie lange kann. er jetzt noch leben? — Ihr ist ein Individuum nicht noch so und so „lebendig", sondern schon so und so „tot". Jeder Mensch hat seinen individuellen „physiologischen Tod", wenn auch keiner ihn wirklich stirbt, und nicht der Abstand von der Geburt bestimmt sein wahres Alter, sondern die Ferne jenes Todes.

Aber dieser individuelle physiologische Tod ist keineswegs ein dauernd fixierter Zeitpunkt, sondern er verändert seine Stelle immerwährend, er ist gleichsam die Begleitung im Baß zur Melodienabfolge des Lebens.

Wohlgemerkt: es handelt sich stets um den physiologischen Tod, mit der Wahrscheinlichkeit des Sterbens oder Überlebens zu einem bestimmten Zeitpunkt hat das gar nichts zu tun. Ein kränkelndes, schwächliches Kind kann einen sehr fernen physiologischen Tod haben, und ein Mensch, dem nie etwas gefehlt hat, kann schon relativ frühzeitig seinem individuellen Tod nahe kommen. Eine infektiöse Erkrankung kann tödlich verlaufen und zugleich den physiologischen Tod weiter hinausschieben, als er vor der Krankheit stand.

Nicht der Tod, den er wirklich stirbt, ist der individuelle Tod eines Menschen, sondern der, den er sterben würde, wenn von diesem Zeitpunkte, dem jeweiligen „Jetzt" ab sein Leben schicksallos abliefe, nur als Auslauf über das jetzt noch herrschende Gefälle. Das ist der individuelle Tod, denn er ist der vollkommene Ausdruck des „Jetzt", des durch die Erbanlage und die bisherigen Schicksale eindeutig bestimmten Lebensmomentes. Er ist der Ausdruck des Individuellen, gerade weil er nichts Festes, Zuständliches ist, sondern mit dem Lebensablauf dauernd seine Stelle verändert.

Wäre der Lebensablauf ein einliniger oder ein System von Parallelen, so könnte der Stellungswechsel des individuellen Todes gegenüber dem anfänglich fixierten, absolut gedachten Zeitpunkt nur ein Näherkommen sein, mit jeder äußeren Einwirkung müßte eine über das Maß der Ablaufzeit während der Einwirkung hinausgehende Zunahme der Todesnähe verbunden sein. Aber der Mikrokosmos ist in Wahrheit ein Kosmos, der durch innerweltliche Katastrophen als bewegtes Ganzes, als Geschehen sich immer wieder teilweise erneuert.

Nicht weil die Teile im Organismus „so fein aufeinander gepaßt" sind, dauert das Leben so lange an, sondern gerade weil sie auseinander streben, weil jedes seinen „eigenen Tod sucht" und in seinen Unterteilen hinausstirbt (celluläre Excretion), verzögert sich die Erreichung des Zieles und bleibt zugleich die Gesamtrichtung des ganzen Ablaufs gewahrt (harmonisches Altern). Wie die auseinander strebenden Rosse vor der Quadriga sich gegenseitig hindern, vom Wege zu weichen, aber damit zugleich auch das Ziel später erreichen, als es der Summe der aufgewendeten Kräfte entspricht.

Aber ist denn dieser virtuelle Fernpunkt, dieser „physiologische" Tod für den Pathologen von Interesse oder gar für den Arzt am Krankenbett? Ihn interessiert doch der Tod, der seinem Patienten wirklich droht!

Gewiß, so unmittelbar ist die Bedeutung nicht, aber für die Erkenntnis des Krankheitsprozesses wie der therapeutischen Möglichkeiten ist sie, wie ich glaube, groß genug.

Zwischen gesund und krank ist keine scharfe Grenze, wir erkranken und gesunden sicherlich sehr viel öfter, als sich in unserem Gedächtnis registriert, zumal wenn wir die leichteren Schwankungen unseres Allgemeinbefindens nicht groß beachten. Daß wir solch ein feines Empfinden für unseren Gesamtzustand haben, unabhängig von eigentlichen Organgefuhlen, das kann uns ein Hinweis sein, wie auch das Nervensystem nicht primares Autonomieorgan ist, sondern sekundär, regulierend und ausgleichbeschleunigend, mitwirken kann, weil sein Funktionieren mehr als das jedes anderen Organs von dem jeweiligen biorheutischen Gesamtstatus beherrscht wird

Betrachten wir das biorheutische System unter der Frage nach den krankmachenden Schädigungen, so gilt das gleiche, was wir am Schluß des vorigen Kapitels von dem Reiz konstatierten: an jeder Stelle des biorheutischen Ablaufs kann die Wirkung einsetzen, das Erste wird stets eine Änderung des biorheutischen Gefalles am Orte der Einwirkung sein. Ob aus der Einwirkung eine krankhafte Schadigung resultiert, daruber entscheidet neben der Intensität und Andauer der Einwirkung der allgemein und lokal herrschende Status, der charakterisiert ist durch das Ablaufgefälle in seiner Abhängigkeit von Zustrom, Hemmung und Oxydationen sowie die Ablaufrichtung.

Im letzten Abschnitt des vorigen Kapitels hatten wir als vorübergehende Folge der „Aktivierung" eine Resistenzerhöhung allgemeiner Natur registriert und sie, da sie mit deutlichen Zeichen der Assimilationssteigerung einhergeht, als auf dem Umwege über die Autolyse bewirkte allgemeine Erhöhung der Ablaufintensität gedeutet.

Eine Resistenzerniedrigung kennt man im Gefolge von Unterernährung, Überanstrengung, Ermüdung, Erkältung, wir deuten sie als Folge einer Verminderung der Ablaufintensität, sei es durch Zustrommangel oder Hemmungszunahme. Damit stimmen überein Befunde von TROMMSDORFF, der nach experimenteller Abkühlung eine Abnahme der Alexinnachlieferung, der Immunkörperproduktion sowie der Leukocytenregeneration fand, sowie SCHADES aus der Statistik des Krieges abgeleitete Feststellung einer allgemein geminderten Immunität (Masern, Scharlach, Genickstarre, Diphtherie) infolge häufiger Erkaltungsschädigung.

Es wird am besten sein, die Probleme an konkreten Fallen weiter zu analysieren.

Wenn jemand auf nasse Fuße einen Schnupfen oder eine Lungenentzündung bekommt, so ist die Krankheitsursache ohne Zweifel in den Bakterien zu sehen, die auf den Schleimhäuten existierten. Aber daß es zur Erkrankung kommt, daran ist die Erkältungsschadigung mitschuldig. Wie kann man sich diese Fernwirkung vorstellen?

Die Erklärung über Gefäßreflexe — konsekutive Erweiterung in den erkrankten Gebieten auf die Vasokonstriktion am Orte der Abkühlung hin — erscheint nicht sehr plausibel oder macht doch keinen funktionellen Zusammenhang verständlich.

Der reguläre Gang eines Schnupfens ist doch so, daß einige Zeit nach dem Erkältungstrauma zunachst Benommenheit des Sensoriums, Kopfschmerz usw. auftritt und die Hypersekretion der Nasenschleimhaut mit ihrer Hyperämie erst nachfolgt. Rechtzeitige Schwitzprozeduren konnen den Ausbruch des lokalisierten Katarrhes ja noch coupieren.

Wahrscheinlicher als die Annahme einer nervösen ist die einer humoralen Übertragung der Resistenzverminderung, und wir nehmen, gemaß den zitierten Befunden, an, daß diese in einer Zunahme der Ablaufhemmung besteht. Ob der letzte Grund eine primäre Zunahme der hemmenden Endstufen im Blute bei der Abkühlung während des Durchströmens der Haut ist, ob die verminderte oder aufgehobene Assimilation in der Haut und Subcutis während der Abkühlung und dabei geminderten Blutversorgung das Wichtigere ist — wobei man sowohl an die verminderte celluläre Excretion wie an Stoffabgabe ins Blut denken kann —, ließe sich durch Experimente wohl entscheiden. Nach neueren Untersuchungen sind die endokrinen Drüsen (Thyreoidea) bei der Entstehung der Allgemeinschädigung mitbeteiligt, auf jeden Fall muß also eine stoffliche Basis angenommen werden. Für die Affizierung der cellulären Excretion könnte sprechen, daß vielfach schon während der Abkühlung eine Hypersekretion der Schleimhäute (auch des Darmes) einsetzt, die durchaus nicht zum Katarrh zu führen braucht, auch der coupierende Einfluß des Schwitzens, der sekundären stärkeren Durchblutung der Haut wäre hiermit verständlich.

Daß die durch Wachstum oder celluläre Excretion beförderte Elimination der Endstufen eine sonst eintretende Assimilationsstockung hintanhalten kann, das illustriert die Beobachtung, daß in der Schwangerschaft und nach dem Aderlaß geringere Eignung zum anaphylaktischen Chok besteht, ebenso auch bei jungen, lebhaft wachsenden Tieren.

Auch bei den durch gehäufte Erkältungstraumen, zumal verbunden mit Anstrengungen, verursachten chronisch-rheumatischen Leiden ist die Assimilationshemmung offenbar die Grundlage. Dafür sprechen auch die Erfahrungen bezüglich des Prädilektionsalters, der Diät und der therapeutisch wirksamen Maßnahmen (Bäder, Laxantien, Hitzebehandlung, Proteinkörper), die alle die celluläre Excretion zu fördern geeignet erscheinen.

Ich selbst habe an meinem flandrischen Kriegsrheuma die Erfahrung gemacht, daß während eines Schnupfens mit lebhafter Sekretion oder eines Durchfalls die Schmerzen zu verschwinden pflegen und oft längere Zeit fortbleiben, ja, jede Mahlzeit mit ihren lebhafteren Sekretionen der Verdauungsdrüsen bringt eine vorübergehende Linderung.

Daß die chronische Assimilationshemmung nach fortgesetzten Schädigungen so schwer wieder schwindet, wenn die Schädigung aufgehört hat, ist leicht zu verstehen. Wenn die Schädigung des Ablaufs, die Hemmung der cellulären Excretion lange andauert, so haufen sich die Assimilationsendstufen so, daß die celluläre Excretion nachher kaum ausreichen kann, außer dem laufenden Zustrom noch das Angesammelte zu bewaltigen. Die therapeutischen Konsequenzen — Hungerkur, Eiweißbeschrankung — sind ja durch die Empirie langst gezogen worden.

Die bekannte konstitutionelle Verwandtschaft der chronisch-rheumatischen Zustande zu Diabetes, Arteriosklerose, Fettsucht, Schrumpfniere usw. laßt sich unter dem Gesichtspunkt des geminderten Ablaufgefalles wohl verstehen. Eine Methode, den jeweiligen Status des Ablaufgelalles zu bestimmen, ist noch nicht vorhanden, vielleicht könnte die Bestimmung des antitryptischen Titers im Serum sich dazu ausbilden lassen. Eine Schwierigkeit wird freilich immer darin bestehen, daß der in einem Zeitmoment festgestellte Zustand durchaus nicht den in Wirklichkeit maßgebenden Mittelwert des Ablaufgefalles erkennen zu lassen braucht. Mittelbar können sich vielleicht auch andere, leicht bestimmbare Werte — Leukocytenzahl, Anteil der einzelnen Typen, Viscosität, Sedimentierungsgeschwindigkeit der Erythrocyten, Gerinnungsdauer, Eiweißfraktionen usw. — zu Rückschlüssen auf den Ablaufzustand eignen, einstweilen fehlen noch die dazu nötigen Vergleichsunterlagen. Biologische Methoden wie Wachstumsbeeinflussung des Explantats, Sensibilisierungseignung erscheinen zu kompliziert.

Das pathologisch Wichtige bei allen assimilationshemmenden Einflüssen von längerer Dauer ist, daß sich die Wirkung notwendig kumulieren muß, es ist eine Art beschleunigten Alterns, das nicht wieder voll rückgangig zu machen ist und dessen Folgezustande — vielleicht viel spater und an unerwarteter Stelle — zur Auswirkung kommen werden. Etwas Analoges lernten wir in den OSBORNE-MENDELschen Versuchen kennen, wo eine durch Inanition bewirkte langere Wachstumshemmung zwar den „Wachstumstrieb" nicht zum Erlöschen brachte, aber die spater erreichte Endgröße doch herabminderte. Dabei wird die Assimilationshemmung am Zustrom das Altern der Zellen weniger rasch erfolgen lassen als diejenige durch verminderte Beseitigung der Assimilationsendstufen.

Es ist weiterhin zu erwarten, daß die — angenommen — zunächst allgemeine Assimilationshemmung im weiteren Verlauf sich in der Richtung besonderer Krankheiten qualifizieren kann.

Das beschleunigte Altern kann ja auf die Lange kein harmonisches sein, die Organe und Gewebe ohne Kommunikation nach außen werden im Gefälle stärker sinken und im einen Falle tritt der Zirkel von primarer Einschmelzung und sekundärer, regenerativer Neubildung ein und dauert unter periodischen Substanzabgaben ins Blut bis zum Regenerationsende, oder es tritt endgültiges langsames Erlöschen der Assimilation und Degenerieren (ebenfalls mit Abgabe ans Blut) ein. Dadurch scheidet nicht nur das betreffende Organ immer mehr aus der Funktion aus, sondern durch die Stoffbelieferung des Blutes kann dort Richtungsänderung, z. B. erhöhte Spezialisierung des Assimilationszustromes auf einzelne Organe und Gewebe hin erfolgen, deren Nachwirkungen auf diese selbst wie auf die anderen von der mannigfaltigsten Art sein können.

Die endokrinen Drüsen, in ihrer immer deutlicher werdenden gegenseitigen Beeinflussung, dürften für diesen Mechanismus besonders paradigmatisch sein, so ist z. B. bei der Akromegalie das Erlöschen des Geschlechtstriebes symptomatisch, ehe Spitzenwachstum, vermehrter Haarwuchs usw. manifest wird, man könnte darin eine Spezialisierung des Assimilationsstromes auf diese Gewebe hin erblicken.

Daß auch durch Fortfall eines bestimmten Teilgefälles — also gleichsam negativ — der Zustrom für die anderen qualitativ geändert werden könnte, diese Möglichkeit hatten wir bei der Frage der inneren Sekretion der Keimdrüsen betont. Eine gewisse Stütze gewinnt sie aus der Tatsache, daß der Ausfall dieser Organe nur durch Transplantation, nicht durch Substanzzuführung zeitweilig ausgeglichen werden kann; es könnte sein, daß nur solange als das Transplantat lebt, assimiliert, die Wirkung anhielte. Ebenso braucht die Vermehrung der LEYDIGschen Interstitialzellen des Hodens kein Anzeichen einer Sekretbelieferung des Blutes zu sein, sondern ebensowohl einer Assimilationszunahme und damit der Erneuerung des Gefälles.

Auch bei den endokrinen Drüsen mit isolierbarem substantiellem Träger von Wirkung (Nebenniere, Schilddrüse) ist die vielseitige Funktionsverflechtung so deutlich, der Einfluß auf den Assimilationsvorgang — nach Maßgabe der Ausfallserscheinungen — so vorherrschend, daß umgekehrt ihre funktionale Abhángigkeit von dem biorheutischen Gesamtstatus eine sehr enge sein wird.

Hier ist ein Wort über diese Drüsen und ihr spezifisches Inkret vielleicht am Platze.

Die weitgehende Parallelität zwischen der Wirkung des Adrenalins der Nebenniere und der Sympathicusreizung läßt nicht nur die gewöhnliche Deutung zu, daß jener Korper die „Reizsubstanz" dieses Nerven sei, die Sekretion den Zweck habe, die Sympathicusendigungen zu reizen. Es ist nicht recht einzusehen, was dieser Umweg für einen Sinn haben soll. Plausibler erscheint mir die Annahme, daß das Adrenalin am Orte der Sympathicusendigungen (und nicht nur dort) eine Einwirkung auf die biorheutischen Abláufe ausübt, die wie Sympathicusreizung wirkt[1]), haben doch FREUND und MARCHAND gefunden, daß die Glykogenmobilisation der Leber auf den Zuckerstich auch ohne Mitwirkung der Nebennieren moglich ist. Andererseits hat LANGLEY gezeigt, daß die Adrenalinwirkung auch nach Degeneration der zu den glatten Muskeln führenden sympathischen Fasern erhalten bleibt, und bemerkenswert scheint die Ähnlichkeit der Adrenalinwirkung mit derjenigen der bei Zellzerfall freiwerdenden Stoffe (O'CONNOR, H. FREUND), die von FREUND und GOTTLIEB auch in Beziehung zum sympathischen System gebracht wird. Das schnelle Verschwinden des Adrenalins, ohne daß mehr als Spuren in den Harn übergehen, seine große Labilitat besonders bei Sauerstoffgegenwart könnte vielleicht darauf deuten, daß es selbst in den biorheutischen Ablauf eintritt, wobei auf seine Beziehung zur Pigmententstehung noch hinzuweisen wäre Es ist jedenfalls interessant,

---

[1]) Wahrend des Druckes dieses Buches erscheint eine Arbeit von SPYCHER aus dem ASHERschen Institut, die auf Grund sehr instruktiver Versuche zu ahnlichen Vorstellungen uber die Wirkungsart der sog. sympathischen und parasympathischen Gifte gelangt.

daß sowohl das Adrenalin wie das Thyroxin (KENDALL) der Schilddrüse Derivate der cyclischen Eiweißbausteine sind.

Wenn die zitierte O. LOEWISCHE Entdeckung der Vagusreizsubstanz sich auch für andere Nerven bestätigt, dann ist die Frage doch zu erwägen, ob man nicht besser tut, die spezifisch im Sinne der Erregung bestimmter Nerven wirkenden Pharmaka als jenen „Nervenendsekreten" in der Wirkung verwandte Stoffe zu denken, anstatt sie über das Nervenendorgan selbst wirken zu lassen.

Das augenfalligste Symptom nach der Nebennierenentfernung ist nach BIEDL die Abmagerung, weiter kommt Muskelschwäche, Ermudung, Temperatursenkung als Vorzeichen baldigen Endes. Auch im Experiment ist die aus der menschlichen Pathologie bekannte Veranderung der Pigmentierung, wenigstens in Form von Zunahme des Chromogens, beobachtet worden. Das ganze Bild macht den Eindruck einer schweren Assimilationsstorung, über mikroskopische Veranderungen in den Organen scheint noch kein Material gewonnen zu sein.

Ob das Adrenalin im Gegensatz zu diesen Ausfallserscheinungen unmittelbar assimilationsfordernd wirkt, ist zweifelhaft, vielleicht von örtlichen Bedingungen abhängig; daß im Gefolge seiner Zufuhrung Assimilationssteigerung vorkommt, geht unter anderem aus der beobachteten Zunahme der neutrophilen Leukocyten mit nachfolgender relativer Vermehrung der Lymphocyten hervor. Wir haben ja die Möglichkeit erörtert, daß eine Substanz, die in den biorheutischen Ablauf eintreten kann, sowohl in den Zellbiorheusen fordernd als auch durch die biorheutische Konkurrenz „außen" hemmend wirken kann (Enzym und Bakterien). Das gilt natürlich auch von den Stoffen, die ohne selbst biokymfähig zu sein, die Biorheuse begünstigen können, und da im Organismus die Biorheusen nirgends konkurrenzlos sind — die Körperflussigkeit hat ja selbst celluläre wie nichtcelluläre Abläufe —, so wäre es wohl verständlich, daß ein und derselbe Stoff an gleichen oder auch verschiedenen Organen ganz gegenteilige Wirkungsäußerungen haben konnte. Für das Adrenalin ist der Befund von L. POLLACK interessant, daß es unter Umständen, entgegen der gewöhnlichen Glykogenmobilisierung, auch Glykogenbildung fordernd wirken kann, sowie daß es bei möglichst langsamer Zufuhr (subcutan) den Blutzucker am stärksten erhöht, intravenös oft gar nicht. Auch an die inverse Adrenalinarterienwirkung nach vorausgegangener Ergotoxingabe wäre zu erinnern.

Natürlich ist auch bei primärer Hemmungswirkung die uns bekannte nachfolgende Assimilationssteigerung möglich, und es ist auch dementsprechend eine Ähnlichkeit der Adrenalin- mit der Proteinkörperwirkung beschrieben worden.

Den Nebennierenausfall vermag Adrenalinzufuhr nicht zu kompensieren.

In der Pathologie, namentlich bei Erkrankungen, die mit Allgemeinerscheinungen (Fieber, Kachexie, Gewebszerfall) einhergehen, wird ein ausgiebiger Gebrauch von der Annahme von „Giften" gemacht, ebenso wie andererseits die „Entgiftung" bei der Analyse normaler und gesteigerter Organfunktionen eine große Rolle spielt. Wenn wir an die Stelle dieser Wirkungsbezeichnungen die Veränderungen des biorheutischen Ablaufgefälles nach Steilheit und Richtung sowie der Verteilung auf die einzelnen Assimilationsbezirke, die daraus folgt, setzen, so ist das nicht der Ersatz eines Wortes durch ein anderes, sondern es eröffnen sich Möglichkeiten, die vermuteten Wirkungen an einfachen biorheutischen Modellen zu prüfen. Als Beispiel sei an die im vorigen Kapitel angeführte Demonstration des anaphylaktischen Choks am überlebenden Leberbrei (Fermentchok) erinnert. Natürlich kann die Wirkung eines Giftes auf bestimmte Organe in vivo sehr wohl an dem dortigen Ablauf ansetzen und im allgemeinen, z. B. enzymatischen Modellversuch versagen, weil nur die besonderen Apparaturbedingungen des Gewebes die Möglichkeit des Eingriffs in den Ablauf gewähren (Organotropie).

Schon im einfachen Enzymablaufversuch kann man sich überzeugen, daß es nahezu nichts gibt, was nicht Einfluß darauf ausüben konnte, je nach dem Status der verschiedenen Stufen mehr oder weniger; die Vorgänge, deren Ganzes der Ablauf ist, sind offenbar so mannigfaltig, so verschiedenartig und andererseits doch in solch enger gegenseitiger Abhängigkeit, daß von zahlreichen physikalischen wie chemischen Ansatzpunkten aus der Ablauf alteriert werden kann. Man braucht nur einmal den Versuch gemacht zu haben, langer dauernde Verdauungsversuche genau zu reproduzieren, um diese Empfindlichkeit kennenzulernen.

Naturlich soll mit alledem nicht dem gegenteiligen Extrem das Wort geredet und der Wert der auf spezielle Organstorungen gerichteten pathologisch-physiologischen Analyse bestritten werden, nur ist es allerdings unsere Meinung, daß diese Analyse schließlich doch uber das einzelne Organ hinausfuhren wird. Bei den Avitaminosen ist die Allgemeinstorung als Grund der Lokalerscheinungen schon ebenso allgemein anerkannt wie etwa beim anaphylaktischen Chok, bei den endokrinen Störungen spricht man einstweilen noch von polyglandularer Erkrankung und von Korrelation. Schon die Tatsache aber, daß die Funktionen dieser Organe in so enger Beziehung zu den Ablaufphasen des Lebens (Entwicklung, Wachstum, Geschlechtsperioden, Altern) und zu der individuellen Ausgestaltung stehen, wird dazu fuhren mussen, sie aus primaren, nur wechselseitig regulierten Zentren zu sekundären, eingeschalteten Relaisorganen zu machen. Mit der reinen Abstellung auf die Produktion von „Hormonen" und die Entgiftung wird man gerade dem so ausgesprochenen Lebenszeitfaktor in der Funktion dieser Systeme nicht gerecht.

Die scharfe Scheidung der endokrinen von anderen drüsigen oder nichtdrüsigen Geweben wird wohl auch nicht bestehen bleiben, es kann ein jedes durch autolytische oder degenerative Prozesse zu einer „inneren Sekretion" gelangen.

Das kann vor allem bei Organen eintreten, die zwar eine celluläre Excretion haben, aber eine, die bei starker Belastung vom Zustrom her nicht ausreicht und deren Zellen, als von relativ jugendlichem Charakter, d. h. auf starkes Assimilationsgefälle eingestellt, leicht in Autolyse umschlagen, wie etwa die Leber. Gewöhnlich spricht man ja dann von Giften, die bei gesteigertem oder spezifiziertem Gewebsabbau im Körper entstehen, wenn man Allgemein- oder Fernsymptome konstatieren kann, eine Benennung, mit der nicht viel gewonnen ist.

Das Forschungsprinzip der Biorheusetheorie muß sein, die normale Funktion eines Organs für das Ganze wie die von ihm ausgehenden pathologischen Wirkungen von seinem besonderen Ablauf aus zu verstehen. Unterstützung darf sie dafür von einer mehr funktional eingestellten Embryologie erhoffen, die ihr für die endokrinen Drüsen schon wertvolle Anregungen zu bieten hat, so in dem Nachweis, daß diese Gewebe sekundär aus der Umwandlung von Embryonalorganen hervorgehen, oder in der Entwicklungsnähe von vegetativen Nerven und endokrinem Gewebe (Nebenniere, Hypophyse).

Weil man gewisse Formen der Blutdrüsenpathologie auf eine Hyperfunktion zu deuten veranlaßt war, hat man versucht, diese auch experimentell zu erzeugen, nach BIEDL bisher ohne Erfolg, nur nach partieller Entfernung der Drüsensubstanz war regenerativ gesteigerte Zellproliferation zu erzielen, was für die Funktion natürlich nichts besagt.

Andererseits sehen wir Hypertrophien einzelner Drüsen unter dem Einfluß von Vorgängen, die den ganzen Organismus angehen, so der Nebennieren bei manchen Kachexien, der Hypophyse in der Schwangerschaft. Der Zusammenhang von Konstitution und endokrinem System ist der, daß der momentane Zustand des Organismus sich hier besonders deutlich als der gewordene, nicht ein stationärer, kundgibt. So sieht es auch HART, nur daß er daraus ein einfaches Funktionalverhältnis — die Konstitution wird unter dem wesentlichen Einfluß des endokrinen Systems — konstruiert, anstatt darin zwei Beobachtungsseiten eines Grundvorganges zu erblicken. Unter letzterer Einstellung würde man auch nicht ohne weiteres in den oft beobachteten Erscheinungen der Hypertrophie einer Drüse nach Entfernung anderer eine vikariierende Funktionsübernahme sehen, sondern auch daran denken, daß der Assimilationsstrom zu den restierenden Organen ein veränderter ist. Die biorheutische Betrachtung ist prinzipiell unteleologisch, sie fragt nicht nach nützlich oder schädlich, sondern nach Richtungs- und Verteilungsdifferenzen der Abläufe.

Es wäre allerdings verfrüht, den Versuch zu machen, die verschiedenen Konstitutionstypen, die aufgestellt worden sind, biorheutisch zu analysieren, nur an einem Beispiel sei die Möglichkeit wenigstens angedeutet. Es ist vielfältig beobachtet worden, daß der Infantilismus, die frühzeitige Hemmung der Weiterentwicklung (Ateleiosis, GILFORD) mit einer „Progeria", einem frühzeitigen Altern verknüpft ist. Verzögerte Evolution bedingt beschleunigte Involution Auch für diese Vorgänge hat man besondere, speziell funktionierende Organe, besondere fördernde oder hemmende Hormone angenommen, zweifellos bestehen funktionale Beziehungen zwischen Keimdrüsen und Thymus, Hypophyse usw., aber auch zu fast allen anderen Organen. Jener beobachtete Zusammenhang von Entwicklungshemmung und beschleunigtem Altern aber war von der Biorheusetheorie aus allgemein vorauszusagen, es ist ja die mehrfach betonte Kumulation assimilationshemmender Einwirkungen von Dauer.

Diese Tatsache der Kumulation, die uns ja nichts Neues ist, scheint mir von allgemeiner Bedeutung für die Entstehung, die Dauer und den Verlauf von Krankheitsprozessen zu sein, sie läßt sich vielleicht in zwei Aussagen formulieren:

1. Jede von außen („außen" für ein Ablaufsystem — Organismus oder Organ —) gesetzte Veränderung wird durch das betroffene System selbst zunächst in ihrer verandernden Wirkung gesteigert.

2. Durch die primäre Steigerung wird die nachfolgende Selbsthemmung der Ablaufveränderung ebenfalls gesteigert und beschleunigt und kann zur Annullierung der gesetzten Veränderung führen.

Ob dieser — therapeutische — Effekt eintritt, wird in erster Linie davon abhängen, ob die in dem System bewerkstelligte Beseitigung der hemmenden Endstufen den normalen oder den veränderten Ablauf begünstigt

Zwei Beispiele mögen diese Sätze illustrieren.

Zu einem proteolytischen Enzym-Substratgemisch, das infolge der entstandenen Hemmungsstufen fast zum Stillstand gekommen ist, wird ein anderes Eiweißsubstrat zugesetzt. Das letztere wird von dem — anscheinend — fast inaktiven Ferment zunachst in erheblich rascherem Tempo, als jener Endverdauung entspräche, verdaut, wahrend das erste Substrat kaum mehr angegriffen wird. Nach einiger Zeit kommt auch die Verdauung des zweiten Substrates zum Stillstand, und, falls es gelingt, die Hemmungsstoffe der ersten Verdauung getrennt zu entfernen, so geht die Verdauung wieder auf das erste Substrat uber

Diese in vitro natürlich schwer zu realisierende auswählende Entfernung der hemmenden Endstufen ist in vivo durch Wachstum und celluläre Excretion zu leisten.

Betrachtet sei die biorheutische Konkurrenz zwischen Erreger und Gewebe bei einer lokalisierten Infektion. Das Gewebe hat eine seinem Altersgrad entsprechende Hemmung, d. h. ein bestimmtes Gefälle, der Erreger befindet sich zunächst in einem an spezifischer Selbsthemmung freien Kulturmilieu, er hat also zunächst die Oberhand und wächst lebhaft auf Kosten des Assimilationszustromes und des Gewebes, das als unterliegendes zu autolysieren beginnt. Mit der zunehmenden Autolyse verbessert sich das spezifische Gefalle des restierenden Gewebes, während dasjenige des Erregers sich mit seiner wachsenden Erfüllung des Kulturraumes verschlechtert, er überaltert gewissermaßen das mehr und mehr regenerativ wachsende Gewebe Je mehr der Erreger nun seinerseits zum Substrat der Gewebsbiorheusen wird, um so stärker wachst dieses, und nun gibt es zwei Möglichkeiten:

Entweder es entwickelt sich eine lokale Immunität, die auf dem Bakterieneiweiß gewachsenen Zellen gehen dort auch wieder zugrunde und setzen die Antikörper frei, die Bakterienzerstörung geht weiter bis zur Sterilisierung.

Oder aber das aus dem Bakterienzerfall entstammende Substrat wird zum Assimilationsmaterial persistierender oder cellulär exzernierter Gewebszellen, das Gewebe besorgt also gewissermaßen die celluläre Excretion für die Bakterien, es entlastet den Kulturraum immer wieder. Es resultiert ein zwar langsames, eventuell periodisches, aber andauerndes Weiterwachsen der Bakterien. In diesem letzteren Falle kann nur die Nekrose des Gewebes, falls keine celluläre Excretion diese verhindert, um den Infektionsherd herum und das isolierende Ersticken der Bakterien zur Sterilisierung führen, eine Immunität bildet sich nicht aus.

Der zweite Fall wird bei langsam wachsenden Bakterien wahrscheinlicher sein als bei rasch wachsenden, die dem ersten Typus geneigter erscheinen, die Infektionen mit spezifischen Granulationsgeweben (Tuberkulose) lassen sich vielleicht so auffassen. Die Wirkung des Tuberkulins, die von Robert Koch als eine solche auf das lebende tuberkulöse Gewebe gedeutet wurde, wäre mi diesem Bilde des Vorgangs in Einklang, womit aber nicht ein Anspruch auf mehr als illustrativen Charakter für das Paradigma erhoben werden soll.

Der Zusammenhang von Leben und Funktion eines Organs ist, wie mir scheint, nicht in dem Maße Gegenstand der Betrachtung gewesen, wie es besonders im Interesse der Pathologie läge, eine Folge davon, daß auch die Physiologie immer viel mehr der Funktion nachgegangen ist. Und doch hätte allein die Tatsache, daß eine protoplas-

matische Massenzunahme eines Organs nicht durch gesteigerte Nahrungszufuhr, sondern durch erhöhte Funktionsbeanspruchung zu erzielen ist,
die Aufmerksamkeit auf jene Problemstellung lenken sollen.

Dagegen sind die pathologischen Anatomen durch die Forschung
nach der Entstehung und den morphologischen Veränderungen bei den
Atrophien schon frühzeitig zu entsprechenden funktionalen Auffassungen gelangt.

Histologisch wird heute eine scharfe Grenze zwischen Atrophie
und Degeneration nicht mehr anerkannt, die einfache Atrophie mit
Abnahme von Masse und Zahl der Gewebselemente setzt sich kontinuierlich fort zur degenerativen, mit trüber Schwellung, fettiger oder
pigmentierter Entartung, Zellschwund, relativer oder absoluter Binde-
gewebszunahme.

Genetisch wird die „passive" Inanitionsatrophie von der „aktiven",
der durch „Abnahme der bioplastischen Energie" (MÖNCKEBERG)
veranlaßten unterschieden. Für die erstere ist der Schwund im Hungerzustand charakteristisch, während die Atrophien in Krankheits- und
Kachexiezustanden zwar zum Teil auch auf Inanition bezogen werden,
sich vom Hunger aber doch deutlich unterscheiden. So fand FR. MÜLLER
im Stoffwechselversuch bei Krebskranken einen „unaufhaltsamen Ver-
fall der Ernahrung, der mehr den Eiweiß- als den Fettgehalt des Organismus betraf", verbunden mit Anämie und Hydrämie. Die Frage nach
dem von MÜLLER angenommenen Krebsgift ist nicht entschieden; Tatsache ist, daß weitgehende Atrophien (Haut, Muskel, Fettpolster) neben
degenerativen Prozessen (Gehirn, Nieren u. a.) beobachtet werden,
charakteristisch ist die Epidermisabschilferung, ein „fruhzeitiges Altern
der Haut" (ROSANOW).

Auch im Fieber sinkt das Korpergewicht viel rascher als im Hunger,
wofur wiederum „Gifte" verantwortlich gemacht werden, zumal im
Experiment Tiere an toxischen Bakterienfiltraten unter schwerem
Marasmus zugrunde gingen (CESARIS-DEMAL).

Histologisch sehen die Kachexien der Inanition ähnlich, LUBARSCH
findet die Bilder der einfachen Atrophie denen der Ermudung analog.
Biorheutisch bieten die Kachexien das Bild einer Assimilationszustrom-
sperre fur die Mehrzahl der Gewebe infolge von Übersteigerung eines
speziellen Partialgefalles, das den Strom uberwiegend an sich zieht.
Davon wird bei dem Krebsproblem noch zu reden sein

Die „aktiven" Atrophien, bei denen der Grund des Schwundes in
den Zellen selbst liegt, werden von den Pathologen vom Standpunkt
einer primaren, abnehmenden vitalen Energie aus betrachtet Das
Prototyp ist die Altersatrophie, wo trotz ausreichender Nahrungszufuhr und unabhangig von dieser die Zellen atrophieren, weil sie „nicht
imstande oder wenigstens nicht dazu erregt sind, die chemischen Pro-

zesse in sich in normaler Stärke zu vollziehen". RIBBERT kam unserer
Auffassung näher, indem er die „Schlacken", die sich in den Zellen anhäufen, also eine Hemmung als Grund annahm, während MÖNCKEBERG
in diesen Ablagerungen nur den Ausdruck der beeinträchtigten Vitalität,
nicht das Primäre sehen will. Er läßt, im Anschluß an COHNHEIMS
Theorie von der immanenten bioplastischen Energie, diese letztere z. B.
in den intrauterin zur Involution kommenden Organen schneller aufgebraucht werden, Hormone sollen dabei mitwirken.

Diese immanente bioplastische Energie, ein Begriff, der dem des
„Wachstumstriebes" analog gebildet ist, braucht hier nicht mehr
diskutiert zu werden, er nötigt natürlich zu komplizierten Hilfsannahmen, wenn die Rolle des funktionellen Reizes für die Bioplasie betrachtet wird.

Unserer Anschauung verwandter ist die Auffassung von WEIGERT
der in dem funktionellen Reiz — und allerdings, wo wir ihm nicht
folgen, auch noch in der Funktion selbst — eine primäre Schädigung
sah, welche die Erneuerung der lebenden Substanz fördert: „Die Funk-
tionsschädigung stellt also, wenn man sich so ausdrücken darf, einen
ingeniösen Kunstgriff der Natur dar, durch den die wirklich deletäre
Schädigung der Gewebe, ein überschnelles Altern, verhindert wird."

Diesem Satze können wir uns voll anschließen, nur analysieren wir
ihn in der Richtung weiter, daß die funktionelle Reizung in einer partiellen Autolyse mit anschließender Verbesserung des Assimilationsgefälles besteht.

ROUX formuliert: „daß der funktionelle Reiz in diesen Organen
nicht bloß den Stoffverbrauch, die Dissimilation bewirkt, sondern auch
zur Wiederanbildung, zur Assimilation unerläßlich ist".

Die Inaktivitätsatrophie beruht sowohl auf dem Fehlen des funktionellen Reizes als auch auf der damit verbundenen schlechteren Blutversorgung. Daß die letztere allein nicht die Ursache ist, haben zahlreiche Beobachtungen sichergestellt. Vorübergehender Mindergebrauch
genügt schon, um eine rasch einsetzende Atrophie gesunder Muskeln zu
erzeugen (SCHIFF und ZAK). Histologisch scheinen die Muskelzellen
bei dieser Atrophie eher vermehrt, eine relative Zunahme der Kerne
ist mikroskopisch wie auch an der Verschiebung des P : N im Muskel-
proteinbestand festgestellt worden.

Ob die normalerweise durch den Gebrauch bewirkte Substanz-
erhaltung des Muskels auf dem funktionellen oder einem besonderen
trophischen Reiz beruht, ist nicht sicher entschieden, manche Forscher
nehmen eine Beteiligung des Sympathicus an der Erhaltung des Tonus
sowie der aktiven Masse an, die Mehrzahl sieht aber wohl mit ROUX
funktionellen und trophischen Reiz für identisch an. Damit ist ja nicht
gesagt, daß dieser Reiz zu sichtbarer Funktion führen muß, er kann

sehr wohl für die Kontraktion unterschwellig und doch trophisch wirksam sein, die gesteigerte Wärmebildung im Muskel bei äußerer Abkühlung (auch ohne sichtbare Zuckungen) kann hier herangezogen werden. Auf das Tonusproblem kommen wir später noch einmal zurück. Die zuerst von PARNAS aufgezeigte Möglichkeit tonischer Contractur glatter Muskeln ohne gesteigerten Energieumsatz deutet darauf hin, daß hier vielleicht auch Elastizitätsmomente beteiligt sein können, die stationär veränderbar sind. Neuerdings ist auch die Ansicht vertreten worden, daß dem Tonus anabolische Prozesse zugrunde liegen (F. KRAUS), was mir durchaus beachtenswert erscheint. Hält man an der prinzipiellen Gleichartigkeit aller dem Muskel zufließender Reize fest, so wird man — in Parallele zu dem Zweiphasenvorgang der maschinellen Muskelfunktion, wie er in dem Milchsäuregang erscheint — dem Reiz in allen Stärkegraden eine dissimilatorische (autolytische) Wirkung zuschreiben, auf die der allgemein-biorheutischen Verknüpfung gemäß eine Assimilationsteigerung folgt.

Die maschinelle Seite des Muskelproblems braucht uns hier nicht zu beschäftigen, interessant genug ist es, daß dieses Organ, dessen funktioneller Apparat so deutlich jenen Zweitaktrhythmus zeigt (wobei, wie der hypertrophierende trainierte Muskel lehrt, die zweite Phase mehr akzentuiert ist), daß dieses auch besonders zur Inaktivitatsatrophie neigt. Dabei ist zu bedenken, daß der Muskel zu den Organen ohne äußere Oberfläche gehört, daß er in Rücksicht darauf in seiner Fasermasse relativ langsam altert, bindegewebig und pigmentiert wird, daß er also anscheinend ein vergleichsweise schwaches Assimilationsgefälle hat, darum aber auch bei Inanition zur autolytischen Atrophie prädestiniert ist. Demgemaß ist ja sein Eiweißbedarf, auch bei starker Beanspruchung, ein vergleichsweise geringer, und andererseits sind die fortgesetzten partiellen Autolysen der Reize notwendig, um — bei ausreichendem Zustrom — sein Assimilationsgefälle zu erhalten, es ist eine Art andauernder Regeneration. Der labile Charakter der myofibrillären Eiweißkörper zeigt — biorheutisch angesehen — einen Gleichgewichtszustand, der, verglichen etwa mit den Bindegewebsfasern, eine kurze Ablaufstrecke umfaßt, der also relativ reich an früheren Stufen ist und demgemäß autolysegeneigtere und leichter verdauliche Substanz darbietet. Die kurze Ablaufstrecke bedingt die rasche Regeneration (Erholung) auf die physiologische Schadigung, den Reiz, hin, bedingt aber zugleich bei gröberen, zumal infektiösen Substanzverlusten eine geringere Regenerationsfahigkeit in Konkurrenz mit dem gefallestärkeren Bindegewebe

Die Muskulatur ist ja auch das wichtigste Organ für die Warmebildung im homoiothermen Organismus Dazu durfte sie auch der labile

Zustand geeignet machen, der es ermöglicht, in raschem Wechsel dissimilatorische und assimilatorische Prozesse geschehen zu lassen, ohne daß der lebende Stoffbestand — celluläre Excretion oder Abbau N-haltiger Substanz — wesentlich angegriffen würde. Die Versuche von HILL, MEYERHOF, v. WEIZSÄCKER, PETERS, PARNAS u. a. haben gelehrt, daß in der Erholungsphase eine größere Wärmemenge frei wird als in der Zuckung, daß aber auch der ruhende, herausgeschnittene Muskel bei Sauerstoffgegenwart eine beträchtliche Wärmebildung zeigt, die im Absterben (also bei Fortschreiten der Autolyse) absinkt. Nach neuesten Versuchen von MEYERHOF, HILL, LIPSCHÜTZ besteht im Muskel auch die Möglichkeit der Wärmebildung unter Abspaltung von CO_2 ohne Mitwirkung von Sauerstoff und ohne Vergiftbarkeit durch Blausäure. Nimmt man diese Erfahrungen zu denjenigen bezüglich der Atrophie und Hypertrophie hinzu, so kann man sich die Vorstellung machen, daß das labile Gleichgewicht nur bei dauernder relativ großer Energiezufuhr aufrechtzuerhalten ist. Man wird aber, schon weil das gleiche Brennmaterial verwandt wird, die Warmebildung im ruhenden von der im tätigen Muskel nicht prinzipiell verschieden sein lassen wollen, und kommt dann zu der Folgerung, daß der Muskel auch in der Ruhe einen dauernden Rhythmus hat. Es wurde daraus verstandlich, daß der Muskel, da er sein Dissimilat immer wieder zur Assimilation bringt, bei ausreichender Kohlehydratzufuhr relativ wenig Eiweiß braucht, andererseits aber bei ungenügender Belieferung mit N-freiem Material unverhältnismäßig rapid den Eiweißabbau steigert, vielleicht kommt diese Tatsache in dem finalen, steilen N-Anstieg des Hungerharnes zum Ausdruck. Die Glykogenspeicherung im Muskel, welchen Stoff wir gerade in assimilatorisch tätigen Geweben und Zellen finden, ebenso wie der rasche Schwund im Hunger spricht auch für diese Auffassung.

Diese Überlegungen stehen nicht in Widerspruch oder Wettbewerb mit der kolloidchemischen oder sonstwie maschinellen Auffassung der Muskelaktion, sie basieren vielmehr auf der Erwägung, daß auch der Muskel zuerst lebt, daß er in dem Gesamtablauf darinsteht. Rein von der Funktion aus so wenig wie von der Struktur aus ist der Muskel biologisch erfaßt. Daß sich hier so weitgehend wie an kaum einem anderen Organ (außer Stützgeweben) die Funktion für sich analysieren läßt, das rührt daher, daß sich die einzelne Aktion hier wirklich mit der Störung und Wiederbildung eines labilen Gleichgewichts deckt, daß sie zwar auch auf dem Ablauf ruht — das bezeugen ja gerade die trophischen Erscheinungen —, daß dieser hier aber in einem Rhythmus verläuft, dessen Takte dem Funktionselement entsprechen.

Auch an anderen Organen sind inaktivitätsatrophische Vorgänge beschrieben worden, so schwinden die gewundenen Harnkanälchen der

Niere, wenn der zugehörige Glomerulus verödet ist (JORES). Nach
PONFICK behauptet eine Drüse, die durch Absperrung des Ausführungs-
ganges inaktiviert ist, ihren Umfang zunächst nicht nur längere Zeit,
sondern überschreitet ihn noch. Offenbar ersetzt sie den Ausfall der
cellulären Excretion anfangs durch Wachstum oder Massenzunahme,
d. h. das Assimilationsgefälle muß erst herabgesetzt, gehemmt sein, ehe
die Atrophie einsetzt. Das ist eine gute Illustration zu dem, was über die
endokrinen Drüsen erschlossen wurde und zu den Bedenken gegenüber
der STEINACHschen Deutung der Zellproliferation im Interstitium
nach Samenleiterligatur als einer Sekretionssteigerung ins Blut.

Es wäre interessant festzustellen, ob späterhin wieder ein stationärer Zustand eintritt, wo Einschmelzung und Neubildung sich die
Wage halten. HAMMAR fand, daß auch in der involutionierten Thymus
sich die kleinen Zellen noch teilen und HASSALsche Körperchen neubilden.

Von der Inaktivitätsatrophie unterscheiden die Pathologen die neu-
rotische, weil bei peripheren oder spinalen Lahmungen der Schwund
der zugehorigen Muskeln viel rapider und intensiver einsetzt als in der
Inaktivität oder bei cerebralen Lahmungen. Das widerspricht nicht der
Annahme von dem funktionell-trophischen Reiz, denn der cerebral ge-
lahmte Muskel wird auf dem Reflexwege noch einen gewissen Reizzufluß
behalten. Die Atrophien bei spastischen Paresen können diesen Charakter (des Reizfortfalls) nicht haben, sie durften mehr der Überanstrengung, dem raschen Altern und zum Teil auch der Inanition und
Anamie zuzurechnen sein. Es wäre erwünscht, atonisch und spastisch
atrophierte Muskulatur histologisch und chemisch vergleichend zu untersuchen.

Nach der Durchschneidung eines Nerven degeneriert bekanntlich
das periphere Ende, auf eine gewisse Strecke aufwärts zunächst auch
das zentrale. Bei winterschlafenden Tieren bleibt die Degeneration aus,
tritt aber sofort ein, wenn die Tiere erwachen und homoiotherm werden
(MERZBACHER); sie ist also wohl kein Entmischungsvorgang, keine
kolloidale Zustandsanderung, sondern im Grunde ein chemischer
Prozeß.

VERWORN und seine Schuler — F. W FRÖHLICH, THÖRNER u a —
haben gezeigt, daß der Nerv in Stickstoffatmosphare rasch ermudet, in
Sauerstoff sich wieder erholt, WINTERSTEIN hat einen sehr großen
Stoffwechsel des Froschruckenmarks gefunden

Die trophische Abhangigkeit der Nervenfaser von der Ganglienzelle
ist ein Ausdruck, unter dem man sich zunachst schwer etwas vorstellen
kann. Daß der geringe Stoffwechsel des langen Gebildes dauernd von
einem entfernten Zentrum aus regiert werden sollte, ein Stoffwechsel,
an den nicht wie bei anderen Organen die Anforderung großer Variations-

breite gestellt zu werden braucht, leuchtet nicht sehr ein. Wohl aber ist es verständlich und entspricht den allgemeinbiologischen Gesetzen, daß ein Wachstum nur ·unter Mitwirkung der Zellen erfolgen kann. An der alten WALLERschen Lehre, daß die Regeneration und das Wachstum der eigentlichen Leitungsfaser von der Ganglienzelle aus erfolgt, daran hält die überwiegende Zahl der Untersucher fest, wenn auch an der Wiederherstellung der sekundären Teile (Neurilemm, Markscheide) eine Beteiligung der Zellen der SCHWANNschen Scheide angenommen werden kann. Ein Versuch, Funktion und Ablauf zu verbinden, muß von dieser Grundtatsache ausgehen.

Steht man auf dem Standpunkt, daß jede Reizübertragung letztlich stofflicher Natur sein muß — und wir haben uns dazu bekannt —, so wird man ja auch für die Reizleitung durch den Nerven (mag der Mechanismus auch in der Hauptsache rein physikalisch sein) eine Verknüpfung von biorheutischem Ablauf und Funktion suchen.

Auch bei toxischer Schädigung des ganzen Nerven beginnt die Degeneration stets am peripheren Ende (BOEKE), zuerst, schon nach Stunden, verändern sich nach TELLO die motorischen Endplatten. Wenn die Degeneration im Nerven — analog der Atrophie des Muskels — eine kontinuierliche Fortsetzung einer ersten, autolytischen Phase des funktionierenden ist, so kann man sich vorstellen, daß im Endapparat des normalen Nerven dauernd etwas Substanz desselben autolysiert und den trophischen Reiz — sobald eine entsprechende Minimalmenge Autolysat angesammelt ist — setzt. Die Dauerfunktion der Nervenbahn würde dann ein langsamstes Nachwachsen sein, dessen Tempo das des regenerativen Auswachsens der durchschnittenen Faser nicht zu übertreffen brauchte. Während der Wanderung durch den Nerven würde das lebende Material im langsamen Ablauf begriffen sein, in der Stickstoffatmosphäre käme es zur vorzeitigen Autolyse, die den sonst unermüdbaren Nerven leitungsuntauglich macht, durch Sauerstoffzufuhr wird der assimilative Ablauf wieder hergestellt. Die Leitung des Reizes wäre gleichbedeutend mit einem — absolut genommen minimal — beschleunigten Nachrücken des Materials und folgender Zunahme des Autolysates im Endapparat. Unter der Leitung wollen wir uns eine physikalische Welle vorstellen, die je nach dem Kolloidzustand des leitenden Materials zwischen einer Kompressionswelle und einer mehr der Pulswelle ähnlichen elastischen Welle in der Mitte steht; je näher dem Gelzustand, um so mehr direkte Druckfortpflanzung, je mehr Flüssigkeit, um so mehr die andere. Die Abhängigkeit von der Temperatur, die doch nicht die einer chemischen Reaktion ist, die Koagulationsverkürzung, die Erscheinungen des teilstückweise narkotisierten oder „parabiotisch" gewordenen (WEDENSKY) Nerven lassen sich damit gut vereinbaren. Im übrigen ist diese spezielle Frage für uns nicht wichtig,

jede Leitungstheorie, welche die Verbindung zwischen Funktion und biorheutischem Ablauf herstellt, ist uns ebenso willkommen, wie z. B. die
BRÖMSERsche Annahme einer Konzentrationswelle. Auch die HER-
MANNsche, neuerdings besonders von CREMER geförderte „Strömchen-
theorie" ist mit unserer Annahme des autolytischen Übergangs vom
Nerv auf den Muskel wohl vereinbar, doch scheint mir gegen eine
chemische Welle allgemein manches zu sprechen, so die Unermüdbarkeit,
die Kürze des Refraktärstadiums, das Fehlen einer Wärmebildung, die
immer noch relativ hohe Geschwindigkeit bei niedriger Temperatur.
Wir werden auch bei der Betrachtung der nervösen Vorgange im Schluß-
kapitel des Buches uns der Vorstellung einer physikalischen Welle bedienen, deren Fortleitung von der Erregung als solcher vollig verschieden sein kann. Vielleicht sollte man die Möglichkeit mehr in Betracht ziehen, daß diejenigen Strukturteile des Nerven, auf denen hochst
wahrscheinlich die künstliche Reizbarkeit beruht (Membranen und
Elektrolyte), mit der aktuellen Funktion der Leitung überhaupt nicht
direkt etwas zu tun zu haben brauchen. Der Lipoidreichtum der Nervensubstanz wie auch die Menge und Anordnung (längs des Achsenzylinders,
nach MACALLUM) der Elektrolyte könnte einen Schutz des Nerven gegen
osmotische Einwirkungen, einen Bewahrer seines Wasser- und Kolloid-
zustandes darstellen. Dazu würde die Tatsache passen daß die Lymph-
räume des Nerven, wie des ganzen Nervensystems, mit dem ubrigen
Lymphsystem des Korpers nicht kommunizieren.

Der periphere Nerv würde, wenn unsere Annahme, die in dem
regenerativ geschehenden Wachstum des Nerven einen auch beim intakten Nerven ablaufenden Prozeß sieht, bestatigt werden kann, das
Organ einer gewissen „cellularen Excretion" des Zentralnervensystems
sein, ein Gesichtspunkt, den wir noch weiter diskutieren werden

Unserer Annahme eines stofflichen Vorgangs zwischen Nervenend-
reiz und Muskelerregung nahern sich, wie mir scheint, auch die neueren
Auffassungen vom Wirkungsort der typischen Nervenendgifte (Adrenalin, Curare, Nikotin, Physostigmin usw.) Nach Untersuchungen von
KÜHNE, LANGLEY, DIXON, RANSOM, KEITH LUKAS, LOEWI u. a.
ist als Angriffspunkt nicht mehr die Nervenendigung und ihre spezifischen
Gebilde anzunehmen, sondern eine zwischen Nerv und Muskel einzu-
schaltende Zwischen-(Rezeptor-)Substanz, die histologisch nicht festzulegen war Ich mochte glauben, daß sie morphologisch nicht zu suchen
ist, sondern chemisch, und zwar in den autolysierenden oder autolyse-
anregenden Stoffen, die vom Nervenendorgan ausgehen. Ob dabei
antagonistische Ionen (K, Ca), wie ZONDECK annimmt, das Entscheidende sind, bleibt offen, jedenfalls ist eine intermittierende Wirkung
solcher Elektrolyte ohne Beteiligung anderer Stoffe schwer vorstellbar,
fur uns aber auch nicht wichtig

Experimentell ist die für uns wesentliche Frage, die der Stoffverschiebung im Nerven, nicht leicht zugänglich. Vielleicht sollte man Vergleichsversuche am frischen Nerven, einmal lange gereizt, einmal ungereizt, anstellen und sehen, ob sich mikroanalytisch Unterschiede z. B. an N und P an zentralen und peripheren Stücken auffinden lassen.

Unter den allgemein-pathologischen Fragen ist die Entzündung wohl die meisterörterte von allen, man kann nicht sagen, daß der Stand dieses Problems in der Diskussion der Pathologen der biologischen Behandlung viel Material darböte. Immer wieder wird die teleologische Frage gestellt, in deren Wesen es liegt, daß man über sie nie zu einem Ende kommen kann und sich leicht in Definitionsstreitigkeiten verliert, oder es wird der eminent verfrühte Versuch gemacht, die beobachtbaren Vorgänge unmittelbar auf physikalische und chemische, besonders natürlich kolloidchemische Gesetzmaßigkeiten abzuziehen.

Das ungeheuere histologische Beobachtungsmaterial hat — wie F. Marchand betont — vor allem die hohe Bedeutung der histiogenen Zellproliferation, der adventitialen, retikulären sowie auch der lymphocytären Elemente mehr ins Licht gesetzt und die Weigertsche Lehre, welche die entzündlichen Zellansammlungen ausschließlich auf ausgewanderte Blutkörperchen zurückführte, eingeschränkt. Die von Marchand schon früher angenommene Neubildung auch myeloider Elemente ist von G. Herzog erwiesen worden.

Nichtsdestoweniger stehen natürlich die vom Gefäßsystem ausgehenden Veränderungen im Vordergrunde des Bildes, die Gefäßerweiterung, die Stase und mit dieser (Stromverlangsamung, Sauerstoffmangel) verbunden die erhöhte Durchlassigkeit der Capillaren, der Austritt von Flüssigkeit und Körperchen in das Gewebe. Demgemäß kann alles, was diese Gefäßwirkung hat, als Entzündungsursache wirken, wie auch umgekehrt die nicht primär vasculären Alterationen sekundär jenen Gefäßmechanismus in Gang setzen. Daraus erklärt sich die große Mannigfaltigkeit der Entzündungsursachen — nervöse, thermische, chemische Gefäßbeeinflussung, Protoplasmagifte, Bakterientoxine, Gewebsautolysate — und die Möglichkeit, eine nicht vasculär entstandene Entzündung von den Gefäßen aus steigernd oder hemmend zu beeinflussen. Es ergibt sich aber auch die Schwierigkeit, die Entscheidung über die Ursachenfolge im Einzelfall zu treffen.

Prägnant kommen diese Verhältnisse in den Worten von H. H. Meyer zum Ausdruck: „Der rasche oder langsame Tod von Gewebszellen veranlaßt unter allen Umständen einen Zerfall von Protoplasma und die Entstehung von Zerfallsprodukten, ebenso wie bei der fermentativen Autolyse toter Organteile. Diese Zerfallsprodukte wirken aller Erfahrung nach in hohem Grade ‚entzündungserregend‘, d. h. sie

bewirken die dazu erforderliche Alteration der Gefäße und die chemo-
taktische Ansammlung von Leukocyten, sie scheinen direkt die schmerz-
vermittelnden Nerven zu erregen oder erregbarer zu machen und vielleicht auch einen Wachstumsreiz für das sich regenerierende Gewebe
zu bilden".

Fügen wir dem hinzu, daß andererseits auch der Beginn an den
Gefäßen zu der Autolyse der Gewebs- und Blutelemente führen muß,
so sehen wir die Entzündung, mag sie verursacht sein wie sie will, als
einen kumulativen Prozeß, der stets in den gleichen circulus vitiosus
einmündet.

Sehr interessant ist die von BAYLISS, SPIESS, BRUCE u. a. untersuchte Beziehung zwischen Entzündungsreiz und Schmerzerregung,
die Tatsache, daß „jeder schmerzhafte Hautreiz fast unmittelbar die
ersten Anfänge der Entzündung verursacht" (MEYER), daß andererseits Analgetica (Cocain, Alypin, aber auch Atophan und die Salicylate)
auch entzündungswidrig wirken. Da Durchtrennung des Nerven nicht
so antiphlogistisch wirkt wie Lokalanästhesierung, hat man einen Reflex ohne Zentrum (Axonreflex) angenommen (BAYLISS, BRUCE).

Sicherlich ist die nervöse Entzündungserregung und -beeinflussung
eine berechtigte Annahme, aber es ist andrerseits doch auch zu fragen, ob nicht auch Schmerz und Entzündung eine gemeinsame Ursache haben können, die eine Annahme schließt ja die andere nicht
aus. Um eine — anderweitig verursachte — Entzündung zu hemmen,
kann es genügen, wenn jener geschilderte kumulative Mechanismus gehemmt wird, das könnte bei den zentralen Analgeticis der Fall sein und
bei der Beobachtung, daß ein apoplektischer Insult akute Gelenkent-
zündung rückgängig beeinflußte (GAISBOECK)

Die Annahme eines Axonreflexes aber ist unnötig, wenn man den
lokalen Analgeticis einen Wirkungsmechanismus über die gemeinsame
entzündungs- und schmerzerregende Ursache zuweisen kann. Das ware
experimentell zu untersuchen, auf Grund der Fragestellung, ob die betreffenden Mittel auf den biorheutischen Ablauf einwirken, eine Untersuchung, die zugleich für das Nervenproblem an sich von Bedeutung
ware; v. FREY kommt neuestens zu der Annahme einer Zwischenschaltung von Gewebsschädigung und Wirkung ihrer Produkte bei der
Schmerzentstehung. Ganz im Einklang hiermit nehmen wir, wie spater
ausführlich begrundet wird, an, daß „Erregung" (nicht Reiz) biorheutisch Ablaufsteigerung bedeutet, und sehen dann in der Wirkung der
Analgetica auf Schmerz wie Entzündung eine Ablaufhemmung.

Fur die Ablauftheorie illustriert der Entzundungsvorgang wieder
den Satz, daß eine — aus welchen Ursachen immer — gesetzte Ablauf-
anderung sich in ihrer Wirkung zunachst steigert, konsekutiv hemmt
Betrachten wir den Fall, daß die Ursache eine bakterielle, also eine

biorheutische Konkurrenz, Ablaufhemmung und Autolysebeginn des Gewebes ist. Das Autolysat — wir sehen von der hinreichend erörterten Frage der Immunität ab — bewirkt Schmerz und zunächst Steigerung des Bakterienwachstums. Die Konkurrenzhemmung der Assimilation betrifft natürlich auch die Abläufe in den Gefäßwandungen und lähmt die Constrictoren, denn wie aus den Proteinkörpererfahrungen zu schließen ist, macht Assimilationshemmung Gefäßerweiterung, Assimilationssteigerung Verengerung. Die Folge ist also hier Gefäßerweiterung und Stase, damit aber durch Oxydationshemmung und Säureanreicherung weitere Steigerung der Autolyse, Verhinderung des Umschlags in die konsekutive Assimilationssteigerung. Damit wird natürlich auch das Bakteriumwachstum gehemmt, deren Lokalisation und damit Selbsthemmung gefördert. Von dem proteolytisch kräftig wirksamen Autolysat vor allem der Eiterkorperchen werden die gealterten Bakterien verdaut, zugleich aber auch die — den Leukocyten gegenüber biorheutisch alteren — Gewebszellen eingeschmolzen, bis auch dieser leukocytare Ablauf starker gehemmt ist. Jetzt beginnt, auch infolge der besseren Sauerstoffversorgung gegenuber dem zentralen Herd, die Gewebsassimilation die Oberhand zu gewinnen, es kommt zur Regeneration, histiogenen Zellproliferation, Narbenbildung. Der Übergang zur histio-assimilatorischen Phase wird um so rascher erfolgen, je mehr nach Überwindung des bakteriellen Ablaufs der Fortgang des leukocytär-eitrigen gehindert wird, z. B. durch chirurgische Entleerung, und der Restitutionserfolg wird um so besser im Sinne der Idioplasie sein, je weniger gewebsfremdes Assimilationsmaterial liegen geblieben ist, je mehr also die Regeneration auf dem gewebseigenen Autolysat erfolgt. Dieser Gesichtspunkt kann vielleicht bei der operativen Behandlung mehr berücksichtigt werden.

Wie bei allen derartigen biorheutischen Konkurrenzen ist die Frage „nützlich oder schädlich" nicht allgemein zu beantworten. Die biorheutischen Abläufe konnen gar nicht umhin, zu konkurrieren, und wie stets geht dieser Kampf ums Ganze, ist Vabanque-Spiel, zunächst lokal, eventuell im ganzen Organismus. Verständlich ist es aber daraus, warum die operative Beseitigung des an sich gewiß nicht unnützen Eiters geboten sein kann, weshalb andererseits die zu frühzeitige Incidierung eines Entzündungsherdes schaden kann. Die Incision bewirkt auf alle Fälle eine Entlastung der Biorheusen von den hemmenden Stufen, und es fragt sich, welche von ihnen zur Zeit des Eingriffes davon am meisten profitiert. Gelangt andererseits infektiöser Eiter in andere Gewebe, so werden die Bakterien wieder in günstigere Kulturbedingungen versetzt und werden sich in dem schon stark gehemmten eitrigen Autolysat sogar besser entwickeln konnen: die eitrige Infektion wird gefährlicher sein als die rein bakterielle.

Interessant sind die Befunde von GESSLER, daß excidierte entzündete Hautstückchen einen größeren Sauerstoffverbrauch haben als gesunde, und von BRANDL, wonach entzündungserregende Mittel im Magen resorptionsfördernd wirken; beides deutet auf ein gesteigertes Ablaufgefälle hin.

Erwünscht wäre es, entzündliches Material auf die enzymatischen Eigenschaften, Stickstoffverteilung usw. zu untersuchen.

Es wird gut sein, hier wieder darauf hinzuweisen, daß gesteigerte Verbrennungen (Sauerstoffverbrauch) nicht etwa auf vermehrte Dissimilation von plasmatischer Substanz hinweist — die Autolyse wird ja vielmehr durch Sauerstoff gehemmt, kommt gerade bei O_2-Mangel in Gang — sondern auf gesteigerte Assimilation. Ebenso kann vermehrte Bildung von Eiweißabbaustufen (Harnstoff), wenn sie auch natürlich ein Überwiegen der Stickstoffdissimilation anzeigt, letztlich durch eine erhöhte, eventuell einseitige (konkurrierende) Assimilation bedingt sein, zumal bei insuffizienter Ernährung.

Die theoretische Diskussion über den Entzündungsbegriff hat auch das Fieber mit in ihren Bereich gezogen, man streitet sich darüber, ob das Fieber eine generalisierte Entzündung genannt werden darf oder nicht. Eine solche Verbindung zweier Begriffe kann einigen Wert haben, nämlich dann, wenn sie nicht nur auf Grund einiger äußerlicher Beziehungen (Hitze) erfolgt, sondern in Erkenntnis eines den Phanomenen gemeinsamen Grundvorganges.

Fieber kann es nur bei wärmeregulierenden Tieren geben, nicht eine Erhöhung der Temperatur schlechthin wird ja als Fieber anzusprechen sein, sondern die Einstellung der Regulation auf eine gegen die Norm erhöhte Temperatur. Kunstliche Überhitzung (Hitzschlag) ist kein Fieber.

Die Existenz eines oder mehrerer Warmezentren im Gehirn — beim Kaninchen in der Gegend des Tuber cinereum — ist durch positive (Reizung) wie negative (Ausfall) Experimente sichergestellt, dagegen scheint mir in der Theorie seiner Funktion vielfach noch keine genügende Begriffsklarheit zu herrschen. So geht es nicht an, sowohl die durch erhohte Temperatur des Carotisblutes gesetzte, warmeabgabesteigernde Wirkung auf das Zentrum mit folgender Senkung der Korpertemperatur als Reiz fur das Warmezentrum zu bezeichnen, als auch dem „Warmestich" (Einstich im Zwischenhirn), der eine länger dauernde Hohereinstellung der regulierten Temperatur zur Folge hat, diese Qualitat beizulegen. Zweifellos gebuhrt der Name „Reiz" nur jenem, durch die Versuche von R. H. KAHN und von BARBOUR demonstrierten Auslosen des Regulationsmechanismus durch die erhohte oder erniedrigte Bluttemperatur oder durch nervos zugeleitete Reize von der Peripherie.

Die Einstellung auf eine bestimmte Temperatur des Körpers, auf die hin reguliert wird, ist etwas anderes, sie ist das eigentliche Fieberproblem. Es scheint mir auch nicht glücklich, dafür die Begriffe Erregung und 'Erregbarkeit zu verwenden. Erregung ist nichts anderes als Reizwirkung, und erhöhte Erregbarkeit, die GOTTLIEB im Fieber annimmt, müßte im Sinne gesteigerter, etwa überkompensierender Regulation wirken, wie z. B. die Strychninvergiftung die Reflexe steigert.

Die begriffliche Klärung ist aber nicht nur für das Fieberproblem wichtig, sie stellt die ganze Problematik des Reizbegriffes, die seit dem Beginn der Erforschung der chemischen Korrelationen (Hormone) und mit der zunehmenden Kenntnis der Pharmakologie des autonomen Nervensystems immer aktueller wird, in ein helles Licht.

Der Reizbegriff verleitet dazu, auch ein vegetatives Zentrum nach der Analogie des Nerv-Muskelpräparates zu behandeln, aber schon die Betrachtung des relativ einfachsten chemisch-zentralen Mechanismus, der „Reizung" des Atemzentrums durch die Kohlensäure sollte uns lehren, daß der Reiz des Zentrums in dem Zentrum selbst entsteht, daß der Gegensatz nicht Reiz und Ruhe ist, sondern vielmehr normaler und veränderter (gehemmter oder gesteigerter) Funktionsablauf. Kohlensäurezufuhr wirkt genau so wie Behinderung der Abfuhr der im Stoffwechsel des Zentrums entstehenden Kohlensäure.

Eine Dauerfunktion, ein dauernd — nicht rhythmisch — in einer Richtung gehender Ablauf, kann nur assimilatorischer Natur sein, sonst würde ja das funktionierende Gewebe alsbald hinschwinden. Da der Lebensablauf als Ganzes durch das Überwiegen der Assimilation über die Dissimilation (diese hier wie immer natürlich nur bezüglich der „lebenden", biorheutisch aktiven Substanz gebraucht) bedingt ist, so muß ein zentral beherrschendes, d. h. ausgleichend, regulatorisch funktionierendes Organ einlinig in diesem assimilativen Ablauf darinstehen. Wie wir schon in einem früheren Kapitel ausführten, muß die Funktion des nervösen Zentralorgans — soweit sie zentral, nicht nur fortleitender Art ist — mit den strukturbildenden Prozessen in ihm zusammenfallen. Weil der Gang des biorheutischen Gesamtstatus sich in der cerebralen Dauerfunktion manifestiert, nur darum kann das Gehirn den Gesamtablauf in seiner Unterteilung regulierend beherrschen. Die Wärmeregulation und das Fieber mit seiner Mannigfaltigkeit an Entstehungsursachen müssen für das ganze Zentralproblem besonders gut analysierbare Paradigmen sein, die allgemeinen Folgerungen für die Gehirnphysiologie werden wir im letzten Kapitel erörtern.

Man muß also streng unterscheiden zwischen Einstellung und Mechanismus der Wärmeregulierung, den Reizbegriff am besten aber gar nicht verwenden, außer — vorläufig — für die peripheren Vorgänge.

Bekanntlich zeigt die Temperatur des gesunden Menschen mit normaler Lebensweise eine Tageskurve mit dem Minimum in den Morgen-, dem Maximum in den Abendstunden. Bei umgekehrter Lebensweise (Nachtwächter) kehrt die Kurve sich um (GIBSON), und gleichsinnig mit der Temperatur konnte R. TIGERSTEDT auch den Gang der Kohlensäureabgabe erweisen. Bei Ausschluß der Muskeltätigkeit sinkt die Temperatur und zugleich werden die Tagesschwankungen geringer (JOHANSSON), die Nahrungsaufnahme ist ohne Einfluß.

Trotz dieser Befunde kann ich mich der Ansicht TIGERSTEDTs, daß die Tageskurve als Funktion der Wärmebildung in den Muskeln damit erwiesen sei, nicht anschließen. Vermehrte Wärmebildung findet, zumal bei körperlich arbeitenden Menschen, in viel höherem Maße zu anderen Tageszeiten statt, ohne daß die Temperatur für längere Zeit ansteigt, und im allgemeinen sind die Abendstunden nicht die Zeiten erhöhter Muskeltätigkeit. Das Wesen der Temperaturregulierung ist ja außerdem, daß sie den Träger von den Unterschieden in der Wärmebildung unabhängig macht, diese ausgleicht, die erhöhte Abendtemperatur kann also nur auf einer veränderten Einstellung beruhen.

Was unter „Einstellung" unseres Erachtens allein gedacht werden kann, dürfte nach den voraufgegangenen Ausführungen klar sein: die humorale Bedingtheit des biorheutischen Ablaufs in dem Zentrum selbst.

Bei einem dauernden Fortgang des Geschehens ist für das regulative Moment, die festgehaltene Mittellage, die nächstliegende Vorstellung die einer konstanten Geschwindigkeit. Die Ablaufgeschwindigkeit ist ceteris paribus abhangig von dem Assimilationszustrom und der biorheutischen Hemmung durch die Spätstufen. Nehmen wir an, daß die letztere im Zentralorgan des ausgewachsenen Individuums als hinreichend konstant angesehen werden darf, so ist die Ablaufgeschwindigkeit eine Funktion des biorheutischen, assimilativen Zustandes der cerebralen Gewebsflüssigkeit und weiter des Blutes.

Dieses ware die Einstellung, und was ist dann der Reiz? oder besser die auszugleichende Veranderung?

Alles was, ohne das Ablaufgefalle zu verändern, seine Geschwindigkeit ändert, also vor allem die Temperatur des Blutes, weiterhin sensible Reize von der Peripherie.

Jede solche Einwirkung hat die Tendenz, die Ablaufgeschwindigkeit zu alterieren, Temperatursteigerung wird beschleunigen, -senkung verlangsamen. Jede derartige Veranderung kann sich naturlich als Reiz zu nachgeordneten Zentren und den Erfolgsorganen hin fortpflanzen, wie dieser Mechanismus funktioniert, ist ein Problem fur sich, das von dem Problem der Reizentstehung im Zentralorgan überhaupt nicht zu trennen ist. Mit der Frage der Einstellung, dem eigentlichen Fieberthema, hat es unmittelbar nichts zu tun, die biorheutische Eingestelltheit ist eine Eigenschaft des ganzen Zentralorgans wie auch dessen der Poikilothermen, die daran angeschlossene Wärmeregulationseinrichtung ist eine besondere Apparatur.

Ehe wir die Einstellungsänderung, Fieber und Temperatursturz, näher untersuchen, wollen wir den Versuch machen, den Reizbildungsmechanismus zu analysieren, da die Wärmeregulation dafür ein besonders geeignetes Objekt ist.

Der Einfachheit halber nehmen wir mit H. H. MEYER zwei Wärmezentren an, eines, das auf Sinken, das andere, das auf Steigen der Bluttemperatur anspricht, was um so erlaubter erscheint, als ja diese Unterscheidung auch von dem sensorischen Organ gemacht wird. Betrachten wir das Warmzentrum. Sein Wirkapparat ist in erster Linie die Gefäßinnervation der Haut, und zwar die Vasodilatatoren, deren Nerven nach Ansicht von BAYLISS mit den sensiblen Hautnerven identisch sind. Normalerweise befinden sich die Hautgefäße in mehr kontrahiertem Zustande, die Konstriktoren überwiegen tonisch. Tritt die Erwärmung und Ablaufbeschleunigung ein, so resultiert eine Zunahme der Assimilation im Zentrum, die sich irgendwie als Leitungsimpuls in die angeschlossenen Bahnen fortsetzt.

Umgekehrt tritt bei der Abkühlung im Kaltzentrum eine Verzögerung ein, die sich ebenfalls an den zugehörigen Nervenendigungen (Sympathicus, Thyreoidea) manifestieren kann.

Wie dem auch sei und welche physikalisch-chemische Theorie der Nervenleitung man sich auch machen wolle, der Zusammenhang zwischen der Reizbildung und der Änderung des biorheutischen Ablaufs scheint mir in dem Beispiel der Wärmeregulation besonders einleuchtend zu sein.

Vergegenwärtigen wir uns die außerordentliche Mannigfaltigkeit der Fieberursachen, so folgt daraus schon mit logischer Notwendigkeit, daß die Temperatureinstellung der Regulation mit den Elementarvorgängen des Lebens gekoppelt sein muß. Es spricht nun vieles dafür — alles was sich biorheutisch schon analysieren läßt — und nichts dagegen, daß die Einstellung ein Indikator des herrschenden biorheutischen Blutstatus ist, daß also mit zunehmender assimilativer Stärke des Blutes, gleichbedeutend mit vermehrter Konzentration an ablauftüchtigen Biokymen, die Einstellung des Zentrums auf eine höhere Temperatur erfolgt.

Die individuelle und die arteigentümliche Normaltemperatur muß demgemäß mit den biorheutischen Daten (celluläre Excretion, Stapelfähigkeit, Wachstum, Lebensdauer) in funktionaler Beziehung stehen; interessant ist die Tatsache, daß der Mensch eine relativ zu anderen Säugern niedrige Temperatur hat, die höchsten haben die Vögel, die ja auch im Energieumsatz höchstwertig sind.

Die Tageskurve der Temperatur würde biorheutisch bedeuten, daß gegen Ende des wachen Tagesteils ein Zustand intensiverer Assimilation herrscht als zu Beginn, welcher Annahme der Gang der Leukocytenwerte entspricht, nach ELLERMANN und ERLANDSEN von 7400 mittags auf 10000 abends. Die von TIGERSTEDT festgestellte erhöhte CO_2-Abgabe würde als die Folge, nicht die Ursache der veränderten Temperatureinstellung anzusehen sein, denn die Temperaturerhöhung muß natürlich mit den Mitteln des tierischen Heizapparates bewerkstelligt werden. Der Grund für die Zunahme des assimilativen Titers dürfte zum Teil in der Nahrungsaufnahme, zum Teil in mit der wachen Tätigkeit verbundenen autolytischen Prozessen zu suchen sein, davon im Gehirn-Kapitel mehr.

Im länger dauernden Hungerzustand sinkt das Regulationsniveau der Temperatur, entsprechend der Minimumeinstellung der Assimilation. Es erscheint auch verständlich, daß, wie KREHL und MATHES fanden, an hungernden Tieren nicht wie an genährten das Albumosenfieber zu erzielen war. Beim Hungertier kommt es zu keiner genügenden Steigerung des biorheutischen Bluttiters, weil die ohnehin autolysierenden Gewebe das Zustrommaterial dem Blute entziehen resp. nicht durch einen relativ schwachen Eingriff in der Autolyse gesteigert werden.

Das Wärmestichfieber, ebenso wie das durch ausgiebige elektrische „Reizung" der betreffenden Hirnpartie, beruht auf einer lokalen Autolyse und gesteigerten konsekutiven Assimilation; daß es ohne vermehrte Eiweißzersetzung einhergeht, ist, wie GOTTLIEB betont, kein prinzipieller Unterschied gegen das infektiöse Fieber. HIRSCH und ROLLY fanden, daß nach völligem Verbrauch der Reservestoffe die Stichhyperthermie ausbleibt, hier setzt eben — wie GOTTLIEB mit Recht hervorhebt — die Fieberursache nicht zugleich aus der Gewebssubstanz weiteres gutes Brennmaterial frei, und das Ausbleiben des Temperaturanstiegs ist also ein Versagen der regulierenden Mechanismen, nicht ein Ausbleiben der Hohereinstellung.

Nach den grundlegenden Arbeiten von KREHL, KREHL und MATHES uber das „aseptische" (Albumosen) Fieber hat man eine Zeitlang nach einem bestimmten einheitlichen Fiebergift gesucht, gleichwie man in der Anaphylaxieforschung nach dem Anaphylatoxin fahndete. Und wie man hier in dem Histamin ein Gift hat, das den Reaktionserscheinungen nach den Anforderungen genugt, so dort in dem Tetrahydronaphthylamin.

Die Gifthypothese scheint mir ganz allgemein in dieser Form ein Hemmnis des Erkenntnisfortschritts zu sein.

Das Wort „Gift" hat etwas Suggestives, das Verständnisverlangen Stillendes; hat man nun gar noch bekannte Substanzen, die ahnliche Erscheinungen machen, so glaubt man sich zu allen Schlüssen berechtigt. Wenn z. B. das Adrenalin auch Fieber macht, außerdem ja wie Sympathicusreizung wirkt, so liegt der Schluß scheinbar nahe, daß das Fieber eine Sympathicusreizung sei. Auf solche Weise wird das Problem verdunkelt, indem man den Schnittpunkt der zahlreichen Kausallinien, die alle zu der einen Erscheinung — hier dem Fieber — führen, um eine Strecke zu kurz ansetzt, auf einen gemeinsamen Wirkstoff anstatt auf den nur in bestimmter Richtung veränderbaren Grundvorgang.

Der Zusammenhang zwischen Assimilationssteigerung und parenteraler Eiweißzufuhr resp. den anderen Arten der „Protoplasmaaktivierung" wurde im vorigen Kapitel dargelegt. Gleichwie jene Eingriffe bei mäßiger Dosierung Assimilationssteigerung machen, bei stärkerer Hemmung, so verursachen sie im einen Falle Fieber, im anderen Temperatursturz.

Das gleiche gilt vom Adrenalin, Arsen und anderen Giften. Ebenso evident ist die assimilationssteigernde, biorheutisch über die Autolyse aktivierende Wirkung der bakteriellen Entzündungen und der aseptischen Gewebszertrümmerungen bei subcutanen Verletzungen. Der Fall, daß plötzlicher, massiger Zerfall von Bakterien beim immunisierten Tiere Kollaps verursachen kann (Endotoxine), während das nichtimmunisierte fiebert, demonstriert die Abhangigkeit der beiden Momente Assimilation und Warmeregulationseinstellung sehr deutlich.

Aber ein anderes ist noch für die Fieberbildung von Bedeutung, weil es auch für den biorheutischen Blutstatus mit maßgebend ist: der allgemeine biorheutische Status des Individuums. Daß alte Leute weniger leicht fiebern als Kinder, beruht danach auf ihrem verminderten Ablaufgefälle, ihrer gesteigerten Hemmung und geringeren Autolysierfahigkeit, und gleicherweise verstehen wir es auch, daß im Diabetes, beim Myxödem die Fähigkeit zu fiebern herabgesetzt ist, beim Basedow und Lymphatismus erhöht.

Hierauf ließe sich eine klinische Methode zur Erkenntnis des individuellen biorheutischen Status gründen, indem man mit kleinen Dosen parenteral zugeführter, konstanter Eiweißpräparate oder anderer pyrogener Stoffe die Leichtigkeit der Fieber- oder Temperatursenkungseinstellung prüft.

Zumal bei organischen Nervenkrankheiten könnte man daraus Rückschlusse auf den „Altersgrad" des Zentralorgans ziehen, wenn z. B. bei sonst gut erhaltener Assimilation (Leukocyten) die Fieberfähigkeit verringert wäre.

Zu der Assimilations- oder Ablauftheorie des Fiebers stimmen nun auch viele andere Teilerscheinungen zumal des infektiösen Fieberkomplexes. So der vermehrte Eiweißzerfall, das Auftreten von Albu-

mosen und Peptonen im Harn, die Unfähigkeit zu Fieber nach Neben-
nierenexstirpation u. a.

Der Eiweißzerfall ist ein häufiger, kein notwendiger Befund; er
wird von der Wechselwirkung von Bakterien und Geweben bestimmt.
Daß bei der Steigerung der Wärmebildung die Schilddrüse wesentlicher
Funktionsteil des Regulationsapparates ist, geht aus Versuchen von
Mansfeld hervor, der bei Reizung des Zentrums — unabhängig von
den nervösen Verbindungen zum Herzen, aber abhängig von der Schil-
drüse — im Herzen Oxydationssteigerung sah. Auch wirkt das Blut
frierender Tiere schon oxydationssteigernd im durchspülten Herzen,
wenn jene Tiere nicht thyreoidektomiert waren. Alles ist uns im Hinblick auf die gefällesteigernde Wirkung des Schilddrüseninkrets verständlich. Sehr interessant ist ein Befund von Dittler, der nach Injektion von arteignem Sperma auch beim schilddrüsenlosen Tier Fieber,
dagegen vermehrte Wärmebildung nur bei vorhandener Schilddrüse
sah. Das Sperma ist natürlich eine biorheutisch hochwertige Substanz.

Auf den Mechanismus der Regulation, der im Fieber nicht prinzipiell anders ist als bei Normaltemperatur, brauchen wir nicht näher
einzugehen. Die Tatsache, daß die Temperatur des Fiebernden leichter
zu beeinflussen ist als die des Normalen, ist von unserer Theorie aus
leicht verständlich, bei großer biorheutischer Ablaufgeschwindigkeit
wird der gleiche hemmende Eingriff von relativ größerer Wirkung sein;
daß das Fieber meist über eine gewisse Höhe nicht hinausgeht, ist schon
ein Zeichen dafür, daß die Hemmung auch mit dem Anstieg wächst, was
zu erwarten war.

Daß die eigentlichen Antipyretica durch Ablaufhemmung ihre
Wirkung erzielen, ist für das Chinin evident, aber auch die Antipyrin-
und Salycilgruppe dürfte diesem Wirkmechanismus entsprechen. Einmal deutet die schon besprochene analgetische und antiphlogistische
Wirkung in dieser Richtung, weiter, daß sie in großen Dosen Temperatursturz und Kollaps (auch am Gesunden) machen. Nach Cervello steigert
Antipyrin die Globulinfraktion des Blutes, die direkte lokale Wirkung der
Antipyretica (Gefäßerweiterung der Haut) ebenso wie die bei Antipyrin
oft beobachtete konsekutive Steigerung der Warmebildung und Stickstoffausscheidung beim Fiebernden deuten ebenfalls in der Richtung einer
primaren Assimilationshemmung Es ware interessant, bei einem unter
wiederholter Antipyringabe stehenden Kranken die Verteilung des
Stickstoffs im Harn zu untersuchen, wie auch all diese Stoffe am biorheutischen Modell gepruft werden sollten. Daß sie alle leichte Narkotica
sind, sollte man nicht als Erklarung ihrer Fieberwirkung bezeichnen,
sondern umgekehrt fur das Verstandnis der Narkose und der Gehirnphysiologie uberhaupt daraus lernen

Daß sie einerseits zentral, andererseits am tonischen glatten Muskel und an Entzündungsstellen und Schmerznerven angreifen, ist im Hinblick auf die assimilative Dignität dieser Orte beachtenswert. Interessant ist, daß alle diese Körper, zum Unterschied von den wohl mehr physikalisch eingreifenden eigentlichen Narkoticis, cyclische phenolähnliche Substanzen sind.

Auf die Analyse der einzelnen infektiösen Fiebertypen, so verlockend sie wäre, soll hier nicht eingegangen werden, ich glaube, daß sie für die Klinik noch fruchtbar werden kann Damit eine Infektion Fieber erzeugen kann, ist es notwendig, daß die biorheutische Steigerung sich dem Zentrum, über das Blut oder lokal, mitteilt. Ein nach außen eröffneter Eiterherd, eine Lungenentzündung im Stadium der Lösung teilen dem Blute keine biorheutisch wirksamen Stoffe mehr mit. Andererseits ist nicht zu erwarten, daß wir die biorheutische Steigerung, die das Fieber erzeugt, immer an ein und demselben cellulären Objekt (Leukocyten) auch nachweisen können. Zumal die Leukocytenzahl ist nicht nur durch Neubildung, sondern auch durch Verbrauch bedingt, und andererseits wird bei starker Neubildung von Gewebselementen, starker cellularer Ausscheidung jenen weniger von dem biorheutischen Material zur Verfügung stehen. So dürfte die Leukopenie des Abdominaltyphus durch die ausgedehnten Darmveränderungen, zumal auch die Ausschaltung der Follikel aus der Blutzellenlieferung verständlich sein.

Die Temperatureinstellung wird immer das feinste Reagens auf den biorheutischen Status des Blutes sein.

Die nach längerem Fieber als gutes Omen auftretenden subnormalen Temperaturen läßt unsere Theorie auch erwarten; alle Gewebe, die autolysiert hatten, haben ja nun ein entlastetes, erhöhtes Gefälle und entziehen dem Blute begierig das ablauffähige Material.

Und die teleologische Frage?

Auch das Fieber ist ein Paradigma des Satzes von der biorheutischen Kumulation und Hemmung. Die biorheutische Steigerung führt über die Temperaturerhöhung zu einer weiteren Beschleunigung des Ablaufs. Das kommt natürlich sowohl den Bakterien wie den Gewebsbiorheusen, der Antikörper- und Leukocytenbildung zugute. Wer in dem biorheutischen Wettrennen durch diese allgemeine Beschleunigung den meisten Nutzen hat, hängt von vielen Bedingungen ab. Insofern hat der Organismus einen gewissen Vorteil, als er mehr zu mobilisieren hat, es bei höherer Temperatur in kürzerer Zeit mobilisiert, d. h. in größerer Konzentration bereitstellt.

Andererseits nützt ihm das nur, wenn er wirklich Reserven hat; ein alter oder schlecht genährter Körper würde mit dem Fieber den Erreger mehr unterstützen, der Automatismus ist ja aber derart, daß ein solcher auch weniger fiebern kann.

Andererseits ist der Erreger zunächst hemmungsfrei in seinem Medium, Antikörper sind noch nicht da, und der Organismus wird erst mehr oder weniger viel einschmelzen müssen, ehe er ein günstigeres Gefälle hat. Je länger es dauert, bis er den Kampf wirksam führen kann, um so mehr Reserven hat er verbraucht und nicht nur verbraucht, sondern dem Feinde geliefert.

Nun kommt aber noch ein Moment hinzu, das bei chronischen infektiösen Krankheiten oder bei sehr rasch wachsenden Erregern von großer Bedeutung sein kann, zumal bei solchen Infektionen, die nicht zur Immunität führen oder doch nur zu einer geringen. Dieses Moment ist die mehr oder weniger große Geschlossenheit des biologischen Systems, bezogen auf den Erreger, oder anders ausgedrückt: die Wahrscheinlichkeit, daß sich dem Erreger bei längerer Entwicklung im Organismus sein Kulturmedium verschlechtert. Dieses „Ersticken" der Bakterien wird natürlich vor allem bei lokalisierten Prozessen möglich sein, auch die Pneumothoraxtherapie der Lungentuberkulose gehört wohl hierher, in zweiter Linie dürfte aber auch der Organismus als Ganzes als Kulturraum angesehen werden. Und da ist zu konstatieren, daß im Laufe des Lebens mit dem Sinken des Assimilationsgefalles, dem Nachlassen der cellulären Excretion das innere Milieu als Kulturmedium immer schlechter wird. In dem Maße also, wie die aktiven Waffen des Körpers gegen die Erreger immer mangelhafter werden, verstärkt sich der passive Schutz. Das jugendliche Individuum ist infizierbarer als das alte, aber einmal infiziert, ist das alte gefährdeter, zumal bei akuten Infektionskrankheiten. Bei manchen, besonders chronischen Infektionskrankheiten dagegen sehen wir gerade die Altersklassen gefahrdet, die am Ende des Wachstums stehen (Tuberkulose), und da dürfte das Moment der cellularen Excretion, der „zu guten" Beseitigung der Endstufen eine wichtige Rolle spielen. Vielleicht kann man in diesem Zusammenhang auf die bekannte Beobachtung der gesteigerten sexuellen Erregung der Phthisiker, sowie die erhöhte Gefährdung schwindsüchtiger Frauen in einer Schwangerschaft hinweisen. Es ließe sich auch denken, daß die Heilwirkung der Hohensonne auf einer mit der Wachstumshemmung in der Haut verbundenen Verminderung der cellularen Excretion und erhöhten Geschlossenheit des biologischen Systems beruhe

Auch der im Fieber betatigte Mechanismus ist ja geeignet, das biologische System mehr zu schließen Die Durchblutung der Haut ist vermindert oder jedenfalls nicht entsprechend der Ablaufbeschleunigung gesteigert, die Tatigkeit der Verdauungsdrusen ist stark herabgesetzt, ebenso die Speichelsekretion, die Darmausscheidung und Harnbildung. Einer vermehrten Bildung korrespondiert also eine verminderte Ausscheidung der hemmenden Endstufen, das drückt sich auch in der Tatsache aus, daß fiebernde Tiere bessere Immunsera liefern.

Wir hatten im Eingang dieses Kapitels das Problem der Genesung ohne Immunität, ja mit erhöhter Empfänglichkeit gestellt. Ich glaube, daß die Lösung wesentlich in der betrachteten Schließung des Systems zu suchen ist. Zweierlei ist dann verständlich: einmal daß der Organismus selbst dabei sehr gefährdet ist, denn die Schließung wirkt ja nicht nur auf die bakteriellen, sondern auch die körpereigenen Biorheusen; bei schweren, länger dauernden, fiebrigen Infektionen wird der Zustand hochkritisch, und sehr leicht kann das körperbiorheutische System vor dem bakteriellen zusammenbrechen. Die croupöse Pneumonie ist eine Krankheit von diesem Typus, ihr typischer Zeitverlauf zeigt die Gesetzmäßigkeit des Vorgangs.

Zweitens ist klar, daß aus diesem Gesundungsmechanismus kein bleibender Schutz resultiert, die celluläre Excretion wird den Organismus rasch wieder „öffnen", und es bleibt zunächst ein geschwächter und ungeschützter Organismus.

Fur das Konstitutionsproblem ist die Überlegung wichtig, daß jede überstandene fieberhafte Erkrankung dem biorheutischen System des Organismus mehr, oder weniger dauerhafte Nachwirkungen aufprägt. Starkere Substanzeinschmelzungen mit idioplastischer Regeneration „verjüngen", d. h. verbessern das Ablaufgefälle, längere Hemmung der cellularen Excretion ohne Einschmelzung wirkt umgekehrt.

Wie sehr speziell organische Erkrankungen des Zentralnervensystems von solchen Einflüssen mitbestimmt sein können, dafür ist eine Statistik lehrreich, die PILCZ und MATTAUSCHECK mitgeteilt haben: von 241 Luetikern, die in den ersten Jahren nach dem Primäraffekt eine akute Infektionskrankheit durchgemacht hatten, erkrankte keiner an Paralyse, während bei Paralytikern dieses Moment in der Vorgeschichte regelmäßig fehlte.

An diese Erwägungen fügt sich die Betrachtung eines Problems an, in dem das konstitutionelle Moment in neuerer Zeit immer mehr ins Licht tritt, des größten, schwersten und biologisch interessantesten Problems der Pathologie: des Krebsproblems. Wird doch die Anschauung vertreten, daß vielleicht die moderne Hygiene, der Schutz gegen akute Infektionen, steigernd auf die Häufigkeit der Krebskrankheit wirke, und in der Tat haben Ärzte öfter ihren allgemeinen Eindruck dahin geäußert, daß Krebsbefallene besonders häufig mit leerer Anamnese kommen.

Wenn wir zum Abschluß dieser Erörterung pathologischer Probleme an Hand der Biorheusetheorie noch an dieses schwerste gehen, so ist vorher zu sagen, daß, wenn irgendwo, so hier es unmöglich für den Nichtspezialisten ist, das gewaltige und äußerst heterogene Beobachtungsmaterial zu überschauen. Freilich ist es auch um so zwingender, den Versuch zu machen, auf Grund unserer allgemeinen Theorie Zusammenhänge aufzuzeigen, die dem Spezialforscher vielleicht in etwa dienen können. Den Mut dazu stärkte mir eine persönliche Unterredung mit Herrn Professor W. CASPARI, den seine reiche Erfahrung auf dem Gebiete der experimentellen Tumorforschung zu Vorstellung über die Krebsimmunität führte, deren Verwandtschaft mit den hier entwickelten theoretischen Anschauungen nicht zu verkennen war. Ihm wie auch Herrn Dr. E. SCHWARZ sei für ihre Belehrung auch an dieser Stelle herzlich gedankt.

Die Hauptcharakteristica der bösartigen Geschwülste sind die hohe Wachstumstendenz, die Zerfallsneigung des neugebildeten Materials, die Metastasenbildung (Entstehung sekundärer Geschwulstherde) und die Kachexie, die häufig in keinem Verhältnis zur Größe des Tumors stehende Beeinträchtigung des Allgemeinzustandes. Die tierexperimentelle Forschung hat noch die Tatsachen der Überimpfbarkeit und Fortzüchtbarkeit der Tumoren und wichtige damit verbundene Immunitätsvorgänge, die Erblichkeit und die experimentelle („Reiz") Erzeugbarkeit kennen gelehrt.

In der Frage nach den Entstehungsursachen steht obenan die bekannte Bevorzugung des vorgeschritteneren Lebensalters durch die Krebskrankheit, die neuere Forschung hat zudem die Vermutung experimentell bestätigt, daß ein erbliches Moment mitspricht. Aus Versuchen von LEO LOEB und LATHROP ist ein den MENDELschen Vererbungsgesetzen folgender pradisponierender Faktor nachgewiesen, und MAUD SLYE konnte zeigen, daß nicht nur die Altersstufe, sondern auch das befallene Organ erblich bestimmt wird, einen entsprechenden Fall am Menschen teilt H. BURCKARD mit, wo zwei eineiige Zwillingsschwestern zur gleichen Zeit und an derselben Stelle von einer Geschwulstbildung befallen wurden. Mit guten Grunden weist aber CASPARI darauf hin, daß diese disponierenden Momente nicht besagen, daß andere Individuen und andere Altersstufen nicht in den Fall einer beginnenden Carcinose gelangten, sondern daß der Unterschied ebensowohl in der Resistenz und Überwindungsfahigkeit des Korpers beruhen konne.

Von vornherein erscheint ja — in der gebrauchlichen Ausdrucksweise — das plotzliche Erwachen eines lokalisierten exzessiven Wachstumstriebes viel weniger plausibel als das allmahliche Nachlassen einer das Gleichgewicht der Gewebe bedingenden Wachstumshemmung.

Ein weiteres bekanntes Dispositionsmoment ist das traumatische: häufige leichte Verletzungen, chemische Reizungen erhöhen die lokale Neigung zur malignen Entartung, die Beispiele des Hodenkrebses der Schornsteinfeger, des Magenkrebses auf der Basis eines alten Magengeschwüres wären da zu nennen.

Schon mehr zu speziell-chemischen Hindeutungen führen die Beobachtungen des Teerkrebses, der Gefährdung der Arbeiter, die mit aromatischen Aminohydroxylverbindungen zu hantieren haben, der experimentellen Geschwulsterzeugung mit Farbstoffen dieser Gruppe.

Das dispositionelle Moment zeigt also sowohl allgemeine wie lokale Momente als bedeutungsvoll.

In die Diskusion über die verschiedenen parasitären, morphologischen oder embryologischen Theorien brauchen wir hier nicht einzutreten, sondern wollen uns auf die Tatsachen beschränken. Können wir diese biorheutisch analysieren, so werden wir auch für die ätiologische Frage Gesichtspunkte gewinnen.

Morphologisch genügt uns zu wissen, daß die Krebszelle die allgemeinen Züge des Ausgangsgewebes trägt und auch in den Metastasen bewahrt, wenn auch der Charakter etwas ins Unspezialisiertere verwischt ist; die funktionellen Eigenschaften der normalen Zelle sind zugunsten des Wachstumscharakters zurückgedrängt, aber doch häufig in erheblichem Grade noch gewahrt.

Zwei Beobachtungskomplexe sind es, die uns zu der biorheutischen Betrachtung hinleiten werden: die „giftigen“, kachexieverursachenden und besonders die enzymatischen Eigenschaften der Geschwülste einerseits und die experimentell ermittelten Immunitätserscheinungen andererseits.

Seit FRIEDRICH MÜLLERS oben angeführten Untersuchungen ist sehr viel Arbeit auf die Erforschung des hypothetischen Krebsgiftes verwandt worden, einiges sei angeführt.

G. KLEMPERER injizierte Hunden Serum von Krebskranken und fand eine bedeutende Steigerung des Eiweißumsatzes, die auf Gesundenserum nicht eintrat, wohl aber auf das manch anderer Schwerkranker. Krebspreßsäfte, in kleinen Mengen Gesunden injiziert, wirkten kaum, dagegen deutlich an Krebskranken (Temperaturerhöhung, allgemeine und lokale Beschwerden). ROGER und GIRARD-MANGIN fanden die Giftwirkung der Krebsextrakte fermentähnlich, beim Aufbewahren wurden die Lösungen bald unwirksam; manchmal folgte am Tier nach Einverleibung geringer Mengen eine fortschreitende Kachexie, je giftiger der Auszug, desto maligner der Tumor. Im ganzen zeigte sich die Giftwirkung der Krebsextrakte von der normaler Gewebe aber nur quantitativ unterschieden.

Fritz Meyer fand Harn und Milz Krebskranker giftig, und zwar war bei Komatösen (ein häufiger Endzustand der Kranken) das Harngift vermindert, das Organgift erhöht, was auch für andersartig verursachtes Koma zutraf. Kochen in wäßriger Lösung zerstört das Gift rasch.

Die Giftwirkung selbst, die Kachexie, ist vor allem durch den starken Eiweißzerfall charakterisiert, der auch bei unterernährten Kranken den des hungernden Gesunden weit übertrifft. Doch ist Kachexie und Eiweißzerfall keine notwendige Begleiterscheinung, sie kann lange fehlen (Blumenthal), besonders bei abgeschlossenen, nicht zerfallenden Carcinomen. Die schwersten Kachexien und Eiweißverluste zeigen die stark zerfallenden, metastasierenden Fälle. Im Harn ist neben der Chlorarmut besonders die exzessive Ausscheidung aromatischer Substanzen (Cramer und Pringle) und der schwefelhaltigen Oxyproteinsäure gefunden worden.

Diesen Allgemeinwirkungen parallel gehen Besonderheiten des Tumormaterials in enzymatischer und chemischer Hinsicht. Nicht nur entfaltet sich in dem Geschwulsteiweiß eine sehr viel stärkere, postmortale aseptische Autolyse als in dem Normalgewebsmaterial, sondern der Tumorextrakt hat auch beträchtliche heterolytische Wirkung, er verdaut auch heterologe Gewebseiweiße. Hierbei hat Neuberg die interessante Beobachtung gemacht, daß Krebsextrakt Lungeneiweiß angreift, aber nur bis zu Albumosen spaltet, während normaler Leberbrei jenes genuine Eiweiß nicht verdaut, wohl aber die daraus entstandenen Albumosen zu Peptonen und Aminosäuren weiter zerlegt. Blumenthal stellte fest, daß die Heterolyse zwar von den meisten, aber nicht allen Krebsextrakten geleistet wird, er fand auch, daß Krebseiweiß häufig resistent gegen Pepsin war, dagegen von Trypsin leichtest verdaut wurde. Durch Kochen ist die Resistenz gegen Pepsin zu beseitigen. Diese enzymatischen Besonderheiten sind aber nicht auf das eigentliche Krebsgewebe beschränkt, wenn sie auch dort am ausgeprägtesten sind; das umgebende Normalgewebe zeigt auch noch erhöhte Autolysierfahigkeit, und das gleiche gilt von manchen Organen Krebskranker. Im Blut findet sich im spätkachektischen Stadium eine Vermehrung der antitryptischen Hemmungskörper. Die Katalasewirkung des Krebsgewebes ist gegenuber dem normalen vermindert. Radium-, in schwächerem Maße auch Röntgenbestrahlung wirkt fördernd auf die Autolyse, die intravitale Strahlungsauflosung des Tumors wirkt ungünstig auf das Allgemeinbefinden.

Von den chemischen Befunden interessiert das nach der Albuminseite verschobene Verhaltnis der Gewebseiweiße (Blumenthal und Wolff), Cramer und Pringle fanden im Mausekrebs weniger koagulable N-Substanzen als im normalen Gewebe bei relativ vermehrtem inkoagulablem N Die Angaben über die Aminosaurenverteilung gehen auseinander, es scheint häufig ein Reichtum an Diaminosäuren zu bestehen. WELTS und LONG fanden im Verhältnis zur Kernmenge auffallend wenig Purin und Phosphor. In rasch wachsenden Tumoren soll Kalium, in langsam wachsenden Calcium in größerer Menge vorhanden sein.

BLUMENTHAL resümiert: „Aber wir glauben, daß in den Epithelzellen eine chemische Abartung stattgefunden hat, wenn sie Krebszellen geworden sind."

Über die Verhältnisse im Serum weichen die Angaben voneinander ab, doch scheint demselben die dem gesunden innewohnende krebszellenzerstörende Kraft abzugehen (FREUND und KAMINER).

Betrachten wir diesen Erscheinungskomplex vom Standpunkt der Biorheusetheorie aus, so finden wir uns bekannte Zusammenhänge. Daß raschwachsendes Gewebe autolysegeneigter ist, war uns begegnet, daß die Spezifizität gegenüber dem Eiweißsubstrat mit der Abnahme der proteolytischen Intensität steigt, war auch in unseren „Fermentzüchtungen" und im D'HÉRELLE-Phänomen (OTTO) hervorgetreten.

Das konstitutionelle Moment des höheren Alters bezeichnet als Basis der Erkrankung einen Status allgemein verringerten Ablaufgefälles, gemehrter Hemmungsstufen, das Ausgangsgewebe ist infolge der cellulären Excretion selbst ein relativ jugendlich gebliebenes; wir sehen, daß epitheliale Gebilde ohne oder mit weniger unmittelbarer Außenoberfläche seltener krebsig erkranken als die eigentlichen Oberflächengewebe, freilich sind die letzteren auch den Schädigungen mehr ausgesetzt. Das erbliche Moment kann hier vor der Erörterung des Vererbungsproblems überhaupt nicht eingehender diskutiert werden; manches wird also vielleicht nachträglich noch deutlicher werden, immerhin ist, wie das Experiment lehrt, die Erblichkeit keine conditio sine qua non.

Wir sehen also ein biorheutisches Teilgefälle plötzlich das Ablaufgleichgewicht zwischen den Teilen des Organismus zu seinen Gunsten durchbrechen. Etwas Ähnliches, ein temporäres Überwiegen eines Gefälles über die anderen tritt auch sonst, z. B. während der Wachstums- und in der Pubertätsperiode, in der Schwangerschaft auf, auch die Entzündungsproliferationen, die Immunkörperbildung könnte man hier anführen, aber hier gleicht sich die Störung selbsttätig, nach den beschriebenen Mechanismen, wieder aus. Die wesentliche Mitwirkung des endokrinen Systems hatten wir bei jenen Gleichgewichtsherstellungen kennengelernt, und man hat auch für die Krebsentstehung an dieses System gedacht. In der Tat läßt sich dessen Beziehung zu den Vorgängen nun auch im Experiment erweisen: LEO LOEB konnte die erbliche Prädisposition seiner Tiere beseitigen oder zeitlich verschieben, wenn er sie kastrierte oder vor Schwangerschaft bewahrte.

Der beschriebene autolytische Zirkelmechanismus funktioniert im jugendlichen, hemmungsfreien System so, daß ein überwiegendes Gefälle bald von den anderen wieder eingeholt ist. Dieser Mechanismus ist im gealterten Organismus viel weniger leistungsfähig; daß er eine Rolle spielt, werden wir bei den Immunitätserscheinungen feststellen.

Um die Krebswachstum und Kachexie umfassenden Zusammenhänge kurz zu charakterisieren, kann man in Variation eines bekannten Wortes von CARL LUDWIG sagen: der Krebskranke verhungert in seine Geschwulst hinein. Er verhungert um so rascher, je mehr Geschwulstherde sein Körper birgt und je leichter die Geschwulstzellen zerfallen. Die Giftigkeit des Serums werden wir auf die Anhäufung der aus dem Geschwulstzerfall stammenden biorheutisch fremdgerichteten Stufen beziehen, ohne die z. B. in der FREUND-KAMINERschen Reaktion zum Ausdruck kommenden sekundären Stoffwechselveränderungen ausschließen zu wollen, die Giftwirkung ist ja aber offenbar nichts Spezifisches.

Wie aber kam es zu dieser verderblichen Präponderanz eines Teilgefälles? Denn die allgemein-disponierenden Momente wie die Altershemmung können ja nur die Wahrscheinlichkeit erhöhen, sie sind nicht selbst die Ursache, das beweist schon die Tatsache, daß eine gelungene Radikaloperation das Leiden heilen kann, der Herd muß von entscheidender Bedeutung sein. Man hat von dem parasitären Charakter gesprochen, den die Krebszelle angenommen hat, der die normale Epithelzelle zur bösartigen Geschwulstzelle werden läßt. Machen wir uns diese Formulierung zu eigen und erinnern uns der Analyse der Bakterienwirkung als einer biorheutischen Konkurrenz.

Die Krebszelle ist ein Ablaufsystem mit gegenuber der Mutterzelle geänderter Ablaufrichtung, sie bezeichnet also das Auftreten von spezifisch nicht gehemmten Biorheusen innerhalb eines schon stark gehemmten Ablaufsystems. Sie muß also in der biorheutischen Konkurrenz überlegen sein und lebhaft wachsen, auf Kosten zunächst des Assimilationszustroms und weiterhin des gewebseigenen Materials. Durch ihre biorheutische Überlegenheit veranlaßt sie Autolyse des umgebenden Gewebes (Fermentwirkung) und wuchert auf dem Autolysat weiter, andererseits bedingt die mangelhafte Sauerstoffversorgung eine große Autolyseneigung des neugebildeten Zellmaterials selbst. RUSSEL und GYE fanden, daß der in vitro gemessene Sauerstoffverbrauch mit der Wachstumsgeschwindigkeit steigt, und daß die Tumoren um so mehr Sauerstoff verbrauchen, je differenzierter sie histologisch sind. Bei ungenugender Sauerstoffversorgung, wie sie im Innern des Tumors die Regel ist, kommt es nur zu ungenügender Ausdifferenzierung, d. h. nicht zum Altern; die Abläufe kommen fruhzeitig zum Stillstand, Autolyse und proteolytische Wirksamkeit sind die Folgen. Das eigene

Autolysat ist aber das beste Nährmaterial, das Wachstum an der Peripherie des Tumors steigt mit der zentralen Erweichung progressiv an.

Die Tatsache, einerseits daß Krebseiweiß pepsinresistent ist, andererseits daß das Krebsenzym nur bis zu den Albumosen spaltet, scheint mir für Krebs- wie Enzymproblem weiterer Verfolgung wert. Es könnte so aufgefaßt werden, daß die Krebsbiorheusen den großen Albumosekomplex nicht weiter aufspalten, weil sie schon die bei der Albumosenbildung freiwerdenden Gruppen synthetisch verwerten können.

Wir haben also den biorheutischen circulus vor uns, den wir schon verschiedentlich kennenlernten. Jeder solche circulus eines Teilgefälles muß die Tendenz des rollenden Schneeballs zeigen, muß sich in dem Überwiegen über die anderen Gefälle zunächst progressiv steigern.

Das war ja der eine Teil der Regel, der wir oft begegnet sind, der andere Teil aber, die konsekutive Selbsthemmung, bleibt hier aus, weil der Vorgang an die celluläre Excretion angeschlossen ist und weil es überhaupt nur in geringerem Maße bis zur Bildung der hemmenden Endstufen geht, diese vielleicht auch von Leukocyten und anderem Gewebe aufgenommen werden, dafür ist an das reaktive Wuchern des Bindegewebes zu denken. Neben der Entstehung der geänderten Ablaufrichtung ist jedenfalls das Ausbleiben der Hemmung als das wesentliche Problem in der Entstehung der malignen Entartung anzusehen. Daß sie ausbleibt, das macht es auch plausibel, daß sich keine Immunität bilden kann, wenigstens keine spezifische, denn dazu ist ja nötig, daß das Antigen zum Substrat von körpereignen Biorheusen wird. Vielleicht ist der letzte Grund die — nicht zu große, sondern zu geringe — Abweichung der pathologischen von der normalen Ablaufrichtung, worauf ja die Ausdehnung der chemischen Differenzen auch auf das normale Gewebe hinzudeuten scheint. Das würde besagen: es ist letztlich doch nicht eine Konkurrenz der Geschwulst- und der betreffenden Gewebszellen, sondern die letzteren setzen den Ablauf der ersteren fort, bewirken deren Hemmungsentlastung und machen es zugleich unmöglich, daß sich Antikörper bilden. Die Wachstumsart des Geschwulstgewebes ist ja denkbar unökonomisch, sie entwertet das Material des Zustromes seiner biorheutischen Brauchbarkeit für den übrigen Organismus, führt es aber selbst nur eine kurze Strecke weit und läßt, infolge der im Körperganzen herabgesetzten Assimilation, einen unverhältnismäßig großen Teil als Brennmaterial ganz oder auch nur halb abgebaut in Verlust gehen. Denn darin muß sich die Krebszelle auch von anderen, etwa den leukocytären unterscheiden, daß ihr Zerfallsmaterial als Assimilationssubstrat für andere Gewebe minderwertig ist, vielleicht diese sogar beschleunigt altern läßt, was ja zu den klinischen Erscheinungen (Pigmentierung, Epidermisabschilfern) stimmen würde.

Vom System aus gesehen erscheint der Carcinomatöse als ein

einseitig geöffnetes System, aus dem der ganze innere Überdruck entweicht.

Lassen sich nun aus diesen Überlegungen Konsequenzen für die ätiologische und therapeutische Frage ziehen und wie stellen sich zu ihnen die Ergebnisse der experimentellen Tumorforschung? Gibt es eine theoretische Möglichkeit, in jenen circulus vitiosus einzugreifen?

Offenbar ist mit der künstlichen Verkleinerung, Einschmelzung der Geschwulst nichts gewonnen, viel eher geschadet, wenn es nicht zugleich gelingt, das Wachstum zu hemmen. Ebensowenig ist damit geholfen, wenn zwar das Tumorwachstum gehemmt wird, aber die übrigen Abläufe des Körpers mit ihm. Die Kachexie, die geminderte celluläre Excretion der gesunden Gewebe führt ja ohnehin ein beschleunigtes Altern herbei, steigert man das noch, so ist das Ende nur näher gerückt. Das Problem ist: das Tumorwachstum zu hemmen, das gefährliche Teilgefälle zu stauen, ohne die anderen mit zu schwächen, oder besser: unter gleichzeitiger Steigerung und Entlastung der anderen oder vielleicht einiger anderer, normaler Gefälle.

Vom Standpunkt der Vitaminlehre aus sind in den letzten Jahren zahlreiche Versuche an Tumortieren und Kranken auf die diätere Beeinflussung des Geschwulstwachstums hin angestellt worden und haben eine Wachstumsminderung der Geschwulst bei vitaminarmer oder davon freier Kost gezeigt (SWEET, CORREN-WHITE und SAXON, DRUMMOND, ROUS u. a.). BULKLEY will am Menschen gute Erfolge erzielt haben mit einer Diät, die fast frei von tierischem Eiweiß war, COPEMAN mit einer vitaminarmen.

Daß die Diät von Einfluß ist, zeigt ein Versuch von FUNK, der Mäusechondrom, das auf Ratten an sich nicht wächst, bei Ratten durch drei Generationen fortzüchten konnte, wenn den Tieren die Tumormasse gleichzeitig in großen Mengen verfuttert wurde. Ein Resultat, das übrigens auch für Transplantationsversuche normaler Gewebe verwertet werden sollte. Aus den Vitaminversuchen geht hervor, daß das Tumorwachstum jedenfalls solche braucht, sie allerdings darum auch den anderen Geweben fortnimmt.

Eine Überlegung, wie man vielleicht das Tumorwachstum bevorzugt hemmen könnte, ergibt sich aus einer Verbindung der HESSschen Parallele von Avitaminose mit Blausäurevergiftung und dem WARBURGschen Befund, daß die Blausäurewirkung auf die Gewebsoxydationen durch unspezifische, lipoidlösliche Oxydationshemmer (Narkotica) verringert wird und daß andererseits schnell wachsende Zellen durch das Gift zuerst betroffen werden. Man hatte vielleicht die Möglichkeit, durch gleichzeitige Gaben von Narkoticis die lipoidreichen, besonders nervösen Gewebe zu schützen und mit danach größer möglichen Dosen von Cyaniden das Tumorwachstum zu hemmen. Es erscheint bemerkenswert, daß die alten Ärzte ihre Krebskranken mit Bittermandelextrakt behandelt haben.

Ein anderer Weg, das Tumorwachstum zu hemmen, geht über die direkte biorheutische Beeinflussung, die Anreicherung von spezifisch hemmenden Endstufen in der Körperflüssigkeit. Das führt uns zur Betrachtung der Immunitätsvorgänge.

Man hat frühzeitig versucht, durch Einverleibung von Autolysaten des Impftumormaterials die Geschwulst zu beeinflussen, ausgehend — entsprechend der herrschenden Enzymtheorie — von der Absicht, den Tumor aufzulösen. Die Resultate waren, wie zu erwarten, sehr verschiedenartig. So sah JENSEN bei Mäusen häufig raschen Tumorzerfall mit peripherem Weiterwachsen, manchmal Wachstumshemmung, einmal ganz abnorm ausgedehnte Metastasenbildung.

CASPARI faßt die Einwirkungen des nekrotischen Tumormaterials in folgende Sätze: „Es ergibt sich nun also, daß die Nekrose, wie sie in mehr oder weniger ausgedehntem Maße bei jeder Überimpfung des Tumors statthat, vier verschiedene Funktionen ausübt. Sie bewirkt durch chemotaktischen Reiz auf das Bindegewebe des Wirtstieres die Kapsel- und Stromabildung und damit indirekt die Bildung der für die Ernährung des Tumors notwendigen Blutgefäße. Sie dient den anwachsenden Tumorzellen als adäquates Nährmaterial, löst toxische Wirkungen aus und allgemeine Immunitätsreaktionen von seiten des Organismus." Und: „Schon wenn wir diese Vielseitigkeit betrachten, wird uns klar werden, wie leicht Untersuchungen über Tumorimmunität bei gleich guter Beobachtung und gleich exakter Experimentierkunst zu ganz wechselnden Resultaten führen können."

Die Immunität, die sich durch Vorbehandlung mit Tumormaterial (des gleichen oder eines anderen Tumors) oft — nicht immer und oft nur relativ (Wachstumsverlangsamung) — erzielen läßt, trägt unspezifischen Charakter. Wenigstens ist diese die wichtigere, falls spezifische Momente nicht ganz auszuschließen sind.

Eine gleichartige unspezifische Immunität läßt sich nach CASPARIS und seiner Mitarbeiter (SCHWARZ) wichtigen Untersuchungen aber auch durch Radium- oder Röntgenbestrahlung erzeugen. Und, was von hoher Bedeutung für unsere biorheutische Analyse ist, zunächst folgt Autolysatbehandlung wie Bestrahlung eine negative Phase (erhöhtes Wachstum, gesteigerte Empfänglichkeit), und in allen Fällen, wo Immunität eintrat, bildete sich im Laufe von Wochen nach der Bestrahlung eine hochgradige Lymphocytose aus. Auch fand ROSS eine Beziehung zwischen leukocytoseerregenden und tumormachenden Giften.

CASPARI resümiert: „In allen diesen Fällen gehen primär Zellen zugrunde und ich sehe die Wirkung all dieser Vorgänge in einer spezifischen Einwirkung des Zellzerfalls."

Während mit diesen Methoden eine prophylaktische Immunität gegen den Impftumor (gegen den manche Individuen auch spontan immun sind) mit einer gewissen Wahrscheinlichkeit zu erzielen ist, gelingt die Beeinflussung des angegangenen, schon wachsenden Tumors nur in viel geringerem Maße, freilich ist bei der Maus dann auch nicht mehr viel Zeit zur Verfügung. Aber biorheutisch ist das verständlich. Wenn jener circulus vitiosus einmal eingerichtet ist, so ist es sehr schwer, zwischen der Scylla der Zirkelstärkung und der Charybdis der Organismushemmung hindurchzusteuern. Die Autolysate, sei es des in vitro selbstverdauten Tumors oder der bestrahlten Gewebe, sind eben ein Gemisch der verschiedenen biorheutischen Stufen und werden auf den wachsenden Tumor nach Maßgabe ihrer Zusammensetzung wirken, während sie im gesunden Tier die normalen Abläufe steigern und über die Leukocytose späterhin zu einer Anreicherung hemmender Substanzen führen. Ob die Antiimpfimmunität mehr durch die gestärkte biorheutische Konkurrenz des Körpers gegen das Impfgewebe oder die Anreicherung hemmender Stufen wirkt, ist noch nicht zu entscheiden, die Leukocytose spricht wohl für das erstere.

Bei der relativen Immunität kann sich ja auch ein gewisses angenähertes Gleichgewicht zwischen Tumorwachstum und Gewebsassimilation herstellen, tatsächlich beobachtete CASPARI, daß in diesen Fällen die Geschwülste viel langsamer wuchsen und, bei um das Mehrfache verlängerter Lebensdauer der Tiere, eine viel beträchtlichere Endgröße erreichten.

Noch ein hochinteressanter Befund darf nicht unerwähnt bleiben: PEYTON ROUS fand und andere bestätigten, daß mit dem Kerzenfiltrat oder der eingetrockneten Masse eines Hühnersarkoms sich der Tumor auf ein anderes Tier übertragen ließ.

Von dieser Beobachtung aus erscheint es nicht als unbedingt notwendig, die Metastasenbildung auf verschleppte Zellen zu beziehen, es könnte danach sein, daß die ablaufenden spezifischen Biorheusen geeignete Zellen auch morphologisch umspezifizieren könnten. Ebenso interessant ist der von C. LEWIN, KEYSSER u. a. erbrachte Nachweis, daß mit einem tierfremden, malignen Tumormaterial durch Überimpfung ein spezifischer Tumor des Wirtstieres von gleicher Malignität zu erzielen war. Noch wichtiger als für die Metastasenbildung sind diese beiden Erfahrungstatsachen vielleicht für die Frage nach der Spontanentstehung selbst, der wir uns jetzt zuwenden.

Das Problem lautet: wie kommt es zu der Umspezifizierung der Ablaufrichtung, die nach unserer Annahme der malignen Entartung zugrunde liegt? Daß die geänderte Ablaufrichtung, einmal vorhanden, sich in der Auswirkung potenziert, das war uns klar geworden, ebenso wie das disponierende Altersmoment.

Sicherlich ist die Frage nach dem entscheidenden Anstoß nicht mit einem Mechanismus zu lösen. Vielleicht müssen mehrere Faktoren zusammentreffen, um den Widerstand des konkurrierenden Normalablaufs zu überwinden, wir können höchstens die Richtungen andeuten, in denen die Faktoren zu suchen sind. Da gibt uns das Schädigungsmoment einen erneuten Hinweis darauf, daß auch hier ein autolytischer Vorgang im Anfang steht. Hinzukommen muß aber noch ein die Ablaufrichtung der autolytisch angeregten Biorheusen ändernder Faktor, und da erscheint die spezifische Wirkung der aromatischen Tumorerreger bedeutsam. Freilich sind das besondere Fälle, für die Hauptmasse der spontan beginnenden Tumoren muß die richtungsändernde Substanz im Stoffwechsel selbst entstehen oder aber die Richtungsänderung muß aus dem Lebensablauf resultieren, eine Art, die wir erst nach Behandlung der Entwicklungsvorgänge berücksichtigen könnten; man hat den Vorgang ja auch mehrfach als somatische Mutation bezeichnet.

Hier betrachten wir nur die Stoffwechselmomente, und da ist zu erwägen, daß, wenn bei einer in bezug auf Eiweiß einseitigen, länger durchgeführten Diät der Assimilationszustrom sich stärker spezialisiert, die Möglichkeit gegeben erscheint, daß sich innerhalb der Gewebsbiorheusen eine neue Richtung abspaltet, zumal in Verbindung mit dem Enthemmungsmechanismus.

Die Versuche von FUNK mit der Tumorverfütterung könnten eine Stütze für die Annahme einer Diätmitwirkung sein. Es lohnte sich vielleicht auch, den Versuch zu machen, umgekehrt durch diätere Umspezialisierung bei einem Tumortier oder Kranken die erste pathogene Spezialisierung zu stören. Der Erfolg ließe sich möglicherweise an der Leukocytenzahl kontrollieren.

Andererseits: beruht die krebsige Entartung auf einer fremden Ablaufrichtung, so könnte vielleicht durch Ernährung mit arteigenem Eiweiß der körpereigene Ablauf im Kampfe gestärkt werden, eventuell könnte man diese beiden Methoden miteinander verbinden.

Hier weiter zu führen muß der experimentellen Forschung vorbehalten bleiben.

Damit sei diese Erörterung pathologischer Probleme beschlossen.

An den Anfang dieses Kapitels hatten wir das Individualitätsproblem gestellt und gesagt, daß mit der biologischen Erfassung des Individuums auch die Grenzen der therapeutischen Möglichkeiten bestimmt seien.

Natürlich kann diese Grenzsetzung nicht in einer Formel gegeben werden, sie muß sich aus der Durchführung der biologischen Theorie an den pathologischen Problemen herausstellen.

Wir wollen hier nur noch einige allgemeinere Gesichtspunkte zu gewinnen suchen, um womöglich zu erkennen, was in unserer Macht steht und was nicht.

Betrachten wir den Ablaufstatus des Organismus in toto, so ist es klar, wieviel leichter es sein wird, den Ablauf im ganzen künstlich zu hemmen als eine allgemeine Ablaufhemmung zu verringern oder gar zu beheben. Es ist natürlich leichter, einen Organismus künstlich älter zu machen als jünger. Ist die Hemmungsentlastung überhaupt unmöglich?

Keineswegs. Das beweisen die Regenerationsexperimente. Von bekannten therapeutischen Maßnahmen gehören hierher: der Aderlaß, die „Ablenkung auf die Haut", die Laxierung, die Hungerkuren usw. — Die Möglichkeit, diese auf Steigerung der cellulären Excretion gerichteten Eingriffe eventuell in Kombination mit den partiell autolysierenden Methoden (Proteinkörpertherapie, Quecksilber, Arsen usw.) noch rationell weiter zu entwickeln, ist durchaus gegeben.

Die künstliche Assimilationshemmung resp. Systemschließung kann bei zumal chronischen Infektionen geboten sein (Höhensonne bei Tuberkulose). Es wird natürlich stets vorzuziehen sein, die Schließung spezifisch und mit möglichst geringer Allgemeinhemmung zu erzielen.

Bei den biorheutischen Konkurrenzen handelt es sich darum, die Gewebsbiorheusen zu unterstützen, sowohl durch spezifische Hemmung der pathogenen Abläufe als durch Steigerung der normalen. Ich möchte allerdings glauben, daß man in Zukunft einmal die Herstellung der Immunkörper ohne tierischen Organismus in vitro leisten wird, und auch daß hier noch große Erfolge von ganz spezifischen Diätkuren zu erzielen sein werden.

Zum Ausbau der medikamentösen Behandlung kann es von Vorteil sein, biorheutische Modelle vor dem Tierversuch zu benutzen, um große Reihen chemischer Strukturen durchzuprüfen.

Wir haben unsere biologische Grundthese das „Gesetz von der Notwendigkeit des Todes" genannt.

Für den Arzt gibt dieses Gesetz ebensowenig Anlaß zu Pessimismus wie der — ebenfalls bescheidende — zweite Warmesatz für den Techniker. Im Gegenteil, wenn der Tod der „erste Diener" des Lebens ist, so ist es in unsere Hand gelegt, seine Dienste immer nutzbringender zu gestalten. Der physiologische, der virtuelle, notwendige Tod ist die Waffe, mit der wir den pathologischen, den drohenden, unnotwendigen besiegen können.

Formbildung und Vererbung.

Kaum ein anderes Thema der biologischen Forschung ist — wir sagten es schon — von so uberragendem, fast allein maßgebendem Einfluß auf die Theorienbildung in der Biologie gewesen wie das der lebendigen Form

Gewiß beruht das zum Teil auf jenem psychologischen Übergewicht des Morphologischen, das wir erwähnten, zum Teil sind die Grunde aber auch tiefer zu suchen.

Hier ist die Stätte dessen, was GOETHE das „heilig öffentlich' Geheimnis" der Natur nennt.

Daran hat kein physikalisches Modell, kein „flüssiger Krystall" und kein Gel, aber auch nicht die gewaltige morphologische Arbeit vor allem des letzten Jahrhunderts Entscheidendes geändert. „Geprägte Form, die lebend sich entwickelt" ist uns das Wunder der Erde.

Aber der Wissenschaft stellt ja nicht die ungeheuere Mannigfaltigkeit der lebenden Gestaltungen das Problem, sondern die Systematik, die Möglichkeit, eine Ordnung unabweisbar in der Vielgestaltigkeit zu erkennen.

Ware die Gesamtheit der lebendigen Formen ein Chaos, so gäbe es keine biologische, sondern wirklich nur die physikalisch-chemische Problematik, jedes einzelne Lebewesen könnte uns nur technisch, nicht eigentlich wissenschaftlich interessieren, zu unserem Weltbild trüge die Biologie nichts Grundsätzliches bei.

Die morphologische Systematik ist in der Tat der Beweis für die Möglichkeit einer Biologie, es ist kein Wunder, daß man von hier aus ins Innerste des Lebens einzudringen hoffte.

Und doch ist die Systematik zwar die Gewähr, die Auswirkung biologischer Gesetze, aber auch ihr erstarrter Niederschlag. Von der fertigen Form aus führt das Denken mit Notwendigkeit zur „Funktion" — man denke an unsere technischen Maschinen — und es ist ja auch so, daß formbedingtes Verstehenwollen fast immer zur Teleologie führte.

Die Situation, in der sich der Biologe der Systematik gegenüber befand, gleicht — wie auch LOTSY ausführt — sehr derjenigen, die vor der Entdeckung der Radioaktivität zwischen dem Chemiker und dem periodischen System der Elemente gegeben war. Es war klar, daß hier eine Gesetzmäßigkeit zugrunde lag, aber von der Periodik der Atomgewichte aus führte noch kein Weg zu ihrer Erkenntnis.

Ein solcher Zustand ist der günstigste Boden für ein mächtiges Aufblühen der Spekulation, und in der Tat hat das spekulative Bedürfnis, nachdem ihm der „Geist" des Idealisten unglaubhaft geworden war, in der zweiten Hälfte des vergangenen Jahrhunderts in der biologischen Systematik, in dem Artenproblem, in Formentstehung und Formvererbung reichste Nahrung gefunden. Ich bin nicht der Meinung, daß spekulatives Denken schlechthin unnütze Gehirngymnastik sei, die Erweiterung unserer Erkenntnis ist die Erweiterung des Denkbaren auf dem Wege über das Gedachte. Wenn irgendwo, so gilt in der Entwicklung der Wissenschaft das Prinzip, das der größte spekulative Denker der Biologie, CHARLES DARWIN, aufgestellt hat, das des survival of the fittest; vielleicht zu ergänzen durch das andere, daß jeder Lebensablauf sich selbst die Hemmung erzeugt.

Spekulatives Denken ist in jeder Wissenschaft unentbehrlich, auch eine gute experimentelle Fragestellung enthält ihr gut Teil Spekulation, aber freilich hat es Gefahren genug, vor allem die, in Dogmatik umzuschlagen. Wir haben an biologischer Orthodoxie im Laufe der letzten hundert Jahre genug erlebt und haben — vielleicht — das eine dadurch vor jenen Generationen voraus, daß wir uns nicht mehr einreden, es gäbe irgendeine Theorie, die nicht auch irgendwo zum Dogma würde, es sei „voraussetzungslose Wissenschaft", wenn wir die Natur befragen. Der Umschwung, der von jener spekulativen „Forschung aus dem System" zu der gegenwärtigen sich vollzog, wird in folgenden Sätzen Spemanns zum Ausdruck gebracht: „Nur glauben wir nicht mehr, daß wir erst den Stammbaum der Tiere feststellen können, um dann aus ihm die Entwicklungsgesetze abzuleiten, vielmehr glauben wir zu erkennen, daß wir erst diese Gesetze feststellen müssen, ehe wir die Formenreihen, in denen wir die Organismen ordnen, richtig verstehen, ja oft überhaupt nur aufstellen können. Daher werden es nicht die alles umfassenden Abstammungstheorien sein, auf denen weiter zu bauen ist; denn diese sind ebenso unsicher, wie sie durch ihre Weite und Kühnheit entzücken; vielmehr werden uns die kleinen, aber sicher begründeten Entwicklungsreihen die Ausgangspunkte zu vertiefender Forschung werden."

Wenn man das moderne Typisieren in Jahrhunderten auf die Biologie anwenden will, so könnte man sagen: das 19. Jahrhundert ist das der Entwicklung, das 20. das der Vererbung. Diese Betrachtung könnte den Wert haben, die Aufmerksamkeit auf eine Tatsache zu lenken, deren Grund ebenfalls in dem Ausgehen von der morphologischen Systematik zu suchen ist: die getrennten Wege dieser beiden Forschungsrichtungen.

Der Artbegriff hatte sich in dem Denken der Biologen aus einer Abstraktion immer mehr zu einer Naturrealität entwickelt, die ebenbürtig neben der des Individuums stand. Nicht nur, daß man in der teleologischen Betrachtung selbstdienliche und artdienliche Zweckmäßigkeit unterschied, auch die mechanistische nahm und nimmt vielfach noch besondere Mechanismen für die Entstehung von Art- und von Individualmerkmalen an, eine Trennung eines in der Wirklichkeit ungeschiedenen, einheitlichen Vorgangs in virtuelle Komponenten, gegen die Morgan mit Recht protestiert.

Die morphologisch-beschreibende Embryologie, die ja weitaus den Hauptteil der Entwicklungsforschung der letzten hundert Jahre ausmacht, ist nicht Gegenstand unserer Darstellung. Nicht weil sie nicht

wichtig und ertragreich genug gewesen wäre, sondern weil die Aufeinanderfolge der Formen von dem Ei bis zum freilebenden Organismus unmittelbar nichts über die Art, wie die Form gebildet wird, wie
ihre Entstehung mit dem Lebensablauf zusammenhängt, aussagen
kann.

Es ist ja schon in der Einleitung gesagt worden, daß sich die Theorie
dem Problem der einzelnen Form gegenüber zu bescheiden hat, daß ihr
aber auch nichts weiter aufzuerlegen ist, als die Formbildung überhaupt
als möglich und notwendig erscheinen zu lassen.

Die DARWINistische Biologie glaubte allerdings, daß die beschrei-
bende Embryologie ihr das Gesetz des Entwicklungsvorganges liefern
würde, und in dem von MECKEL und FRITZ MÜLLER aufgestellten, von
HAECKEL als „Biogenetisches Grundgesetz" populär gemachten Prinzip
der Repetition der Stammesgeschichte in der Individualentwicklung
glaubte sie es zu haben. Uns erscheint es heute wunderbar, daß man einmal etwas hinreichend erklärt zu haben glaubte, wenn man es in den
Stammbaum einrangiert hatte.

Anders steht es mit der experimentellen, von ROUX unter dem
Namen „Entwicklungsmechanik" inaugurierten und gleich durch seine
ersten Versuche mächtig geförderten Entwicklungsforschung, deren
Methoden sich im Laufe von fünfzig Jahren zu großer Vollkommenheit
entwickelt haben. Auch diese kunstvollen Versuche sind morphologisch
geartet, durch Trennung, Verletzung oder Zerstörung von Teilen wird
der Entwicklungsgang verändert, aber die Schlüsse, die aus den Form-
ergebnissen zu ziehen sind, gehen schon über das Morphologische hinaus.
Und ebenso verdankt die Vererbungsforschung die großen Fortschritte,
die sie seit der Wiederentdeckung von GREGOR MENDELS grundlegenden
Gesetzen gemacht hat, der Erkenntnis der morphologischen Grundlagen
jener Gesetze in den Chromosomen der Keimzellen. Aber wenn man die
Stimmen der hervorragendsten Forscher beider Gebiete hört, so hat man
den Eindruck, daß die Forschung jetzt an einen Punkt gekommen ist,
wo eine hinter das Morphologische zurückgehende Analyse der Vorgänge notwendig und wohl auch möglich wird.

In der Tat geschieht das auch bereits, in der Annahme von Hormonen oder Enzymen, welche die einzelnen Formgeschehnisse regieren
sollen, wird der Versuch dazu gemacht. Wir haben bereits bei der allgemeinen Besprechung der Enzyme auf die Schwierigkeiten hingewiesen,
welche die Annahme einer Vielzahl von Enzymen — und das gleiche gilt
von Hormonen, welcher Begriff zudem bei einer nicht isolierbaren bewirkten Erscheinung nicht viel Inhalt hat — dem biologischen Verständnis macht. Da ja außerdem der Enzymbegriff allgemein im Sinne
der Katalyse einer Reaktion verwendet wird, so muß wenigstens die
Reaktion das Bekannte sein, wenn man ein Enzym feststellen will.

Was uns in erster Linie interessiert, ist die jeweilige morphogenetische Reaktion, Folge von Reaktionen, nicht so sehr ihre Geschwindigkeit. Läßt man aber die Reaktionen, die zu den verschiedenen, aufeinander folgenden Entwicklungsresultaten führen, in dem Stoffgemisch alle vorbereitet sein und nur auf den jeweils fälligen Katalysator warten, um aus unmeßbar geringer zu wirkungsvoller Geschwindigkeit überzugehen, so verschiebt man das Problem nur. Aus der Formbildungsfolge wird eine Enzymbildungsreihe, deren innerer Zusammenhang ebenso dunkel bleibt. Wäre das Verhältnis von Enzym und Reaktion wirklich durch die Katalysatortheorie vollständig charakterisiert, so würde es hoffnungslos erscheinen, in diese Vorgänge von hier aus tiefer eindringen zu wollen. Es läßt sich aber auch schon aus rein biologischen Erwägungen folgern, daß es so nicht sein kann, daß es eine ununterbrochene Abfolge von Reaktionen sein muß, in der die voraufgehende die folgende bedingt, und nicht eine Art prästabilierter Harmonie von wartendem Substrat und eintreffendem Enzym angenommen zu werden braucht. In jedem Falle aber heißt es, den Enzymbegriff weit überspannen, wenn man dem Wirkstoff nicht eine oder einige gleichartige, sondern eine Unzahl allerverschiedenster Reaktionen zuspricht, wie etwa in der Annahme, die Erbfaktorsubstanzen seien bestimmte Enzyme.

Bekanntlich hat lange Zeit in der Entwicklungsforschung über die grundsätzliche theoretische Auffassung Streit geherrscht; Evolution, Epigenese sind die Schlachtrufe, unter denen die feindlichen Heere sich sammelten. Während die Evolutionstheorie, die als die ältere dem Gebiete den Namen — „Entwicklung" — gab, in den Vorgängen vom befruchteten Ei zum Organismus die Auswirkung von präformierten, im Ei vorhandenen Anlagen sah, nimmt die Epigenese eine Determinierung der entstehenden differenten Bildungen im Laufe des Entwicklungsgeschehens an. Heute ist eine Art Verständigungsfriede geschlossen worden, freilich wohl mehr zugunsten der Epigenese. Eine raumlich geordnete „prospektive" Architektur des Eies konnte nicht mit zahlreichen eindeutigen Versuchen vereinbart werden, dagegen gibt es — zumal dotterreiche — Eier, wo zumindest gewisse Teile späterer Bildungen an bestimmte Eibezirke gebunden sind (Mosaikeier im Gegensatz zu Regulationseiern).

Die Evolutionstheorie lag der mechanistischen Auffassung ja naher, sie verschob den schwierigsten Teil des Problems vor den eigentlichen Entwicklungsbeginn und konnte dann die Formbildungsprozesse selbst in maschinelle Einzelfunktionen aufzulosen versuchen Aber auch die Epigenesetheorie wurde nicht bis in ihre letzten Konsequenzen durchgeführt. Man spricht von äußeren und inneren Faktoren, die nacheinander wirksam werden und die verschieden gerichteten Formbildungsprozesse determinieren, aber man legt entweder die Anlage dazu doch wieder z. B. in einer „prospektiven Potenz" im Ei oder in einer früheren Embryonalzelle fest oder man läßt den bewirkenden Faktor aus einer Anlage hervorgehen und behandelt dann den bewirkten Vorgang wie ein isoliertes Geschehen. Die Begriffsbildungen „Korrelation", „Hormone", „Relation" offenbaren diese, jedes Stadium doch wieder querschnittsmäßig betrachtende Denkweise.

Gleichwie es aber widersinnig wäre, etwa eine spätere Epoche der Weltgeschichte als prospektive Potenz in einer früheren enthalten zu denken, so ist es hier ebenso abwegig, eine später auftretende Form irgendwie in einem voraufgehenden Stadium der substantiellen Grundlage enthalten zu finden. Natürlich ist es nicht falsch, aber es ist eine durchaus vorläufige Feststellung, geeignet, das eigentliche Problem — die Verbindung des Späteren mit dem Früheren, den Ablauf — zu verdunkeln. Wenn wir das Leben bildlich als einen Strom betrachten, so ist das Ei nicht die Quelle, aus der der Fluß entspringt, sondern eine Stromenge, die er durchfließt, und das Problem ist nicht: wie kann aus diesem kleinen Ei der große Organismus werden? sondern: wie kann der Lebensstrom auf eine Strecke lang sich räumlich so zusammendrängen?

Das Bild kann noch mehr verdeutlichen: gewiß ist die Möglichkeit jedes unteren Stückes Flußlauf in jedem oberen enthalten, das heißt nur: ohne dieses wäre jenes nicht möglich. Die Form jedes späteren Teiles hängt mit dem früheren nur als Funktion des Gefälles zusammen, ist aber in viel höherem Maße von anderen Dingen abhängig; das, was den Flußlauf formt, sind die Hemmungen, die sich ihm entgegenstellen.

Natürlich hinkt der Vergleich, aber doch nicht so sehr, wie es auf den ersten Blick scheint. Die Entwicklung des Organismus ist ein kontinuierlicher, von selbst verlaufender Vorgang — „von selbst verlaufend" nicht im Sinne der energetischen Unabhängigkeit von der Außenwelt — mit abnehmendem Gefälle.

Sehen wir von den ersten Furchungen ab und betrachten den wachsenden Embryo, so ist das Gefälle zu messen an der in der Zeiteinheit erfolgenden relativen Volumzunahme. Im Maße, wie diese abnimmt, wächst die Differenzierung des neugebildeten Materials, Wachstumshemmung und Formanreicherung gehen parallel. Ist es voreilig geschlossen, in der Hemmung das Primäre, der Differenzierung das Sekundäre zu sehen?

Es gibt meines Erachtens nur zwei mögliche Wege des Denkens entweder man verzichtet auch hier auf die Zusammenschau von Leben und Funktion und sieht in den Entwicklungsvorgängen ein Nacheinander von Teilfunktionen der jeweils erreichten Formation, dann kommt man nicht darum herum, die Anlagen in irgendeiner Form präformiert zu

denken. Oder man sieht in dem Entwicklungsgang einen aus prinzipiell gleichartigen Elementarabläufen resultierenden Gesamtablauf, dessen ursprünglich einheitliches Gefälle sich
infolge der durch die Teilabläufe geschaffenen Selbsthemmungen in ein System von Teilgefällen zerlegt, das
solange sich weiter unterteilt, solange noch mehrere, nicht
im Ablaufgleichgewicht (also mit gleicher Hemmungsproduktion) stehende Elementarabläufe in einem Teilsystem vereinigt sind. Die herrschende Auffassung sieht in dem
Entwicklungsgeschehen einen produktiven Prozeß — évolution créatrice —, die Zellen gewinnen im Laufe der Differenzierung etwas Neues
hinzu, einerlei ob man eine Entfaltung präformierter Anlagen zu sehen
glaubt oder aus äußeren und inneren Faktoren eine Situation entstehen
läßt, aus der die neue Bildung erwächst. Die Vorstellung von der
„Aktivität" des Lebens beherrscht — bewußt oder unbewußt — das
biologische Denken, ob man es im „Wachstumstrieb", in der „Neubildung spezifischer Antikörper" oder in der „Mutation" bei der Begriffsbildung aufsucht.

Im Gegensatz dazu kann die Entwicklungstheorie der „Todesbiologie", der Biologie des Ablaufs nur negativisch gedacht werden.
Wie der aktuelle Flußlauf bis in seine letzten Windungen und Wellenzüge durch Gefälle und Hemmung bestimmt ist, so auch die Raumprojektion des Lebensablaufs, mit dem fundamentalen Unterschied,
daß er selbst die Hemmungen erzeugt und daß die Erzeugung dieser
Hemmungen das ist, was wir Leben nennen.

Es wäre nicht ohne Reiz, hier die psychologische Parallele zu
ziehen; es sei dem Leser selbst überlassen an der Hand des Wortes von
dem Charakter, der sich im Strom der Welt bildet.

In der Biorheusetheorie ist jeder Lebensmoment vollständig definiert durch die Summierung über die Gesamtzahl der verschieden gerichteten Biorheusen mit ihren aus Früh- und Spätstufen resultierenden
Gefällen. Eine Änderung der Gesamtrichtung des betrachteten Ablaufsystems ist nur möglich entweder durch relativ überwiegende Hemmung
eines oder mehrerer Komponenten des Ablaufganzen oder durch das
Auftreten neuer Ablaufrichtungen innerhalb des Systems infolge der
Spezifizierung auf ein von außen hinzutretendes Assimilationssubstrat.
Der erstere Fall ist überall dort verwirklicht, wo die Zelle den Charakter
der Totipotenz verloren hat, der letztere z. B. bei der Antikörperbildung
oder der Krebszelle.

Bleibt der Assimilationszustrom qualitativ hinreichend gleichmäßig und verhütet eine — von den Systembedingungen z. B. der
raumlichen Anordnung abhangige — ausreichende Hemmungsentlastung der Biorheusen ein Präponderantwerden von Teilhemmungen

— durch Wachstum, Teilung, celluläre Excretion oder Vita minima —, so bleibt die Zelle undifferenzierter und reicher an „prospektiver Potenz".

Beginnt die Entwicklung im befruchteten Ei, wie wir annehmen müssen und wie die oxydative Zerfallsneigung des reifen, unbefruchteten Eies verdeutlicht, mit einem Status verschieden gerichteter, aber aus Frühstufen bestehender Biorheusen, so muß eine gewisse Entwicklungszeit vergehen, bis die Präponderanz von Teilhemmungen sich in den inzwischen durch Teilungen entstandenen Zellen geltend machen kann. Bis dahin müssen alle Furchungszellen totipotent bleiben, und der Verlust dieser Qualität auf einem gewissen Furchungsstadium ist der Ausdruck eines zeitlichen, nicht eines räumlichen Lebensstatus, wenn auch bei dem Präponderantwerden jeweils verschiedener Hemmungen in den verschiedenen Zellen die räumlichen Systembedingungen entscheidend mitwirken.

Der berühmte Versuch von DRIESCH, der für die Theorie der Entwicklung von so großer Bedeutung geworden ist, war dieser: wenn die beiden Zellen des erstgefurchten Seeigeleies voneinander getrennt werden, so bildet jede nicht etwa einen halben Embryo, sondern es entwickeln sich zwei normal gebaute Larven von halber Originalgröße. Auch in den folgenden Furchungsstadien ergab sich noch das entsprechende Resultat, natürlich wurden die Embryonen immer kleiner und weiterhin nicht über das Larvenstadium hinaus züchtbar, aber DRIESCH erzielte bis zu 8 Seeigeln, bis zu 16 Larven aus einem Ei. Die Versuche wurden von O. HERTWIG, WILSON u. a. auf andere Tierarten (Amphioxus, Cölenteraten, Ascidien, Amphibien) ausgedehnt und vielfach bestätigt.

Dieser Versuch ist das Paradigma zu dem, was wir oben theoretisch abgeleitet haben.

Die Frage, die sich nach der allgemeinen Formulierung der biorheutischen Entwicklungstheorie zunächst ergibt, ist die: welche morphologischen Grundlagen lassen sich für die Zelle als biorheutisches System angeben, läßt sich das morphogenetische Geschehen in seinem allgemeinen Charakter biorheutisch analysieren?

Die Frage ist gleichbedeutend mit der nach dem Verhältnis von Kern und Plasma in der Zelle. Wir können auf die Erörterungen des zweiten Kapitels verweisen, müssen sie nur nach einigen Richtungen hin ergänzen.

Die fundamentale morphogenetische Tatsache ist die Neubildung von Kernsubstanz aus Cytoplasma, das Wiederanwachsen der Chromosomenmasse auf die Teilungsgröße, wobei es nicht gesagt ist, daß diese Größe über alle sukzessiven Teilungen hin die gleiche bleiben muß.

Als wichtigstes cytologisches Ergebnis der letzten Jahrzehnte darf man wohl den gesicherten Nachweis der Identität des Idioplasma, des Trägers der Erbsubstanzen, mit der Chromosomenmasse bezeichnen. Vom Standpunkt der positiven Entwicklungstheorie — wie sie kurz benannt sein mag — aus hat man darum die Chromatinsubstanz als besonders „lebendig" angesehen, hat ihr produktive, bildungsanregende Wirkung zugeschrieben und — unter dem chemischen Sehwinkel — Enzyme in ihr lokalisiert sein lassen.

Die letztere Annahme ist auch von der Katalysatortheorie aus wenig einleuchtend. Ein Katalysator, der innerhalb seines Reaktionsraumes auf ein sehr kleines Volumen verdichtet ist, dürfte nicht gerade sehr wirksam sein. Und nimmt man an, daß die Enzyme jeweils zur Zeit ihres Bedarfs aus dem Kernfaden heraustreten und in Lösung gehen, so gibt man gerade das wesentliche Ergebnis zumal der Erbforschung, die Konstanz des Chromatins, die räumliche, lineare (MORGAN) Fixierung seiner Bestandteile, seiner Wirkungseinheiten auf. Was wir sehen, ist jedenfalls nicht das Inlösunggehen der Chromosomensubstanz, sondern umgekehrt ihre Massenzunahme.

Die Biorheusetheorie sieht in der Chromatinsubstanz die Ablaufendstufen, und zwar die allerletzten, aus der Reaktion ausgeschiedenen, die oxydativ höchstsynthetisierten, verdichteten Produkte, die selbst nicht mehr hemmen, sondern im Gegenteil den Gefälletiefpunkt verkörpern.

Nicht also weil sie „potentiell unsterblich", sondern weil sie gar nicht oder minder „lebendig" sind. Jede — in ihren Wirkungen — identifizierbare idioplasmatische Einheit (Gen) entspricht einem spezifisch gerichteten Teilgefälle des biorheutischen Systems der Zelle. Jede solche Einheit ist gewissermaßen der Krystallisationskern für die Endstufen des zugehörigen synthetisch-biorheutischen Ablaufs, er ermöglicht die Beseitigung der hemmenden Stufen und dadurch den Fortgang der Biorheusen. Ja, ich halte es für gar nicht unmöglich, daß es sich um wirkliche Krystallisation handelt und daß die Chromatinsubstanz mit der v. LAUEschen Methode untersucht, eine Raumgitteranordnung zeigen würde. Natürlich ist auch an spezifische Adsorption zu denken, bei der ja auch eine sterische Spezifizität nach neueren Untersuchungen als möglich angenommen werden darf.

Es sei erlaubt, hier noch einige Erfahrungen aus unseren enzymatischen Studien nachzutragen.

Bei den Enzymdarstellungen aus Caseinlösungen fiel es mir auf, daß die nach der Filtration wirksamsten Losungen nicht diejenigen waren, welche die stärkste weiße, milchige Trubung gezeigt hatten, sondern solche, die vorher mehr schwärzlich, mit einer — ich mochte sagen: sandigen Trubung imponierten. Und die besten dieser Art waren mit

Sauerstoffvorbehandlung erzielt worden. Es ist uns bis jetzt nicht gelungen, diesen Zustand mit einiger Sicherheit immer zu reproduzieren, wir wissen nicht, von welchen, wahrscheinlich minütiösen Momenten er abhängt, aber unsere Erfahrung ermöglicht es uns, aus dem Aussehen der trüben Lösung einigermaßen sicher vorauszusagen, ob sie ein enzymwirksames Filtrat liefern wird.

Ich glaube danach — und das ist ein Nachtrag zu den früheren Erörterungen, den ich seiner biologischen Zuordnung wegen an dieser Stelle bringe —, daß für die Ablaufintensität (und damit auch enzymatische Stärke) nicht nur die Konzentration an Frühbiokymen von Bedeutung ist, sondern auch das Vorhandensein solcher „Krystallisationskerne", die in dem Reaktionsraum die Hemmungsbeseitigung ermöglichen. Weil es experimentell noch nicht eindeutig erwiesen ist, setze ich das Moment an diese Stelle, wo es biologisch trägt, welche Bedeutung es etwa auch außerhalb der Zelle haben kann, läßt sich erst nach seiner Aufklärung in vitro ermessen, bemerkt sei noch, daß langsam in der Wärme inaktivierte Trypsinlösungen fast immer diese „sandige" Trübung zeigten.

Wie stellen sich die cytologischen Tatsachen zu dieser Theorie? Daß kernlose Zellen oder Zellfragmente die Wachstums- und Formbildungsfähigkeit verloren haben und zugrunde gehen, ist seit langem bekannt. Durchschneidet man ein Infusor so, daß der Kern in das eine Fragment kommt, so kann dieses das Tier mit all seinen komplizierten Strukturen regenerieren, selbst wenn es nur den kleineren Anteil an Cytoplasma bekam, das andere fällt der Zerstörung anheim.

RAWITZ ist es durch geeignete Salzlösungen gelungen, Eier von Holothuria tubulosa zur Ausstoßung des Kernes zu veranlassen; wurden solche kernlose Eier mit artfremdem Samen befruchtet, so entwickelten sie sich bis zum Zwölfzellenstadium, aber die Kerne wurden fortschreitend kleiner, konnten sich offenbar in dem fremden Plasma nicht zur normalen Größe ergänzen.

BOVERI, DELAGE u. a. haben kernlose Eifragmente von Sphaerechinus granularis, mit gleichem oder verwandtem Samen befruchtet, sich bis zum Pluteus entwickeln sehen, im Falle der Fremdbesamung (die nur bei nicht völlig entkernten Eifragmenten soweit führte) hatten die Larven väterliche Eigenschaften.

BOVERI sah bei überbefruchteten Seeigeleiern spontan gleichzeitige Drei- oder Vierteilung, die Furchungszellen trugen ungleiche Chromosomenanzahlen, und die meisten entwickelten sich, wenn sie isoliert waren, nicht oder gehemmt, auch das ganz gelassene Ei in Furchung lieferte Mißbildungen und ein frühzeitiges Entwicklungsende.

KUPPELWIESER, LOEB u. a. befruchteten Eier mit fremdem Samen, dadurch kam zwar die Entwicklung in Gang, aber die fremde Kernmasse ging in der Plasmamasse unter, es entwickelten sich parthenogenetische Larven.

Analoge Ergebnisse erzielte O. HERTWIG durch Radiumbestrahlung. Am stärksten schädigte Bestrahlung des befruchteten Eies, dagegen wurde das bestrahlte unbefruchtete durch gesundes Sperma aufgefrischt und andererseits ein normales Ei durch bestrahltes Sperma geschädigt, denn in allen diesen Fällen resultierte eine gehemmte, verlangsamte, anormale Entwicklung mit Zerfallstendenz der Zellen und — je nach der Strahlendosis — mehr oder minder frühzeitiger Entwicklungsstillstand, mehr oder minder pathologische Formbildung. Es zeigte sich bei Bastardierung auch hier, daß das bestrahlte Chromatin seine Vererbungskraft eingebüßt hatte, darüber hinaus aber noch direkt schädigte.

Aus diesen und noch weiteren Erfahrungen geht einerseits die morphogenetische Bedeutung des Kernes hervor, andererseits aber auch die Gebundenheit seiner Wirkung an ein auf ihn gestimmtes Plasma. Der RAWITZsche Versuch zeigt deutlich, worin diese Bindung besteht: in der Wachstumsmöglichkeit des Kernes, nach unserer Anschauung also in der Ablaufermöglichung der plasmatischen Biorheusen.

Wie aber kommt es zur differenzierenden Entwicklung?

Zu einer durchgeführten biorheutischen Analyse reicht das Untersuchungsmaterial nicht aus, der beherrschende Eindruck ist der einer schier unbegrenzten Breite des Möglichen, wir können nur versuchen, die Heterogenität der Ergebnisse verständlich erscheinen zu lassen.

Dem Versuch von DRIESCH steht ein nicht minder wichtiger, scheinbar entgegengesetzt entscheidender Versuch gegenüber: ROUX zerstörte am erstgefurchten Froschei die eine Zelle, es entwickelte sich ein halber Embryo. Weitere Untersuchungen bestätigten das Ergebnis, klärten es aber auch weiter auf. Wurden die beiden Zellen durch Abschnürung völlig getrennt, so rundete sich jede und ging zur Entwicklung einer normalen, halbgroßen Larve über (O. HERTWIG). Wurde nach Verletzung der einen Hälfte das Ei gedreht, so daß die Umorientierung des Zellinneren (der gesunden Zelle) nicht durch den spezifisch schwereren Dotter verhindert wurde, so resultierte verkleinerte Ganzbildung, bei Belassung in der alten Lage Halbbildung (MORGAN). Wurden Eier vor der Furchung zwischen Glasplatten gepreßt, so daß der Inhalt durcheinandergebracht wurde, dann wieder zur Entwicklung freigelassen, so ergaben sich normale Embryonen (HERTWIG), wurden aber die gepreßten und fixierten Eier nach der ersten Furchung um 180 Grad gedreht, so lieferten sie zwei Ganzbildungen von halber Größe (O. SCHULTZE).

Durch räumliche Verlagerungen im Eiinneren kann also offenbar die Ausbildung verändert werden, und es wird als Ergebnis der neueren Forschungen angenommen, daß zu Beginn die Differenzierungspotenzen wesentlich durch das Eiplasma gegeben (räumlich geordnet) sind, während im weiteren Verlauf der Kern beherrschend wird. Diese Potenzenverteilung soll bei der Reifung des Eies unter Verteilung von Kernmaterial im Plasma vor sich gehen. Nach CHAMBERS öffnet sich beim Reifungsprozeß die Kernmembran, der Kernsaft mischt sich dem Cytoplasma bei und von dem Grade der Vermischung ist die Befruchtungsfähigkeit abhängig. Die beigemischte Substanz soll das Zugrundegehen der Eier verhindern, Eifragmente sich bezüglich des Zugrundegehens entsprechend dem Mischungsstadium verhalten.

Vielleicht ist jener Übergang von der Plasma- zu der Kerndetermination der Entwicklung markiert durch das von PARNAS am Froschei konstatierte starke Ansteigen des oxydativen Stoffwechsels zu Beginn der Gastrulabildung mit dem Übergang zu höherer Differenzierung. Artfremd befruchtete Eier scheitern in der Entwicklung meist am Gastrulastadium, sie leben eventuell noch wochenlang, entwickeln sich aber nicht weiter (GODLEWSKI).

Kann man sich unter der räumlichen Ordnung des Eiplasmas, die z. B. für die Rippenbildung der Rippenqualle und einige andere dotterreiche Eier erwiesen ist, biorheutisch etwas vorstellen? Da die verschieden gerichteten Biorheusen nebeneinander verlaufen, so macht das keine Schwierigkeiten und widerstreitet nicht der erbgleichen Teilung des Idioplasma. In der Tat sind die isolierten Furchungszellen der Beroe, abgesehen von der Rippenbildung, totipotent (DRIESCH und MORGAN), und die Insuffizienz an dem einen Punkte ist aus einer quantitativen Betrachtung — die Substanzmenge jeder Biorheuse als maßgebend — wohl verständlich. Diese primitivere Form der Determinierung zeigt aber nur eine Minderzahl von Eiern, zumal die der höheren Tiere nähern sich immer mehr dem reinen Regulationstypus, die ersten, vom Plasma stärker bestimmten Entwicklungsphasen sind ja noch keine eigentlichen Differenzierungen, sondern Gesamtrichtungsbestimmungen, wie die angeführten Experimente lehren.

Eins aber lehren die Mosaikeier gerade, nämlich, daß das Idioplasma kein produktiv morphogenetisches Agens ist, daß seine Funktion sich quantitativ abstuft nach dem Maße, wie der jedem Entwicklungsfaktor (Gen) korrespondierende Anteil des Plasmas sich zur gesamten plasmatischen Masse der Zellen verhält. Zu diesem Satz werden wir noch weitere bestätigende Versuche kennenlernen.

O. HERTWIG hat den Satz aufgestellt, daß der Kern stets die Mitte seiner Wirkungssphäre einzunehmen strebt, daß er auch exzentrisch liegen kann, wenn der protoplasmatische Anteil der Zelle entsprechend

gelagert ist. Wir erinnern uns dazu, daß wir bei den Wachstumsvorgängen häufig Angaben der Histologen begegnen, wonach die Differen-
zierungsprodukte zuerst in der Nähe des Kernes auftreten, wonach ferner
in der alternden Zelle anscheinend Kernmaterial in das Plasma gelangt
und dort als Pigmenteinschluß erscheint. Alle Differenzierung ist ja
vermehrte Strukturbildung, biorheutisch also Ablaufendmaterial, wobei
es aber nicht gesagt ist, daß all die strukturbildenden Assimilationsstoffe
einem stets gleichen äußersten Ende der Biorheusen entsprechen. Es
wird im Gegenteil häufig, vielleicht meistens der Fall sein, daß der
Ablauf der strukturschaffenden Biokyme vor dem theoretischen Ablaufende zum Stillstand, zum Hemmungsgleichgewicht kommt, daß etwa
eine endgültige Ausscheidung aus der Lösung nicht eintritt; solche noch
auf relativem Frühstadium zum Stillstand gelangten Biorheusen haben
wir bei der Muskelsubstanz vermutet. Als im eigentlichen Sinne „zu
Ende" gehende Biorheusen werden wir in erster Linie die anzusehen
haben, die zu Kernsubstanz fuhren, in zweiter die in stabilem Struktur-
material — Bindegewebe, Keratinsubstanzen — auslaufenden.

Aber es ist nicht die Meinung, die Chromatinsubstanz insgesamt als
ruhend, „tot" anzusprechen, vielmehr ist es wahrscheinlich, daß auch
in ihr, bei ihrer Substanzzunahme noch eine letzte Ablaufstrecke durchlaufen wird. Freilich wissen wir über die Substanz wie auch die feinere
Struktur nicht genug, um uns davon unmittelbar Rechenschaft zu geben
— was wir sehen, ist die Erhaltung des einmal gebildeten Materials bei
Erhaltung des Zellebens —, aber schon die Tatsache der Affizierbarkeit
der Kerne, die später zu erörternden Vorgänge bei der Eireifung u. a.
sprechen dafur, daß nur das in dauerndem Ablaufkontakt mit dem
Plasma befindliche Kernmaterial fur die Andauer des Lebens qualifiziert
ist. Der tatsächliche Ablauf kann dabei ein sehr geringfugiger sein,
wie die lange Lebenszeit der Spermatozoen im Receptaculum der
Bienenkönigin zeigt. Daß aber auch in dem eigentlichen Idioplasma
eine dauernde gerichtete Veränderung nach der Seite der Wirkungs-
abnahme hin vorgeht, das beweisen die noch zu besprechenden Erfahrungen der Abnahme der Vererbungskraft alternder Keimzellen bei
erhaltener Befruchtungsfahigkeit. Die Bezeichnung als „tot" ist darum
fur die Kernsubstanz nur relativ zu nehmen.

Man unterscheidet gewöhnlich äußere und innere Faktoren der
Entwicklung, versteht aber unter äußeren meist nur die fur das ganze
Entwicklungssystem äußeren Einwirkungen wie Schwerkraft, Licht,
Temperatur, Sauerstoffversorgung Wir wollen die determinierenden
Momente unter zwei Fragestellungen betrachten· einmal, welche Mog-
lichkeiten der Differenzierung ergeben sich aus dem biorheutischen,
Kern und Plasma umfassenden System der Embryonalzelle? und dann:

welche aus den Systembedingungen erwachsenden Einflüsse sind geeignet, bei der Realisierungswahl unter jenen Möglichkeiten mitzuwirken?

Die erbgleiche Teilung des Idioplasma, die Tatsache also, daß jede der zahllosen Körperzellen die ganze Erbgarnitur erhält, die bei der Befruchtung des Eies bestimmt worden ist, wird heute als so gut wie gesicherte Tatsache angenommen, der allgemeine Gültigkeit zukomme, allerdings mehr auf Grund der cytologischen Teilungskontinuität als aus experimentellen Beweisen, die in der Form des Regenerationsversuches bei den höheren Tieren versagen. Biochemisch korrespondiert ihr die Art- und Individualspezifizität des plasmatischen Körpermaterials, die allerdings mit der Organspezifizität interferiert; bei manchen Organen ist die letztere ausgesprochener. Biorheutisch muß das bedeuten, daß in allen Teilsystemen des Körpers ein Komplex von Abläufen gemeinsam ist, in dem nur jeweils einer oder mehrere organspezifische überwiegen. Dieses Gemeinsame kann nicht etwa ein in jedem Zeitmoment für alle Untersysteme gleiches Ablaufgefälle sein. Wir haben gesehen, wie sehr dieses in den einzelnen Geweben, ja Zellen verschieden sein kann, sein muß, je nach den dauernden und wechselnden besonderen Bedingungen. Es besteht im gesunden Organismus ein korrelatives Gleichgewicht der Teilgefälle, nicht eine Gleichheit.

Aber auch das Verhalten des Idioplasma, der Kernsubstanz bei der Zellvermehrung sagt uns, daß jenes Gemeinsame in der Kern-Plasma-Beziehung zu suchen ist, daß es die Ablaufrichtungen betreffen muß. Wenn wir es zunächst ganz schroff formulieren, so heißt es: jede Zelle enthält in ihrem Kernchromatin alle determinierenden Erbeinheiten (in doppelter Ausfertigung, „Allelomorphen", von Vater und Mutter), jede Zelle aus Regulationseiern besitzt zu jeder Erbeinheit den entsprechend gerichteten biorheutischen Ablauf. Wir wollen aber gleich hinzufügen, daß wir die Formulierung in dieser Allgemeinheit weder für experimentell erwiesen, noch für den ganzen Entwicklungsverlauf oder gar den frei lebenden Organismus für theoretisch wahrscheinlich erachten können. Wenn wir mit einer Zelle nicht mehr experimentieren können, so können wir aus dem morphologischen Bilde der Teilung keine zwingenden Schlüsse mehr ziehen.

Wie ist nun von dieser Grundlage aus eine Differenzierung überhaupt möglich?

Zunächst sind ja doch, wie der DRIESCH-Versuch lehrt und wie die eineiigen Zwillingsbildungen auch für die höheren Tiere beweisen, die entstehenden Zellen in der Tat totipotent. Wir fragen zunächst nicht: wie geht daraus die Differenzierung hervor? sondern: was kann sich in den Zellen verändern, um sie nach verschiedenen Formrichtungen auseinandergehen zu lassen?

Das erste Moment gibt uns die Ablaufgeschwindigkeit. Das biorheutische System der Zelle existiert nur von Teilung zu Teilung. Es gibt nur e i n e Kombination, unter der die nächste Zellgeneration an genau dem gleichen Punkt startet wie die voraufgegangene, nämlich dann, wenn von Teilung zu Teilung „äquigene" Mengen der Chromatinsubstanzen entstehen u n d nach der Teilung noch das gleiche Mengenverhältnis zwischen den verschiedenen chromatinogenen Biorheusevorstufen besteht wie zu Beginn der voraufgegangenen Individualperiode. Bleibt auch bei der weiteren Entwicklung mit Assimilationszufuhr dieses Verhalten beständig, so resultieren somatisch undifferenzierte, andauernd totipotente Zellen, das ist der Weg zu den künftigen Keimzellen und zu den sog. Reservezellen von persistierend embryonalem Typ innerhalb der Gewebe. Die Möglichkeit, wie auch eine differenziertere Zelle wieder „embryonal" werden kann, werden wir später erörtern.

Es kann sich nun aber das chromatinogene Gleichgewicht zwischen den Teilbiorheusen von Furchung zu Furchung verschieben. Grundsätzlich kann es zwei Arten solcher Verschiebung geben. Einmal kann von vornherein die Verteilung des Cytoplasma auf die Teilbiorheusen quantitativ nicht parallel gehen mit derjenigen der Chromatinmenge auf die zugehörigen Gene. Wir nehmen als wahrscheinlich an, daß bei sonst gleichen Systembedingungen die Chromatinanlagerung an der vorhandenen Substanz oder Oberfläche in der Zeiteinheit für den ganzen Chromatinbestand die gleiche ist, dann wird von einer relativ zum Gen überreichen Vorstufenmenge am Schluß der Periode mehr übrig sein als von einer bezogen auf sein Gen geringen Biokymmasse. Dieses Mißverhältnis wird sich von Teilung zu Teilung steigern, und daran ändert auch die Zufuhr eines bezüglich der Teilgefälle indifferenten Assimilationsmaterials nichts. Die Folgen können sich — theoretisch — sowohl am Chromatinapparat wie im Plasma einstellen. Ob ersteres der Fall sein kann, hängt davon ab, ob die Teilung eintritt, wenn das Chromatin im Ganzen bis zu einer gewissen Größe angewachsen ist, oder schon, wenn das Maximum für einen Teil dieser Substanz erreicht ist. Im letzteren Falle kann ein allmähliches Schwinden einzelner Gene stattfinden, im ersteren bleibt das Idioplasma konstant, aber dafür reichern sich die nicht zu Chromatin gewordenen Endstufen der überwiegenden Teilabläufe in der Zelle an. Zwischen diesen beiden Eventualitäten läßt sich noch nicht entscheiden; wir können nur den Verlust der Totipotenz feststellen, ob er auf Gen-Verlust beruht, ist cytologisch oder experimentell noch nicht zu ermitteln.

Der geschilderte Mechanismus funktioniert rein zeitlich, also auch unabhängig von den räumlichen Bedingungen, er basiert auf dem primären quantitativen Verteilungsverhältnis in Plasma und Kern.

Daß hier in der Tat quantitative Beziehungen vorliegen, geht schon aus älteren BOVERIschen Versuchen hervor: Rieseneier mit übernormaler Kernmasse von Sphaerechinus gran. mit Strongylocentrotussamen befruchtet, lieferten Bastarde von überwiegend mütterlichem Typ, während normalkernhaltige Eibruchstücke Zwergbastarde ergaben, die keineswegs mehr nach der väterlichen Seite hinneigten.

Auch bei normalen Eiern sah HERBST häufig ein Überwiegen der Mutterseite (bei dieser Bastardbefruchtung), wenn auch nicht so wie bei den Rieseneiern; er schloß, daß manche Eier mehr kernbildende Substanz besäßen als andere und gegenüber den fremden Spermatozoen im Vorteil seien. Diese Argumentation ist, wie mir scheint, nur dann stichhaltig, wenn die kernbildenden Substanzen leichter das arteigne als das fremde Material bilden, und zwar gerade während des ersten Entwicklungsstadiums, während sie späterhin nicht so streng sind, sonst müßten die Bastarde alle rein oder überwiegend mütterlich werden. Diese Annahme bezüglich des ersten Stadiums ist aber auch nicht ungestützt, vor allem durch die erwähnte Tatsache, daß kernlose, artfremd befruchtete Eifragmente nicht über das Gastrulastadium hinauskommen, sie konnten dann noch eine Zeitlang leben, entwickelten sich aber nicht weiter. Trifft das auch für den Samen zu, der am normalkernhaltigen Ei Bastardentwicklung hervorrufen würde, so ist kaum eine andere Erklärung möglich als die, daß bis zum Gastrulastadium ein Ablauf im Cytoplasma vor sich geht, dessen Endstufen nur am arteigenen Chromatin ansetzen können, daß danach aber ein anderes, auch vom verwandten Chromatin aufnehmbares System in Gang kommt. Fehlt das arteigene Kernmaterial ganz, so bleiben diese ersten Endstufen im Plasma liegen und machen den von der Gastrula aus beginnenden zweiten Ablauf unmöglich. Ist aber auch nur etwas mütterliches Chromatin vorhanden, so kann das Cytoplasma entlastet werden, und in dem dann folgenden Differenzierungsablauf bekommt das an Masse (Oberfläche) überwiegende väterliche Material die Führung, es entstehen väterlich überwiegende Larven.

Die glänzenden SPEMANNschen Durchschnürungsexperimente am Ei von Triton taeniatus lehren, daß auch spätere Furchungskerne noch eine stehengebliebene Eihälfte zur Ganzbildung befähigen können, wenn die — nicht völlige — Durchschnürung in einer bestimmten Ebene liegt, sonst resultiert Teilbildung. Daraus erhellt einerseits die Erhaltung des Idioplasma im Furchungskern andererseits die mit der ersten Furchung gesetzte räumliche Determinierung des Eiplasmas in diesem Falle.

Die wichtigste der Entscheidung bedürftige Frage ist wohl die, ob auch bei der jenseits des Gastrulastadiums einsetzenden Differenzierung die somatisch sich spezialisierenden Zellen das ganze Idioplasma behalten. Dürfen aus den späteren biochemischen Differenzen Schlüsse gezogen werden, so spricht die Tatsache, daß manche Gewebe die Artspezifizität stärker zeigen als andere, die dafür organspezifischer sind, für eine tiefergehende Änderung der Ablaufsysteme. Cytologisch ist die Frage kaum zu entscheiden, denn es ist ja durchaus denkbar, daß die räumliche Stelle eines verschwindenden Gens durch Anwachsen der erhaltenen ausgefüllt wird. Von manchen Genen wie den geschlechtsbestimmenden ist ihre allgemeine Persistenz wohl sicher, ich möchte aber doch glauben, daß man die Annahme eines Genverlustes bis jetzt jedenfalls nicht widerlegen kann und daß die Vererbungserfahrungen (Dominanz) für diese Annahme sprechen.

Vielleicht spielt dabei aber noch ein zeitliches Moment innerhalb der Gene selbst mit, wir werden darauf noch hinweisen; hier sei nur gesagt, daß wahrscheinlich auch die Gene selbst noch einen Ablauf, einen zeitlichen Veränderungsvorgang haben, der ihre Wirkfähigkeit auf einem späteren Stadium der Entwicklung vorausbestimmend verändern kann.

Die bisher besprochene erste Gruppe von möglichen Wegen des Auseinandergehens der Teilgefälle — wir wollen es „Biokymsejunktion" nennen — hatte ihre Grundlage in der mit der Befruchtung endgültig bestimmten quantitativen Zusammensetzung und wirkte sich in der Zeit aus, könnte also als evolutionistisch bezeichnet werden, die individuelle Variationsbreite scheint durch sie vorzugsweise gegeben.

Die zweite Gruppe, diejenige der mit der Entwicklung eintretenden Veränderungen der Systembedingungen, dürfte daneben die mehr allgemein-typisierende Determinierung leisten, ihre Variationsbreite ist — isoliert betrachtet — geringer, aber natürlich wirken ihre Momente stets mit denen der ersten zu einem einheitlichen Effekt untrennbar zusammen. Auch hier können wir nur allgemeine Möglichkeiten andeuten.

Sehen wir auf die ersten Entwicklungsstadien und denken an Roux' Versuch, so ergibt sich die Bedeutung der Situation der Zellen im Verbande. Wir brauchen dabei noch gar nicht an individuellere chemische oder energetische Beeinflussungen, die späterhin wohl mitwirken, zu denken, schon die mechanischen Verhältnisse sind bebedeutungsvoll. Denken wir einmal nur an die verschiedene Sauerstoffversorgung des Zellinneren an den der freien Oberfläche näheren und entfernteren Stellen. Dadurch können Differenzen vor allem der Endstrecken der Teilabläufe entstehen, Unterschiede in der Chromatinbildung resp der Beseitigung der Endstufen, deren Folge gleich den oben besprochenen ein wachsendes Ungleichgewicht der Teilabläufe und damit die beginnende Differenzierung sein wird Es würde sich wohl lohnen, zunächst einmal eine durch die Keimentwicklung durchgeführte Analyse der freien und unfreien Oberflächen sowie der Kernlagerung zu versuchen, festzustellen, welche Organanlagen aus den früh und den spät „geschlossenen" Oberflächen hervorgehen. Vielleicht könnte man auf diese Weise zu einer physiologischen Deutung der morphogenetischen Vorgänge (Keimblätter) gelangen. Das kann aber nur von dem morphologischen Forscher geleistet werden, der das Gebiet übersieht.

Wie ausgesprochen die Lagebestimmung ist, zeigen die teilweisen Doppelmißbildungen nach vorsichtiger, nur partieller Trennung der beiden Erstfurchungszellen voneinander (SPEMANN), sie lassen zugleich die mit der ersten Furchung gesetzte Polarität und Medianebene erkennen. Die damit zugleich gesetzte räumliche Ordnung des Eiinneren erscheint zunächst sehr wunderbar, wenn man bedenkt, daß — wenigstens bei den implantierten Eiern höherer Tiere — die Schwerkraft keine entscheidende Rolle dabei spielen kann, bei welchen Tieren jenen experimentell erzeugten ganz analoge Mißbildungen vorkommen. Die ordnenden Kräfte mussen also intern entstehen können und man könnte an kernwärts gerichtete Diffusionsgefälle, sowie an eine dem Ablauf entsprechende Stoffschichtung denken. Konzentrische Schichtungen um den Kern sind histologisch beobachtet worden.

Im weiteren Fortgang der Entwicklung werden die Erscheinungen so mannigfaltig, daß der Versuch einer biorheutischen Analyse ohne besonders darauf gerichtete Experimente kaum sinnvoll erscheint. Solche Versuche müßten zunächst die Frage zu entscheiden suchen, inwieweit die Veränderungen an morphologische Struktur gebunden sind, inwieweit durch gelöste Stoffe realisierbar.

Man unterscheidet bekanntlich abhängige und Selbstdifferenzierung. Als Typus der letzteren können die Versuche gelten, wo nach Transplantation z. B. eines Extremitätenkeims auf eine andere Stelle des Embryo sich dort eine normale Extremität entwickelt (BORN, BRAUS, HARRISON, DÜRKEN u. a.).

Streng unabhängig im Ganzen ist freilich diese Differenzierung insofern nicht, als ihre Nerven sich nur von dem erhaltenen Nervensystem der Larve aus entwickeln (HARRISON). Andererseits wirkt Entfernung einer Selbstdifferenzierungsanlage auch auf die später dem Organ funktionell zugehörigen Teile zurück. So sah DÜRKEN beim Frosch nach Entfernung einer Beinanlage Entwicklungshemmung und Ausfall am zugehörigen Beckengürtel und im Nervensystem. Je frühzeitiger die Entfernung geschah, um so intensiver war die Rückwirkung und griff über das Nervensystem auch auf die andere Seite über, es trat nicht nur geringere Größenausbildung, sondern auch verminderte Differenzierung ein. Diese Korrelationen, wofür noch mehr Beispiele beobachtet sind, verhalten sich reziprok und manifestieren sich zu einer Zeit, wo von einer Funktionalverbindung noch nicht die Rede sein kann. Vielleicht ist es aber zugleich eine weitere Stütze für unsere Annahme, daß funktionale und Verbindung der Abläufe durch das ganze Leben hin etwas prinzipiell Gleichartiges sind.

Was die Differenzierungsfolge angeht, so gilt im allgemeinen, daß die differenzierteren Organe frühzeitiger angelegt werden, die Entwicklung des Zentralnervensystems beginnt sehr früh, bei manchen Eiern ist gerade sie schon vor der Befruchtung im Eiplasma räumlich festgelegt. Blastomeren mit dorsalem Anteil (Nervensystem) können Ganzbildungen liefern, solche mit nur ventralem nur Bauchstücke.

Bei der Aufstellung der Differenzierungsmöglichkeiten innerhalb des biorheutischen Systems haben wir zunächst das oder die mit der Zeit überwiegenden Teilabläufe als die differenzierenden, morphogenetischen angesehen. Es ist aber neben dieser positiv zu nennenden auch eine negative richtunggebende Folge dieser Vorgänge als möglich zu erkennen. Es kann ja auch hier der oft gefundene Zirkel von primärer Kumulierung und sekundärer Hemmung sich einstellen, ob er es tut, wird wesentlich von den Wachstumsbedingungen, dem Verhältnis der Zunahme der betreffenden Gewebsmasse im ganzen und der speziellen Hemmungssubstanz abhängen. Tritt die sekundäre Hemmung ein, so kann in der biorheutischen Konkurrenz um das Assimilationsmaterial jetzt ein anders gerichteter Ablauf die Oberhand gewinnen und die Morphogenese kann, vielleicht unter Einschmelzung der zuerst gebildeten Struktur, von da ab in ganz anderer Richtung gehen. Diese Peripetie kann natürlich auch mehrfach eintreten.

Die Entwicklung geht also immer den Weg des geringsten Widerstandes, sie weicht ab, wenn auf dem ersten Wege die Hemmung über das Widerstandsmaß eines anderen Weges gewachsen ist, und so fort. Es leuchtet ein, daß dieses Prinzip besonders für metamorphosierende Entwicklung (interessant ist die von WEINLAND gefundene völlige Umstellung des Stickstoffwechsels bei der Metamorphose der Fliege), für Entstehungswege über phylogenetisch tieferstehende Organanlagen und damit für das „biogenetische Grundgesetz" Bedeutung haben kann, bei der Stammesgeschichte werden wir darauf zurückkommen

Hierzu erscheinen Versuche von WEIGEL beachtenswert, wonach Hautstücke von Amphibienlarven auf andere Exemplare übertragen nicht mit dem Wirt, sondern gemäß ihrem eigenen Alter metamorphosierten. Freilich kommt auch Beeinflussung durch den Wirt vor, so metamorphosierte auf Salamander übertragene Axolotlhaut abnorm früh.

Dieses „negative" Entwicklungsprinzip kann noch weitere Konsequenzen haben, es kann zur Einschmelzung von Zellen und damit zur

Freiwerdung humoral (Hormone) auf andere, benachbarte oder auch entferntere Gewebe wirkender Substanzen kommen, also zu einer Spezifizierung des Assimilationszustroms, ein Moment, das wir bisher noch gar nicht berücksichtigt haben.

Daß es humorale spezifische Einwirkung auf die Formbildung gibt, das sahen wir schon im vorigen Kapitel bei dem Erfolg der Übertragung von Hühnersarkom durch ein Kerzenfiltrat. Hier könnte man auch Versuche von A. Fischel anführen, der bei Salamanderlarven Linsen, ganze Augen, Teile derselben, sowie Augengewebstrümmer unter die Haut brachte und mit der Einschmelzung dieses Materials eine Verwandlung der Haut in der Richtung auf die Hornhautstruktur einhergehen sah. Auch die Pflanzengallen der Gallwespen erscheinen als ein wertvolles Forschungsobjekt für diese Frage, noch sind unsere Kenntnisse über die reizbildenden Stoffe zu gering.

Gerade für die abhängige Differenzierung dürfte diese Anwendungsform des negativen Entwicklungsprinzips fruchtbar sein können. Wenn wir sehen, daß sich ein Gewebe infolge der räumlichen Nähe eines anderen in bestimmter Richtung differenziert, so kann es sich da nicht um einfache mechanische oder statische Wirkungen handeln, es bleibt keine andere Erklärungsmöglichkeit als die über einen humoralen Mechanismus. Dabei aber sind immer die beiden, biorheutisch gleich wirkfähigen Abhängigkeitstypen zu berücksichtigen: die direkte Beeinflussung des induzierten Gewebes durch ein spezifisch-richtendes Produkt des induzierenden Organs oder die Veränderung des Assimilationszustroms für das eine durch das spezifisch auswählende Teilgefälle des anderen, die ebenfalls richtungsändernd wirken kann.

Das bekannteste, vieluntersuchte Paradigma ist die Linsenbildung aus dem Hautbezirk, auf den der Augenbecher zuwächst, wie zuerst Spemann an Rana fusca feststellte. Rana esculenta bildet dagegen die Linse unabhängig vom Augenbecher durch Selbstdifferenzierung der betreffenden Hautstelle. Bombinator pachypus läßt nach Exstirpation der Augenanlage eine unvollkommene Linsenanlage entstehen. Bombinator kann andererseits unter dem Einfluß des Augenbechers transplantierte Kopfhaut zur Linsenbildung verwenden (nicht Bauchhaut), R. esculenta kann aus keinem transplantierten Hautstück eine Linse werden lassen, trotz der Entwicklung des Augenbechers.

Dieser fast kontinuierliche Übergang von der einen Entwicklungsbestimmung zu einer äußerlich angesehen ganz anderen bei so nahe verwandten Tieren läßt wohl einige Vermutung bezüglich des biorheutischen Mechanismus zu. Wenig wahrscheinlich erscheint die erste der obigen Annahmen für die abhängige Differenzierung, die Bildung eines spezifisch (Hormon) morphogenetisch wirkenden Stoffes durch das bedingende Gewebe. Es hieße das, eine komplizierte Funktion ganz

eigener, nur für diesen einen Zweck eingerichteter Art annehmen, die
mit der eigenen Entwicklung des Funktionsträgers nichts zu tun hat
und Spezialität einer oder einiger Arten ist, den nächsten Verwandten
aber völlig fehlt. Gerade die Zwischenstellung des Bombinator scheint
mir darauf hinzudeuten, daß es sich bei der Induktion um die Verstärkung einer an sich schon angelegten Richtung des besonderen Ablaufs im induzierten Gewebe handelt. Letzthin müssen ja die sämtlichen, in den verschiedenen Richtungen gehenden Teilgefälle untereinander in „Korrelation" stehen, da sie um das gemeinsame Assimilationssubstrat konkurrieren. Je mehr sich ein Teilsystem biorheutisch
spezialisiert, um so mehr wirkt es auf dem Wege über das Substrat
spezialisierungsstärkend auf die anderen, und natürlich wirkt es in der
unmittelbaren Nachbarschaft stärker als in die Ferne. Aber man darf
das ganze System überhaupt nicht so isolierend betrachten (zwar wohl
bei der experimentellen Problemstellung, nicht aber bei der Diskussion
der Ergebnisse), die morphologische Ausgestaltung des Embryo ist für
die Biorheusetheorie jeweils der Ausdruck des Grades der Auseinanderlegung der Teilgefälle. Es ist für diese Betrachtung nur ein, durch die
zeitliche Abfolge jener Auseinanderlegung (Biokymsejunktion) be-
dingter, scheinbarer Unterschied, der sich in abhängiger oder Selbstdifferenzierung kundgibt, in Wirklichkeit ist alles abhängig oder besser:
das Ganze ist immer eine Einheit und nur das zeitliche Moment gibt die
Möglichkeit jener praktischen Trennung.

Für den in Rede stehenden Fall der Linsenbildung würde das besagen: bei R. esculenta ist die Auseinanderlegung der Teilgefälle schon
erfolgt, ehe die morphologische Ausbildung des Augenbechers bis zu
dem Grade erfolgt ist, der im Transplantationsversuch an R. fusca noch
wirksam ist. Sind die betreffenden Embryonalbezirke schon in einem
früheren Stadium dem Experiment zugänglich, so muß der Versuch auch
bei esculenta gelingen. In der Tat fand SPEMANN, daß bei esculenta
keine Linse gebildet wird, wenn bei der Umdrehung der Hirnanlage die
Augenanlagen nach hinten kommen.

Es wird gut sein, die allgemein-biologischen Erwägungen noch etwas
weiter auszuführen.

Alle teleologischen, mit Selbstbezweckung, Entelechie usw. operie-
renden Theorien haben ihren letzten Entstehungsgrund darin, daß die
Lebens-, zumal die Entwicklungsvorgänge — entgegen den anorganischen
Prozessen — scheinbar das Unwahrscheinliche zum Ereignis werden
lassen. Eine Überwindung der vitalistischen Theorie, eine radikale
Vermeidung teleologischer Denkbeimischungen ist nur möglich, wenn
es gelingt, die biologischen Realisierungen auch als die wahrscheinlichsten Zustände ihrer Systeme zu erweisen. Wer das für unmöglich

erklärt, dem ist entgegenzuhalten, daß überall im Biologischen, wo die statistische Erfassung schon möglich war, sich die Wahrscheinlichkeitsregeln bewährt haben; man denke nur an die Variationen der Körpergröße einer Bevölkerung, der Geburtsgewichte usw., vor allem aber an die Vererbungsgesetze.

In dieser quantitativen Weise können wir die Wahrscheinlichkeitsbetrachtung im Entwicklungsgeschehen des Organismus noch nicht durchführen, aber wir können doch den wahrscheinlichsten Zustand angeben, dem das räumliche System des Organismus im ganzen und in allen Teilsystemen zustrebt: der Tod. Ich glaube nicht, daß es eine andere Möglichkeit gibt, den Vitalismus, d. h. die individualbezogene Zweckbetrachtung zu überwinden, als die Biologie, die den Tod als den Tiefpunkt des Lebensgefälles auffaßt.

Es schränkt die Bedeutung der wundervollen Entwicklungsexperimente nicht ein, wenn wir meinen, daß wir mit den Unterscheidungen der abhängigen und Selbstdifferenzierung zunächst nur in den zeitlichen Charakter des Entwicklungsvorgangs Einblick gewinnen. Aber daß wir überhaupt mit der Entwicklung in dieser Weise experimentieren können, durchaus zweckwidrige Bildungen erzeugend, ist schon ein großer theoretischer Gewinn. Weiter verspricht mit dem zunehmenden Beobachtungsmaterial eine Kenntnis der Mittel und Wege, wie wir in den Entwicklungsvorgang verändernd eingreifen können, auch tiefere Einsicht in die Wahrscheinlichkeitsbildung in dem System selbst. Freilich gilt da wieder, was schon betont wurde: unmittelbare Schlüsse aus der Art eines Eingriffes in die Art des Lebensvorgangs sind meist irreführend.

Sehr wenig wissen wir noch über die chemischen Vorgänge bei der Entwicklung, die Analysen auf Veränderungen im Gehalt an den verschiedenen Gruppen (Proteine, Lipoide, Fette, Glykogen, Aschenteile und Wasser) lassen noch keine einheitlichen Sätze ableiten. Mancherlei Interessantes ist angegeben worden, so von ROSS AIKEN GORTNER, daß bei der Entwicklung von Forelleneiern der basische Stickstoff auf Kosten des Monoaminosäuren-N zunehme, von J. HOWARD MÜLLER, daß im Hühnerei das Cholesterin während der Entwicklung verestert wird; der Fettgehalt wird sinkend, der Aschengehalt steigend gefunden. Diese wie die früher erwähnten, bekannten WEINLANDschen Untersuchungen sind zunächst für das allgemeine Stoffwechselproblem bedeutungsvoller als für das der Entwicklung.

Ebenfalls sehr wenig wissen wir noch über die Rolle des Assimilationssubstrats bei der Differenzierung, hier wären meines Erachtens Versuche notwendig und möglich, die Methoden könnten den serologischen nachgebildet werden. Ansätze sind vorhanden, so der interessante Versuch von GUYER: Antiserum auf Linsensubstanz (Hühnerblut) wurde trächtigen Kaninchen injiziert, die Nachkommen hatten zum Teil getrübte oder verflüssigte Linsen, und bei Inzucht der Tiere blieb die Schädigung durch 6 Generationen.

Daß die Fütterung allgemein Einfluß haben kann, zeigen die hypertrophierenden Lebern und Nieren von fleischreich gefütterten Gänsen, der Pigmentreichtum der Schmetterlinge aus gut gefütterten Raupen u. a.

Der meistuntersuchte Fall der humoralen Determinierung ist die Ausbildung der sekundären Geschlechtsmerkmale. Wir hatten schon Gründe angeführt, weshalb der „hormonale“, in unserem Sinne also produktiv richtungsändernde Charakter dieser Vorgänge uns noch durchaus problematisch erscheint. Auch MEISENHEIMER nimmt an, daß es sich nicht in allen Fällen um „spezifisch entwicklungsauslösende oder formerhaltende Reizmittel für die spezifischen Organe des zugehörigen Geschlechts“ handelt, sondern auch um allgemeine Stoffwechselwirkung. Die Daumenschwiele eines kastrierten Frosches ist gegenüber der des geschlechtsfähigen gering, sie vergrößert sich nach Implantation von Hoden, aber auch von Ovarialsubstanz.

Nach GOLDSCHMIDTs Intersexualitätsuntersuchungen an Schmetterlingen ist dort die Bestimmung der sekundären Geschlechtsmerkmale nicht humoral, sondern an den Differenzierungsprozeß der Zelle gebunden, in unserem Sinne also an die Biokymsejunktion. Das spricht meines Erachtens etwas mit dafür, daß auch die humorale der höheren Tiere nicht produktiv-hormonal ist, sondern über die Spezifizierung des Assimilationzustromes geht.

Es wäre der Versuch zu machen, durch Zufuhr von organspezifischem Assimilationsmaterial die Entwicklung der betreffenden Gewebe zu beeinflussen.

Die Vorgänge bei der Regeneration verloren gegangener Teile, die in der Entwicklungsmechanik zum Verständnis des normalen Formbildungsprozesses vielfach herangezogen werden, haben wir an früherer Stelle schon teilweise berührt.

Das, was die Forscher hierbei am meisten verwundert hat, ist die scheinbare Durchbrechung aller für die Embryonalentwicklung erkannter Regeln. Es ist, so hat man den Eindruck, auf dem Gebiete der Regeneration ungefähr alles möglich

Weder halten sich die regenerierenden Gewebe an die Keimblattdeterminierung, noch an das Schema von abhängiger und Selbstdifferenzierung, noch an die embryonale Gewebsbildungsfolge Manchmal besteht Abhängigkeit vom Nervensystem, manchmal nicht.

Wir betrachten im folgenden nicht die Fälle, wo die Regeneration durch die Art des Eingriffs willkürlich in abnorme Bahnen gelenkt wird. Diese Versuche, die zu allerlei Mißbildungen (zweiköpfige Regenwürmer, zweibüschlige Hydren u. ä.) geführt haben, sind an sich interessant genug, aber doch wiederum prinzipiell das gleiche wie die am Embryo transplantativ erzeugten Abnormitäten, der Beweis der Möglichkeit zweckwidriger Beeinflussung von morphogenetischen Prozessen. Uns interessiert die biorheutische Analyse der zu gültigem, funktionstüchtigem Ersatz führenden Regeneration.

Auch hier ist die Augenlinse ein nützliches Versuchsobjekt geworden. Zahlreiche Untersucher haben festgestellt, daß nach Entfernung der Linse bei jungen Tritonen ein Ersatz von der Iris, zum Teil auch von der Retina aus erfolgt, also aus der Herkunft nach ganz anderem Gewebe. Der Kiemenkorb einer Ascidie regeneriert Organe wie Herz, Fortpflanzungswerkzeuge u. a., aus seinen Teilstücken kann eine ganze Ascidie kleinen Formates werden (DRIESCH).

Ob man in diesen Fallen eine Metaplasie, eine Umwandlung einer Gewebsart in eine andere annimmt oder mit SCHAXEL indifferente Reservezellen als Regenerationskeime betrachtet, in jedem Falle bleibt die Wiederbildung eines komplizierten Körperteils mit mannigfachen Geweben für eine maschinelle Betrachtung unverständlich. Darum sind diese Erscheinungen ja auch die Hauptbeweisstücke der Teleologen.

Histologisch zeigt sich primär eine Einschmelzung der Gewebe an der Trennungsfläche, dann die Bildung und Zellvermehrung eines indifferenten Blastems unter der epithelialisierten Wunde (Extremität) und dann das differenzierende Auswachsen. Ist die Regeneration biorheutisch zu verstehen?

Eine Voraussetzung ist die ja allgemein als durch diese Vorgänge bewiesen gehaltene erbgleiche Verteilung des Idioplasma, das Persistieren von totipotenten Zellen in den Geweben, sei es in indifferenten Reservezellen, sei es in den Gewebselementen selbst.

Erinnern wir uns weiter, daß wir die morphologische Ausgestaltung als Auseinanderlegung der Teilgefälle ansahen, daß diese durch die Gesamtheit der Bedingungen determinierte Auseinanderlegung nicht etwa nur die Formausgestaltung begleitet und beherrscht, sondern ebenso die Erhaltung der Form trägt, mit dem dauernden assimilativen, Form und Leben tragenden Geschehen identisch ist. Die während der Entwicklung wirksamen Faktoren der gegenseitigen Lagebeziehung, der gegenseitigen Spezialisierung des Assimilationsstroms, kurz des korrelativen biorheutischen Gleichgewichts dauern während des normalen Lebensablaufes qualitativ unverändert an.

Wird ein Teil entfernt, so bleibt gewissermaßen die virtuelle biorheutische Gestalt gewahrt, oder anders ausgedrückt: die erhaltene biorheutische Konfiguration des räumlich geordneten Systems wirft einen „Schatten", der mit dem in Verlust gegangenen Teil räumlich zusammenfällt. Diesen biorheutischen Schatten füllt das wachsende Regenerat aus. Wächst während der Regenerationzeit das Gesamtsystem, so wächst der Schatten mit, schwindet es, so verkleinert er sich auch.

Ins Stoffliche übersetzt ist dieser Schatten die Summe der positiv und negativ von der Umgebung auf den Regeneratansatz ausgeübten biorheutischen Einwirkungen. Betrachten wir den Assimilationszustrom vom Blut aus. Dieser ist qualitativ und quantitativ gegenüber der Zeit vor dem Verlust genau um das von dem Verlustteil Verwertete reicher als vorher. Dazu kommt die Einschmelzung des Gewebes: an jedem Wachstumsende der verschiedenen Gewebe bildet sich als Assimilationsmaterial für die totipotenten Blastemzellen das spezifische Autolysat als Wachstumssubstrat. Dieses letztere Moment möchte ich bei der Extremitätenregeneration für das wichtigere bezüglich der Differenzierung halten, kann doch, wie MORGAN gezeigt hat, auch von einer Wunde ohne Teilverlust eine regenerative Neubildung ausgehen, während für die richtige Größeneinordnung das Moment des biorheutischen, dynamischen Gesamtgleichgewichts maßgebend sein dürfte.

Der Erfolg der Regeneration wird von dem Anteil der spezifischen Autolysate, von der „Konturenreinheit des Schattens", von der Erhaltung und Anzahl totipotenter Zellen abhängen. Ist die Differenzierung individuell (Alter) oder generell (Stammbaum) weiter fortgeschritten, so werden gemäß dem allgemein geminderten Gefälle die Regenerationsaussichten schlechter, einmal am Orte der Neubildung selbst, dann aber auch infolge verringerter Induktion, der „Schatten" wird um so unschärfer werden, je weniger aktuelle Biokymsejunktion, je ferner also von der eigentlichen Entwicklung das Lebensablaufsstadium ist.

Daß gerade der Linsenraum biorheutisch so scharf beschattet erscheint, ist bei einem Organ ohne eigene Blutversorgung besonders einleuchtend.

Wir werden bei der Frage der Vererbung erworbener Eigenschaften auf diese Überlegungen zuruckgreifen, allgemein scheint das Studium der Regenerationsvorgänge berufen, uns das biorheutische Gegenbild der räumlichen Gestalt des Organismus zu liefern, zugleich gibt es uns die gultigste Bestatigung der im Lebensablauf gewirkten Einheit von Formbildung und Formerhaltung.

Bei dem weiteren Fortgang der Regenerationen hat man schon haufig die raumlich richtende Wirkung von erhaltenen Geweben feststellen können und als „Tropismus" angesprochen So fand FORSSMAN, daß implantierte Nervenstucke den regenerierenden Nerven anzogen (positiver „Neurotropismus"). Die Nervenregeneration geht von der zentralen Schnittstelle aus zunächst gleichsam tastend nach verschiedenen Richtungen auseinander und kann durch das regenerierende periphere Stück oder ein künstlich eingeschaltetes geleitet werden.

Unsere Theorie sieht darin keine besondere chemische oder physikalische „Anziehung", sondern nichts weiter als die Tatsache, daß das Gewebsautolysat das beste Substrat für das Wachstum des betreffenden Gewebes ist. Wie Bakterien sich auf dem geeignetsten Substrat lokalisieren, weil sie sich dort am schnellsten vermehren, so wächst das Regenerat entsprechend seinem günstigsten Substrat aus. Analog sind die negativen Tropismen und, wie ich meine, auch ein gut Teil der sog. chemotaktischen Erscheinungen (Entzündung) zu deuten.

* * *

Wenn es ein Forschungsgebiet der Biologie gibt, wo morphologische und funktionale Analyse ihre fruchtbare Einheit bewährt haben, so ist es das der Vererbung. Hier ist heute das gelobte Land unserer Wissenschaft. Frei von aller Teleologie, fast frei von vorzeitigen physikalischchemischen Detailerklärungsversuchen ist in wenigen Jahrzehnten der wundervolle Bau dieser Lehre aufgeführt worden.

Wie hier der Genius eines Mannes aus Erfahrung und Idee die grundlegenden Gesetze rein erkannte — GREGOR MENDEL —, wie dann große Gelehrte Bestätigung, Durchdringung, Erweiterung und vor allem Neugründung auf morphologischer Basis vollbrachten (DE VRIES, CORRENS, JOHANNSEN, T. H. MORGAN, CASTLE, GOLDSCHMIDT, JENNINGS u. a.), das zu betrachten ist ästhetisch schon ein hoher Genuß.

Wir müssen es uns versagen, das reiche Forschungsmaterial hier auszubreiten, wir können es um so eher unterlassen, als in neuester Zeit zahlreiche ausgezeichnet klare und umfassende Darstellungen der berufensten Autoren erschienen sind, und die Kenntnis der wichtigsten Inhalte bis weit in die Kreise interessierter Laien gedrungen ist.

Die grundlegenden MENDELschen Versuche sind bekanntlich an Pflanzenhybriden (Bastarden) angestellt, die MENDELschen Gesetze sind Spaltungsregeln, sie geben an, wie und in welchen Zahlenverhältnissen sich die Nachkommen heterocygoter Eltern auf die verschiedenen, in der Heterocygotie der Erzeuger enthaltenen Formen verteilen. Wenn I. P. LOTSY die Bezeichnung „MENDELsche Vererbungsgesetze" für unsinnig erklärt, so ist das insofern berechtigt, als das Wort „vererben" als Transitivum vom Elter als Subjekt aus ja gerade durch den Mendelismus als tatsachenwidrig erwiesen ist. Der MENDELsche Erbgang geht nicht vom Elter aus, sondern durch ihn hindurch. Wenn LOTSY aber weiter erklärt, daß wir auch aus der Mendelforschung nichts über das Wesen der Vererbung, also des formbestimmenden Zusammenhangs der

Generationen erfahren hätten und erfahren könnten, so trifft das sicherlich nicht zu. Man braucht nur an die vor der Kenntnis des Mendelismus
blühende Vererbungsspekulation zu erinnern, um das widerlegt zu finden.

Andererseits heißt es aber den Mendelismus gründlich mißverstehen, wenn man sagt, dieser lehre uns zwar, wie die individuellen oder
Rassenmerkmale sich auf die Nachkommen verteilen, aber weshalb
z. B. ein Rind und nicht eine Wespe entstünde, das lehre er uns nicht.
Das ist ungefähr so, wie wenn jemand beim Anblick des Glockengusses
sagen würde, daß gerade diese Glocke entstünde, das begreife er jetzt,
aber warum überhaupt eine Glocke und nicht eine Statue daraus würde,
das sehe er noch nicht ein. Es ist wieder die Verführung durch die
systematischen Begriffe, die in den Gattungszugehörigkeiten positive
Eigenschaften der Individuen sehen läßt, und die Zwangsassoziation
von Stoff und Funktion nach dem Schema: dieser Stoff macht, daß die
Augen braun statt blau werden, ergo kann er es nicht machen, daß ein
Mensch und kein Spatz entsteht.

Die Haupttatsachen, welche die Mendelforschung zur Erkenntnis des
allgemeinen Charakters der Vererbung — einerlei ob Bastardierung
oder reine Linie — sichergestellt hat, sind:

1. Die Existenz von Erbeinheiten (Gene) stofflich gebundenen,
mit der Gamete zur Befruchtung beigebrachten Formbestimmungs-
faktoren, deren jeder seinen bestimmten, wenn auch oft in seiner Auswirkung nicht isolierbaren Anteil an der Formbildungsführung der sich
entwickelnden Zygote hat.

2. Das unabhängige „Mendeln" der einzelnen Gene, d. h. die Verteilung der in jeder Zygote für jede Formbildungseinheit doppelt (von
Vater und Mutter) vorhandenen Genexemplare auf die entstehenden
Gameten, so daß jede je ein Exemplar, also eine vollständige Erbgarnitur erhält, deren Zusammensetzung aus väterlichen und mütter-
lichen Genen den Zufallsgesetzen folgt, bei hinreichend großen Zahlen
also sämtliche möglichen Kombinationen in gleichen Zahlen verwirklicht.

3. Als Zusatz zu 2: Das Vorkommen von Gen-Kuppelungen, die
gemeinsam mendeln (z. B. geschlechtsgebundene Vererbung), wodurch
die Zahl der Kombinationsmöglichkeiten gegen 2. beträchtlich vermindert wird.

4. Als Zusatz zu 3: Das Überspringen von einzelnen Genen und
Gengruppen aus einem Kuppelungsverband in den korrespondierenden
und an die korrespondierende Stelle des anderen Elters bei der Reifung
der Tochtergamete, „crossing over".

5. Der Nachweis der Chromosomen als der Träger der Gene, der
Nachweis der linearen Anordnung der Gene in der Gamete, der Nach-

weis der Reduktionsteilung der reifenden Gamete als des Mechanismus des sub 2 genannten Auseinandertretens der Gene.

All diese Gesetzmäßigkeiten betreffen die Vorgänge bei der Anlagenversorgung der Zygote, sie sagen nichts aus über die bei ihrer Entwicklung tatsächlich verwirklichte Formausbildung (Phänotypus), also das, was vulgär gewöhnlich unter Vererbung verstanden wird. Für einen reinen Homozygoten wäre das Problem von der Mendelbasis aus in der Tat nicht zugänglich, aber auch kein eigentliches Vererbungsproblem mehr, sondern das der Entwicklung. Diesen reinen Homozygoten im strengen Sinne dürfte es aber, wie LOTSY mit Recht sagt, gar nicht geben.

Wenn wir praktisch von homozygot sprechen, so denken wir an Artcharakteristica, wir meinen jeweils bestimmte genotypische Speziesmerkmale, wir wollen damit gewiß nicht behaupten, daß sämtliche Gameten dieses Elters in allen korrespondierenden Genen völlig gleich seien.

Tatsächlich sind unsere Kenntnisse über die Entstehung des Phänotyps auf der Basis seines Genotyps noch am dürftigsten. Sie beschränken sich einerseits auf die Erkenntnis phänotypischer wahrscheinlichkeitsgemäßer Variation um eine genotypische Mittellage und auf das schon von MENDEL aufgestellte Begriffspaar „Dominant" (D) und „Rezessiv" (R).

Es hat sich gezeigt: 6. Wenn eine Pflanze oder ein Tier heterozygot in bezug auf einen Formbildungsfaktor ist, so entspricht der Phänotyp in vielen Fällen von Heterozygotie stets dem einen Allelomorphen, seine Bastardnatur offenbart sich also nur in der MENDELschen Aufspaltung an seinen Nachkommen.

Diese Dominanz eines Allelomorphen über den anderen ist der am meisten problematische Teil des Mendelismus, es gibt Dominanzwechsel, es gibt phänotypische Mischformen der beiden homozygoten Typen. Jedenfalls ist hier der Punkt, wo der Versuch einer Analyse vom Boden einer allgemein-biologischen Theorie aus ansetzen muß.

Wir haben den Ausdruck „Gen" schon im ersten Teil dieses Kapitels vielfach verwendet und damit die spezifischen Kernbestandteile gemeint, die als ablaufermöglichende Endstoffe den betreffenden spezifisch gerichteten Biorheusen des Plasmas zugeordnet sind. Es braucht kaum besonders betont zu werden, daß die Erbfaktoren und jene determinierenden Anlagen identisch sein müssen, die für die Entwicklung gegebene biorheutische Analyse muß also auch den Erbphänomenen gerecht werden, wenn sie Geltung haben soll. Alle Argumente, die wir für die allgemeine biorheutische Dignität der idioplasmatischen Chromatinsubstanz kennenlernten, gelten natürlich auch für die Erbfaktoren, deren Identität mit jenen ja als bewiesen angesehen werden darf. Wenn trotz der glänzenden Erfolge, die namentlich MORGAN und seine Schule auf der Basis der substantiellen, fest lokalisierten Natur der Gene errungen haben, viele Forscher sich nicht ohne Skrupel dieser Theorie anschlossen, so beruht das wohl darauf, daß für die übliche Assoziation von Stoff und Wirkung hier allerdings etwas höchst Wunderbares vorliegen müßte. GOLDSCHMIDT gibt dem Ausdruck: „Welcher chemischen und physikalischen Beschaffenheit müssen die Stoffe sein, die imstande sind, unberührt von jenen Vorgängen" — Stoffwechsel des Körpers des Keimzellenträgers — „und unverbraucht oder sich selbst ergänzend durch die Äonen weiterzubestehen?"

Freilich, solche Stoffe wären erstaunlicher Art und ihre Wirkung wäre es noch mehr. Ich meine, hier brauchten wir die Biorheusetheorie noch gar nicht zu haben, wir müßten sie aus der Natur dieser Vorgänge erschließen. Es kann nicht zahllose, ewig dauernde, selbstregenerierende Stoffe, ein jeder mit einer ganz spezifischen, zur rechten Zeit effektiv werdenden Wirkung geben. Es kann gar nicht anders sein, als daß Ewigkeit, Besonderheit und Wirkungsvorgang ganz zusammenfallen in der einen Wirklichkeit der Entstehung des Stoffes, in unserer Sprache: dem biorheutischen Ablauf.

Wäre uns schon ein Einblick in die chemische Natur der biorheutischen Vorgänge möglich, so wäre hier reichster Aufschluß zu erwarten, einstweilen können wir höchstens auf die von vielen Forschern vermutete Beziehung der Nucleoproteide zu den Enzymen hinweisen. Wohl aber können wir an den Ergebnissen der Erbforschung und der Cytologie die allgemeine biorheutische Analyse durchführen.

Die Möglichkeit der Erhaltung der Gene durch die Generationen hin haben wir oben in den Bedingungen der Fortexistenz totipotenter Zellen bereits mitanalysiert, sie ist im Grunde identisch mit der Kontinuität des Lebendigen überhaupt, sobald man die Notwendigkeit ihrer Zurückführung nicht auf eine unsterbliche Substanz, sondern auf den aus Elementarabläufen resultierenden Gesamtablauf erkannt hat.

Ebenso folgt aus der Zusammengehörigkeit der Gene mit ihren im Cytoplasma ablaufenden spezifischen Biorheusen die Unabhängigkeit der Gene voneinander, solange ein Überwuchern einzelner Abläufe ausgeschlossen bleibt, denn nur auf dem Umwege über die Abläufe im Cytoplasma können sie aufeinander wirken. MORGAN hat selbst bei dafür günstigster Versuchsleitung keine Vernichtung eines rezessiven Gens durch sein Allelomorph durch viele Generationen hin erzielen können.

Die Spaltungsregel mit all ihren Konsequenzen kann nicht Gegenstand unserer Analyse sein, da sie ja den Zufallsgesetzen folgt. Können wir den Mechanismus, der ihr dient, die unter 3., 4. und 5. zusammengestellten Vorgänge biorheutisch verstehen?

Im einzelnen nicht. Die Biorheusetheorie kann immer nur die Bedingungen zum Eintritt einer morphologischen Veränderung aufzeigen, der Mechanismus des Vorganges selbst bleibt ein spezielles physikalisch-chemisches Problem.

Wir können einsehen, daß es biorheutisch günstig ist, wenn die Gene sich linear anordnen, wir könnten uns Gedanken darüber machen, wieso es zu den unvollkommenen Teilungen bei der Eireifung kommt oder weshalb sich bei der Konjugation der Chromosomen die korrespondierenden aneinander lagern. Das alles hätte, auch wenn sich die Hilfs-hypothesen leidlich begründen ließen, keinen großen Wert, und für das zentrale biologische Problem sind diese Mechanismen in ihrer Apparatur von sekundärer Bedeutung, so interessant sie an sich sind.

Von großer Bedeutung für das allgemeine Problem scheinen mir aber die von MORGAN und seinen Mitarbeitern an der Drosophila studierten Vorgänge des crossing over zu sein, weil sie nicht die Zufalls-gesetze verwirklichen, sondern experimentell beeinflußbar sind. PLOUGH hat gezeigt, daß der Prozentsatz von crossing over bei der Nachkommen-schaft zunimmt, wenn das Eltertier bei höherer oder niederer Temperatur, bezogen auf Zimmertemperatur, gehalten wurde. Auch das Altern führt ein Sinken des Austauschwertes herbei (BRIDGES), und sowohl bei der Fruchtfliege wie beim Seidenspinner fehlt das crossing over bei dem Geschlecht, das geschlechtsbestimmend heterozygot ist.

Leider wissen wir nicht, was aus dem anderen Partner des Austausches wird. Beim Ei geht er in das Polkörperchen, bezüglich des Samens müßten wir alle Spermatozoen zur Befruchtung bringen können, um zu erfahren, ob der ausgeschiedene Genkomplex in der anderen Gamete in erbwirksamem Zustand bleibt. Die großen Zahlen helfen uns hier nicht, eine Korrespondenz der Austauschwerte sagt uns nur, daß der Austausch in jeder Richtung gleich möglich ist, nicht, ob er im Einzelfalle wirklich paritätisch erfolgt. Jene experimentellen Einwirkungen zeigen aber, daß ein Zeit- oder Geschwindigkeitsfaktor wirksam ist, und wenn es sich bestätigt, daß der Austausch nicht zur Zeit der Chromosomenkonjugation, sondern vorher, wenn die Chromosomen nicht geordnet, wahrscheinlich aufgeteilt sind, stattfindet, so ist der Versuch einer biorheutischen Erklärung möglich.

Während der Reifung des Eies findet natürlich auch Chromosomen-wachstum statt, d. h. Ablauf der Teilgefälle, jedem Teilgefälle korrespondieren aber zwei Gene, ein väterliches und ein mütterliches. Nehmen wir nun an, daß eines bevorzugt wird — was sowohl in dem Gen wie in seiner Lage begründet sein kann — so kann folgendes eintreten: die korrespondierenden ursprünglichen Chromosome seien ABC und abc, worin die Buchstaben Strecken von linear geordneten Genen bedeuten. Während der Zeit vor der Konjugation sind die Teilstücke frei und wachsen, dabei werde B, a und c bevorzugt. Zur Zeit des Neuzusammentretens sind B a c größer als A b C; treten die Stücke nun zu Chromosomen gleicher Größe zusammen, was sterisch plausibel ist, so resultiert das crossing over.

Die Wahrscheinlichkeit, daß solche unterschiedliche Behandlung der beiden konkurrierenden Gene eines Teilablaufes eintritt, wird erhöht werden, sowohl wenn die Ablaufintensität gesteigert als wenn seine Zeitdauer bis zum Chromosomenzusammentritt verlängert wird, ersteres trifft für die Erhöhung, letzteres für die Erniedrigung der Temperatur zu. Daß es sich bei dem crossing over um einen zeitlich ausgedehnten Vorgang handelt und nicht um einen momenthaften im Sinne einer Mechanik bei der Konjugation, das unterstreicht die Beobachtung von PLOUGH, daß der Austauschwert nach Verbringung der Tiere in die differente Temperatur langsam ansteigt und nach Zurückversetzung nur allmählich auf den normalen Wert absinkt. Das Fehlen des crossing over im heterozygoten Geschlecht dürfte weitere Aufklärung bringen können, vielleicht in der Richtung zeitlich oder plasmatisch anderer Reifungsbedingungen, desgleichen der Altersfaktor.

Besondere Fruchtbarkeit verspricht aber die Anwendung der Biorheusetheorie auf das — im populären Sinne — eigentliche Vererbungsproblem, die Entstehung des Phänotypus aus dem Genotyp, wenn dieser, wie es ja immer sein wird, kein rein homozygoter ist. Die Frage nach der Bevorzugung des einen Allelomorphen bei der Individualgestaltung läßt sich auf Grund der Forschung biorheutisch schon jetzt allgemein beantworten.

Der große Vorzug der von MENDEL ausgehenden Forschung ist ihre begriffliche Sauberkeit, wir haben keinerlei Anlaß, diesen zugunsten irgendwelcher neben und außer den Genen funktionierender Erbfaktoren wieder aufzugeben. So wäre es noch keine Rechtfertigung dafür, „plasmogene" Vererbung anzunehmen, wenn es sich nachweisen ließe, daß der Erbgang über das Plasma der Zygote zu beeinflussen ist, denn es ist dies der einzige Weg, um vielleicht den Genotyp — an den Genen — zu modifizieren. Davon im nächsten Kapitel mehr.

Während die Spaltungsgesetze sich immer wieder mit einer in der Biologie einzigartigen Stringenz bestätigt haben, haftet dem auch schon von MENDEL aufgestellten Begriffspaar „Dominant — Rezessiv" eine gewisse Problematik an.

Während in vielen Fällen (z. B. MENDELS Erbsen) der Phänotyp des Bastards von dem des reingezüchteten einen Elters nicht zu unterscheiden ist (weshalb eben dieses Allelomorph dominant heißt), hat in anderen Fällen der Bastard einen besonderen, von beiden Eltern verschiedenen Erscheinungstyp.

Das DR-Verhalten ist also keine im Wesen der Kreuzung gegründete Gesetzmäßigkeit, sondern eine von mehreren Möglichkeiten. Aber nicht nur von Fall zu Fall sind die Verhältnisse verschieden, sie können auch im Einzelfalle sich ändern. Es gibt Dominanzwechsel, aus zumeist unbekannten Gründen können aktive Erbfaktoren plötzlich latent werden und umgekehrt latente wieder aktiv. PLATE und ähnlich TOENIESSEN sehen in dem DR eine, vielleicht im Plasma bestehende, Grundspezifizität, auf die das D als besondere aufgesetzt sei.

Nach MORGAN kann es von den Lebensbedingungen des entstandenen Exemplares abhängen, ob ein Merkmal sich als D oder R erweist, so ist die anormale Abdomenbebänderung der Drosophila melanogaster durch Nahrung und Feuchtigkeit zu befördern.

Es kann auch zu einem Gen nicht nur ein, sondern mehrere Allelomorphe geben (natürlich nicht in derselben Zygote), z. B. zu der Wildform der Maus grau mit grauem Bauch die Allelomorphen: gelb oder zobelfarben oder schwarz oder grau mit weißem Bauch (CUÉNOT).

Wenn das eine Allelomorph das Fehlen einer Eigenschaft bezeichnet, so ist es stets rezessiv.

Es ist klar, daß der reine Mendeltyp um so deutlicher in die Erscheinung tritt, je strenger D und R geschieden sind, aber besonders die Erblichkeitsforschung am Menschen und höheren Tieren hat immer mehr Übergänge zwischen D und R kennen gelehrt, so beim Albinismus des Menschen, bei den Färbungen von Hühnern u. a. (HAECKER). Wir können wohl, ohne einen verfrühten Schluß zu tun, sagen, daß die Richtung, in der die neueste Forschung geht, die einer Auffassung des DR-Verhältnisses als eines quantitativen ist.

Es ist besonders GOLDSCHMIDT, der bei der Analyse der Geschlechtscharakterbildung ein quantitatives Konkurrieren von Genen einleuchtend gemacht hat. Wir können auch die neuere Forschung über den Mechanismus der Geschlechtsbestimmung als bekannt voraussetzen, diese folgt ja dem Typus der MENDELschen Rückkreuzung des Bastards mit dem einen Elter. Das eine Geschlecht ist also in bezug auf die Geschlechter heterozygot, es liefert männchen- (m) und weibchen- (f) bestimmende Gameten.

Die Tatsache, daß es Intersexualitätsformen gibt, eigentliche Hermaphroditen (bisexuelle Keimdrüsen) und uneigentliche (mit inversen sekundären Geschlechtsmerkmalen) beweist, daß hier kein strenges, ausschließendes DR-Verhalten vorliegt.

Bei den Gynandromorphen der Drosophila hat MORGAN den Vorgang völlig aufgeklärt: es kommt in einem frühen Furchungsstadium zu dem

Verlust eines X-Chromosoms eines der Teilungspartner, dieser bildet seinen Teil des Ganzen männlich aus.

GOLDSCHMIDT konnte bei Schmetterlingen durch verschiedene Kreuzung jeden Grad von Intersexualität erzeugen; der von ihm wahrscheinlich gemachte Mechanismus ist der, daß die homozygote Gamete an sich zu einem bestimmten Geschlecht, sagen wir dem weiblichen, führt, daß die Entstehung des anderen Genus (m) durch die heterozygote Gamete so bewirkt wird, daß an einem bestimmten Punkt der Entwicklung plötzlich die weitere Richtung geändert wird. Die normale Befruchtung bringt Gameten zusammen, die so aufeinander abgestimmt sind, daß zur rechten Zeit die Richtungsänderung erfolgt. Ist aber bei Kreuzung von Exemplaren, die einen verschiedenen Entwicklungsrhythmus haben, der normale Änderungspunkt schon passiert, wenn die m-Bestimmung wirksam wird, so resultieren je nach dem Abstand davon verschiedene Grade von Intersexualität. GOLDSCHMIDT geht in der Analyse noch weiter, er nimmt die bekannte Erfahrung hinzu, daß alte Tiere häufig den sekundären Geschlechtstyp des anderen Geschlechts bekommen (Hahnenfedrigkeit alter Hennen), und die Beobachtungen der transplantativen Umstimmung sekundärer Merkmale, um zu schließen, daß in jedem Exemplar beide bestimmenden Faktoren wirksam sind und in ihrer Potenz während des Lebens ansteigen. Derjenige Faktor, dessen Potenzkurve steiler ansteigt, wird die tatsächliche Gestaltung überwiegend bestimmen, aber der andere bleibt auch nicht wirkungslos und kann sich später, wenn der erste gewissermaßen erschöpft ist, noch manifestieren.

Dazu ist allerdings zu bemerken, daß weder jene Alters- oder Kastrationserscheinungen noch die transplantativen eindeutig sind. GOLDSCHMIDT selbst führt die abweichenden Fälle an. So bewirkt Kastration weiblicher Vögel das Auftreten männlicher Charaktere, aber mannliche Kastraten feminieren erst nach Transplantation von Ovarien. Das gleiche gilt von den Säugetieren, wohingegen männliche Amphibienkastraten auf die Transplantation der Ovarien ebenso wie der Hoden mit Entwicklung der männlichen Brunstorgane reagieren. Nach MORGAN bekommt der an sich hennenfedrige Sebright-Bentamhahn nach Kastration ein Hahnengefieder.

Wie dem auch sei und wenn auch vieles hier für unspezifische Wirkung spricht, die Tatsache sowohl eines quantitativen wie auch eines zeitgebundenen Faktors bei der Geschlechtsentwicklung scheint doch erwiesen zu sein. Die GOLDSCHMIDTsche Deutung im Sinne zweier spezifischer Enzyme, deren Mengenverhältnis den Erfolg bestimme, können wir allerdings nicht annehmen, selbst wenn wir uns auf den Boden der herrschenden Enzymtheorie stellen würden. GOLDSCHMIDT spricht von dem Massenwirkungsgesetz der Reaktionsgeschwindigkeiten, es ist mir nicht ganz klar geworden, ob nicht vielmehr die Abhängigkeit der Reaktionsgeschwindigkeit von der Enzymkonzentration (Katalysator) gemeint ist. Es käme aber — wie man sich den Mechanismus auch denke, ob über Hormone oder anders — auf die Konkurrenz zweier Katalysatoren um ein Substrat heraus.

Über die Konkurrenz mehrerer Substrate um ein Enzym wissen wir aus EMIL FISCHERS und neuen WILLSTÄTTERSchen Untersuchungen einiges, über jenen Fall nicht, es ist a priori durchaus nicht gesagt, daß zwei konkurrierende Katalysatoren nach ihren relativen Konzentrationen zum Erfolg gelangen.

Wir brauchen aber diese Diskussion nicht auszudehnen, zumal wir — ganz abgesehen von unserem Standpunkt zur Katalysatortheorie der Enzyme — die Gründe gegen die Katalysevorstellung der Genwirkung schon angeführt haben.

Daß der quantitative Faktor sowohl nach der stofflichen wie der zeitlichen Seite durch GOLDSCHMIDTs grundlegende Forschungen erwiesen ist, bleibt von der physiko-chemischen Theorie unabhängig. Unterstrichen wird diese relative, nicht absolute Bestimmungsart der Geschlechtsfaktoren noch durch die zahlreichen Beobachtungen, die noch andere Momente als für den Erfolg bedeutungsvoll aufzeigen.

Bei Bonellia, wo das Männchen in der Gebärmutter des Weibchens lebt, wird die Larve, die sich am Rüssel des Weibchens parasitär hat ansiedeln können, männlich, die freilebende weiblich. Durch anfänglich parasitäres, dann freilebendes Dasein entstehen Intersexuelle verschiedenen Grades, je nach der Dauer des Parasitismus.

R. HERTWIG, WITSCHI haben gezeigt, daß bei Fröschen das entstehende Geschlecht von der Temperatur und von dem Alters- (Reife-) Grad der Eier wesentlich abhängig ist. Je nach der Rasse lieferten die Eier bei höherer Temperatur, anstatt des normalen 1 : 1 Verhältnisses, nur Männchen oder nur Weibchen. Auch hier ließ sich zeigen, daß eine Umwandlung der Richtung während der Entwicklung eintritt. Bei Temporarien wirkt Überreife der Eier wie Temperaturerhöhung männchenbestimmend. WITSCHI führt die Erscheinungen zum Teil auf das Milieu zurück, die Stelle in der Keimdrüse, wo sich die Keimzellen befinden; es ist mir nicht klar geworden, ob diese Lokalisierung nicht auch auf einen zeitlichen Faktor hinauslaufen kann. Die Notwendigkeit, für diese Verhältnisse einen prinzipiell anderen Geschlechtsbestimmungsmodus anzunehmen, wie WITSCHI es tut, scheint mir noch nicht gegeben; man benimmt sich dadurch den wertvollsten Gewinn der Sexualitätsforschung: die Erkenntnis des Wesens des DR-Verhältnisses und damit der Natur der Gene. Das Gen ist ein Entwicklungsfaktor, wie DÜRKEN mit Recht sehr betont, und seine Auswirkung daher ein anderes Problem als das der Verteilung. Die Entwicklung beginnt aber nicht erst mit dem

Moment der Befruchtung, sie ist vielleicht überhaupt nicht zeitlich zu fixieren, jedenfalls muß man aber die Reifung dazurechnen.

Auch beim Menschen ist bekanntlich das reine Zahlenverhältnis der MENDELschen Rückkreuzung nicht verwirklicht, es werden mehr Knaben als Mädchen geboren, und auch mit dem Lebensalter der Mutter soll das Geschlechtsverhältnis der Kinder variieren. Es wird angegeben, daß sehr junge und relativ alte Mütter stärkere · Knaben-gebärer sind. Andererseits ist die Erfahrung des erhöhten Knaben-anteils nach längeren Kriegen kaum anders zu deuten als im Sinne eines Alterns, der Überreife des männlichen Samens. Eine Theorie dieses Faktors bei der Geschlechterverteilung muß auch die größere Knabensterblichkeit, das noch stärkere Überwiegen des Knabenanteils bei Totgeburten und abortierten Früchten, die längere Entwicklungs-zeit der Knaben und vielleicht auch die Erfahrung der stärkeren Erb-beeinflussung des Sohnes von der Mutter, die die Volksmeinung kon-statiert, berücksichtigen.

Hier ist der Ort, die schönen Untersuchungen von KOEHLER über die Bastardierung von Strongylocentrotus und Sphaerechinus heranzu-ziehen, die eine Variation der Erbauswirkung mit dem Reifegrad der Gameten beiden Geschlechts ergaben. Die Hauptergebnisse sind: Temperaturerhöhung verschob in der Hälfte der Fälle die Erbaus-prägungswerte, aber nicht in der Richtung auf den einen Partner, sondern so, daß das Überwiegen jeweils der einen Seite dadurch hochgradiger wurde. Die allgemeine Intensitätssteigerung der Prozesse verstärkt also an sich vorhandene Unterschiede, erzeugt sie aber nicht neu. Die Ver-erbungskraft jedes Gameten steigt während des Alterns in der Gonade bis zu einem Maximum an und fällt dann wieder ab. Die gleiche Kurve mit dem Alter kennzeichnet die Aussicht auf gesunde Nachkommen-schaft. Die Befruchtungsfahigkeit kann also länger erhalten bleiben als die paritätische Erbwirksamkeit.

Auch bei Pflanzen ist der Einfluß des Alters der Gameten auf das Zahlenverhältnis der Bastarde nachgewiesen worden. ZEDERBAUER findet bei Erbsen die Abnahme der Valenz eines Merkmals mit dem Alter des Individuums, CORRENS glaubt, nach Versuchen an Hyoscyamus, daß die eine Sorte der mendelnden Gene resistenter sei und das Altern besser vertrage.

Es bedarf keiner langen Auseinandersetzung, um das Problem der Dominanz biorheutisch zu charakterisieren, es stellt sich dar — ahnlich dem crossing over — als die Konkurrenz der beiden allelomorphen Gene in der heterozygoten Embryonalzelle um den zugehörigen Teilablauf. Unter sonst gleichen Bedingungen wird von den beiden dasjenige uber-legen sein, das den Ablauf überwiegend auf sich lenken kann, sei es aus Gründen der spezifischen chemisch-physikalischen Artung, sei es in-

folge rein quantitativer Überlegenheit. Es sind dann alle die Möglichkeiten gegeben, die wir oben für das Auseinandertreten der Teilgefälle
aufführten, die des allmählichen Schwundes eines Gens die freilich die
problematischste ist, die der positiven und negativen Auslese unter den
zur Strukturbildung und Ablaufspezialisierung gelangenden Teilab-
läufen. Wir brauchen das nicht alles zu wiederholen und ebensowenig
zu begründen, daß diese Vorgänge von den Systembedingungen beeinflußt werden können.

Auch die in der Zeit geschehende Auswirkung dieser Wettbewerbe,
die lange kumulierende, plötzlich richtungsändernde Gestalt der Vorgänge ist allgemein einzusehen, hier versprechen die Versuche ein ver-
tieftes Erkennen der jeweiligen Wege der Entwicklung.

Ebenso ist es verständlich, daß jedes Gen an räumlich und zeitlich
verschiedenen Punkten die Morphogenese mitbestimmt. Nicht die den
ganzen Organismus durchdringende Verschiedenheit der beiden Geschlechter ist merkwürdig, sondern das Gegenteil wäre wunderbar.
Ebenso erklärlich ist es aber auch, daß der Grad der Geschlechtsaus-
prägung individuell sehr verschieden ist. Immer ist daran zu denken,
daß die Entwicklung, der Lebensablauf überhaupt ein einheitlicher Vorgang, die Integralfunktion seiner Teilabläufe ist. Die Wirkung etwa des
Fehlens eines Gens oder auch die eines kleineren Allelomorphen wird — um
es etwas vulgär auszudrücken — nicht nur aus dem resultieren, was es
leistet, sondern auch daraus, was es verhindert oder nicht verhindert.

Gerade die Geschlechtsheterozygotie besteht ja in vielen Fällen
im Fehlen eines Gens, cytologisch eines X-Chromosoms, hier wird die
Analyse bei dem chromosomenärmeren Geschlecht eine ungünstigere
Konstellation für den betreffenden Teilablauf, die frühzeitigere Anreicherung hemmender Endstufen annehmen. Man wird sich aber zu
hüten haben, die theoretischen Schlußfolgerungen von einem solchen
isolierten Ansatz aus zu weit führen. Immerhin sprechen die HERTWIG-
WITSCHISCHEN Versuche ebenso wie die KOEHLERschen dafür, daß der
biorheutische Status bei der Befruchtung durch die Vorgeschichte in
dem Sinne beeinflußt wird, daß die Gene in ihrer Wirksamkeit nach der
Befruchtung verändert sind. Bei der Überreife, die m-bestimmend
wirkt, ist scheinbar das X-Chromosom des Eies relativ unwirksam geworden, so daß alle Zygoten dem XO-Typ näher stehen als dem XX.
Daß man die Erscheinungen auch von einem Selbstablauf der Gene
aus verstehen kann (also abgesehen von dem Plasma-Chromatinablauf)
sei nochmals erwähnt.

Am Schlusse dieses Abschnittes sei es wieder betont: das Problem
der einzelnen, dieser jeweils verwirklichten Form kann einer allgemein-
biologischen Theorie nicht gestellt, von ihr nicht gelöst werden.

Das Problem der wirklichen lebendigen Formen ist das Problem der Lebensmöglichkeiten, welche die Erde bietet.

Denn — um das Resultat des folgenden Kapitels in etwa vorwegzunehmen — für eine unteleologische, für die Todesbiologie kann die Entwicklung der Arten nichts anderes sein als die erschöpfende Realisierung aller Lebensmöglichkeiten von einer gegebenen Zahl von Ausgangsformen aus.

Nur die abnehmende Wahrscheinlichkeit neuer Formen kann — wie die Entwicklung des Individuums — so die Gestaltenfolge des Lebens der Erde zu einem Geschehen von natürlicher Notwendigkeit machen.

Individuum und Art.

Die große Theorie, die seit ihrer Geburt aus dem Genie CHARLES DARWINS das Denken der Biologen — und Nichtbiologen — beschäftigt hat wie nicht oft ein Menschengedanke, die Selektionstheorie ist negativistisch. Sie sagt nicht, was entsteht, sondern was zugrunde geht.

Das hat man ihr zum Vorwurf gemacht, man hat gesagt, das eigentliche Problem treffe sie gar nicht, und OSKAR HERTWIG nannte sein letztes, gegen den Darwinismus gerichtetes Buch im Untertitel eine „Kritik der Darwinschen Zufallstheorie".

Es ist sonderbar, daß im Zeitalter der Mendelforschung und der statistischen Physik die Mitwirkung des Zufalls, id est die Möglichkeit von Wahrscheinlichkeitsansätzen in einer naturwissenschaftlichen Theorie als Argument gegen sie angeführt wird.

Heute haben sich die Wogen des Kampfes gelegt, aber durchaus nicht mit dem Ergebnis, daß der ganze Darwinismus in die historische Raritätenkammer überfuhrt worden wäre, sondern mit der Sicherstellung des Selektionsprinzips als eines wirkenden Naturfaktors, dessen Bedeutung nicht abhängt von der speziellen Descendenztheorie, die man aufstellen mag, noch auch von dem Problem des Artbegriffs und der höheren systematischen Klassifizierungen.

Denn man muß sich klarmachen, daß die Selektion keineswegs eine gerichtete Formenfolge bedingen muß, sei es in der Richtung größerer „Vollkommenheit", größerer Mannigfaltigkeit oder Vereinfachung oder was sonst. Die natürliche Zuchtwahl in ihrer klassischen Verbindung mit dem „struggle for life" kann nur unter den vorhandenen Formen auswahlen, sie ist ein Sieb, das nur einen Teil des Empfangenen durchläßt, aber die Struktur der Siebflache ist nach Zeit und Ort verschieden.

Die Deszendenztheorie selbst ist eine Selbstverständlichkeit oder ein Glaubenssatz. Eine Selbstverständlichkeit wenn sie nichts weiter aussagt, als daß die heutigen Lebewesen Abkömmlinge von früheren sind. Ein Glaubenssatz, wenn sie bedeutet, daß die Deszendenz ein Fortschritt sei, oder auch nur, daß die Stammlinien von einer einzigen Urform auslaufen. Die beiden extremen Ausprägungen dieser Dogmatik sind einerseits die Theorie der Orthogenese, andererseits die natürliche Schöpfungsgeschichte ERNST HÄCKELS.

Die Forderung an die Geschichte des Lebens auf Erden, daß sie sich als ein bestimmt gerichteter Prozeß zu erweisen habe, ist offenbar einem primären Bedürfnis des menschlichen Geistes entspringend, sie eint Teleologen und Mechanisten, Religiöse und Atheisten. Sie ist gewissermaßen die Projektion der Forderung des Menschen an sein eigenes Leben auf die Geschichte des Lebens überhaupt. Ich bin nicht der Meinung LOTSYS, daß ein Denkmotiv damit, daß es als „anthropomorph" zu erweisen ist, wissenschaftlich erledigt sei. Vor allem nicht in der Biologie. Ich glaube vielmehr, daß seelische Notwendigkeiten des Menschen ebenso Ausdruck von Lebensgesetzen sind wie physische, und zwar nicht im Sinne des „Als ob", sondern in dem des wahrhaften Gleichnisses.

Natürlich besagt das nicht, daß die jeweils dazu gefundene Formel, hier also etwa eine teleologische Orthogenese, objektiv richtig sein muß. Es kann sehr wohl sein, daß der Formenwandel des Lebendigen in der Erdgeschichte nicht geeignet ist, die andere Seite jenes Gleichnisses zu bilden, es kann sein.

Läßt sich die Frage, ob die Formenfolge, die sukzessive Gestaltbildung des Lebens auf der Erde ein gerichteter Vorgang ist, aus der Erfahrung beantworten?

Wir sehen Formen auftreten und wieder verschwinden, wir sehen andere fast oder ganz unverändert die Epochen der Erdgeschichte bis auf diesen Tag überdauern, wir sehen neue Formen auftreten, zum Teil den verschwindenden ähnlich, zum Teil sehr unähnlich. Die Erdgeschichte gibt uns nicht die Möglichkeit, den Formenwandel im einen, die Formerhaltung im anderen Falle rein aus den Lebensbedingungen heraus zu verstehen. Und wenn die geologische Geschichte den Erklärungsgrund der Biohistorie abgeben soll, dann darf sie in keinem Falle versagen, sonst ist sie nur, was sie sicherlich ist, ein mitbestimmender Faktor. Die Selektion — wir sagten es schon — macht die Formenfolge nicht zu einem „Entwicklungsprozeß".

Aber eines sehen wir doch, und von dorther holen sich alle die Rufer im endlosen Streite — Darwinisten und Antidarwinisten, Lamarckisten und Antilamarckisten — ihre Waffen: wir sehen, daß alle Lebewesen ihren Lebensbedingungen wundervoll angepaßt sind. Kann die Selektion etwa die allmähliche Ausbildung des Sehorgans über lange, funktionslose Strecken hin bis zum geöffneten Auge erklären? Oder kann das die „Ausbildung auf den funktionalen Reiz"?

Oder wie ist es mit der Gebundenheit des Schmarotzers an den Wirt?
Dem Generationsweg etwa des Malariaparasiten? Den Pflanzengallen?

Kommt man da ohne die Zweckmäßigkeit aus, die selbstdienliche,
die artdienliche, ja die fremddienliche?

Auch die fremddienliche, womit sich der Zweckbegriff völlig überschlägt. Man studiere die Gallbildung, lese P. WASMANNs Berichte
über die Gastpflege der Ameisen. Es gibt Ameisenstämme, die sich
zugrunde richten für einen Gastkäfer, der sich aus dem Staube macht,
wenn er gerade soweit aufgepäppelt ist, daß die Wirte ihren Gewinn,
zumindest ihren Genuß von ihm haben könnten.

Was gibt es da noch außer der Zweckmäßigkeit?

Nur ihr vollkommenes Gegenteil, den Zufall, den baren, blinden
Zufall, der durch den Augustinerpater GREGOR MENDEL gegründetes
Heimatsrecht in der Biologie hat. Oder vielleicht wieder jene Art von
Zufall, wie sie in der „zufälligen" Form des Flußlaufes dargestellt wird?
Das Wasser muß fließen, weil ein Gefälle da ist, es fließt wirklich, wie es
fließen kann. Der Flußlauf ist dem Gelände nicht minder „wundervoll
angepaßt" als die Lebensformen den Lebensbedingungen.

CURD LASSWITZ hat eine sehr amüsante und besinnliche kleine
Phantasie geschrieben: die Weltbibliothek. Man denke sich lauter
Oktavbände zu 500 Seiten und als Gesamtinhalt der Bücherei sämtliche
möglichen Variationen, Permutationen und Kombinationen der 24
Buchstaben und ihrer Zusammensetzungen zu Worten, Sätzen, Abschnitten usw. — Diese Bibliothek enthielte sämtliche geschriebenen
und noch zu schreibenden Bücher in sämtlichen toten, lebenden und
möglichen Sprachen, zu jeder Sprache die sämtlichen Übersetzungen,
die Grammatiken, Wörterbücher usw., zu jedem Werk zahllose Pendants
mit sämtlichen möglichen Druckfehlern usf. usf.

Wir wollen den Phantasieraum einengen: ein kurzes Gedicht
— sagen wir GOETHEs Zueignung — bekommt jemand, um mit den vorhandenen Buchstaben jene Sysiphusarbeit zu leisten. Er wird lange
genug daran zu tun haben. Von Zeit zu Zeit holen wir Sprachkundige
von zehn Sprachen herbei und lassen sie nur die Buchstabenkombinationen heraussuchen, die in ihrer Sprache einen verständlichen Sinn
geben. Es wird nur ein sehr kleiner Prozentsatz sein, aber wenn der Mann
lange genug arbeitet, wird doch einiges herauskommen. Das was herauskommt, wird zum großen Teil Unsinn sein, aber einiges Gute, ja einiges
Erstklassige wird darunter sein — wenn es lange genug dauert Und da
wir nur das Erstklassige aufheben, wird die tatsächliche Ausbeute
qualitativ hochwertig sein.

Der Mann arbeitet immer noch, das bisher Beste wird uberboten,
bald in der einen, bald in der anderen Sprache, wir verwerfen es und

behalten das Neue. Die Wahrscheinlichkeit, daß wir in allen Sprachen das unter den gegebenen Bedingungen mögliche Beste erreicht haben, steigt mit der Dauer der Arbeit. Wir halten an, in allen Sprachen liegt Vortreffliches vor, nicht in allen gleich gutes, denn die gegebene Buchstabenmasse kann nicht gleich günstig für alle sein, wir werden eine Rangordnung aufstellen können. Wir wollen dem armen Mann die Arbeit noch erschweren, wir geben ihm von Zeit zu Zeit einige Buchstaben zu, die Wahlmasse wächst, die Wahrscheinlichkeit höherer Qualität steigt.

Analysieren wir unser Bild noch etwas weiter!

Natürlich steigt die Aussicht auf einen guten Treffer mit der Dauer der Arbeit unseres Kombinators, aber die Möglichkeit, daß in einer oder der anderen Sprache ein Hauptgewinn schon frühzeitiger fällt, besteht durchaus. Es wird also keineswegs in allen Sprachen die Qualität mit der Dauer der Arbeit ansteigen, wenn das auch bei genügend langer Zeit das Wahrscheinlichere ist, es wird aber öfter lange Strecken geben, wo die Ausbeute in einer Sprache gegen das derzeitige Optimum minderwertig ist. Erlauben wir nun den Auswählern, innerhalb ihres Wahlbereichs aus verschiedenen Exemplaren Zusammensetzungen vorzunehmen, so steigern wir den Qualitätsanstieg. Natürlich werden wir die Synthesen nur im Falle des Zusammenstimmens vornehmen können, nur im Falle des Qualitätsgewinnes wirklich vornehmen. Mit der Dauer der Arbeit steigt zuerst, sinkt später naturgemäß die Wahrscheinlichkeit, daß wir durch Synthesen die Qualität noch steigern können.

Nachdem Sohn und Enkel des ersten Arbeiters ihr Leben an unsere Aufgabe gesetzt haben, hat sich die Wahrscheinlichkeit, daß in einer der Sprachen noch spontan oder durch Zusammensetzung eine Verbesserung sich erzielen läßt, sehr verringert. Ordnen wir jetzt in jeder Sprache alle jeweils die besten gewesenen Produkte in der Qualitätsreihe, so werden diese Reihen verwandte Züge zeigen, weil wir ja die Qualität beurteilen. Ordnen wir sie zeitlich, so wird im allgemeinen, da wir ja Zusammensetzung gestattet haben, dieselbe Reihe wiederkehren, aber es wird doch auch Ausnahmen geben, manche Reihen werden kürzer ausfallen als andere.

Übersetzen wir jetzt unser Gleichnis in die Geschichte des Lebens, so würde folgen: von dem Augenblick an, wo Leben auf der Erde möglich war, bestand eine gewisse Wahrscheinlichkeit für die Entstehung fortpflanzungsfähiger Lebensformen. Die Wahrscheinlichkeit für die Entstehung der einfachsten Formen war größer als für die komplizierterer, aber die Wahrscheinlichkeit für die letzteren bestand auch. Die Erfahrung liefert uns keine Beweise, daß die Wahrscheinlichkeit für eine Entwicklung differenzierter Lebensformen aus einfachsten wesentlich größer sei als die der Spontanentstehung. Wohl aber können wir sagen, daß die allgemeinen Bedingungen durch die Vorexistenz einfacherer Wesen verändert und dadurch die Wahrscheinlichkeit der komplizierteren vergrößert werden. Mit der Existenz der ersten Lebensformen wuchs die Wahrscheinlichkeit (die vorher für den Zeitmoment gleich Null war) für sekundäre, nach den Pflanzen die Tiere, nach den Pflanzenfressern die Fleischfresser, aber sehr möglicherweise auch: nach den Tieren gewisse Bakterien.

Wir haben keinen Grund zu der Annahme, daß die Möglichkeit spontan entstehender Formen, wenn sie je bestanden hat, heute geschlossen sei; die Wahrscheinlichkeit ist aber durch den etablierten Kampf ums Dasein für ihre Fortexistenz nach der Entstehung weiter verringert worden.

Diese Betrachtung geht zunächst weniger auf die Entstehung der Arten aus als auf das Problem der Urzeugung. Nimmt man diese an, so darf man sie weder auf eine einfachste Form noch auf eine Zeitstrecke der Erdgeschichte beschränken, die Frage der Form wie der Zeit wird ein reines Problem abgestufter Wahrscheinlichkeiten.

Jeder Möglichkeit eines Lebensablaufes — resultierend aus den inneren Gesetzen des Lebens und den äußeren Bedingungen — entspricht ein gewisser Grad von Wahrscheinlichkeit der Verwirklichung. In dem Augenblick aber, wo Formen da sind, die durch Kreuzung und Mutation die Möglichkeit haben, die Verwirklichung jener speziellen Möglichkeit (sagen wir: fliegender Lebewesen) zu leisten, ist die Wahrscheinlichkeit für diese Art der Verwirklichung unendlich viel größer als die der Spontanentstehung.

Die Wahrscheinlichkeitsbetrachtung zeichnet also eine Geschichte der Wahrscheinlichkeit des Formenreichtums, welche Wahrscheinlichkeit sehr klein beginnt, lange Zeit noch für die Spontanentstehung nicht wesentlich geringer ist als für die Formenwandlung, dann rapide ansteigt und später wieder sinkt, erst diese letztere Strecke ware das eigentliche Gebiet der äußeren Selektion.

Was ist mit dieser Betrachtung gewonnen?

An tatsächlicher Erkenntnis gar nichts. Die Existenzmöglichkeit von Lebewesen hat mit der Wahrscheinlichkeit ihrer Spontanentstehung zunächst gar nichts zu tun. Diese Wahrscheinlichkeit, wenn auch noch so gering, überhaupt anzunehmen, dazu kann weder die Betrachtung des wirklichen Lebensgeschehens noch die irgendwelcher außerbiologischer Bedingungen uns die Berechtigung geben. Sowohl vom physikalisch-chemischen Standpunkte wie von der Erkenntnis des Ablaufcharakters des Lebens aus muß uns der spontane Beginn dieses Ablaufs im ganzen als das denkbar Unwahrscheinlichste, ja als unmöglich erscheinen. Wir konnten uns allenfalls vorstellen, daß die Atomkonfiguration der lebenden Substanz spontan eintreten konnte (wir konnen es uns tatsächlich nicht vorstellen), aber die Fortexistenz von Leben setzt das Vorhandensein einer Bioapparatur voraus, die andererseits nur im Lebensgange selbst gebildet werden kann. Ein Prius und Posterius ist da schlechterdings unvollziehbar.

Eine Entwicklungstheorie mit der Urzeugung am Anfang, der durch Kreuzung, Mutation und Selektion bewirkten Formwandlung im Fortgang beginnt also mit einem Allerunwahrscheinlichsten, um festzustellen, daß alles Weitere den statistischen Gesetzen folgt. Das ist ein unerträglicher Zustand. Die Folgerung kann nur die sein, daß die Entstehung des Lebens auf Erden für die Biologie kein lösbares Problem sein kann. Die bekannte Meteoritentheorie, die Idee der Infektion des Weltraums mit kleinsten Lebenskeimen leistet, indem sie das Problem verschiebt, das Einzige, was zu leisten ist.

Für unsere Betrachtung scheidet also die Frage des Lebensanfanges aus. Ebensowenig treten wir in die vielstimmige Diskussion über die Begriffe der Art und der höheren Gattungsteilungen ein sowie über den Begriff der „Vererbung erworbener Eigenschaften". Wir werden sehen, daß, soweit uns unsere Theorie hierfür eindeutige Formulierungen gibt, diese wesentlich übereinstimmen mit dem, was sich aus jenen Diskussionen und aus der Erfahrung herauskristallisiert hat.

Wir fragen zunächst: gibt es von der Biorheusetheorie aus — als notwendige Folgerung aus ihr — die Annahme einer Richtung in dem Formwandlungsgeschehen, ist nach ihr das ganze Leben der Erde selbst wieder ein Vorgang, der mit Notwendigkeit zu Ende führt? Sind es die einzelnen Formabfolgelinien, die sich innerhalb der Gesamtentwicklung aufzeigen lassen? Verhält sich die Ablauftheorie gegenüber diesen Fragen notwendig bejahend, neutral oder notwendig verneinend?

Wohlgemerkt: wir befragen zunächst nicht die Erfahrung, sondern unsere Theorie. Nicht um daraus der Wirklichkeit Gesetze zu diktieren, sondern um unsere Theorie an der Erfahrung auch in diesem vielleicht wichtigsten Punkte zu prüfen.

Eins steht fest: verneinen, für unmöglich erklären kann unsere Theorie die Annahme eines Ablaufs zu einem Ende hin, im ganzen und in den Teillinien, keinesfalls. Es ist in ihr kein Moment enthalten, was jener Vorstellung von dem ewig neue Formen schaffenden, „überquellenden" Leben entspräche, sie ist das Gegenteil dieser verbreiteten, etwas schwärmerisch angehauchten Auffassung. Sie wird vielmehr eher geneigt sein, auch dem Lebensstrom als Ganzem ein Gefälle zuzuschreiben und also einen Gefälletiefpunkt anzunehmen. Ob dieser Punkt in der Zeit einmal realisiert wird, also ein Ende des Lebens der Erde aus inneren Gründen bezeichnet, ob er ewig virtuell bleibt, ist von sekundärer Bedeutung. Auch auf den virtuellen Punkt hin müssen irgendwelche Linien konvergieren, oder aber jede Teillinie hat ihren Tiefpunkt, dessen Realisierung letztlich eine Frage der äußeren Bedingungen ist, genau so wie die Erreichung des physiologischen Todes durch das Individuum.

Kurz gesagt: altern Arten, Gattungen, Familien usw., altert das Leben der Erde in seiner Gesamtheit?

Die Möglichkeit, ja die Wahrscheinlichkeit ist von unserer Theorie aus gegeben, auch die Notwendigkeit?

Von der allgemeinen Theorie aus nicht. Wenigstens dann nicht, wenn das Einzelindividuum immer genau die vollkommene Integrität, die absolute Konstanz des Keimplasmas garantiert. Man kann ja — so grotesk das klingt — das Soma als die celluläre Excretion des Keimzellensystems auffassen. Nicht daß die Keimzellen „unberührt vom Körperstoffwechsel bleiben", ist wunderbar, es ist gar nicht richtig, sondern daß der Körperstoffwechsel in so hohem Maße die Konstanz des Keimzellenablaufes erhält. Daß dieser Konstanz doch auch nur eine Wahrscheinlichkeitsdignität zukommt, dafür sorgt die Variation des Einzellebensablaufs an sich und in der Einfügung in die Umwelt mit ihren wechselnden Bedingungen.

Aber wir wollen nicht weiter erörtern, was sein könnte, sondern sehen, was ist.

Zunächst hat die Erfahrung gelehrt, daß die Konstruktion eines Stammbaums, die eine Zeitlang die Lieblingsbeschäftigung vieler Biologen war, auf unüberwindliche Schwierigkeiten stieß. Eine einigermaßen lückenlose Formenfolge liefert das fossile Material nur in einzelnen Teillinien, und grade an den entscheidendsten Stellen, an den Verzweigungen oder dem Ende früherer, Beginn neuer Linien fehlen die verbindenden Stücke. Eine kontinuierliche Formenverbindung zwischen den großen Systemgruppen, wie sie sowohl die DARWINsche wie die LAMARCKsche Theorie fordern müßte, hat die Paläontologie nicht liefern können. Auch die Problematik der nur phänotypisches Material verarbeitenden Paläobiologie gegenüber der Frage der genotypischen Abwandlungen muß dabei immer bedacht werden.

Die neuere Forschung geht daher auch weniger auf die Abstammungsfragen aus, sie sucht vielmehr zu ermitteln, ob die Formwandlungen innerhalb der einzelnen Linien Gesetzmäßigkeiten erkennen lassen, die auf allgemein-biologische Grundvorgänge hinweisen. Das ist in der Tat der Fall, und von diesen Folgerungen scheint mir die wichtigste die zu sein, daß — wie DACQUÉ sagt — sich die organische Bildungsfahigkeit zusammenhängender Artreihen zweifellos erschopft, nachdem eine Anpassungslinie durchlaufen ist. So machen die Trilobiten alle erdenklichen Formbildungen durch und erlöschen, die Nautiliden durchmessen ihren Anpassungsweg, die Neuschöpfung erlischt, sie sterben heute aus. Das gleiche zeigen die Ammoniten, späterhin die Säugetiere in noch rascherem Ablauf. „Hier hat man doch den Eindruck, als ob nicht Mangel an Anpassung, nicht ungünstige äußere Lebensverhältnisse, sondern innere, die organische Spannkraft erschöpfende Vorgänge zu dem Erlöschen führten“ (DACQUÉ).

Es gibt also eine eigene Geschichte der Formen, eine Biographie mit Anfang und Ende, die natürlich nicht unbeeinflußt von den Umweltgeschehnissen ist, aber doch ihren eigenen Gang darin geht, analog dem Lebensablauf des Individuums.

DACQUÉ gibt ein Beispiel: „Die Kalkabscheidung und die körperliche Üppigkeit der Korallen, Rudisten und Nummuliten ist klimatisch und damit geologisch bedingt. Aber daß diese Kalkabscheidung von Periode zu Periode durch Typen vollzogen wird, die so verschieden sind ihrem ganzen Wesen, ihrem inneren Bauplan nach, das liegt ganz innerhalb der Sphäre des Organischen selbst und hat mit dem äußeren geologischen Wechsel unmittelbar gar nichts zu tun.“

Es ist auch keineswegs so, daß die nachfolgenden Formen, die eine Lebensmöglichkeit realisieren, besser angepaßt wären als die voraufgegangenen, so wenig wie schlechter. „Wir sehen, daß von Formation zu Formation, ja von Stufe zu Stufe auf der ganzen Welt, trotz der verschiedenartigsten regionalen und lokalen geologischen Verhältnisse, gleichsinnige Umprägungen der Formen wiederholt eintreten.“

Auch über den Gang dieses Formenablaufs hat die Paläontologie allgemeine Regeln gefunden. Betrachtet man die jeweilige Fauna einer Erdperiode im ganzen, so treten die Stammreihen mit großem Formenreichtum in sie ein resp. entfalten sich rasch zu großer Mannigfaltigkeit, um dann zu verarmen. Parallel dazu geht ein Wandel in der Größe des Einzelexemplares, es fängt klein an und steigt in seinen Ausmaßen, um zur Zeit des Höhepunktes der Entfaltung exzessiv große Formen hervorzubringen und dann auszusterben. SALFELD findet bei Ammonoideen von den Konservativreihen sich abspaltende Reihen, die besonders gegen Ende ihrer Lebensperiode in ein „überstürztes“ Mutieren verfallen, Exzessivformen bilden und aussterben.

Bei den Artwandlungen verändern sich nicht oder selten einzelne Charaktere, sondern das Ganze macht im funktionellen und Anpassungsgleichgewicht der Teile die Formänderung durch. Häufiger als einzelne sind Gruppenmutationen, gleichzeitige und sprunghafte (Saltomutation) Verwandlungen in mehreren Formqualitäten. Die Richtung der Änderungen folgt derjenigen der fluktuierenden (nichterblichen) Variationen.

Überschauen wir diese Beobachtungen im ganzen, so gewinnen wir den Eindruck, als ob es eine Art von Ungleichgewicht sei, das in seinen

Folgen zu den sprunghaften Formwandlungen führt, ein noch nicht erlangtes oder ein gestörtes Gleichgewicht. Und weiter, daß es sich kumulierende Momente sind, die schließlich den Sprung herbeiführen, endlich, daß der Sprung selbst eine Art Selbstrettung, ein Ausweg aus einer Sackgasse sei.

Dieses präsumptive Ungleichgewicht — wobei wir wie stets mehr an dynamische Gleichgewichte denken — kann natürlich durch die Außenbedingungen hervorgerufen oder befördert werden, und dem entspricht es, daß Veränderungen der geologischen Situation ein Zunehmen der Variationen aller Formen im Geleite haben.

Der Begriff der Mutation ist zuerst in der Paläontologie (WAAGEN) aufgestellt worden, um die Variationen in der Zeit von den nebeneinander gelegenen zu unterscheiden. In die Biologie der rezenten Formen hat DE VRIES die „Mutation" eingeführt und als erbliche (idioplasmatische) von der nichterblichen „Variation" unterschieden.

Trotz DE VRIES' ausgedehnten Untersuchungen hat man der Mutation anfangs mit einiger Reserve gegenübergestanden, und es gibt heute noch Forscher, die den sicheren Beweis ihres Vorkommens für nicht erbracht erklären (LOTSY). Tatsächlich haben sich vielfach Fälle, die als Mutation angesprochen waren, späterhin als phänotypische Variationen oder als MENDELsche Spaltung von Polyhybriden herausgestellt. Eines der Hauptparadigmen von DE VRIES, die Oenothera Lamarckiana, hat sich so als nicht brauchbar zur Entscheidung des Problems erwiesen. Andererseits sind aber doch in zunehmender Zahl einwandfreie Fälle von Mutation im Pflanzen- (z. B. Chrysanthemen) wie Tierreich (z. B. Insekten) festgestellt worden. Wenn die Ausgangsart durch mehrere Generationen reingezüchtet hat, wenn der Mutant in Kreuzung mit der reinen Form die MENDELsche Spaltung in F_2 gibt, so ist die Annahme einer Mutation gerechtfertigt. Eine weitere Stütze gewinnt sie noch, wenn die gleiche Änderung der äußeren Bedingungen das Eintreten der erblichen Abwandlung befördert oder immer eintreten läßt, naturlich nur in dem Falle, daß die letztere bei den späteren, unter wieder normalen Bedingungen gezüchteten Generationen im Idioplasma persistiert. Als solche mutationsförderliche Momente hat sich reichliche Ernahrung, Veranderung der Temperatur nach beiden Richtungen, veranderter Feuchtigkeitsgehalt der Luft u. a. erwiesen, diese und andere einseitiger wirkende Faktoren werden auch die Entstehung unserer Haustierrassen auf mutativem Wege bewirkt haben.

Wenn wir hier unser Material vorwiegend dem Tierreich entnehmen, so ist vor allem der wichtigen Untersuchungsreihe von TOWER am Coloradokafer (Leptinotarsa) zu gedenken.

Steigerung oder Senkung der Temperatur bewirkte zunächst Zunahme der Pigmentierung, bei wachsender Differenz von der Normaltemperatur Abnahme bis zum Albinismus, letzterer wie so häufig verbunden mit geringerer Vitalität, erhöhter Sterblichkeit. In diesen Versuchen hatte es TOWER in der Hand, ob er eine (nichterbliche) Variation
oder eine Mutation erzielen wollte, und zwar richtete sich das nach dem
Lebensstadium des der veränderten Temperatur ausgesetzten Käfers
oder noch eigentlicher nach dem Entwicklungsstande seiner Keimzellen. Wenn die extremen Temperaturen nur während der Entwicklung
bis zum Ausschlüpfen oder auch durch die Puppenruhe allein wirkten,
so zeigte der Käfer den geänderten, seine Nachkommen aber wieder den
normalen Typus. Wirkte die Temperatur erst auf den ausgeschlüpften
Käfer, so blieb dieser normal, aber seine Eier entwickelten sich — und
nun erblich — zu der abnorm pigmentierten Form. Legte derselbe
Käfer, in normale Temperatur zurückgebracht, später noch wiederum
Eier ab, so ergaben diese phäno- wie genotypisch normale Exemplare.

Ähnlich waren die Erfolge bei der geänderten Luftfeuchtigkeit,
und entsprechende Versuche der Pigmentbeeinflussung durch Tempera-
turvariation sind an Schmetterlingen (STANDFUSS, FISCHER, DÜRKEN)
angestellt worden.

Es ist — darauf sei im Hinblick auf unsere früheren Pigment-
erörterungen hingewiesen — überhaupt charakteristisch, daß sich sowohl für den Mendelismus wie die Mutationsforschung Pigmentierungs-
unterschiede als besonders geeignet erwiesen haben, wobei aber mit den
Farbdifferenzen auch stets Unterschiede allgemeiner Art (Größe, Vitalität, Fruchtbarkeit, Sterblichkeit usw.) einhergehen.

Die schönen TOWERschen Untersuchungen sind ein Musterbeispiel
rationeller biologischer Forschung, sie zeigen uns eindeutig den Weg,
den die biorheutische Analyse einzuschlagen hat. Der wirksame Außen-
faktor ist von allgemeiner, unspezifischer Art, die durch ihn gesetzte
Veränderung muß zeitlicher Natur, eine Erhöhung bzw. Herabsetzung
der Geschwindigkeiten der Vorgänge in dem lebenden, sich entwickelnden
System sein.

Schon die Gültigkeit des „ARNDT-SCHULTZEschen Gesetzes" in
diesem Falle, die Steigerung oder Hemmung der Pigmentbildung je
nach der Intensität der Einwirkung gibt uns den Schlüssel: es handelt
sich um Beschleunigung resp. konsekutive Hemmung biorheutischer
Abläufe. Daß die Temperaturdifferenz nach beiden Seiten wirksam ist,
zeigt an, daß erhöhte Geschwindigkeit wie verlängerte Dauer im gleichen
Sinne wirken. Das macht es wahrscheinlich, daß eine bestimmte, durch
Anfangs- und Endzustand bezeichnete Strecke des Gesamtablaufs der
betrachteten Einheit für den Effekt maßgebend ist und dieser auf der
Verstärkung einer in der Anlage präformierten Differenz zwischen Teil-

abläufen des Systems beruht. Das Bedeutungsvollste aber ist, daß die Entwicklung des befruchteten Eies in der gleichen Richtung beeinflußt wird wie die Reifung des unbefruchteten.

Eine schönere experimentelle Bestätigung unserer Theorie der Individualentwicklung als des Auseinandertretens der im Ei vereinigten Teilabläufe konnten wir uns nicht wünschen.

Es ist offenbar für den phänotypischen Erfolg grundsätzlich das gleiche, ob eine stärkere Akzentuierung der biorheutischen Unterteilung während des Auseinandertretens im Embryo oder vorher erfolgt. Ist die Auseinanderlegung vollendet — der ausgeschlüpfte Käfer — so ist an seinem Phänotypus nichts mehr zu ändern, wohl aber können jetzt die in der Reifung begriffenen Keimzellen die Akzentuierung empfangen, die, weil sie vor Beginn der räumlichen Biokymsejunktion eintrat, sich auch genotypisch manifestieren muß.

Damit fällt aber auch ein Licht auf das Verhältnis von Keimsubstanz und Somatoplasma, die erstere ist keineswegs nur „aufbewahrt" im Körper des Trägers, sondern ihre Reifungsabläufe und die Entwicklung des Trägers stehen in einem gewissen Antagonismus. Wenn wir die Reifung als den Beginn der Biokymsejunktion annehmen, so würde die hier gefundene Regel lauten: die im Generationsverhältnis stehenden Biokymsejunktionen können nicht gleichzeitig in einem System ablaufen.

Oder — in der paradoxen Ausdrucksweise — Keimsystem und Körpersystem stehen zueinander im Verhältnis der cellulären Excretion mit Wechsel des Vorzeichens.

Wenn dieser theoretischen Folgerung aus den TOWERschen Versuchen allgemeine Gültigkeit zukommen sollte — worüber nur entsprechende Versuche entscheiden können —, so ergeben sich wichtige Gesichtspunkte für die höheren Tiere.

Die „korrelative" Entwicklung ist gegenüber der „kombinativen" — man denke bei dieser Unterscheidung z. B. an die Determinierung der sekundären Geschlechtsmerkmale bei Säugetieren einer-, Insekten andererseits — die elastischere Form, sie ist durch Eingriffe unspezifischer Art weniger leicht zu stören, außerdem verläuft die Embryonalperiode unter besserem Schutz gegen außen. Andererseits ist beim entwickelten höheren Tier der Anteil an der gesamten cellulären Excretion, den die Keimdrüsen leisten, ein außerordentlich viel geringerer als bei den Insekten, bei Allgemeineingriffen werden die Keimzellen dementsprechend viel weniger betroffen werden Man wird hier also am ersten von solchen Eingriffen Erfolg erwarten durfen, die zugleich die anderweitige cellulare Excretion resp das Wachstum hemmen, und bei solchen Tieren, die noch wahrend des Wachstums geschlechtsreif werden.

Dazu würde der Befund von M. Fränkel stimmen, der durch Röntgenbestrahlung am Bauch ganz junger Meerschweinchen diese im Wachstum hemmte und diese Wachstumshemmung in zunehmendem Grade durch mehrere Generationen fortgeerbt sah. Bei allen diesen Tieren war nur eine Gravidität zu erzielen, die letzte Generation blieb steril.

Hier dürfte es sich auch um direkte Hemmung an den Keimzellen handeln können, während der weiter von ihm mitgeteilte Befund — am Kopf und Rücken röntgenologisch gesetzte Herddefekte traten in der folgenden Generation an der gleichen Stelle auf —, wenn er sich bestätigt, noch weit tieferen Einblick geben würde. Wir hatten ja aus den Regenerationserscheinungen gefolgert, daß während des Lebensablaufs, auch nach der eigentlichen Entwicklung noch, die Teilabläufe weiter in der Richtung ihrer Auseinanderlegung gehen. Fränkels Befund würde dann besagen, daß diese Auseinanderlegung räumlich so spezifisch ist, daß die Unterbindung des Fortgangs der cellulären Excretion an einer bestimmten Stelle auf dem Wege über den Assimilationsstrom eine entsprechende Hemmung der reifenden Keimzellen bewirken könnte. So unwahrscheinlich wie auf den ersten Blick ist das nicht, wenn man an die in Experimentalembryologie und Dermatologie bekannte Spezifität der einzelnen Hautregionen denkt. Auch die örtlich und zeitlich fixierte Erblichkeit von Tumoren ist in Erinnerung zu bringen. Jedenfalls müßten Versuche auf die „Vererbung erworbener Eigenschaften" mit der Abzielung auf lokal veränderte und gehemmte celluläre Excretion angestellt werden, am besten wohl unter gleichzeitiger Gesamthemmung.

Jenes heißumkämpfte Thema der älteren Erbbiologie verdankt seine begriffliche Unklarheit und experimentelle Unfruchtbarkeit der stationären oder zirkulären Auffassung des Organismus und seiner Teile. Sah man in dem Organismus nur ein System wechselwirkender Bedingtheiten, so war nicht einzusehen, warum die Keimzellen davon ausgenommen sein sollten, zumal wenn man noch die Annahme machte, auch die Somazelle enthalte einen gewissen Anteil „Keimplasma". Schied man andererseits a priori Keimplasma streng von Somatoplasma, so durfte es keine Vererbung erworbener Eigenschaften geben, und alles, was scheinbar so aussah, hieß direkte Wirkung auf die Keimzellen.

Jede Anschauung, welche die plasmatisch-funktionellen Unterschiede — Keim- gegen Somatoplasma sowie Gewebe gegen Gewebe — auf solche ruhender Substanzen bezieht, kann zu keiner einheitlichen Definition der Bedingtheitsmöglichkeiten kommen. Demgemäß tragen auch die Theorien, die auf dieses Problem hin gemacht sind, die Weismannschen Iden wie die Semonsche Mneme, rein dogmatischen Charakter; ihr Ausbau und ihre Verteidigung geschah mit den Mitteln der dialektischen Diskussion der problematischen Begriffe, nicht vom Boden einer umfassenden Theorie aus. Die Tatsache, daß die Keimzellen nicht unbeeinflußt von den Schicksalen des Körpers bleiben, ist unabweisbar, allein schon der in den Lebensablauf eingeordnete Gang von der Reifung zum Nachlassen oder Erlöschen der Geschlechtsfähigkeit gehört hierher. Von den Besonderheiten des individuellen Lebensablaufes werden wir diejenigen als auch für die Keimsubstanz bedeutungsvoll anzusehen geneigt sein, die den Assimilationzustrom verändern. Die direkte Schädigung der Keimzellen durch körperfremde Gifte ist für das Problem irrelevant, falls sie wirklich erwiesen ist; es ist aber natürlich auch z. B. beim Alkoholismus durchaus möglich, daß der Einfluß nicht einfach Alkohol — Keimzelle geht, sondern auf Umwegen über Körpergewebe.

Vom Boden unserer Theorie aus werden wir zwei Arten der „somatischen" Induktion der Keimsubstanz ins Auge fassen: auf dem Wege über die positive spezialisierende Veränderung des Assimilationszustroms nach Analogie der Immunitätserscheinungen oder die indirekte Spezialisierung desselben durch partielle Störung der cellulären Excretion.

Der oben angeführte Versuch von GUYER würde in die erste Kategorie zu rechnen sein, während die FRÄNKELschen Befunde in die zweite gehörten.

WEISMANN hat in seiner Theorie der „Germinalselektion" die Vorstellung entwickelt, daß zufällig (aus inneren Gründen) entstehende Abänderungsprozesse im Keimplasma (Zunahmen oder Abnahmen von Determinanten) in der eingeschlagenen Richtung fortschreiten müssen. Ohne uns seiner Ablehnung äußerer und somatogener Faktoren bei der Verursachung anzuschließen, werden wir gemäß dem oft erörterten biorheutischen Gesetz der Kumulation dieser Annahme zustimmen. In der Tat sahen wir ja in den FRÄNKELschen Versuchen die Wachstumshemmung von Generation zu Generation zunehmen, und ebenso sahen CH. R. STOCKARD und seine Mitarbeiter in Versuchen der chronischen Alkoholisierung von Meerschweinchen eine Abnahme der Befruchtungsfähigkeit, Zunahme der Fehl- und Totgeburten sowie der Fruhsterblichkeit der Früchte, die sich von den Alkoholtieren auf F_1, von F_1 auf F_2 weiter bedeutend steigerte. Interessant ist, daß bei Alkoholismus des Vaters die weibliche, bei solchem der Mutter die männliche Nachkommenschaft starker geschädigt war, in jedem Falle also der Teil, der einen größeren relativen Anteil des geschadigten Chromatins erhalten hatte. Das zeigt einmal, daß tatsächlich die eigentliche Erbsubstanz betroffen ist, und weiter, daß deren Schadigung — analog den HERTWIGschen Radiumversuchen — nicht etwa nur eine Minderung der Erbkraft des betreffenden Elters, sondern eine positive Schadigung auswirken läßt. Diese trägt in ihrer somatischen Ausprägung den Charakter allgemein-konstitutioneller Minderung, nicht etwa besonderer isolierter Gestaltabwandlung, wie ja auch die menschliche Pathologie nicht eine Repetition der alkoholischen Organerkrankung (z. B. Lebercirrhose) bei den Nachkommen konstatiert, sondern die verschiedensten degenerativen und asthenischen Zustände.

Die Steigerung des Effekts bei Inzucht der Nachkommenschaft legt für die biorheutische Deutung die Annahme einer allgemeinen Ablaufhemmung durch das geschädigte Keimmaterial nahe, die ja auch den Bildern des chronischen Alkoholismus entspricht: Folgezustände allgemeiner Assimilationshemmung (frühzeitiges Altern). In F_1 entstehen Organismen, die in ihrer allgemeinen Wachstumsminderung sekundär wiederum auf die in ihnen reifenden Keimzellen hemmend einwirken, also ohne Alkohol die Alkoholfolgen reproduzieren, desgleichen verstärkt in F_2. Die Folgerungen, die sich aus Experiment und Pathologie des Alkoholismus ergeben, sind also keineswegs damit erschöpft, daß man eine gleichzeitige direkt-toxische Wirkung auf Soma und Keimsubstanz konstatiert, sie gewähren Einblick in die Art der somatischen Bedingtheit der Keimzellenabläufe und damit ihrer Erbwirkung.

Man hat sehr viel über die Möglichkeiten einer „dynamischen" oder einer stofflichen somatischen Induktion der Keimsubstanz diskutiert. Die bekanntesten Theorien sind für die erste Art die SEMONsche Mneme, für die zweite die DARWINsche Pangenesis. Wir brauchen in die Kritik dieser Systeme nicht einzutreten, sie ist von JOHANNSEN, von STRASSER u. a. wohl zur Genüge geleistet. Jede Anschauung, die zwischen den differenten Körperzellen und den speziellen Determinanten in den Keimzellen ein aktives Funktionalverhältnis sieht, führt zu grotesk komplizierten, ad hoc gemachten Hilfskonstruktionen, so nimmt E. FISCHER an, daß von jeder Zelle des Körpers oder des Gehirns aus eine isolierte, besondere Reizleitung zu der Keimzelle hinführt (STRASSER).

Unsere Theorie gibt eine prägnante Formulierung dafür, wann sie eine Vererbung erworbener Eigenschaften, eine Veränderung des Genotypus vom Soma aus als möglich ansehen wird, nämlich dann, wenn durch die somatische Veränderung das Ablaufgefälle·in den Keimzellen total oder partiell alteriert wird.

Auf die totale Alteration brauchen wir nicht noch weiter einzugehen, sie ist an den TOWERschen und STOCKARDschen Versuchen erörtert worden, die partielle trifft offenbar das Erwerbungsproblem im eigentlichen Sinne. Hier läßt sich sagen: die Möglichkeit einer solchen Induktion ist nur dann zu erwarten, wenn die Reifung der Keimzellen (das „sensible" Stadium) im Organismus noch mit dessen aktueller, scharf ausgeprägter Biokymsejunktion zusammenfällt, also an sich eine sehr unwahrscheinliche Kombination. Wir hatten bei der Besprechung der Regenerationserscheinungen erörtert, daß beim phylogenetisch und ontogenetisch späteren Tier die „biorheutischen Schatten" der einzelnen Bezirke unschärfer werden, d. h. daß die celluläre Excretion der verschiedenen Gewebe minder spezifisch im Sinne einer speziellen Veränderung des Assimilationszustromes einwirkt. Nur auf dem Umwege über diesen aber kann eine spezifische Beeinflussung der Keimzellenabläufe zustande kommen. Wir werden also das fragliche Phänomen am ersten erwarten dürfen bei Tieren, die 1. eine größere Regenerationsfähigkeit besitzen, 2. schon in einem frühen, noch wachstumseifrigen Stadium ihre Keimzellen reifen lassen, 3. relativ zu ihrer Körpergröße umfangreiche Keimzellenproduktion haben, 4. ein im Verhältnis zur Keimzellenproduktion geringeres Gesamtwachstum zeigen, 5. auch phänotypisch eine größere Variabilität unter äußeren Einwirkungen erkennen lassen.

Naturgemäß sind diese Überlegungen bei Ansetzung der Versuche nicht angestellt worden, wie andererseits überhaupt das von der Kritik gültig befundene Beobachtungsmaterial trotz der Unzahl der einschlägigen Arbeiten sehr dürftig ist.

Inwieweit die bekannten KAMMERERschen Salamanderversuche gegen den Einwand der Hybridenspaltung gesichert sind, vermag ich nicht zu entscheiden. KAMMERER ließ Salamander auf gelbem oder schwarzem Grunde aufwachsen und erzielte entsprechend in ihrem Farbkleid Gelb oder Schwarz bevorzugende Exemplare, deren Nachkommen sich auch bei Fortfall des äußeren Farbfaktors gleich verhielten. Dabei war anscheinend die Mitwirkung des Auges notwendig, die Tiere mußten die Grundfarbe sehen können. KAMMERER implantierte auch solchen durch Farbzüchtung veränderten Weibchen normale Ovarien und sah die Nachkommenschaft im Sinne der Züchtung verändert, andere Forscher (CASTLE und PHILIPPS) haben allerdings von Ovarialtransplantationen immer nur negative Erfolge berichtet, GUTHRIE dagegen positive. Hier wird das Alter des Tieres sehr wichtig sein.

PRZIBRAM hat die Theorie aufgestellt, daß im Auge pigmentbildende Stoffe, die aus dem ganzen Körper und also auch den Keimzellen zuströmen, je nach der Qualität des Lichtes in bestimmter Richtung verändert würden, andere Untersucher glauben auch eine direkte Wirkung des Lichtes auf die Haut feststellen zu können.

Bei der Unsicherheit des ganzen Materials wollen wir uns damit begnügen, an die Beziehungen zwischen Pigment und Ablauf zu erinnern und darauf hinzuweisen, daß das in Rede stehende Versuchstier jenen oben aufgezählten günstigen Bedingungen fur die Möglichkeit der erworbenen Genotypänderung weitgehend genügt.

Um die Jahrhundertwende folgte dem Abflauen des Darwinismus ein Wiederaufleben der LAMARCKschen Entwicklungstheorie, die als den Formwandel beherrschenden Faktor den funktionalen Reiz anspricht. Entsprechend der somatischen Erscheinung der Hypertrophie des mehrgebrauchten, Atrophie des mindergebrauchten Organs sollte die gleiche, lange fortwirkende Ursache auch durch die Generationen hin Organe verkümmern, anwachsen, sich funktionell anpassen, ja neu entstehen lassen. Diese Nachblüte des Lamarckismus ist heute schon wieder im Verwelken, die Ergebnisse der Erbforschung haben jener spekulativen, auf der Morphologie einseitig gegründeten Theorie den Boden entzogen. Ihre Voraussetzung wäre die Vererbung erworbener Eigenschaften in einem Umfange, dem gegenüber das tatsächlich vorliegende positive Erfahrungsmaterial geradezu grotesk dürftig ist. Und die der Kritik standhaltenden Beobachtungen einer experimentell oder spontan erzeugten idioplasmatischen Veränderung haben mit Funktionsreizen, mit Anpassung nicht das geringste zu tun. Um die Theorie trotzdem aufrechtzuerhalten, hat man argumentiert, daß es sich um ganz geringfugige, kontinuierliche Änderungen handele, deren Manifestation sich wegen der großen Zahl der erforderlichen Generationen dem Experiment entziehe. Man ist deshalb auch, um die rasche Generationsfolge zu erzielen, zu Versuchen an Einzellern und Bakterien ubergegangen (JENNINGS, REICHENBACH, TOENNIESSEN u. a.). Die Versuche, durch Selektion eine größere Varietät von Paramaecien fortzuzüchten, verliefen negativ, zeigten also auch hier eine Unterscheidung der phänotypischen Variation von dem Genotyp. Bei Bakterien gelang es in der Tat, durch äußere Einwirkungen morphologische und biochemische Veränderungen zu erzielen, die nach Fortfall der ändernden Bedingungen durch viele Teilungsgenerationen hin erhalten blieben. Die Einwände, die gegen die Zurechnung dieser Experimente zum Problem der somatischen Induktion erhoben sind, liegen nahe, eine Unterscheidung von Soma und Keimsubstanz kann bei diesen Lebewesen nicht wohl gemacht werden, eher schon bei den Einzellern mit ihrer Differenzierung von somatischem und Generationskern. Trotzdem glaube ich, daß die Bakterienversuche auch für das Erb- oder besser Kontinuitätsproblem wichtige Beiträge liefern können. In den interessanten Versuchen, die TOENNIESSEN an Pneumoniebakterien anstellte und bei denen als morphologisches Kriterium die Änderung der Gallerthülle diente, zeigten sich unter der Anhäufung der Bakterienstoffwechselprodukte als äußerem Faktor je nach dem Grade der Einwirkung: 1. Modifikation, 2. Alteration, sprunghaft auftretende, durch mehrere Generationen nach Fortfall des Reizes erhaltene, dann aber wieder sprunghaft rückgängige Veränderung, 3. Mutation, durch stärkste, langdauernde Reizwirkung in spärlicher Zahl innerhalb von

Massenkulturen hervorgerufen. Die Mutanten blieben durch 20 Tierpassagen ohne Veränderung — im Gegensatz zu den unter 1. und 2. genannten Variationen —, ebenso bei langer Fortzüchtung auf künstlichen Nährböden. Die Virulenz sank mit dem Grad der mutativen Abweichung, der je nach der Dauer der verändernden Einwirkung verschieden war, sie nahm aber bei 40 bis 80 Tierpassagen wieder erblich zu. TOENNIESSEN folgert, daß hier also die Mutation über das Cytoplasma entstehe, das immer in der Veränderung auf den Reiz phänotypisch dem Genotyp weit voraus sei, es handle sich also um ein allmähliches, progressives Entstehen der Mutation, im Gegensatz zu der spontanen, endogenen, sowie den durch direkte exogene Beeinflussung des Keimplasmas erzeugten Verlustmutationen. Zum Auftreten einer erblichen Gewinnmutation sei eine ungeheuere Zahl von Generationen nötig und daher der experimentelle Erweis an Metazoen kaum zu führen.

Ich möchte glauben, daß der Bakterienversuch weniger für das Problem der somatischen Induktion ausgedeutet werden sollte als für die Frage der idioplasmatischen Abänderung in der Keimzelle selbst. Die alterierende Ursache in den TOENNIESSENschen Versuchen ist ja eigentlich gar kein äußerer Faktor. Das biologische System, vergleichbar dem Organismus, ist das geschlossene Kulturganze und jedes Bacterium entspricht einer Keimzelle. Der bewirkende Faktor ist ja nichts anderes als ein solcher des Alterns, und TOENNIESSEN betont ausdrücklich, daß allgemein die Erfahrungen der letzten Jahre Bakterienmutationen verschiedener Art besonders bei der Aussaat alternder Kulturen kennen gelehrt haben. Wir würden also diese Art von Bakterienmutationen durchaus in Parallele zu den endogenen der Metazoen sehen und in dem ganzen Mutationsvorgang überhaupt nicht etwas prinzipiell für die Keimzellen Charakteristisches, sondern eine ganz allgemeine Erscheinung innerhalb des biorheutischen Ablaufs der Zellen oder teilungsfähigen biologischen Elementarsysteme.

Diese Meinung ist auch durchaus nicht nur eine spezielle Folgerung aus der Biorheusetheorie, sie liegt in der Richtung des neuesten Forschungsganges. So sagt MORGAN: „That mutation may take place in somatic cells comparable to the mutation process in the germ tract can not be doubted."

Hier ist der Ort, noch einmal auf das Krebsproblem hinzuweisen, das ja nach den neueren Hereditätserfahrungen vielfach auch als ein solches der Mutation angesprochen wird (E. SCHWARZ). Freilich ist mit dem Begriff Mutation nicht das ätiologische Krebsproblem gelöst, sondern umgekehrt kann dieses Phänomen zur Aufklärung jenes biologischen Tatbestandes beitragen. Auch hier sehen wir ja wieder, daß es alterndes Gewebe ist, innerhalb dessen die Mutation erscheint, auch hier drängt sich die oben angeführte Vorstellung der primären

Hemmung mit folgendem „Ausweg" auf. Nicht eine absonderlich junge, embryonal gebliebene Zelle werden wir als die des Krebsbeginns vermuten — eine solche sollte normales Körpergewebe liefern — sondern eine vorzeitig gealterte, ein Analogon der TOENNIESSENschen Mutanten innerhalb von gealterten Massenkulturen.

Es verstärkt sich — wir kehren zu dem allgemeinen Problem zurück — heute mehr und mehr die Ansicht, daß die sprunghafte Veränderung im Idioplasma nicht ein einmaliger, isoliert dort geschehender Vorgang ist, sondern nur das plötzliche Manifestwerden einer schrittweisen Veränderung, der Ausdruck eines „Schwellenwertes" (DÜRKEN und SALFELD) oder — wie wir sagen würden — eines Maximum- oder Minimumpunktes.

DÜRKEN nimmt neben der eigentlichen, mendelnden noch eine plasmatische Erblichkeit an, die sich mehr und mehr zu „starren" Genen verenge, CASTLE spricht von „residual heredity".

Die Biorheusetheorie gibt uns die Möglichkeit, die durch diese Vorstellungen anscheinend gefährdete Einheitlichkeit des Mendelismus zu sichern. Wir beziehen uns auf die Analyse der TOWERschen Experimente und auf die im vorigen Kapitel entwickelten Vorstellungen über die Biokymsejunktion in der Embryonalentwicklung. Offenbar ist dann die Wandlung der Embryonalzelle auf ihrem Differenzierungswege grundsätzlich das gleiche wie die Mutation in der Keimzelle.

Entscheidend ist, wie weit im Moment der Teilung die Biokymsejunktion vorgeschritten ist, und es scheint, als ob allgemein die Hemmung einzelner Abläufe wesentlicher ist als etwa die — theoretisch mögliche — Entstehung neuer Gene durch Endablauf von ursprünglich genlosen Teilbiorheusen. Der letztere Fall ist ja für das Artenproblem, für die Entstehung wirklich neuer Formqualität der wichtigere, wir haben seine Möglichkeit auf Grund des „züchtenden" biorheutischen Substrates schon erörtert. Daß er — abgesehen von den niederen Lebensformen — in der Tierreihe eine große Rolle spielen sollte, ist kaum als wahrscheinlich zu bezeichnen, bei den durchorganisierten Formen ist der Eintritt seiner Entstehungsbedingungen in der Natur nicht leicht realisierbar. Im Experiment muß man seine Herbeiführung versuchen, die Methoden sind gegeben in den serologischen, einstweilen fehlen uns aber für die Vererbungsanwendung die Unterlagen, von den meisten Forschern werden für die Tierbiologie nur Verlustmutationen als sicher erwiesen erachtet.

Somatische Verlustmutationen hat MORGAN als Ursachen des Gynandromorphismus bei der Drosophila sehr wahrscheinlich gemacht. Seine Erklärung, daß bei der Teilung auf irgendeinem Stadium der eine Tochterkern seines X-Chromosoms verlustig geht, ist plausibel, nur bleibt die Frage offen, ob dieser Vorgang ein rein mechanischer Teilungslapsus ist oder ob er — im Sinne der Schwellentheorie — das Endglied einer Kette von kumulierenden Prozessen sei.

MORGAN findet, daß bei Drosophila Mutationen im Geschlechtschromosom sehr viel häufiger sind als in allen anderen zusammen, „9/10 look like known sexlinked genetic characters", alle Fälle sind männlich. „It probably means that a recessive somatic mutation takes place in the sex chromosom and shows at once in a male in those parts of the body whose cells contain the mutation gen because the male has only one sexchromosom."

Das erscheint durchaus einleuchtend, aber man muß zwei Dinge auseinanderhalten: daß Mutationen im Geschlechtschromosom im männlichen Geschlecht manifest werden, daß infolgedessen die geschlechtsgebundenen Mutationen stark überwiegen, ist verständlich, aber es bleibt die Frage offen, ob nicht außerdem die geringere Gesamtchromosomenmenge die Mutationsneigung der Zelle steigert. Im Sinne der Ablauftheorie, der Hemmungsbildung ist eine erhöhte Mutationsneigung bei denjenigen Zellen zu erwarten, die einen relativ geringeren Chromosomenbestand haben, man wird für die Frage der Ablaufhemmungen und Biokymsejunktionen die Chromosomen auch in ihrer Gesamtmasse relativ zur plasmatischen zu betrachten haben. Es wäre eine wichtige Aufgabe der vergleichenden Cytologie und Embryologie, Mutationsneigung, relative Chromosomenmenge und Differenzierungsgeschwindigkeit der verschiedenen Tierformen zu vergleichen. Die Drosophila mit ihren wenigen Chromosomen hat nach den Feststellungen der MORGANschen Schule eine große Mutationsneigung.

Sehr wichtige Beiträge zu der Frage der allgemein-biologischen Stellung der Mutation, der Resterblichkeit, der Dominanz usw. verdanken wir CASTLE und seinen Mitarbeitern.

CASTLE kreuzte den peruanischen Nager Cavia cutleri, den mutmaßlichen Vorfahren der domestizierten Meerschweinchen mit den letzteren und kam zu dem Ergebnis, daß die mendelnden Farbfaktoren der Meerschweinchen beruhen auf „loss or retrogressive modification of physiological processes which occur in the wild species". Reinzuchtende Cavia und reinzuchtende Albinomeerschweinchen spalteten in alle bekannten Farbvarietaten.

Sehr interessant ist auch dieser Befund: Cavia rufescens und Cavia cutleri bildeten mit Meerschweinchen die gleichen Farbvarietäten, aber die erstere gab unfruchtbare Hybriden.

CASTLE schließt, daß der Unterschied zwischen den beiden wilden Rassen nicht auf solchen mendelnder Faktoren, sondern auf etwas Fundamentalerem beruhen musse.

Weiter hat CASTLE die Frage der Vererbung der Größe untersucht; er kommt zur Verneinung der Annahme, daß die Größe ein mendelnder Faktor oder die Resultante einer Summe von mendelnden Faktoren sei, findet dagegen „the physiological increase of size due to the crossing of unrelated races". „Perhaps some substance or ferment which varies in amount, larger amount producing larger results". JENNINGS hatte bei Paramaecien asexueller (nicht konjugierender) Linie die Größe variierend gefunden. CASTLE berichtet über ein Exemplar peruanischer Meerschweinchen (die Zucht ist dort sehr alt eingebürgert), das besonders groß, fruchtbar und lebenskräftig war und sich in großem Umfange heterozygot erwies. Überhaupt sind die domestizierten, also verlust-mutierten Rassen von größeren Körpermaßen.

Erinnern wir uns dazu der fossilen Exzessivformen am Ende des Mutationsganges, so wird die Annahme, daß es sich auch da um Ver-lustmutationen handele, an Wahrscheinlichkeit gewinnen. Biorheutisch ist es plausibel, daß die schlechtere „Enthemmung" durch Abnahme der Gene zu einer größeren Massenausbildung führt, die Verdichtung, Strukturwerdung im strengsten Sinne ist dabei ja vermindert.

Immer deutlicher wird in diesen Untersuchungen — sowohl aus den Variationen des allgemeinen Status wie insbesondere der Pig-mentierung — der quantitative Charakter der Erbfaktoren wie der „Residualheredität". Erwähnenswert ist auch hier wieder die Angabe, daß sich das Pigment im Cytoplasma bilde, aber „at the point of known greatest efficiency of the nucleus as an oxidizing agent".

Auch an Ratten wies CASTLE quantitative Variationen ein und desselben Erbfaktors nach, durch Plusselektion war die Quantität zu steigern, zugleich ergab sich eine Abnahme an Kraft und Fruchtbarkeit. Doch handelte es sich dabei nicht um einzelne modifizierende Gene, sondern um „residual heredity, as the correct explanation of changed phenotypes, when only a single mendelizing charakter can be ob-served".

Aus all diesen Erfahrungen erhellt, wie sich Mutation, Dominanz, Entwicklungsfaktoren mehr und mehr in eine Reihe stellen, daß wir also dem Tatsachenmaterial nicht Gewalt antun, wenn wir sie ein-heitlich unter der Ablauftheorie betrachten. Die paläontologischen Befunde, die Bakterienversuche und die TOWERschen Experimente hatten die Bedeutung des zeitlichen, des Alternsfaktors erkennen lassen und die Vorstellung von „Hemmung und Ausweichen" nahegelegt. Es wäre von größtem Wert, wenn wir darüber etwas wüßten, ob die Nach-kommenschaft alter Eltern größere Mutationsneigung zeigt. Unsere Theorie läßt das wahrscheinlich erscheinen, vielleicht kann neben dem Experiment auch die menschliche Statistik über Abnormitäten, Mor-bidität, Verbrechertum, Fruchtbarkeit usw. von spätgezeugten Kindern hier unsere Kenntnis erweitern. Die Volksmeinung hält von solchen Spätlingen besonders in moralischer Hinsicht nicht viel, eine Erfahrung, die bestätigt zu finden ich mehrfach Gelegenheit hatte.

Was trägt nun aber die Mutationsforschung zu dem Problem dieses Kapitels, der Geschichte des Lebens auf der Erde bei?

Zunächst einmal sicherlich nichts, was die Position der Neo-Lamarckisten stärken könnte, während die Selektion als auswählender Naturfaktor der mutativ entstehenden Formen bedeutungsvoll genug erscheint. Gerade der Blick auf die domestizierten, wesentlich wohl durch Verlustmutation entstandenen Rassen sollte uns lehren, die Mutation bei der Entstehung der Arten richtig einzuschätzen. Er zeigt uns Formabwandlungen, die jedenfalls in sich keinerlei Anpassungsmoment offenbaren, es sei denn, man wolle die größere Nutzbarkeit für den züchtenden Menschen als Anpassung des Haustieres an seine neuen Lebensbedingungen auffassen!

Man sollte aber überhaupt einmal aus der ganzen Betrachtung der Variabilität der Formen, erblicher wie individueller, die Anpassungsfrage herauslassen. Auch wenn man eine größere Variabilität — durch Kreuzung, Hybridenspaltung oder Mutation — als um der Möglichkeit besserer Anpassung an sich ändernde Lebensbedingungen willen notwendig und dem Leben zuerteilt ansieht, bringt man ein teleologisches Moment hinein und erklärt den Formenwechsel aus der Zukunft anstatt aus der Vergangenheit. Das gilt z. B. auch von LOTSYS Theorie, obgleich dieser Autor die Teleologie als Methode ausdrücklich ablehnt.

Wenn auch nur ein einziger Fall vorläge, wo uns die biohistorischen Urkunden einen Formwandel zeigen, dem weder eine Abänderung der Lebensbedingungen noch eine Verbesserung der Anpassung an die gegebenen entspräche, so wäre die Forderung unabweisbar, daß wir die Gründe für den Formwechsel überhaupt zuerst in der zurückgelegten Lebensstrecke zu suchen haben. Niemand wird leugnen wollen, daß mehr als ein solcher Fall vorliegt, niemand kann verkennen, daß alle Falle von rezenten Mutationen diese Art der Erklärung erheischen.

Man mache sich doch auch einmal klar, daß solche Betrachtungen wie etwa die Begründungen des Übergangs vom Wasserleben zum Landleben, vom Lauftier zum Flugtier nur scheinbare Erklärungen von Formwandlungen sind. Warum in aller Welt muß denn solch ein Unglückswesen, das ein gut angepaßter Laufer war, nun plotzlich auf den Gedanken kommen, ein zunachst doch stumperhafter Flieger zu werden? Man betont dabei nur die Vorteile, die es seinen bisherigen Feinden gegenüber gewinnt, bedenkt nicht, daß es allemal aus dem Regen in die Traufe kommt, dem Zirkel des verfolgten Verfolgers doch nicht entfliehen kann. Man muß schon in naturphilosophische Spekulationen eintreten und aus einem gezwungenen Auswanderer einen COLUMBUS machen, um sich mit jenen Erklärungen zufrieden zu geben.

Unsere Theorie findet sich in Übereinstimmung mit dem Erfahrungsmaterial, wenn sie folgert, daß die eigentlichen Gründe für den Formwandel in der Geschichte der Arten die gleichen sind wie in der Geschichte des Individuums. So wenig wie der Mensch Kind bleiben kann, sondern Jüngling wird, Mann und Greis, so wenig kann eine Art ewig dieselbe Form bewahren. Wir bejahen jetzt also die vorhin offen gelassene Frage nach dem Altern der Arten auf Grund des Erfahrungsmaterials.

Weniger der „Artentod" als der Artwandel nötigt uns zu dieser Bejahung, eine Notigung, der wir um so leichter folgen, als damit die Einheitlichkeit des Lebens gewahrt, die so häufig gemachte Unterscheidung von Individuum und Art in der Lebensproblematik abgelehnt werden kann.

Wir kommen also auch hier zu einem negativen Entwicklungsprinzip, das sich als ein inneres dem Selektionsprinzip als einem äußeren an die Seite stellt.

Das „Gesetz von der Notwendigkeit des Todes", das „vitale Gefälle" beherrscht wie das individuelle so auch das Leben in der Totalität, nur daß hier — wie bei dem totalen Energiegefälle in der Physik — das Tief, praktisch zum mindesten, unendlich fern ist.

Wenn der Lebenszeitraum auf Erden unendlich groß wäre, so wäre die Geschichte des Lebens die totale Verwirklichung der Lebensmöglichkeiten. Da er das nicht ist, so ist sie ein kleiner Ausschnitt hieraus, bestimmt durch ihre Ausgangsformen und ihre Gesamtdauer.

Wer seiner kosmischen Phantasie fröhnen will, der hat hier alle Freiheit, die Unendlichkeit des Lebens in der Unendlichkeit der Welt zu schauen, uns ist — metaphysice — der virtuelle Endpunkt wichtiger als die ganze unausdenkliche Fülle.

Aber unsere Aufgabe ist hier, jenes negative Entwicklungsprinzip in seiner aktuellen Wirklichkeit aufzusuchen.

Negativ bedeutet Hemmung, Hemmung des bisherigen Ablaufs; die neue Form ist Ausdruck einer neuen Ablaufrichtung, eingeschlagen als Ausweg nach Sperrung des alten Weges. Es ist nichts anderes als die biorheutische Selbsthemmung, der wir vom ersten Kapitel dieses Buches an immer wieder begegnet sind, die wir als wesentlichen inneren Faktor der Embryonalentwicklung ausführlich besprachen. Zur eigentlichen erblichen Auswirkung kommt der Faktor bei der Entstehung der Mutation, aber auch die Bildung neuer Formen durch Hybridisation und Spaltung steht indirekt unter seiner Herrschaft. Es ist ja klar, daß jede Kreuzung, jede Änderung der Ablaufrichtung der Kumulation und

Hemmung entgegenwirkt. Man muß also für das Problem des Alterns der Arten unter einer „Art" alles zusammenfassen, was sich fortzüchtbar kreuzen läßt. Solange noch Kreuzungsmöglichkeiten bestehen, so lange ist das Tempo des Alterns ein äußerst langsames, ja praktisch gleich Null, und es müssen bei so polyhybriden Formen, wie es die existierenden Lebewesen tatsächlich sind (Lotsy), geographische, geologische oder soziologische Faktoren der Inzuchtbegünstigung hinzutreten, um das Altern hervortreten zu lassen. Daß dann die Inzucht so rasch manifest wird, in degenerativer Entartung zutage tritt, das beweist aber, wie beträchtlich an sich das Alternsgefälle ist.

Mit der Zunahme der Zahl der Gene im Laufe der Stammesentwicklung wie auch mit der Abnahme steigt auch die Zahl der möglichen Heterozygotien, jedes neu auftretende wie verloren gehende Gen bedeutet ja nicht nur eine neue Form, sondern infolge der kombinativen Wirkungsart zusammen mit allen möglichen Erbgarnituren der Art eine Fülle neuer Formmöglichkeiten. Wir müssen also erwarten, daß mit dem Auftreten von Mutationen ein rascher Anstieg im Formenreichtum der betreffenden Stammlinie einsetzt, der alsbald (in erdgeschichtlichen Zeitmaßen) wieder abklingt, indem wohl wesentlich unter dem Einfluß der Selektion viele der neuen Formen alsbald enden.

Ein Moment beansprucht hierbei noch besondere Erwähnung: so wenig ein Organismus in all seinen Geweben gleichmäßig altert, so wenig eine Art in allen ihren Individuallinien. Allerdings ist eine gewisse Gleichmäßigkeit durch die Promiskuität in der Fortpflanzung bewirkt, aber keineswegs eine absolute. Abgesehen von geographisch bedingten Besonderheiten der verschiedenen Linien ein und derselben Art ist zu berücksichtigen, daß die mutative Wandlung des Idioplasma — analog der Zellteilung oder der Struktureinschmelzung in der Individualbiologie — als ein zunächst unmittelbar „verjüngendes" Moment anzusehen ist. Das hatten wir ja mit dem Begriff „Ausweg" angedeutet Und diese Verjungung wird keineswegs nur den neuen Formen zugute kommen, auch die aus der Kreuzung der neuen mit der alten Form durch Mendelsche Spaltung wieder erzeugten Exemplare der alten werden relativ verjüngt sein, das plasmatische Altern ist ja durch die Mutation in den betreffenden Abläufen zum Stillstand gelangt, seine Substanz hat selbst den Charakter des mendelnden Faktors angenommen oder ist in eine andere Ablaufrichtung umgeleitet worden, gerade die Abspaltungen zur alten Form sind davon befreit worden. Wenn wir damit experimentieren könnten — eine Moglichkeit, die von der Ermittlung eines Kriteriums der generativen Jugend abhinge — so ware zu untersuchen, ob nicht speziell die Kombination· Mutant-Mutter — Altform-Vater eine verjungte Reproduktion der Urform ergeben wurde.

Die Paläontologie liefert uns Beispiele von lange persistierenden Konservativstämmen mit häufiger Abspaltung von kürzeren, stärker variierenden Seitenlinien. Es wäre zu untersuchen, ob die besonders konservativen, durch viele Erdperioden persistierenden Stämme reich an Abzweigungslinien sind.

Es ist aber ohne weiteres einleuchtend, daß auch ohne manifeste, verjüngende Abzweigungen eine Form sich durch lange Zeiten, ja praktisch vollkommen konstant erhalten kann. Wie die arteigentümliche Lebensdauer der Individuen von den besonderen Eigenschaften ihrer biorheutischen Apparatur (celluläre Excretion, Stapelorgane usw.) abhängt, so natürlich die Lebensdauer der Art, abgesehen von Kreuzungen, von den Bedingungen des Keimzellenablaufs im Individuum. Daß eine absolute Konstanz des Keimzellenablaufs durch die Generationen hin irgendwo verwirklicht sei, das ist schon aus der Tatsache der individuellen Variabilität, von der keine Ausnahme bekannt ist, unwahrscheinlich. Mit der Möglichkeit der Variation ist aber immer auch die der Kumulation, d. h. des Alterns gesetzt, natürlich ist der Wahrscheinlichkeitsgrad von Form zu Form verschieden, gleichwie die jeweilige Verwirklichung in hohem Maße von den äußeren Bedingungen abhängen wird. Diese Fragen sind der Untersuchung durchaus zugänglich.

Was folgt nun aus dieser Auswegtheorie der Entwicklung fur die großen Fragen der Abstammung und der Verwandtschaft der Arten.

Eine Vorfrage zunächst: läßt unsere Theorie die Entwicklung als einen gerichteten Vorgang erscheinen?

Ich meine: durchaus und ohne Zuhilfenahme einer „Eutropie" (STRASSER), LAMARCKischer oder anderer spekulativ-teleologischer Konstruktionen. Daß in den Mutationen selbst kein Anpassungsmoment liegt, wurde mehrfach betont, MORGAN fand verschiedene geschlechtsgebundene Mutantallelomorphe, die, im weiblichen Geschlecht rezessiv, im männlichen als letaler Faktor wirkten. Wir haben allen Grund zu der Annahme, daß letal wirkende, Entwicklung sperrende Mutationen in großer Zahl vorkommen, unserer Beobachtung werden sie ja fast immer entgehen. Die Selektion beginnt also keineswegs erst bei Antritt des freien Lebens, sondern schon in der Keimzelle.

Das Moment der Richtung bringt aber schon der Gefälleansatz herein, verstärkt wird es durch die Tatsache der begrenzten Lebensmöglichkeiten und ihrer Verwirklichung in der Zeit, erheblich verstärkt weiter durch die Selektion, den Kampf um die Lebensmöglichkeiten, die durch den Menschen für die übrige Lebewelt immer mehr eingeengt werden.

Ist das eine „Zufallstheorie"? Ganz gewiß fur den, der sich an den irgendwie hypostasierten Endpunkt einer aufsteigenden Entwick-

lungslinie stellt und die sich wandelnden Formen auf sich zukommen
läßt. Nicht für denjenigen, der sich an irgendeiner Stelle in die Linie
reiht und fragt, warum es weitergeht.

Es ist und bleibt ein Unding, den philosophischen Gedanken des
Sinns, des Ziels oder der Bestimmung des Lebens in die Geschichte des
Lebens hineinzutragen. Wer einen solchen Gedanken hat, der bewahre
ihn davor, ihn zu einer biologischen Theorie und die biologische Theorie
durch ihn zu verfälschen. Ich kann mir den Vorwurf nicht versagen:
wenn es den Philosophen und den Theologen ganz Ernst wäre mit dem
Begriff „Geist" und mit dem Namen „Gott", sie müßten CHARLES
DARWIN danken, daß er dem ferneren Mißbrauch dieser Worte — und
alle naturgesetzlich angewandte Teleologie ist ein solcher Mißbrauch —
einen Riegel vorgeschoben hat. Biologisch kann die Antwort auf die
Frage nach dem Ziel des Lebens nicht anders lauten als „der Tod",
und alle echte Metaphysik und aller wirkliche Glaube hebt mit dem
Ernstnehmen des Todes an.

Es kann nicht unsere Aufgabe sein, die Abstammungsprobleme
im einzelnen zu erörtern, das umfangreiche Material dazu hier auszubreiten. Nur zwei allgemeinere Probleme daraus sollen kurz gestreift
werden: das sog. „biogenetische Grundgesetz" und der Verlust funktionell wertlos gewordener Organe. Auch hier können wir uns ein Eingehen
auf die vielstimmige Diskussion ersparen und uns auf die Nutzbar-
machung für unsere Theorie beschränken, wir haben dazu keine besonderen Hilfsannahmen nötig.

Man mag zu der Vorstellung einer Rekapitulation der phylo-
genetischen in der ontogenetischen Entwicklung stehen wie man will,
die Tatsache steht fest, daß weite Strecken der anfänglichen Embryonalentwicklung bei sehr verschiedenen Tieren große Ähnlichkeit
haben, daß aus typisch homolog angelegten Bildungen schließlich
sehr verschiedene, morphologisch und funktionell differente Gebilde
hervorgehen.

Beispiele liefert jede vergleichende Entwicklungsgeschichte in Hülle
und Fülle.

Ist nun die Folgerung unabweisbar, daß in den Vorfahren — sagen
wir: des Menschen — jene jetzt nur embryonal passierten Organe in
der dem heutigen niedereren Tier entsprechenden Endausbildung bestanden und funktioniert haben?

Möglich erscheint es, notwendig keineswegs. Metamorphosen embryonaler Bildungen gibt es auch ohne oder gegen den Sinn der
Stammesfolge, eine absolute Geltung des Rekapitulationssatzes ist
nicht aufrechtzuerhalten. Das beweist aber nichts gegen seine teilweise
Gültigkeit, und es leuchtet ein, daß die Ablauf- und Hemmungstheorie

mit dieser Erscheinung sehr gut zusammengeht. Der Moment der Abzweigung von der phylogenetisch tieferen Entwicklungsrichtung bedeutet den Maximumpunkt einer Hemmungskurve, jeder Fortgang von
dort (in den verschiedenen höheren Formen) einen möglichen Ausweg.
Zeigt es sich nun — etwa bei den Wirbeltieren —, daß eine lebende
Form den größten Reichtum an embryonalen Ansätzen zu anderen aufweist, so ist damit aber keineswegs gesagt, daß alle diese oder ihnen
sehr ähnliche Formen unter ihren Vorfahren waren. Plausibler scheint
mir die Annahme, daß diese „reichste" Form den Konservativstamm
darstellt, von dem die anderen abgezweigt sind, eine nach der
anderen.

Während die Abzweigungen alsbald einen großen Formenreichtum
entwickeln, dafür aber auch einseitiger — entsprechend der mutativen
Kumulation — spezialisiert werden, entwickelt sich der Konservativstamm langsamer, aber gewissermaßen harmonischer weiter, unter Erhaltung eines Gleichgewichts der Wandlungsmöglichkeiten in den verschiedenen Richtungen.

Jede Abzweigung liefert verjüngte, durch Abspaltung entstandene
Exemplare der alten Form und trägt damit zur Erhaltung des langsamen Ganges bei. Vielleicht wäre diese Hypothese geeignet, als Anregung bei den Stammesfragen zu dienen, vielleicht könnte die Re-
kapitulationsbetrachtung dazu benützt werden, um Stamm und Abzweigung voneinander zu sondern.

Es ist verlockend, den Konsequenzen dieses Gedankens nachzugehen, die wohl dazu führen würden, den Menschen als Konservativstamm zu betrachten, ihm nicht etwa ein besonders reiches, sondern
vielmehr ein armes Formenvorleben, verglichen mit anderen Arten,
zuzuschreiben. Die im Embryonalablauf konservierten scheinbaren
Vorfahren des Menschen wären dann die von dem werdenden Menschen
— man gestatte die Metapher — gemiedenen Irrtümer, der Mensch wäre
wirklich der im Sinne der Dichotomie letzte, der Gipfelsproß der Entwicklung. Hier ist die Grenze, wo die Biologie aufhört, die Naturphilosophie anfängt.

Ein ganz anderes Problem stellt die Rückbildung funktionslos gewordener Organe dar, wie sie in klassischer Weise in der Anpassung an
die parasitäre Lebensweise zur Erscheinung kommt. Der vielzitierte
Fall der Sacculina, eines an Krebsen schmarotzenden Parasiten, der
als Crustaceenlarve angelegt später eine völlig atypische, fast strukturlose Bildung zeigt, mag als Beispiel dienen. Auch die rudimentären
Organe gehören hierher, wenn da auch die Problematik der früheren
funktionellen Bedeutung bestehen bleibt.

Man hat diese Beobachtungen als Stütze der LAMARCKschen

Theorie gelten lassen wollen, meines Erachtens zu Unrecht. Die erbliche Rückbildung nach Fortfall der Funktion ist etwas ganz anderes als die Neubildung auf den funktionellen Bedarf hin. Für unsere Auffassung der somatischen Induktion als spezifischer Hemmung im Keimzellenablauf infolge partiell geminderter cellulärer Excretion bietet das Problem keine Schwierigkeiten. Jedenfalls ergeben sich daraus Fragestellungen, entsprechend den oben theoretisch abgeleiteten günstigsten Bedingungen für diesen Mechanismus der Vererbung erworbener Eigenschaften. Es wären die parasitär angepaßten Tierformen daraufhin anzusehen, bei den Würmern und Crustaceen handelt es sich z. B. um Tiere von großer Regenerationsfähigkeit.

Rudimentäre, rückgebildete einzelne Organe werden wir eher bei den abgezweigten, stark mutierten Formen erwarten als bei den Konservativstämmen. Auch dieses Moment kann vielleicht bei der Abstammungsforschung dienen. Organe, die eine gegenüber anderen rezenten Formen veränderte Funktion erhalten haben, darf man aber nicht zu den rudimentären oder atavistischen rechnen, wie es gelegentlich geschieht.

Die Frage, ob es sich um einen wirklichen bloßen Stammesrest handelt, wird immer nur vorläufig beantwortet werden können.

Von unserem Standpunkt aus werden wir die erbliche Rückbildung eher bei umfangreichen, für die Biokymsejunktion bedeutungsvollen Organen erwarten als bei geringfügigeren, und eher an regenerationsfähigeren resp. von der Funktion in dem Wachstumsausmaße abhängigeren Geweben als den gegenteilig gearteten.

In der Einleitung dieses Buches ist gefragt worden, was von einer Theorie des Lebens gefordert werden kann und was nicht. Dabei war insbesondere das Problem der einzelnen Lebensformen bedacht worden, mit dem Ergebnis, daß von der Theorie nicht mehr zu fordern sei, als die Möglichkeit der Entstehung und die Notwendigkeit der Wandlung einzelner Formen des Lebens allgemein aufzuzeigen. Ich glaube, daß unsere Theorie dieser Forderung genügt hat, mit der Aufzeigung der gleichen wirkenden Momente im individuellen wie im Artenleben wahrt sie die Einheitlichkeit des biologischen Denkens. Die Grenzen aber, über welche die Theorie nicht hinausreicht, scheinen mir solche der naturwissenschaftlichen Erkenntnis überhaupt zu sein. Wir verzichten darauf, die Frage nach der Entstehung des Lebens und nach seinem kosmischen Sinn zu stellen, wir verzichten auf den Versuch, aus der Formensprache der Lebensgeschichte eine Antwort auf diese Fragen herauszulesen, und überlassen es einer „Metabiologie", das Bedürfnis des menschlichen Geistes nach solchen Antworten zu befriedigen.

Gehirn und Bewußtsein.

Die Erkenntnistheorie, dieser nur allzu erfolgreiche Versuch, dem Menschen das gute Gewissen der Wirklichkeit gegenüber zu nehmen, hatte zwischen Physiologie und Psychologie strenge Verkehrsformen vorgeschrieben.

Es galt philosophisch für schlechten Ton, sich auf dieses Gebiet zu begeben, ohne zuvor seine Reverenz vor der unübersteiglichen Grenze zwischen beiden Wissensgebieten gemacht zu haben.

Der Naturforscher wird aber doch wohl keinen anderen Gesetzgeber anzuerkennen brauchen als das Interesse seiner Forschung, selbst auf die Gefahr hin, sich den Ruf philosophischer Naivität zuzuziehen. Tatsächlich haben ja auch die Forscher jene Grenze — mit oder ohne philosophische reservatio mentalis — immer doch überschritten, ohne durch Erfolglosigkeit ihrer Bemühungen dafür gestraft worden zu sein.

Wenn trotzdem etwa die mechanistische Betrachtung der seelischen Vorgänge als einer Funktion des Gehirns analog etwa der Harnbildungsfunktion der Niere oder der inneren Sekretion der Schilddrüse so kraß und unzweifelhaft fehlsam auf uns wirkt, so braucht das durchaus nicht an der Tatsache jener Grenzüberschreitung überhaupt zu liegen, sondern vielleicht nur an der besonderen Art, wie sie in diesem Falle vollzogen wird.

In Wahrheit liegt die Grenzüberschreitung schon vor, wenn nur die besondere Beziehung des Gehirns zu den seelischen Vorgängen behauptet wird, die trotzdem wohl niemand leugnet.

Muß man denn aber mit der Diskussion über psycho-physische Kausalität oder psycho-physischen Parallelismus, Monismus oder Dualismus beginnen, wenn man etwas über diese Tatsachen des Lebens erfahren will?

Ich möchte glauben, daß es Physiologie und Psychologie nur nützen kann, wenn sie sich entschieden unter den gemeinsamen Oberbegriff des „Lebens" stellen, nur muß die Vorstellung vom Leben derart sein, daß sie zwangsläufig von der einen Sphäre zur anderen führt. Diese immanente Forderung ist wohl auch der eigentliche Entstehungsgrund aller psychologistisch, animistisch oder vitalistisch gefärbten Lebenstheorien, aber der Unzulänglichkeit des Mechanismus für die Psychologie korrespondiert die Unfruchtbarkeit des Vitalismus für die Physiologie.

Jeder Versuch, das Problem als das Verhältnis des Physischen zu dem Psychischen zu betrachten, führt zu einer Vergewaltigung eines der beiden Partner, sieht man das Problem aber als ein solches der beiden Wissenschaften, so läßt sich, wie mir scheint, eine Antwort geben.

Wenn die physiologische Erkenntnis, die Erforschung des Lebens von den untersten Stufen nach oben immer deutlicher auf eine, ihr nicht dem Inhalte, wohl aber dem Lebensorte nach bestimmbare Möglichkeit hinweist, und wenn die in der Psychologie erkannte Wirklichkeit nur an diesem Lebensort überhaupt unter den unabweisbar gemeinsamen Oberbegriff des Lebens treten kann, dann ist eine einheitliche Erforschung gegeben.

Natürlich ist mit „Lebensort" nicht etwas Morphologisches gemeint, nicht die Struktur des Gehirns im Sinne des Parallelismus von Fasernetz und Assoziationen etwa; was gemeint ist, wird im Fortgang der Darstellung klar werden.

In der Tat fordert ja das Zentralnervensystem wie wenig andere Organe dazu auf, aus seinem Bau seine Wirkensart zu erschließen, und doch glaube ich, daß seine physiologischen Eigenschaften und seine biologische Stellung ebenso auch das andere offenbaren: daß nicht so sehr das beständige Organ als der stete, ununterbrochene Vorgang für die Erkenntnis wesentlich ist. Nirgends sonst im Bereiche des Lebendigen wird das Wesen der räumlichen Form als der Projektion des zeitlichen Geschehens so deutlich wie hier, auf keinem anderen Gebiete der Biologie ist darum aber auch das Übergewicht der morphologischen Einstellung so verhängnisvoll.

Der Gegensatz von morphologischer Starre einerseits, intensivem Geschehen andererseits hat ja sein Widerspiel in der Stellung des Menschen zu seinem Seelenleben.

Was ist dem Menschen gewisser als die Beständigkeit seiner Seele?

Und doch — will er diese Seele fassen, so zerrinnt sie ihm in den Strom des immer schon vergangenen Augenblicks oder in eine endlose Bilderreihe seines gelebten Lebens, als Inhalt empfängt er nur das Gewesene, das Nichtwirkliche.

Die Paradoxie der Seele — daß nur der Augenblick wirklich aber gestaltlos, das Vergangene unwirklich aber gestaltet ist — ist ja die Paradoxie des Lebens überhaupt.

Zwei Wege, die gemeiniglich eingeschlagen werden, führen von der biologischen Forschung aus an die Grenze des seelischen Bereichs: die phylogenetische Betrachtung der zunehmenden Ausbildung nervöser Organe mit der wachsenden Mannigfaltigkeit vollführter Lebensleistungen und die von dem Reizbegriff ausgehende Untersuchung dieser Leistungen, beginnend bei den einfachsten und fortschreitend zu immer komplizierteren.

Wir werden noch einen dritten Wege einschlagen, der, wie mir scheint, zu Unrecht vernachlässigt wird: die Untersuchung der Stellung des nervösen Systems im individuellen Lebensablauf, unabhängig von der Frage nach seiner Funktion, in unserer Sprache: die Untersuchung der biorheutischen Besonderheit des Organs. Andeutungsweise haben wir dieses Problem schon mehrfach berührt, in diesem Stadium der Darstellung brauchen wir nicht näher auszuführen, was es besagen will.

Natürlich werden wir diese drei Behandlungsarten nicht streng scheiden, sondern sie nach dem Bedarf des Stoffes auch zusammenwirken lassen.

Es ist unbestreitbar, daß mit den nervösen Organen ein Prinzip dargeboten wird, das in der Tat eine qualitative Reihenfolge in die Mannigfaltigkeit der Formen einzuführen gestattet. Setzen wir ein Tier um so höher an, je mehr „Gehirntier" es ist, so haben wir ein positives Entwicklungsprinzip, das, soweit wir darüber Aufschluß erlangen können, der geschichtlichen Formenfolge zu genügen scheint.

Der Orthogenetiker würde folgern, das „Ziel" der Entwicklung sei das im Menschen verwirklichte Selbstbewußtsein oder auch der Übermensch, der Darwinist wird entgegnen, die stärkere Gehirnausbildung verleihe das Übergewicht im Kampf ums Dasein.

Sie mögen beide recht haben, wir konstatieren nur die Tatsache und stellen sie mit der anderen zusammen, daß das exquisite Gehirnwesen, der Mensch, einerseits in keiner körperlichen Teilfunktion einseitig hervorragt, vielmehr auf jedem sensorischen oder motorischen Spezialgebiet von verschiedenen, jeweils anderen Tieren übertroffen wird, andererseits eine abnorm lange Entwicklungszeit, Reifung und eine relativ sehr lange Lebensdauer hat.

Erinnern wir uns der Auffassung des biogenetischen Grundgesetzes, wonach der Mensch als Gipfel einer Stammlinie, im Gegensatz zu den Seitenzweigen, erschien, so liegt der Gedanke nahe, die gleichsam harmonischere Ausbildung des Menschen mit der überragenden Gehirnentwicklung zusammenzubringen.

Erinnern wir uns weiter des RUBNERschen Befundes eines exorbitant hohen prozentualen Energiebedarfs für den auswachsenden Menschen, so kommen wir zu der Vorstellung, daß in dem biorheutischen System der menschlichen Entwicklung das dem Zentralnervensystem zugehörige Teilgefälle von Anfang an außerordentlich überwiegt und von Anfang an den morphogenetischen Nutzeffekt des Assimilationszustromes — in Masse der lebenden strukturwerdenden Substanz gerechnet — stark herabdrückt.

Es wird ein, im Verhältnis zu anderen Lebewesen abnorm großer Anteil des Assimilationsmaterials zur Bildung nervöser Substanz verbraucht, und die massemäßige Ausbeute dieses Verbrauchs ist eine äußerst geringe.

Überblicken wir so die Linie vom Bacterium zum Menschen, so beginnt sie mit einer sehr großen Breite des Nährmaterials und einer sehr guten Massenausbeute an lebender Substanz und endet bei einer sehr spezialisierten Ernährungsbasis und einer im Gehirn äußerst geringen Massenausbeute an Substanz. Die beiden Lebensapparaturen zeigen uns zugleich die gegensätzlichen Typen des hohen biorheutischen

Gefälles: am Bacterium durch gewaltige Substanzzunahme, im Gehirn durch mächtige Substanzvernichtung bei spezialisiertester Auswahl der erhaltenen Endstufen.

In der ontogenetischen Entwicklung ist die Anlage des Zentralnervensystems eine der ersten Differenzierungszonen, in den Mosaikeiern ist sie schon vor der Furchung räumlich determiniert. In den Entwicklungsversuchen an abgetrennten Teilen des Keimes sind, wie erinnerlich sein wird, nur diejenigen Teile zur Ganzbildung befähigt, welche die Anlage des Zentralnervensystems oder ihre Bildungszone, die auch beim Regulationsei sehr früh, in vielen Fällen mit der Erstfurchung, festgelegt ist, enthalten.

Man gewinnt den Eindruck einer Art von Beherrschung des Entwicklungsganges durch die Entwicklung des Zentralnervensystems, die sich sowohl onto- wie phylogenetisch auswirkt. Es wird noch reicherer, zumal experimentell gewonnener Erfahrung bedürfen, um diesen Gedanken weiter nachzugehen.

Die Reizbarkeit als allgemeine Eigenschaft lebender Formgebilde haben wir bereits mehrfach erörtert. Gerade diese Allgemeingültigkeit, die nicht an die Existenz besonderer Differenzierungen gebunden ist, nötigt uns dazu, sie mit den Elementarabläufen des Lebens unmittelbar in Beziehung zu setzen.

Jeder Eintritt eines Reizes in ein lebendes System muß die Veränderung nach Gefälle oder Richtung irgendwelcher biorheutischer Abläufe bedeuten. Dabei ist natürlich nicht gesagt, daß diese biorheutische Wirkung die einzige oder primäre Wirkung ist, die der zum Reiz werdende Vorgang innerhalb des räumlich begrenzten biologischen Systems setzt.

Der Lichtstrahl, der die brechenden Medien des Auges passiert, wird erst in der Netzhaut zum „Reiz" im eigentlichen Sinne, und bei der elektrischen Reizung des Nerven wird die erste Veränderung etwa eine Ionenverschiebung, die zweite vielleicht eine Zustandsänderung der Kolloide und die Folge erst die Erregung sein Ja — so ungewöhnlich das klingt — es wäre durchaus denkbar, daß die Nervenleitung auf künstlichen Reiz noch ebenso „nach außen" zu rechnen wäre wie der Gang des Lichtstrahls im Auge, nämlich dann, wenn der Nerv dabei nur rein passiv, nur leitend beteiligt wäre. Das wird noch deutlicher werden.

Die Differenzierung nervenartiger Gebilde, die schon auf der Stufe der Protozoen vorkommt, bedeutet darum auch weniger eine Erhöhung oder Qualifizierung der Reizbarkeit als eine Verbesserung der Erregungsausbreitung NERESHEIMER hat bei dem Infusor Stentor als „Neurophanen" nervenfibrillartige Gebilde beschrieben, die nicht-kontraktil und elektiv färbbar sind. Stentor verhält sich gegen spezifisch lähmende Nervengifte empfindlich, im Gegensatz zu nervenlosen Protozoen. Während bei solchen die protoplasmatische Reizleitung sehr langsam und wenig weitreichend ist (DOFLEIN), zeigen die mit „Tasthaaren" oder ähnlichen leitenden Gebilden begabten Infusorien eine sehr rasche Reizleitung und einen immer gleichen, reflexartigen Reaktionsmechanismus.

Von hohem biologischen Interesse sind die Reizleitungserscheinungen bei den Pflanzen, die als Leitungsweg wahrscheinlich die Plasmodesmen von Zelle zu Zelle benützen (FITTING), ein exakter Nachweis hierfür steht noch aus.

Fehlen hier auch eigentliche, spezielle Leitungsgewebe, so gibt es doch bevorzugte Bahnen rascherer Reizausbreitung, nach FITTING besonders in den Siebröhren mit ihren langgestreckten Zellen. Nervöse Zentralorgane fehlen, daher lehnt FITTING den von OLTMANNS u. a. gebrauchten Ausdruck „Reflexvorgang" ab, betont aber ausdrücklich den korrelativen Einfluß der Vorgänge in einem Organ auf die anderen.

Über die spezielle botanische Bedeutung scheinen mir die Erfahrungen über Reizgröße und Ausbreitungsweite hinauszugehen. Die bekannte Reaktion der Mimosa pudica, die auf Erschütterung der Pflanze in toto erfolgt, läßt sich bei örtlicher Berührung auf einzelne Blätter und einzelne Blatteile abstufen (HABERLANDT). Bei stärkerer lokaler Reizung (Versengen mit der Brennlinse) breitet sich die Reaktion auch auf andere Blätter aus, bei vorsichtigem Einschneiden des Stengels über die ganze Pflanze. Überhaupt, bei Oxalidaceen wie Mimosaceen, ist die Verwundung der stärkste, ausbreitungsfähigste lokale Reiz, sie wirkt auch z. B. bei Ranken, die für Stoß und Erschütterung nicht empfindlich sind. Wundreize stören auch — eine Analogie zu Reflexgesetzen der Tiere — den Ablauf anderer Reizvorgänge. Daß nach geringer Verwundung vielfach Wachstumsbeschleunigung, verbunden mit Steigerung der Atmungsintensität und Wärmeproduktion, beobachtet wurde, sei der Bedeutung für unsere spätere Analyse wegen hier nochmals in Erinnerung gebracht.

Die Leitungsstrecke ist bei den schwächeren Reizen meist nur kurz, die Geschwindigkeit immer klein, bei Mimosa 2 bis 15 mm/sec, ungleiche Geschwindigkeit in beiden Richtungen wie auch einseitige Leitung kommen vor. Eine Unterscheidung von Perzeptions- und Reaktionszone ist zuerst von DARWIN bei der insektenfressenden Drosera nachgewiesen worden.

Analog den tierphysiologischen Beobachtungen sind auch bei der pflanzlichen Reizleitung elektrische Potentialänderungen, Negativität der gereizten Stelle und Aktionsströme festgestellt. FITTING glaubt, daß die Leitung ein physikalischer Vorgang ist, da die Fortpflanzung explosionsartiger chemischer Vorgänge in Pflanzen unbekannt sei, eine einfache Diffusion kommt als zu langsam nicht in Frage.

Wie dem auch sei, das für uns Wichtige ist die hohe Reizqualität der Verwundung in Verbindung mit deren Wachstumswirkung, eine erste Stütze der von uns angenommenen Beziehung zwischen Erregung und biorheutischem Ablauf.

Bei den Tieren sind nach den Protozoen die Coelenteraten von JENNINGS, JORDAN u. a. untersucht, wobei JENNINGS betont, daß der Organismus „ein Vorgang" sei, weshalb derselbe Reiz am gleichen Ort ganz verschiedene Wirkungen hervorrufen könne. Bei den Aktinien und Polypen mit ihrem plexusartigen Nervengewebe ohne eigentliches Zentralorgan wird darüber diskutiert, ob die Reizerfolge einfache direkte Reaktionen oder Reflexe mit zentralem Einschlag seien. Jedenfalls handelt es sich zum Teil um komplizierte, koordinierte Reaktionen mit „Hemmung und Bahnung" je nach dem Ernährungszustand der Tiere. Chemische oder mechanische Nahrungsreize bleiben beim verdauenden oder satten Tier wirkungslos, während auf Fremdkörperreize des gleichen Mechanismus die Reaktion erfolgt. Derselbe Nahrungsstoff, der außerhalb des Körpers einen Reiz bildet, wirkt innerhalb desselben hemmend.

JORDAN bezeichnet als „reflexarm" solche Tiere (Cölenteraten, Holothurien, Schnecken, Ascidien), bei denen je nach der Intensität des Reizes sich die Reaktion ausbreitet, Tiere, die noch keine ausgesprochen antagonistische Muskulatur und eine primitive Lokomotion haben. Wichtig für uns sind seine Feststellungen über die Tätigkeit des Cerebralganglions: „es übt die von uns festgestellte Hemmung (Reflexe, Lokomotion) nicht durch hemmende Impulse aus, sondern durch Vernichtung eines Teils der Erregung in seinem Innern. Die Hemmung ist um so größer, je geringer der aktive Zustand des Ganglions ist." Der aktive Zustand ist abhängig von den Erregungen, die aus den Hauptsinnesorganen kommen.

Diese Nervennetztiere zeigen im ganzen ähnliche Verhältnisse, wie wir sie bei der pflanzlichen Reizleitung fanden und wie sie andererseits für das Zentralnervensystem der höheren Tiere gelten: die Reizleitung erfolgt mit Dekrement, die Ausbreitung steigt mit zunehmender Reizgröße. Im Gegensatz dazu steht der periphere Nerv der höheren Tiere, der ohne Decrement (außer unter ungünstigen Bedingungen, Erstickung) und schwache wie starke Impulse mit gleicher Geschwindigkeit leitet, für dessen Fasern das „Alles-oder-Nichts-Gesetz" gelten soll (KEITH LUKAS, VERWORN).

Seit den grundlegenden Untersuchungen SHERRINGTONS hat man in Anlehnung an diesen hervorragenden Forscher den einfachsten Reflex (Ruckenmarksreflex) als die funktionelle Einheit der zentralen Tatigkeit

angesehen, hat demgemäß alle Versuche, phylogenetisch und ontogenetisch die Entwicklung der höheren zentralen Funktionen zu re-
konstruieren, auf der Basis des Reflextypus „Afferentes Neuron — efferentes Neuron — effektorisches Organ" unternommen. Schon SHER-
RINGTON hat diesen einfachen Grundtypus als Fiktion bezeichnet und
neuerdings macht T. GRAHAM BROWN auf Grund deszendenztheoreti-
scher und nervenphysiologischer Erwägungen Einwände geltend, die mir
viel Gewicht zu haben scheinen. Er sagt: „Es ist keineswegs unmöglich,
daß zuerst der einfache nervöse Mechanismus von dem efferenten
Neuron und effektorischen Organ allein gebildet wurde, und daß der
wirksame Reiz ein dem Blutreiz bei der Atmung äquivalenter war."
Die Annahme des Reflexbogens als primitivster Form nervöser
Organbildung setzt, wie GRAHAM BROWN ausführt, das gleichzeitige
Entstehen von afferentem Neuron mit Reizempfangsapparat und
efferenter Erfolgseinrichtung voraus. Nur der gesamte funktions-
fähige Apparat war ja ein selektiv erhaltungswürdiger Formbildungs-
erfolg. Mit Recht erklärt GR. BROWN diese Annahme für reichlich
schwierig. Wenn die Entwicklung bei Tieren mit nur direkt von außen
erregten motorischen Einrichtungen (Schwämme) beginnt, dann zu
solchen geht, die auf die äußeren Reize mit richtungsloser Ortsver-
änderung reagieren, so ist es in der Tat wahrscheinlicher, besser aus den
Lebensbedingungen heraus zu verstehen, wenn sich zuerst zentrales
Reizbildungsorgan (das auch auf innere Reize wie Nahrungsmangel im
Coelom anspricht) und lokomotorisches Organ sondern, und erst wenn
die weitere Organisation efferentes Zentrum und Außenwelt mehr
voneinander entfernt, ein afferentes Neurom hinzutritt. Es ist auch
durchaus unberechtigt, den äußeren vor dem inneren Reiz so zu bevorzugen, wie es Reflexphysiologie und Assoziationspsychologie früher
meist getan haben. Als das primäre funktionale Bedürfnis (es braucht
kaum gesagt zu werden, daß dieser Ausdruck nur als Abbreviatur gebraucht wird) wird in der Entwicklung die Tendenz darauf gegangen sein,
dem veränderten Zustand des lebenden Systems möglichst rasch und
ausgiebig durch motorische (und lokomotorische) Reaktion zu begegnen, eine Reizbildungsstelle für das effektorische Organ zu besitzen,
wo jede Veränderung zu einem sich rasch und weit ausbreitenden Reize
wird. Nicht die möglichst vielseitige und empfindliche Reizbarkeit
resultiert als ein Erfordernis jener primitiven Lebensart, sondern die
möglichst ausgiebige und rasche motorische Reaktion auf die wichtigen
Bedingungsveränderungen. Die Abhängigkeit der äußeren Reizbarkeit
von Ernährungslage usw. bei jenen Tieren zeigt ja auch ihr Nervensystem vorwiegend nach innen gerichtet.
Mit Recht weist GR. BROWN darauf hin, daß auch im Zentralnervensystem der höheren Tiere die untersten Schichten der Reflexsysteme

solche auf „Blutreize" sind, das bekannteste Beispiel ist das Atemzentrum, das bei Ausfall des afferenten Teiles des Reflexbogens (Vagus) auf Grund jener Reize (CO_2 resp. H-Ionenkonzentration, Sauerstoffmangel) funktioniert und das auch in tiefer Narkose in Tätigkeit bleibt.

Eine charakteristische Lebensäußerung des Nervensystems, die wir noch ausführlich zu analysieren haben werden, tritt uns auch bei Wirbellosen schon deutlich entgegen: die rhythmische Erfolggebung. So zeigen die Medusen spontane rhythmische Bewegungen, die BAGLIONI auf von den Randsinnesorganen den Ganglienzellen zugeführte dauernd wirkende Reize zurückführt, die hier in efferente rhythmische Entladungen umgewandelt werden.

Wir können hier auf die Ergebnisse der vergleichenden Physiologie nicht in extenso eingehen, nur einige Erfahrungskomplexe und theoretische Folgerungen, die wichtig für die allgemeinen Probleme erscheinen, seien herangezogen.

Für das Problem der Nervenleitung bedeutungsvoll ist der Versuch von CARLSON, der bei in physiologischen Grenzen gehaltener Dehnung des Bauchmarks einer Annelide eine entsprechende Verlängerung der Leitungsdauer sah, woraus er auf den Flüssigkeitscharakter des leitenden Prinzips schließt.

Die Leitungsgeschwindigkeiten sind bei Avertebraten relativ klein. v. UEXKÜLL fand bei Mollusken 400 mm/sec, sie steigen mit der Temperatur. BURIAN sah bei Octopus und Eledone deutliche Ermüdbarkeit des Mantelnerven, jeder Reiz setzte eine katabolische Änderung, der eine anabolische folgte.

Im Gegensatz dazu ist der periphere Nerv der Wirbeltiere mit seiner hohen Leitungsgeschwindigkeit bei Sauerstoffgegenwart praktisch unermüdbar. Allgemein erlischt die Leitfähigkeit stets fruher als die Erregbarkeit, F. W. FRÖHLICH fand bei Sinken der letzteren die Leitfahigkeit zunächst unverändert, bis sie bei einem gewissen Grad der Erregbarkeitsminderung plötzlich steil abfiel bis auf Null, wahrend die Erregbarkeit danach langsam weiter sank. Die Latenzzeit des peripheren Nerven ist äußerst kurz, nach GARTEN gibt die das elektrische Organ von Malapterurus innervierende Ganglienzelle 1000 Erregungen in der Sekunde ab, auch sonst wird die Latenzzeit zu 0,001 sec angegeben. Im sauerstofflosen Medium steigt die refraktäre Periode ebenso wie die Ermudbarkeit (FRÖHLICH, THÖRNER).

Wir haben schon an fruherer Stelle eine physikalische gegenüber der chemischen (HERMANN) Leitungstheorie bevorzugen zu sollen geglaubt, eine Annahme, die aus den in diesem Kapitel schon angefuhrten Erfahrungen weiter gestutzt erscheint. Wir werden die fruher angenommene Hypothese einer irgendwie gearteten mechanischen Welle auch hier verwenden, ohne daß unsere weitere Analyse von ihren Einzelheiten abhängig wäre und ohne damit etwa jede Erregungsausbreitung auf ein und denselben physikalischen Mechanismus festlegen zu wollen.

Ich möchte vielmehr glauben, daß die Unterschiede zwischen langsam und schnell leitenden, ermüdbaren und unermüdbaren Nerven (ohne Ganglien) prinzipiell verschiedene Arten der Leitung bezeichnen, den ersteren mag sehr wohl eine chemische Welle entsprechen.

Unsere Hypothese nimmt an, daß am Orte der Reizwirkung eine „Reizsubstanz" (PÜTTER) auftritt, die wir noch näher charakterisieren werden, sie nimmt ferner in Anknüpfung an die Regenerations- und Wachstumsvorgänge eine dauernde langsamste Substanzverschiebung nach der Peripherie hin an. Die Welle verläuft also nicht in einem ruhenden, sondern einem, wenn auch langsamst, fließenden Kontinuum, die Welle kann also einmal im Sinne der Beschleunigung, das anderemal in dem der Stauung des Flusses geschehen.

Eine in etwa verwandte Theorie ist die „Neurin"-Flußtheorie von MAC DOUGALL, doch scheint dieser Autor ein wirkliches, mit größerer Geschwindigkeit vor sich gehendes Fließen in einem Röhrensystem mit Saugwirkung auf Seitenrohre anzunehmen, was abgesehen von vielem anderen schon mit der lange erhaltenen Leitungsfähigkeit des herausgeschnittenen Nerven kaum vereinbar erscheint.

Zu der Theorie einer nach Art einer Flüssigkeit dem Gefälle entsprechend fließenden Erregung sind v. UEXKÜLL und JORDAN unabhängig voneinander auf Grund von Versuchen an Echinodermen sowie Mollusken gekommen. Sie formulieren, daß „ein Zentrum ein Organ ist, das Erregungsverschiebungen bewirkt". Alle Zentren vermögen danach sich Erregungen gegenseitig zuzuschieben, die Erregung ist etwas Passiv-Bewegtes, im ganzen Nervensystem gleichartig, fließt sie je nach den herrschenden Spannungs- und Potentialverhältnissen. Bekanntlich hat v. UEXKÜLL den Satz aufgestellt: die Erregung fließt nach dem gedehnten Muskel.

BAGLIONI glaubt, diese Anschauung leicht widerlegen zu können; er sagt, die Erregung sei eine vorübergehende Erscheinung, die, durch physikalisch-chemische Vorgänge in der lebenden Substanz herbeigeführt, ablaufe und erlösche. Diese Kritik ist ebenso unberechtigt wie sie apodiktisch ist.

JORDAN konnte am Flußkrebs nach totaler Enthirnung durch abgestufte elektrische Reizung „die Hauptfunktion des Hirnes niederer Tiere, der Lokomotion die Richtung aufzuzwingen und die Bewegung gelegentlich wohl auch anzuregen" nachahmen.

Nehmen wir die v. UEXKÜLLsche bzw. JORDANsche Anschauung mit der oben zitierten GR. BROWNschen zusammen, so nähern wir uns den Vorstellungen, die sich aus der Ablauftheorie ergeben werden. In

einem Punkte aber wird sich unsere von allen diesen Theorien grundsätzlich unterscheiden.

Sie alle nehmen an, daß die Erregung etwas ist, das irgendwo
entsteht, als solches — was es physikalisch oder chemisch auch sei —
die Leitungswege entlang fortschreitet, im Zentralorgan umgeleitet,
ausgebreitet, eventuell irgendwie verändert wird und schließlich als
solches zum Erfolgsorgan gelangt.

Im Grunde macht es da keinen sehr großen Unterschied aus, ob
man Anhänger der Neuronentheorie ist oder Gegner, ob man den
Ganglienzellen, dem zentralen Grau oder wem sonst einen integrierenden
Einfluß auf die durchpassierenden Erregungen zuschreibt oder das
zentrale Geschehen lediglich auf Schaltungen beschränkt, ob man als
reiner Assoziationspsychologe denkt oder eine Apperzeption, eine ten-
dierende oder auswählende Subjektqualität bestehen läßt. Selbst
GRAHAM BROWN bleibt auf halbem Wege stehen, wenn er aus dem
Blute wiederum „Reize" hervorgehen läßt, und EBBECKE nimmt zwar
„corticale Dauererregungen" an, eine Anschauung, der wir uns anschließen können und deren Fruchtbarkeit er evident gemacht hat,
aber auch er glaubt bei dem Erregungsbegriff verharren zu sollen, obwohl die glückliche Analogisierung mit der „lokalen vasomotorischen
Reaktion" (EBBECKE) zur weiteren Analyse auffordert.

Es wird das Verständnis erleichtern, wenn wir vor dem Eintritt
in die Erörterung der speziellen Probleme jenen oben benannten dritten
Weg ein Stück weit verfolgen und die allgemeine Stellung des Nervensystems im ablaufenden biorheutischen System des Organismus betrachten.

Schon in einem früheren Stadium unserer Darstellung haben wir
das Gehirn als dasjenige Organ charakterisiert, bei dem die Funktion
mit der Strukturbildung zusammenfällt und damit als das biorheutische
Organ katexochen.

Ehe wir das weiter ausführen, ist aber noch einmal ein Wort zum
Stoffwechselproblem nützlich, wenn es auch zum Teil eine Wiederholung von schon Gesagtem ist.

Man begegnet wie überall so auch in der Diskussion der Nervenphysiologie immer wieder der Argumentation, daß ein starker Sauerstoffverbrauch eine überwiegend dissimilatorische Stoffbilanz eines
Gewebes anzeige. Man nimmt also ohne weiteres an, daß es die gewebseigene, protoplasmatische Substanz sei, die oxydativ abgebaut wird.
Man vergißt vollkommen, daß gerade wachsendes, lebhaft assimilierendes Gewebe einen hohen Sauerstoffverbrauch hat, daß der Muskel,
diese bevorzugte Brennstätte, bei genugender N-freier Belieferung keine
Eigensubstanz in nennenswertem Umfange abbaut, daß man selbst

(Verworn) festgestellt hat, daß die doch assimilativ gedachte Erholung nur in Sauerstoff möglich ist. Und ebenso bedenkt man nicht, daß gerade die asphyktischen Bedingungen die Autolyse fördern, daß immer dann wirkliche Einschmelzung lebenden Gewebes eintritt, wenn die Oxydationen, sei es durch Sauerstoffmangel oder durch Gifte herabgesetzt werden.

Uns wird das Gehirn mit seinem außerordentlichen Sauerstoffverbrauch ohne nachweisbare mechanische Leistung vielmehr als das Bild eines assimilativ höchst tätigen Gewebes erscheinen, als Stätte eines biorheutischen Ablaufs von steilstem Gefälle. Das Gehirn schlägt an Ablaufintensität alle anderen Gewebe des Körpers, bei Nahrungsmangel zehrt es sie alle auf, bei allgemeiner Assimilationshemmung (Gift, konkurrierende Erreger) werden so lebhaft assimilierende Gewebe wie Keimdrüsen, Verdauungsdrüsen, Haut eher gehemmt als das Gehirn.

Das Wort, das den Geist einen Parasiten des Körpers nennt, besteht wirklich zu Recht. Und das Gehirn ist auch der verschwenderischste Schmarotzer, nur einen kleinsten Bruchteil des Assimilationsmaterials, den es verbraucht, baut es sich ein, das gewaltige Feuer, das es unterhält, dient der ununterbrochenen Erhaltung seines hohen Gefälles. Die „Flamme des Geistes", wie die Sprache bezeichnend sagt, ist ein reines Intensitäts-, kein Leistungsfeuer, sie dient der Erhaltung eines Reaktionsgefälles.

Warum wundert man sich nicht darüber, daß das Gehirn (nicht die Hirnhäute) so relativ selten den Herd infektiöser Krankheiten abgibt? Vom Standpunkt der biorheutischen Konkurrenztheorie erscheint es verständlich, daß mit dem hohen Ablaufgefälle des Gehirns die Erreger nicht konkurrieren können.

.Aber wir wollen die Stellung des Gehirns vom Organismus, vom Ablaufganzen aus betrachten.

Das Gehirn ist ein Organ ohne äußere Oberfläche, das typische „Stapelorgan" und darum ja auch das Alternsorgan.

Auch Muskulatur und Blutdrüsen haben eine solche Stellung im biorheutischen System, aber diese beiden können durch rhythmische oder periodische teilweise Einschmelzung mit Wiederaufbau das Altern verlangsamen, ohne durch diese Einschmelzungen dauernden funktionalen Wertverlust zu erleiden.

Das Gehirn kann das nicht, es hat in der Regel schon bei der Geburt die Regenerationsfähigkeit verloren, es kann an Masse der einzelnen Zellen und der Fasern noch wachsen, zumal wenn unsere Hypothese einer dauernden Substanzabgabe durch die Nerven richtig ist, aber sein Assimilations- und Alternsprozeß ist ein kontinuierlicher. Eine Rhythmik im Sinne der „verjüngenden", besser: retardierenden Einschmelzung ist nur intracellulär möglich, dort aber — wie wir hoffen, wahrscheinlich machen zu können — zwar tatsächlich aber auch immer assimilativ überkompensiert. Im ganzen muß die Struktur, die Masse assimilierter Substanz im Gehirn dauernd und kontinuierlich zunehmen, und daß dieser Umstand mit dem Wesen der Gehirntätigkeit verknüpft ist, ja es recht eigentlich ausmacht, das offenbart sich in der hochgradigen Empfindlichkeit des Organs gegen alle die Kontinuität störenden Einflüsse (z. B. in der Blutversorgung), das offenbart von der anderen Seite aber auch der Gedanke an das Gedächtnis als Fundament jeder psychischen Leistung.

Die hochgradige Empfindlichkeit des Gehirns gegen Sauerstoffmangel, die mit der wachsenden Leistungsbreite im Anstieg der Tierreihe zunehmende Abhängigkeit von der ungeminderten Blutversorgung — während Kaltblüter und Winterschläfer stundenlange Sauerstoffentbehrung überstehen, ein Kaninchen immerhin mit dem Vertebralesstrom auskommen kann, stirbt der Mensch nach Carotisverschluß — und die Reizbarkeit als wesentliche Eigenschaft finden in der Annahme eines hohen Ablaufgefälles und entsprechender Ablaufgeschwindigkeit eine gemeinsame Erklärung. Es muß ja die gleiche, z. B. hemmende Einwirkung auf ein biorheutisches Ablaufsystem um so schneller und stärker zu Folgeveränderungen führen, je größer die Ablaufgeschwindigkeit ist. Dem entspricht auch die Skala der Reizbarkeiten von den Stütz- und Bindesubstanzen auf der einen zum Nervengewebe auf der anderen Seite. Es wäre interessant, die Reizbarkeit verschiedener Gewebe im Vergleich mit der Autolysiergeschwindigkeit und der Fermentangreifbarkeit der betreffenden Proteine zu untersuchen. Hier ist der Befund von Scott bedeutungsvoll, der in Pankreas- und Magenfunduszellen eine Substanz aufwies, die derjenigen der Nißlschen Schollen in den Gehirnzellen ähnelte und die er sonst nirgends auffinden konnte. Er diskutiert die Möglichkeit einer Analogie zwischen der Absonderung der Enzyme und dem Erregungsvorgang.

Sind hoher Sauerstoffverbrauch und -bedarf Anzeichen der exquisit assimilativen Eingestelltheit des Zentralorgans, so ist damit und mit der Geschlossenheit des Organs seine Abhängigkeit vom Assimilationszustrom gegeben. Das Gehirn ist darum auch das feinste Reagens auf den jeweiligen biorheutischen Zustand des Ganzen und damit des Blutes Bei der Erörterung der Fiebertheorie ebenso wie der Beziehung zwischen Blutdrüsen und Hirn haben wir diese Eigenschaft schon kennengelernt, eine psychische Seite der Sache sind die sog. Allgemeingefuhle, die in der Krankenbeurteilung eine so große Rolle spielen. Das Wohlbefinden des gesunden, angeregten, „frischen" Menschen ist nicht ein isolierbares Gehirnphänomen, sondern die psychische Offenbarung des biorheutischen Gesamtzustandes. Überhaupt gilt das, was wir oben fur das Atemzentrum feststellten, fur das Gehirn schlechthin die Gesamtheit der ihm aus allen Körperregionen zuströmenden „Mitteilungen" der afferenten Systeme ergibt das gleiche Zustandsbild gewissermaßen in den Differentialen, das ihm — integriert — aus dem jeweiligen Status seines eigenen biorheutischen Ablaufs ersteht. Wie der gute Truppenführer als undefinierbaren eigenen Eindruck das gleiche, wenn auch undetaillierte Bild von dem Stande der Schlacht empfängt, das ihm die Meldungen der Unterführer in den Einzelheiten zusammenfügen. Wie diese Meldungen ihm ein rascheres und zweckmäßigeres Disponieren, Kräfteausgleichen und Reservenansetzen ermöglichen, so erzielen die afferenten Erregungen in ihrer effektorischen Endauswirkung eine raschere korrelative Einstellung in dem System des Ganzen und eine unmittelbare, die sich nicht erst allmählich einpendelt. Der gute Arzt, der ja gewissermaßen ein vergrößertes Gehirn seines Kranken darstellt, soll in erster Linie das „Herumprobieren" des Kranken einschränken, die Diagnose entspricht dem afferenten Reiz.

Das Gleichnis mag uns noch weiter dienen. Dem Wissen des Arztes entsprechen die angeborenen und erworbenen Reflexmechanismen, der Krankenbeobachtung die Kontinuität des assimilativen Ablaufs im Gehirn. Diese Kontinuität scheint mir — abgesehen noch von allen psychischen Leistungen — die fundamentale Tatsache des Gehirns als biorheutischen Zentrums zu sein. Das Gehirn ist im vollen Sinne des Wortes das Kausalitätsorgan. Weil es die biorheutische Geschichte des Organismus aufbewahrt wie die Erdrinde die Geschichte des Lebens, so ist seine Reaktion in jedem Zeitmoment eine andere und — in viel höherem Maße als bei allen anderen, zumal den cellulär excernierenden Organen — eine solche, die in der historischen Linie liegt. „Nach dem Gesetz, wonach du angetreten."

Das darf jetzt wohl schon als Ergebnis formuliert werden: das Zentralnervensystem ist nicht „ein Organ, das auf Reize reagiert", das nur tätig ist, wenn es erregt wird. Ein solches Organ gibt es für die Ablauftheorie überhaupt nicht, aber auf das Gehirn trifft die Definition am allerwenigsten zu. Das Gehirn ist das räumliche Substrat eines dauernden Ablaufs von höchster Intensität und kontinuierlicher assimilativer Folge, rhythmisch im kleinsten, periodisch im großen, aber von ununterbrochenem morphogenetischem Werdegang.

Auch die Rückbildung im Senium widerspricht dem nur scheinbar, denn nur so lange dauert das Leben noch an, solange wenigstens in Teilen des Gehirns die Strukturzunahme überwiegt, mag auch im ganzen die Einschmelzung die Vorhand haben.

Die einzelnen Erregungen sind danach räumlich verteilte Intensitätsdifferenzierungen des Gesamtablaufs, sie rufen nicht die Tätigkeit des Organs und seiner Elemente hervor, sondern sie modifizieren sie. Welcher Art diese modifizierenden Einwirkungen sind, darüber lassen sich auch vom Boden der Biorheusetheorie aus bestimmte Angaben machen. Bei der strukturellen Gleichartigkeit der erregungsleitenden Elemente und bei der großen Mannigfaltigkeit der von ein und demselben afferenten Wege aus zu erzielenden Reizerfolge muß der eigentliche, zentrale Erregung auslösende Vorgang im zentralen Element, das wir ohne die Neuronentheorie hier jetzt zu diskutieren als die Ganglienzelle annehmen, also die primäre biorheutische Änderung etwas qualitativ überall Gleichartiges sein. Wir glauben annehmen zu dürfen, daß es stets eine biorheutische Hemmung sei, die Begründung werden wir später geben.

Denken wir uns den — praktisch natürlich unmöglichen — Fall eines vollkommen unerregten Gehirnes, so haben wir, gleiche Blutversorgung aller Teile angenommen, eine Unzahl nebeneinander ablaufender biorheutischer Teilsysteme. Machen wir weiter die unmögliche Annahme, dieses Gehirn habe noch nie ein Reiz getroffen, so ist, wenn nun die erste Erregung ankommt, die Wahrscheinlichkeit für die einzelnen Ablaufsysteme, davon betroffen zu werden, allein durch die morphologische Struktur bestimmt und damit — nach unserer Entwicklungstheorie — ja auch von der biorheutischen Vorgeschichte des Gehirns. Mit der ersten Erregung, deren morphogenetischen Erfolg wir später erörtern werden, ist der gesamte Wahrscheinlichkeitszustand geändert, mit der zweiten wiederum und so fort. Die Wahrscheinlichkeitsänderung wird mit jeder folgenden Erregung geringer, die Zahl gleich wahrscheinlicher Fälle nimmt aber dauernd ab, d. h. es bilden sich immer mehr bestimmte Reaktionstypen heraus, psychologisch gesprochen: der Charakter verfestigt sich, der Mensch wird definierter, individueller. Die angeborenen Reflexe sind der Ausdruck der ersten Strecke dieser Wahrscheinlichkeitsentwicklung, es ist ja selbstverständlich, daß unsere Annahme zu Beginn dieses Absatzes nicht dem Sachverhalt entspricht, daß nicht erst Strukturbildung, dann Erregungsbeginn aufeinander folgt, sondern beide untrennbar miteinander fortschreiten.

Für das Entwicklungs- und Vererbungsproblem ergeben sich hier noch sehr große offene Fragen. Wenn die Gehirnentwickelung weit über das geschlechtsreife Alter, ja durch das ganze Leben hin fortschreitet, wenn das Gehirn — wofür die Herrschaft der Neuralanlage über die Entwicklung spricht — ein Hauptfaktor in der Biokymsejunktion ist, vielleicht diese in toto noch einmal repräsentiert, so wird das Problem der Keiminduktion hier noch einmal akut. Dann hat die hereditäre Bestimmtheit, das „Gesetz, wonach du angetreten", nach dieser Seite einen hohen Grad von Freiheit, von wirklicher individueller „Bildungsmöglichkeit". Und dann ergibt sich hier auch die Möglichkeit einer direkten Vererbungswirkung. Wenn die Teile des Gehirns das Auseinandertreten der Keimabläufe darstellen, so wird eine individuell erworbene Überentwicklung einer Sphäre auf dem Wege über den Assimilationsstrom auch den reifenden Keim vielleicht beeinflussen können.

Daß dieses bei allem Vorbehalt doch nicht rein spekulative Gedanken sind, dafür spricht doch nicht weniges aus der ärztlichen und allgemeinmenschlichen Erfahrung. So die besonders ins Auge fallende Heredität nervöser und geistiger Erkrankungen, die schon erwähnte Minderwertigkeit der Kinder überalter Vater, aber auch die Künstlergenerationen, der unzweifelhafte Wert der alten Familie für geistige Hochzüchtung und ebenso ihre Gefahr der psychischen Schwächung, der Überzüchtung.

Natürlich spricht da die Selektion gewichtig mit, aber wenn in den biologischen Kulturtheorien etwas Wahres ist, wenn die Geschichte der Menschheit ein letztes Stück der Geschichte des Lebens überhaupt ist, so kann das biologisch kaum einen anderen als den angedeuteten Sinn haben.

Von der biorheutischen Stellung im Gesamtsystem aus gewinnen wir nun auch eine biologische Basis der Spontaneität.

Wir wollen es vermeiden, von „Blutreizen" zu reden, den Begriff „Reiz", den wir der Einfachheit halber für die Einwirkungen auf die Abläufe beibehalten, nur auf die dem Nervenweg folgenden Vorgänge anwenden. Die vom Blute aus geschehende Beeinflussung des Gehirngeschehens ist aber auch in keinem Sinne ein Reiz, sondern vielmehr die Gesamteinstellung des Gehirnablaufs. Das gilt nicht nur von dem Assimilationszustrom, dem Biokymstatus des Blutes, sondern auch von der Sauerstoffversorgung. Ich glaube auch nicht, daß es richtig ist, von einer chemischen „Reizung" des Atemzentrums zu sprechen, schon daß sowohl Kohlensäureüberschuß (Acidität) wie Sauerstoffmangel als „Reiz" wirken können, sollte zu denken geben, im übrigen sei die Begründung auf die später zu versuchende Analyse verschoben.

Das Gehirn ist nun aber nicht nur passiv in den biorheutischen Strom in Gestalt des Blutstatus eingelassen, es kann diesen Strom, diesen Status in hohem Maße beeinflussen, den Ablauf im Ganzen und in Teilen steigern oder hemmen und speziell auch seine eigene biorheutische Basis, das Blut, indirekt verändern.

Ganz abgesehen von dem Umwege über die Außenwelt, wie Nahrungsaufnahme, Geschlechtsfunktion usw. kann es durch das vegetative und auch das animale Nervensystem über sämtliche Organe und ihre Abläufe im Sinne der Veränderung seiner eigenen Basis und damit seiner Ablaufintensität wirken. Ja es kann zudem auch die Summe der bei ihm jetzt eintreffenden Erregungen steigern, indem es auf allen möglichen Umwegen das Aufsteigen von Erregungen von der Peripherie aus erwirkt.

Dieses letztere Moment wird uns bei den Reflexphänomenen noch beschäftigen, jetzt betrachten wir mehr die allgemeinbiorheutischen Zustände, und da werden es besonders die auf dem Wege über die Blutverteilung oder direkt vom Zentrum aus bewirkten Teilautolysen in den Organen sein, die die biorheutische Konzentration des Blutes und damit die Intensität des Gehirnablaufes steigern.

Es braucht kaum extra betont zu werden, daß die vom Gehirn als Subjekt aus gesprochenen Sätze nicht doch wieder eine wahre Subjektqualität bezeichnen wollen, der Inhalt bewahrt wohl vor diesem Mißverständnis.

Wir finden hier bei dem Ablaufganzen — und das Gehirn repräsentiert ja das Ablaufganze — das gleiche Gesetz wieder, das wir für die einzelne Biorheuse so oft heranzogen, das Gesetz der Kumulation und Selbsthemmung. Selbsthemmung, wenn nicht — Entladung erfolgt, Entladung (wir nannten es auch Enthemmung, kein schönes Wort, das aber auch I. P. PAWLOW verwendet) durch Strukturbildung, psychologisch: Realisierung, ein Moment, an das bei der Theorie der Psychoanalyse zu denken wäre.

Wenn wir psychologisch von Anspannung, von Aufmerksamkeit, von Willensentladung sprechen, so drucken ja diese Worte ganz gut den kumulativen Prozeß aus, von dem wir eben gesprochen haben.

Mit dem Erweis der Kontinuität des assimilativen Gehirnablaufs als des Wesens der Gehirnvorgänge ist auch das Problem der ununterbrochenen Inhaltlichkeit des wachen Bewußtseins physiologisch fundiert. Wir sind mit EBBECKE, BLEULER u. a. der Meinung, daß der Wachzustand physiologisch etwas Relatives ist, wo EBBECKE Dauererregung sagt, brauchen wir nur Ablauf zu setzen.

Man hat immer Wachen mit Tätigkeit, Schlaf mit Erholung des Gehirns identifiziert, ohne in dieser Identifikation noch eine Problematik zu sehen. Nun soll naturlich nicht bezweifelt werden, daß der Schlaf „erholt", auch vollkommenste, willensmäßige Muskelruhe kommt ihm darin nicht nahe, es fragt sich nur, was sich erholt und was Erholung in diesem besonderen Falle ist. Es wird nämlich in der gebrauchlichen Auffassung Tatigkeit mit uberwiegender Dissimilation, Erholung mit Assimilation zusammengestellt. Und nun ist es ja eine allgemeine (Muskel) und fur die Ganglienzelle besondere Erfahrung (VERWORN), daß in der Erholungsphase gerade Sauerstoff benötigt wird. Wenn aber das Gehirn sich zur „Erholung" anschickt, so setzt es seine Sauerstoffversorgung herab, der Gaswechsel ist im Schlaf beträchtlich vermindert, aber nicht unter Speicherung von Sauerstoff, sondern gleichgewichtig. Auch sonst deuten die Anzeichen nicht gerade auf vermehrte Assimilation. Der Blutgehalt des Hirnes nimmt ab, mit ihm der Druck im Schädel, alle Sekretionen im Körper sind vermindert, die Temperatur sinkt. Und die nervösen Funktionen sind noch lange Zeit nach dem Erwachen herabgesetzt, was auch nicht dafür spricht, daß im Schlaf „Explosivmaterial" aufgebaut wurde, das nun der — angenommen — dissimilatorischen Tätigkeit zur Verfügung steht.

Es ist ferner ja auch gar nicht so, daß intensive Gehirnarbeit besonders schlafreif machte, im Gegenteil, nach starker körperlicher Anstrengung (nicht Überanstrengung), in der erholsamen Sommerfrische, nach einem guten Essen schläft sich's am besten, und weitgehende Sparsamkeit in der Gehirnverwendung bewahrt nicht vor ungeminderter Schlafnotwendigkeit. Schlafen und Wachen stellen eine Periodik dar, die ihren Grund gar nicht in der speziellen Gehirntätigkeit hat.

Am meisten schläft der Säugling, dann das Kind, weiter nimmt Schlafbedürfnis und Schlaffähigkeit im Fortgang des Lebens kontinuierlich ab.

Ich glaube, es kann nicht anders sein, als daß der Schlaf nicht etwas vom Gehirn aus Bedingtes ist, sondern der passive Zustand des Gehirns bei bestimmten, im Gesamtsystem begründeten Bedingungen.

Warum „braucht" das Kind so viel Schlaf? Weil es wächst. Das besagt? Weil es dem Gehirn relativ sehr viel weniger Assimilationsmaterial zur Verfügung stellt. Das kranke, das dystrophische Kind schläft schlecht, weil es sein biorheutisches Material nicht anderweitig einbaut oder gar aus eigenem Bestande nachliefert. Das mag auch der Grund sein, warum kränkelnde Kinder oft so altklug und frühreif sind und daneben so launisch und schwer zu erziehen.

Nicht der Schlaf, sondern der wache Bewußtseinsstand ist die bevorzugt, gesteigert assimilatorische Phase des Gehirns. Aber damit soll nun nicht etwa das Verhältnis umgekehrt werden, auch im Schlaf geht die Assimilation kontinuierlich fort, nur eben gemindert.

Wir brauchen uns hier, gegen das Ende unserer Darstellung hin, wohl nicht nochmals ausdrücklich gegen jene Zweitakttheorie in der üblichen Gleichgewichtsauffassung des Lebens zu wenden. Wer bei der Meinung bleiben will, bei der Gehirntätigkeit werde nervöse Substanz bis zu den Endstufen abgebaut und im Schlaf erneuert, der versuche, die Phänomene des Gedächtnisses im weitesten Sinne mit seiner Funktionstheorie zu erklären, unsere Kritik hört er dann doch nicht.

Warum aber erholt der Schlaf so viel besser als wache Ruhe? Nicht so sehr wegen des Aussetzens des wachen Bewußtseins als solchen als infolge der mit dem Absinken des Wachheitsgrades, der Gehirnablaufintensität verbundenen Abnahme der von dort den Organen zufließenden Erregungen.

Seit RANKE als erster durch Auswaschen aus dem ermüdeten Muskel „Ermüdungsstoffe" entfernen und mit dem Extrakt andere Muskeln ermüden konnte, ist die humorale Übertragbarkeit der Ermüdung vielfach, auch durch Kreislaufkreuzungen, erwiesen worden. Das, was periodisch ermüdet, ist in Wahrheit das Blut, nicht das Gehirn, das dann nur sekundär wie alle Gewebe davon affiziert wird. Sicherlich ist die chemische Mannigfaltigkeit der direkten und indirekten Ermüdungsstoffe groß, aber das Ausschlaggebende wird immer das gleiche sein, immer eine biorheutische Hemmung oder Minderung im Blute. Auch die Minderung, man denke an den Säugling, oder auch an das Einschlafen des Verblutenden.

Aufschlußreich sind die Erscheinungen der Übermüdung, des „Turnfiebers" usw. Nach Überanstrengungen beobachtet man Fieber, Appetitlosigkeit, Aufregung, Schlaflosigkeit, also einen dem akuten Infekt sehr ähnlichen Symptomenkomplex.

Wir brauchen uns nur an unsere Fiebertheorie zu erinnern, um die Erklärung zu haben: hier ist die Hemmung im Blute und damit in den Geweben bis zum Umschlag in die autolytische Einschmelzung gegangen, sekundär ist dann das Blut mit Anfangsbiokymen überschwemmt worden, die Folgen sehen wir in den angeführten Symptomen. Dieser Gegenüberstellung von Ermüdung als Hemmung und Übermüdung als Steigerung, wie sie hier im Ablaufganzen auftritt, werden wir bei den speziellen Nervenproblemen wieder begegnen, der wesentliche Punkt ist, daß die Erregung des Gehirns im Übermüdeten eine Steigerung der assimilativen Ablaufintensität manifestiert.

Die Bedeutung der efferenten Erregungen für den Eintritt des Schlafes erhellt nicht nur aus der gleichartigen Wirkung der peripher angreifenden Stimulantien wie des Coffeins, der schlaffördernde Fortfall der Sinneseindrücke, den wir beim Niederlegen zum Schlafen herbeiführen, wird eine Verminderung der efferenten, vegetativen Impulse zur Folge haben. Wir nehmen an, daß die afferenten Erregungen nicht so sehr direkt die Intensität des Gehirnvorgangs steigern — wir fassen sie ja als Modifikatoren und räumliche Intensitätsverteiler auf — als vielmehr indirekt, indem sie in Erregungen peripherer Organe enden und, sei es auf dem Wege über die Blutverteilung, die endokrinen Drüsen (Thyreoidea) oder andere Organe die biorheutische Blutbasis und damit die Intensität des Gehirnablaufs steigern. Von dem Grad dieser Intensität aber hängt der Wachheitsgrad des Bewußtseins ab, vom tiefen Schlaf bis zur angespanntesten Aufmerksamkeit.

Daß die Wachhöhe nicht gleich der Summe der zufließenden Erregungen sein kann, wie manche Physiologen annehmen möchten, geht schon daraus hervor, daß man im Trommelfeuer schlafen konnte. Andererseits sucht der Aufgeregte vergeblich den Schlaf, sein Gehirnablauf ist auf hohe Intensität gestellt und demgemäß gehen auch starke Erregungen weiterhin zur Peripherie, auch hier gilt das Gesetz der Kumulation, dem erst später, aber dann um so wirksamer die Hemmung folgt. So erlebt es jeder, daß nach aufregenden Tagen, schlaflosen Nächten schließlich ein totenähnlicher Schlaf kommt.

Es wird nützlich sein, andere schlafähnliche Zustände hier noch zu betrachten. Der Winterschlaf der Murmeltiere, Fledermäuse und anderer Warmblüter beruht nach den neueren Untersuchungen auf einer Periodik, die nicht einfach ein passives Widerspiel der Außentemperatur oder Folge des Nahrungsmangels ist. Wenn auch diese beiden Faktoren ursprünglich zur Ausbildung des Winterschlafes gefuhrt haben werden, so ist er jetzt doch weitgehend unabhängig davon (MERZBACHER). BERTHOLD hielt Haselmäuse den Winter über im geheizten Zimmer, sie schliefen doch, HORVATH gelang es im Sommer nicht, Ziesel durch Kalte zum Winterschlaf zu bringen; trotz Wärme und Nahrungsvorlage blieben Igel und Murmeltiere eingerollt (BARKOW, VALENTIN u. a.).

Das Charakteristische des Zustandes ist das Absinken der Körpertemperatur, die Annaherung der Tiere an den Typus der Kaltblüter, denen sie nun in vielen Hinsichten ahneln, die Optimaltemperatur der schlafenden Tiere liegt zwischen 2 und 12 Grad. Die Abnahme der Assimilation und Umstellung nach der mehr autolytischen Seite manifestiert sich auch darin, daß der Harnstickstoff nach der Seite des Aminosäuren-N verschoben ist, nur 18 Proz. Harnstoff gegen 60 Proz. im Wachen (NAGAI). Die kalten Winterschläfermuskeln ermüden viel langsamer als die warmen, Gifte sind für das kalte Tier ungefährlich, die das warme rasch töten.

Weckt man die Tiere auf, so ist auffällig, wie rasch nach dem Erwachen die Temperatur zur Norm aufsteigt, dabei zittern die Tiere lebhaft. Das Vorderteil erwärmt sich schneller als das Hinterteil, es ist nicht ermittelt, worauf das beruht; man ist versucht, an eine primäre starke Wärmebildung im Gehirn zu denken. Schon bei noch niedrigen Temperaturen können die Tiere lebhafte Erregungen zeigen und Bewegungen ausführen, ganz wie die Kaltblüter. Andererseits verlieren dekapitierte Fledermäuse die Erregbarkeit um so rascher, je höher ihre Temperatur ist — in 3 bis 5 Min. bei 15^0 gegen mehr als $\frac{1}{2}$ Stunde bei 3 bis 10^0 — und die Erregbarkeit erlischt wie bei Kaltblütern um so schneller, je häufiger und stärker gereizt wurde.

Auch darin ähnelt der Winterschläfer dem Poikilothermen, daß er bei vollständigem Sauerstoffmangel stundenlang am Leben bleibt und weiter CO_2 produziert. Die Tiere verfallen dabei, genau wie sauerstofflos gehaltene Frösche, allmählich in einen paralytischen Zustand, der um so eher eintritt, je höher die Temperatur war. Interessant ist der Befund von PEMBREY: solche neugeborenen Tiere, deren Nervensystem dann noch wenig entwickelt ist (Taube, Maus, Ratte), verhalten sich wie Poikilotherme. Vielleicht sind manche Angaben über suggestiv erzielte Temperatursenkung und Somnolenz (MARÉS und HALLICH) sowie die ähnlichen Zustände der indischen Fakire hierher zu rechnen.

Die Deutung des Winterschlafs vom Standpunkt der Ablauftheorie bietet keine Schwierigkeiten, alle Erscheinungen geben den Eindruck einer zu dem Zustande führenden langsam zunehmenden Hemmung oder Minderung der biorheutischen Basis. Ist der Winterschlaf eingetreten, so wirken Temperatursenkung, fehlende Nahrungszufuhr, Abnahme der efferenten Reize zusammen, die Ablaufgeschwindigkeit weiter zu senken und lange Zeit auf dem tiefen Niveau zu halten, damit aber auch die weitere Zunahme der Hemmungen zu verlangsamen. Das eigentliche Problem ist aber das des Erwachens. Der biorheutische Titer des Blutes sinkt langsam immer weiter und schließlich nähert sich der Gesamtstatus einem Punkte, wo der Umschlag in Autolyse, die wohl partiell schon immer etwas im Gange war, allgemein nahe ist. Das bedeutet, wie später noch klar werden wird, ein langsames Anwachsen der Erregbarkeit, der erweckende Reiz bringt eine plötzliche Hemmung dieses letzten Ablaufes und damit ein rasches Einsetzen der Autolyse, der biorheutische Titer des Blutes steigt, damit die Intensität des Gehirnablaufs: das Tier erwacht und die efferenten Erregungen steigern Autolyse und konsekutive Assimilation mächtig, die Temperatur wächst infolge der Oxydationen dabei rasch an.

Ich glaube, daß der geschilderte Mechanismus auch den Vorgang des Einschlafens und Erwachens der kürzeren, z. B. menschlichen Periodik beherrscht, nur in kleineren Ausmaßen und mit steilerem Ansteigen. KOHLSCHÜTTER hat die Schlaftiefe mit Hilfe des eben hinreichenden Weckreizes gemessen, er findet sie anfangs zunehmend bis zu einem eine Zeitlang gehaltenen Maximum, dann abnehmend. Der zunehmende Ast entspricht der kumulativen Assimilationsverlangsamung, der abnehmende der wachsenden Nähe des autolytischen Umschlagpunktes id est der steigenden Erregbarkeit. Je tiefer der Schlaf ist, um so länger dauert er, je mehr Hemmungsstoffe der Abläufe sich angesammelt hatten, um so länger kann nachher auch die verlangsamte Assimilation fortgehen, bis der Zustrommangel den Umschlagspunkt naher rückt. Man muß ja die beiden Arten des Umschlags auseinanderhalten, diejenige durch Hemmung und die durch Zustrommangel, wir begegneten ihnen in dem Pathologiekapitel in der Form der Alters- und der Inanitionsatrophie. Die plötzliche Hemmung eines lebhaften Ablaufs, die wir bei den Reizerscheinungen noch genauer betrachten werden, muß man von diesen langsamen Vorgängen scharf sondern.

Ein weiterer dem Schlafe verwandter Zustand, der hier zu betrachten wäre, ist die Narkose.

Wir gehen aus von den von H. H. MEYER und OVERTON festgestellten Tatsachen des Parallelismus von Fettlöslichkeit und narkotischer Wirkung, ohne die Frage Lösung oder Adsorption (S. LOEWE), Membranveränderung (HÖBER) usw. zu erörtern.

Sicherlich ist gerade diese Narkoseforschung ein Weg, um tiefer in den physikalisch-chemischen Mechanismus der uns vor allem interessierenden Assimilationsvorgänge einzudringen, und Untersuchungen der Wirkung dieser Stoffe an einfachen biorheutischen Ablaufmodellen erscheinen mir erwünscht. Aber für uns ist an dieser Stelle die Frage, ob die Stoffe über Membranveränderungen (also an der Lebensapparatur, was mir das Wahrscheinliche scheint), über Kolloidbeeinflussung oder wie sonst wirken, sekundär gegenüber dem biorheutischen Erfolg. Und da kann kein Zweifel bestehen, daß es sich ganz allgemein um Ablaufhemmung handelt. Schon bei der Besprechung der Entzündung und der Antipyretica (welch letztere aber meines Erachtens im Gegensatz zu den eigentlichen Narkosemitteln nicht an der Apparatur, sondern am Ablauf selbst wirken) kamen wir zu diesem Ergebnis, das alle Narkoseerfahrungen bestätigen.

Die Gifte setzen ja nicht nur die Erregbarkeit nervöser Elemente herab, sie wirken ebenso auch auf das Wachstum. Schon CLAUDE BERNARD stellte fest, daß ätherisierte Samen nicht zu Keimlingen auswuchsen, die Brüder HERTWIG ließen Chloralhydrat auf sich furchende Seeigeleier einwirken: die Zellteilung sistierte. C. BERNARD narkotisierte die Turgescenzbewegung der Mimosa, ISHIKAWA die Protoplasmabewegung von Amöben, ENGELMANN die Flimmerbewegung. Hier zeigte sich die von der menschlichen Narkose her bekannte Erscheinung eines kurzen, der Lähmung voraufgehenden Erregungsstadiums. Wichtig ist, daß die „dissimilatorische Phase des Stoffwechsels" während der Narkose wie auch der Erstickung fortdauert und daß, wie HEATON zeigte, „der Zerfall der lebenden Substanz bei Narkose wie Erstickung durch Reizung noch zu steigern ist". Nach J. GRÖNBERG macht Äthernarkose die Sera ABDERHALDEN-positiv gegen Hirnsubstanz, weniger oder gar nicht gegen andere. Bei der Chloroformnarkose reagierten von 17 Seren 14 mit Hirn, 12 mit Nervensubstanz, 6 mit Lunge. Phenol, Lysol, Veronal, Morphin machten die Sera positiv mit Hirn und Leber.

Wie man auch die ABDERHALDEN-Reaktion deuten mag, jedenfalls sprechen diese Befunde für autolytische Prozesse mit Bevorzugung der Hirnproteine.

VERWORN mit seinen Mitarbeitern wies die weitgehende Analogie zwischen Narkose und Sauerstoffmangel nach und gründete seine Theorie darauf. Demgegenüber ist geltend gemacht worden, daß Narkosetiefe und Oxydationsabnahme nicht immer parallel zu gehen brauchen. Unsere Theorie sieht naturgemäß in der Oxydationsabnahme das Sekundäre, in der Assimilationshemmung das Wesentliche.

Der Symptomenkomplex der Narkose bietet ja völlig das Bild der assimilativen Hemmung, die in geringeren Graden eine assimilatorische Steigerung (über die Autolyse) zur Folge hat, in stärkeren Graden anhaltende Assimilationshemmung. Es ist ja unser bekanntes biorheutisches Grundphänomen, das in der Biologie als ARNDT-SCHULTZsches Gesetz seinen Ausdruck gefunden hat.

Die Narkose lehrt uns also hier zunächst nichts grundsätzlich Neues kennen, vom Schlaf unterscheidet sie sich in ihrem Entstehungsmechanismus vor allem darin, daß bei jenem die Assimilationshemmung ganz allmählich eintritt und daher über kein Exzitationsstadium führt.

Eine wichtige Folgerung ist aber aus dem HEATONschen Befunde zu ziehen, nämlich die, daß zwar der Reiz dissimilatorisch wirkt (durch die Assimilationshemmung mit autolytischem Umschlag), daß aber die Erregung des gereizten Systems der konsekutiven Assimilationssteigerung entsprechen muß. Die vermehrte Dissimilation auf den Reiz bleibt ja in der Narkose bestehen, die Hemmung ließ sich also noch steigern, die Erregung aber blieb aus. Und fur diesen zentral wichtigen Schluß haben wir nun noch weitere Belege.

Wie BETHE anführt, wird, wenn nach Eintritt vollständiger Erstickungslähmung wieder Sauerstoff zugelassen wird, bei der Erholung stets ein Stadium erhöhter Erregbarkeit eventuell mit Krämpfen passiert. Das ist von SIEGMUND MAYER für fast alle Zentren der Säugetiere erwiesen worden. Es kann nicht anders gedeutet werden als so, daß die voraufgegangene Erstickung autolytisch das assimilations-, ablauffahige Material sich anreichern ließ und daß der bei rückkehrendem Sauerstoff nun erhohten Ablaufintensität das entspricht, was wir Erregung nennen.

Wie sich diese dann auf die Erfolgsorgane auswirkt, ist später zu erortern, was nämlich bei diesem erhöhten, vermehrten Ablauf die physikalisch-chemische Komponente ausmacht, auf die die Fortleitung anspricht, hier ist die fundamentale Feststellung zu machen, daß die Erregung in der Linie des biorheutischen Ablaufs liegt, daß sie im wahrsten Wortsinne vital ist.

Und damit fugt sich uns das Bild der Stellung des Gehirns im Ablaufganzen zusammen, fuhrt uns zu der Ausgangsthese zuruck, die das Gehirn als das assimilative Ablauforgan im hochsten Sinne bezeichnete.

Ehe wir nun auf der Basis der biorheutischen Stellung des Gehirns einen Blick auf Nervenphysiologie und Psychologie werfen, seien noch einige Bausteine eingefügt, die sich in der Chemie und Pathologie des Zentralnervensystems darbieten.

Unsere Kenntnisse in der Gehirnchemie sind noch nicht derart, daß sie der Physiologie reichere Früchte abwerfen könnten. Seit THUDICHUM denkt der Fachmann bei „Gehirnchemie" vor allem an die Lipoide, an die Kephaline, Cerebroside usw., immerhin ist es gut, sich gegenwartig zu halten, daß, wie HALLIBURTON betont, mehr als 50 Proz. der Trockensubstanz des Gehirns aus Proteinstoffen besteht, daß nichts uns berechtigt, das funktionelle Hauptgewicht auf die Lipoide zu legen.

Die Hauptmasse der Gehirnlipoide des Menschen besteht aus stark ungesättigten, entsprechend leicht zersetzlichen Körpern, und es erscheint interessant, daß nur der Eidotter, also auch ein Substrat stark assimilativen Geschehens, darin dem Hirn an die Seite tritt.

Unter den Proteinen beschreibt FRÄNKEL Nucleoproteide und Globuline der grauen Substanz, welch letztere bei relativ niedriger Temperatur koagulieren. Erwähnenswert im Gedanken an die vermutete Beziehung von Albuminen zu Globulinen ist der Befund, daß bei der progressiven Paralyse, also stark regressiven Vorgängen, im Cerebrospinalliquor reichlich Albumin auftritt, das sonst dort fehlt.

Das Material der Neurologie, dieses nomenklaturfreudigen Gebietes der Medizin, heranzuziehen, müssen wir uns versagen, andeutungsweise sei darauf hingewiesen, daß die bekannten oft beobachtbaren „Remissionen" (vorübergehende scheinbare Wiederherstellungen) der organischen Nervenkrankheiten im Sinne der erneuten Assimilationsmöglichkeit nach ausgiebiger Einschmelzung verständlich erscheinen.

Nur auf die Beri-Beri sei ihrer besonderen Stellung zu unserem Problem halber ein Blick geworfen.

Bekanntlich ist sie die klassische Avitaminose, also eine Erkrankung, deren pathologische Grundlage die assimilatorische Insuffizienz ist. Es ist nun interessant, daß sie oft nach schweren Anstrengungen zuerst manifest wird, daß ihre Frühsymptome einerseits die Abnahme der geschlechtlichen Potenz, andererseits solche nervöser Natur sind: Hemeralopie, Anästhesien und Parästhesien, weiter folgen subnormale Temperatur und Ödeme, schließlich erscheinen Parese, Lähmung und Atrophie.

Anatomisch zeigen die peripheren Nerven alle Stadien der Degeneration, und zwar bevorzugt die langen und viel gebrauchten, Beinnerven, Phrenicus, Vagus, die Muskeln sind atrophisch, ebenso oft auch die motorischen Ganglienzellen.

Wie SUZUKI zeigte, ist der Aminostickstoff im Harn stark vermehrt.

Alles in allem also das Bild einer hochgradigen Assimilationsstörung mit folgender Atrophie, hier aber nicht infolge von Hemmung, sondern von biorheutischer Unterwertigkeit der Nahrung und weiter des Blutes. Hier kann also das Nervensystem sich nicht oder nicht ausreichend auf Kosten der anderen Gewebe sichern und liefert infolgedessen mit die ersten Symptome. Die Tatsache, daß gerade die entferntesten Nervenenden am frühesten entarten, spricht, wie mir scheint, im Sinne unserer Annahme eines dauernden Substanznachschubes und langsamsten biorheutischen Ablaufs innerhalb der geschobenen Substanz.

Diese letztere Annahme läßt sich vielleicht auch mit den deszendenztheoretischen Untersuchungen von GASKELL zusammenbringen, der im Nervensystem von Anneliden, die ein muskuläres Gefäßsystem haben, Adrenalin führende Zellen nachwies, die er in Beziehung setzt zum chromaffinen System und Sympathicus der Vertebraten, er zieht den Schluß, „that the sympathetic system arose from nerve cells containing adrenaline".

Von histologischen Befunden an der aktiven Ganglienzelle ist uns wichtig die von MANN, LUGARO u. a. festgestellte Turgescenzzunahme bei der Tätigkeit, in der Ruhe nimmt das Volumen der Zelle in oxydativer Erholung wieder ab. Die Nißlschen Schollen verschwinden bei andauernder Arbeit, schließlich wird auch der Kern kleiner und chromatinärmer, dann ist aber die Grenze des Physiologischen schon überschritten.

Von mehreren Untersuchern ist das Auftreten eigentümlicher Einbuchtungen an den Kernen stark tätiger Ganglienzellen beobachtet worden, bei extremer Ermüdung tritt Chromatolyse und Kernschrumpfung (HODGE) ein.

In der funktionellen Auffassung der Bestandteile der Nervenfaser gehen die Meinungen auseinander; während viele Autoren die Fibrillen darin als leitende Bahn ansehen, halten VERWORN, LENHOSSEK, GOLDSCHMIDT u. a. diese nur für Stützsubstanzen.

Die allgemein-funktionellen Differenzen zwischen Ganglienzelle und Nervenfaser sind sehr erheblich, dort größte Sauerstoffabhängigkeit, hier relativ sehr geringe, dort ein Refraktarstadium nach der Reizung, das zu 0,1 sec angegeben wird (RICHET und BROCA), hier ein solches von 0,001 bis 0,008 sec (GOTCH und BURCH).

Der seinerzeit recht lebhaft geführte Streit über die Neuronentheorie, die Annahme, daß Nervenzelle und Achsencylinderfortsatz eine trophische und funktionelle Einheit bilden, ist heute wohl ziemlich zur Ruhe gekommen. Die trophische Abhängigkeit der Faser von der Zelle wird wohl auch BETHE, der Hauptgegner jener berühmten Theorie, nicht mehr in Abrede stellen, anders steht die Sache bei der funktionalen

Einheit. Abgesehen von den morphologischen Beobachtungen wie derjenigen, daß bei Wirbellosen die Ganglienzellen nicht in die Aufsplitterung der Leitungsbahnen eingeschaltet sind (NANSEN), war und ist die wichtigste Angriffswaffe gegen die Theorie der bekannte Versuch von BETHE an Carcinus Maenas, wo nach der hier ausführbaren, isolierten Entfernung der Ganglienzellen die Reflexerregbarkeit einige Tage erhalten blieb. Daß sie dann doch verloren geht, ist, wie BETHE gegen VERWORN mit Recht konstatiert, keine Entkräftung der Tatsache, daß der Reflexakt ohne die Ganglienzelle möglich ist. Daß die Ganglienzellen ein integrierender Bestandteil des Nervensystems sind, leugnet ja BETHE gewiß nicht, die Annahme aber, daß der Reflexerfolg nur durch „Entladung" irgendwelcher zentraler Zellen möglich sei, scheint mir durch seinen Versuch in der Tat widerlegt zu sein. Natürlich beweist er nicht und will wohl kaum beweisen, daß die durchpassierende Reflexerregung die einzigmögliche Erzeugung des effektorischen Erfolges sei.

Gegen die Entladung als die Wirkungsart der Ganglienzellen spricht auch der Befund von GAD und JOSEPH, daß peripher vom Spinalganglion ein stärkerer Reiz angewandt werden muß, um Erfolg zu haben, als zentral. Erinnern wir uns dazu der JORDANschen Feststellung einer Erregungsvernichtung in der Ganglienzelle, so werden wir gegen die Entladungstheorie noch vorsichtiger werden.

Aber die ganze Neuronendiskussion scheint mir eine Problematik gar nicht berücksichtigt zu haben: ist es denn überhaupt ausgemacht, daß der Erregungsprozeß in der Ganglienzelle mit dem der Fortleitung in der Faser wesensgemäß irgendetwas zu tun hat? Vielleicht ist es zum Teil Schuld der gebräuchlichen Vergleiche wie des Abglimmens einer Zündschnur zum Pulverfaß, daß man den Erregungsablauf z. B. eines Reflexvorganges in allen seinen nervösen Teilen prinzipiell gleichartig ansetzt. Gibt man diese Annahme auf, was einem schon die erwähnten Stoffwechsel-, Latenz- usw. Unterschiede nahelegen sollten, so läßt sich der Neuronenstreit schlichten. Dann gibt es nämlich beide möglichen Fälle, direkte Weiterleitung sowie intracelluläres Enden und Neubeginnen. Dann fügt sich der BETHEsche Taschenkrebsversuch an altbekannte Dinge an, die als Bahnung und ähnliches beschrieben werden. Schon J. ROSENTHAL zeigte, daß durch fortgesetztes Steigern des Reizes bei Fröschen die Reflexzeit so herabgedrückt wird, als ob gar keine Ganglienzelle eingeschaltet wäre. Wir ziehen den Schluß: sie ist schließlich funktionell wirklich nicht mehr eingeschaltet, der gesamte Vorgang ist zu einem reinen Leitungsphänomen geworden.

In Verfolg dieser Unterscheidung von Erregung und Leitung läge es also, daß der periphere Nerv leiten kann, ohne selbst erregt (im Sinne der gesteigerten Assimilation) zu sein, ich möchte die Arbeitshypothese aufstellen, daß die eigentliche Erregung der Nerven der Schmerzempfindung entspricht. Dazu passen einmal die zitierten neuesten Untersuchungen von v. FREY bezüglich der Zwischenschaltung von Gewebsautolyse, ferner der Entzündungsschmerz und die 1000 mal geringere Empfindlichkeit der Schmerz- gegenüber den Druckpunkten, auch die Erfahrungen bei der Lokalanästhesie stimmen dazu, wo ja der Nerv durchaus noch leitet. Bei unseren künstlichen Reizversuchen am Nerv-Muskelpräparat werden wahrscheinlich sowohl Erregung wie primäre Leitung in Wirkung gesetzt, und es wäre zu versuchen, beides voneinander zu trennen, zumal bezüglich Refraktärstadium, Erholung, Sauerstoff usw.; die neuesten THÖRNERschen Untersuchungen scheinen mir in dieser Richtung zu weisen.

Um die weitere Darstellung möglichst anschaulich zu gestalten, wollen wir jetzt ein Bild der Erregungs- und Leitungsvorgänge bis in die Einzelheiten zu zeichnen versuchen, wie wir es dann zur Beschreibung der Vorgänge verwenden werden. Natürlich halten wir uns bewußt, daß diese Einzelheiten durchaus hypothetischen Charakter tragen, heuristisch und darstellerisch sind sie dadurch nicht entwertet; daß sie nicht rein erfunden sind, sondern auf Grund sowohl der Nervenforschungsergebnisse wie unserer Ablaufstudien aufgestellt, wird hoffentlich deutlich werden.

Das Problem ist: wie folgt aus der Leitung die Zellerregung, wann und wie folgt aus der Zellerregung wieder Nervenleitung? und ferner: unter welchen Umständen geht die Leitung einfach durch die Zelle hindurch?

Wir legen einen einfachen, unbewußten Reflex des Systems „afferentes Neuron — efferentes Neuron — effektorisches Organ" zugrunde und schließen die, in Wirklichkeit stets vorhandenen, Komplikationen später an.

In der afferenten Faser läuft eine der kontinuierlichen Substanzbewegung entgegengerichtete physikalische Welle, als Stauungswelle sei sie einfach gedacht, zur Ganglienzelle. Dort herrscht der kontinuierliche — eine dauernde, innere biorheutische Rhythmik wird noch nachzubringen sein — assimilative Ablauf von hohem Gefälle. Die eintreffende Welle bewirkt eine Hemmung dieses Ablaufs, der ja auf die dauernde Substanzabgabe nach jener Bahn hin eingestellt war, es folgt ein gewisser autolytischer Rückschlag oder auch nur ein Stillstand des Ablaufs, auf den eine gewisse Erhöhung der Ablaufintensität folgt Ob aber dieser Vorgang in der Zelle für die Weiterleitung zentralwarts unmittelbar überhaupt bedeutungsvoll ist, hangt von dem momentanen Zustand der Zelle ab, sowie auch von der Starke der Welle. Es kann ja die Welle als solche auf die intrazentrale Strecke ubergehen, wenn die Zelle oder in dem Maße wie die Zelle unveranderlich in ihrem Volumen ist Meines Wissens liegen Erfahrungen über Elastizität oder passive Dehnbarkeit der Ganglienzellen nicht vor, daß sie im Volumen veränderlich sind, sich bei der Tätigkeit in der Tat verändern, wurde erwähnt.

Ist die Zelle im Moment der eintreffenden Welle z. B. infolge voraufgegangener Erregungen oder von Giften nicht veränderlich, so geht die Leitung einfach auf die zentrale Bahn über und ohne Dekrement. Ist sie veränderlich, die Welle aber sehr mächtig, so geht sie auch sofort, aber mit Dekrement auf die zentrale Bahn. Ist die Welle schwach, so läuft sie sich in der dehnbaren Zelle tot, aber die dort gesetzte konsekutive Ablaufsteigerung bleibt erhalten. Was bewirkt sie nun für den physikalischen Zustand der Zelle?

Eine Volumzunahme, das dürfte sicher sein, und zwar nicht nur im Maße der passiven Dehnung durch die Welle, sondern darüber hinaus. Ich nehme an — ein allerdings noch nicht bewiesener, aber aus Viskositätserfahrungen gestützter Eindruck aus den biorheutischen Untersuchungen —, daß bei dem Ablauf ein Stadium durchlaufen wird, wo die Teilchen stärker hydratiert sind, während sie dann wieder wasserärmer werden, in Analogie zu den kolloidchemischen Koagulationen. Das System als Ganzes wird also bei gemehrtem Ablauf — d. h. einer größeren Zahl gleichzeitig ablaufender Biorheusen — eine Phase starkerer Quellung durchlaufen, die nachher bei weiterem Fortgang der Biorheusen wieder zurückgeht.

Ist diese Quellung stark genug, d. h. tritt sie rasch und ausgiebig genug ein, so wird nun sekundär von der Zelle eine Welle ausgehen können, die Reflexerregung wird also mit gegenüber der direkten Nervenleitung vergrößerter Zeitdauer durchgehen.

Ist die Quellung nicht stark genug, um eine zureichende sekundäre Welle zu liefern, so wird sie immerhin das Volum der Zelle, solange sie andauert, vergrößern und damit deren Dehnbarkeit für eine zweite eintreffende Welle vermindern, zugleich würde diese letztere auf gesteigerten Ablauf, d. h. vergrößerte Erregbarkeit, treffen.

Damit sind einige Grundtatsachen der Reflexphysiologie theoretisch postuliert: die Leitungsverzögerung im Zentralorgan, die Latenzverkürzung bei Verstärkung des Reizes, die Leitung mit Dekrement einerseits, die Summation unterschwelliger Reize andererseits, die Bahnung bis zu der Angleichung der Reflexleitungsgeschwindigkeit an die direkte Leitung, die Nachentladung.

Es ergibt sich daraus weiter eine Vorstellung über die Aufgabe der Spinalganglien und — wie ich annehmen möchte — auch der sympathischen Ganglien. Wenn wir sie mit Apparaten der Elektrotechnik vergleichen, so sind sie zugleich Sicherungen und Verstärker, sie verhindern, daß ein allzu heftiger Impuls ungemindert in das Zentralorgan oder die innervierten Eingeweide gelangt, und sie ermöglichen es einem schwachen, vor allem mehreren schwachen Reizen zur Wirkung zu kommen, bewahren aber zugleich vor der Überlastung des Zentralnervensystems durch die Masse der minimalen Reize.

Was diese letztere für den Organismus bedeuten würde, das zeigen die Strychninvergiftung und der Tetanus. Bekanntlich greifen Strychnin und Tetanustoxin an den Ganglienzellen der rezeptorischen Neurone an, ihre Theorie wird in der herrschenden Ausdrucksweise als Beseitigung von Hemmungen bezeichnet. Nach den Untersuchungen von Fröhlich und H. Meyer und von Dusser de Barenne können wir sagen, daß Strychnin auf alle, auch die motorischen und die Schaltzellen wirkt. Isolierte Applikation auf sensible Elemente hat erhöhte Reflexe, aber keinen Tetanus zur Folge, schließlich geht die Wirkung in Lähmung über, was als „Erschöpfung der entladungsfähigen Energie" gedeutet wird.

Vom Boden unserer Theorie aus würden die Erscheinungen unter der Annahme verständlich sein, daß die Gifte die Zellen unveränderlich in ihrem Volumen und in der Folge (Lähmung) fest und undurchgängig für die Welle machten. Natürlich ist auch eine unmittelbare Wirkung auf den Ablauf nicht ausgeschlossen, das Genauere kann nur die Untersuchung lehren.

Wir folgen der Leitungswelle zur motorischen Ganglienzelle, dort gilt das gleiche: je nach dem physikalischen Zustand der Zelle und der Höhe der Welle setzt sich entweder die Leitung direkt auf die efferente Bahn fort oder es tritt der Mechanismus von Ablaufhemmung und folgender Ablaufsteigerung ein. Nun bleibt aber noch eine Tatsache zu beachten: alle Erregungsvorgänge und Leitungswellen zeigen den oszillierenden Charakter, unsere bisherige Darstellung ergab nur einzelne Leitungsstöße. Da muß man sich daran erinnern, daß nach unserer Theorie jeder Reiz, wo er in das Ablaufsystem eintritt, wo er zur Erregung wird, eine Hemmung und konsekutive Steigerung der Biorheusen setzt. Daß die Rhythmik nicht in der Leitung begründet ist, das wird durch die Möglichkeit, künstlich arhythmische Leitung hervorzurufen, bewiesen, sie muß also, wenn unsere Theorie zureichen soll, in dem biorheutischen Ablauf selbst begründet sein.

Das ist sie nun in der Tat. Daß der biorheutische Ablauf kein solcher mit gleichförmiger Geschwindigkeit, kein kontinuierlicher Fluß ist, auch wenn keine besonderen Apparaturbedingungen mitsprechen, davon konnten wir uns bei den chemisch und optisch verfolgten proteolytischen Vorgängen überzeugen, so wechselte Zunahme der Aminogruppen (Proteolyse) mit Abnahme (Synthese), was beweist, daß in dem Ganzen einmal die eine, einmal die andere Komponente überwiegt.

Die Periodik, die durch Hemmung mit Autolyse und konsekutiver Steigerung der Synthese einhergeht, haben wir in den Modellversuchen mit den Caseinlösungen durch Entfernung der Hemmungen wie auch durch Stickstoff- und Sauerstoffbehandlung in etwa nachgeahmt, in vivo ist sie an die Systembedingungen geknüpft. Eine noch viel schnellere, regelmäßigere und dauernd wirksame Rhythmik ergibt sich aber aus dem Nacheinander des Ablaufs in der geschlossenen, aber mit der umgebenden Lösung funktionell verbundenen Zelle. Nehmen wir als sehr wahrscheinlich an, daß das Assimilationsmaterial, die Biokyme überwiegend auf ein und derselben Ablaufstufe in den Zellablauf eintreten, so sind in der Zelle nicht die verschiedenen Ablaufphasen in einem derartigen Gemenge, daß etwa die Hydratationszunahme eines Teilchens durch die gleichzeitige Abnahme eines anderen kompensiert wird. Es wird vielmehr so sein, daß immer wenn in der Ablaufreihe vorne ein Platz frei geworden ist (man wird die bildliche Ausdrucksweise nicht mißverstehen), die rückwärtigen Biokyme gleichmäßig nachrücken

Betrachten wir das Ende der Reihe, so muß immer erst die letzte ablaufende Phalanx „ausfallen", damit die nächste an ihre Stelle treten kann. Sehen wir diese letzte Phase des Ablaufs als Dehydratation an, die vorigen als die Stufen des Hydratationsmaximums, so folgt eine rhythmische Entquellung und Quellung des Ganzen, naturlich in kleinsten Ausmaßen, aber zunehmend mit der Anzahl der Träger des Rhythmus. Dadurch, daß die Rhythmik in der Linie einer Reaktionsabfolge liegt, erscheint die rasche Periodenfolge verständlich, die mit einem antagonistischen, alternierenden chemischen Mechanismus nicht wohl vereinbar ware. Die Schnelligkeit des Rhythmus muß steigen mit der Geschwindigkeit des Ablaufes, also z B. auch mit der Temperatur, was experimentell bestätigt ist (PIPER an der Schildkröte, CARLSON an Limulus) und was auch geeignet erscheint, die erhöhte Wärmebildung im Fieber zu erklären: es gelangen mehr tonisierende Impulse zu den Muskeln.

Hier sei aber auch ausdrücklich betont, daß es durchaus nicht notwendig ist, diesen Rhythmus in seiner Bedeutung für die Fortleitung auf die Volumwellentheorie allein festzulegen. Ebensowohl könnte man etwa eine Herstellung eines Elektrolytgefälles daraus ableiten, da die Kolloidreaktionen am Ende des Ablaufes sicherlich so wirken können. Die von uns angenommene mechanische Welle scheint mir zunächst die einfachere und eine brauchbare Hypothese zu sein, das Wesentliche unserer Analyse ist aber von der Vorstellung über den Leitungsmechanismus nicht abhängig, sie fordert nur, daß am Endpunkte der Leitung wiederum eine Hemmung der Abläufe im Erfolgsorgan resultiert. Mit dieser Reservation wollen wir unsere Leitungshypothese weiter verwenden.

Auf die geschilderte Weise entsteht also eine dauernde Rhythmik als allgemeines Kriterium der Abläufe morphologischer Einheiten, deren besondere Charakteristiken in jedem Falle von den Bedingungen der Ablaufapparatur und dem Gefälle abhängen müssen. Je größer die Einheit ist, um so eher wird ihr Rhythmus nach außen in die Erscheinung treten können, ein Gesichtspunkt, den in die Histologie speziell des Nervensystems einmal hineinzutragen, sich wohl verlohnen würde.

Dieser Rhythmus ist, daran ist sich stets zu erinnern, ein autochthoner, innerbiorheutischer und morphologisch gebundener, er hat nichts mit einem Wechsel von Assimilation und Dissimilation zu tun, er unterteilt den kontinuierlichen Ablauf nur zeitlich. Die oft gefundene Periodik von Hemmung und Steigerung eines Ablaufs ist von ihm unabhängig, natürlich bleibt er in ihr erhalten. Die größeren Perioden z. B. des Herzschlages, rhythmischer Reflexe usw. werden ihren Grund in dem größeren, dem Hemmungs-Steigerungsrhythmus haben, der — wie wir ihn nennen wollen — „innerbiorheutische“ begründet dagegen z. B. die tetanische Reizung des Muskels von seinem Neuron aus.

Eine Folgerung ergibt sich aus unserer Theorie ohne weiteres: ein mit einer gewissen innerbiorheutischen Rhythmik eintreffender Reiz wird bei dem Übergang in die Erregung des Erfolgsorgans in dessen Rhythmus transformiert werden können, andererseits kann auch der neue Rhythmus den alten überlagern. Es ist aber auch zu bedenken, daß gleichgestimmte Rhythmen sich verstärken können und daß eine solche Abstimmung möglicherweise bei der Erregungsausbreitung im Gehirn eine Rolle spielt.

Eine sehr naheliegende Beziehung des innerbiorheutischen Rhythmus ist die zu dem Muskeltonus. A. Fröhlich zeigte, daß bei Tunicaten nach Entfernung des Ganglions eine sehr betrachtliche Herabsetzung des Muskeltonus resultiert.

Bei Medusen fehlt nach Bethe Tonus und Ermudbarkeit, bei Mollusken sind beide ausgepragt. Wir werden vermuten, daß das Fehlen oder Vorhandensein eines nervos bedingten Tonus von der Ablaufintensitat im Nervensystem abhangen wird. Eine Tonussteigerung werden wir bei einer Ablaufsteigerung, im ganzen Zentralorgan oder den betreffenden Neuronen, erwarten. Wenn unsere Annahme einer langsamen Stoffverschiebung im Nerven richtig ist — welche Theorie ubrigens Johannes Müller, Wundt, neuerdings Scott zu ihren Vatern rechnen darf —, so wird ein vermehrter Tonus auch durch eine erhohte Stoffverschiebung zum Muskel hin verursacht werden konnen. Das scheint mir besonders fur das Verstandnis der mit Tonussteigerung einhergehenden zentralen Krankheiten nicht ohne Bedeutung zu sein. Ein spastischer Paretiker muß fur die geringste Muskelleistung eine enorme Anstrengung aufwenden, ermudet augenblicklich und hat zugleich einen dauernd gesteigerten Tonus. Wie stimmt das zusammen?

Wenn die degenerative Veranderung in seinen zentralen Neuronen eine Hemmungsatrophie im Sinne des partiellen Alterns ist, so kann die absteigende Degeneration auf den intakten Ablauf der motorischen Vorderhornzelle dauernd in der Richtung der Steigerung wirken und so den vermehrten Muskeltonus veranlassen. Will aber der Kranke noch einen Impuls durch die degenerierende Bahn schicken, so muß er den Rest von Ablauf in der insuffizienten Gehirnzelle von der biorheutischen Basis aus nach Möglichkeit steigern und zugleich die primär hemmende Welle aus allen Quellen steigern, damit die konsekutive Assimilationssteigerung und Quellung sich durch die geschädigte Bahn noch auswirken kann. Das Gefühl der gewaltigen Anstrengung entsteht durch Mitbeteiligung aller intensitätssteigernden und reizzuführenden zentralperipheren Mechanismen, die wir oben geschildert haben.

Wir haben bisher den Fall des einfachen Reflexes betrachtet, von dem SHERRINGTON sagt, er sei „eine bequeme, wenn auch nicht wahrscheinliche Fiktion". BERITOFF wandelt diese Negation in eine Position um: „ — daß sich die zentrale Tätigkeit infolge einer peripheren Reizung nicht auf irgendeinen Teil des Nervensystems beschränkt". PAWLOW hat mit seinen Schülern die „bedingten" Reflexe studiert, die sich in Anlehnung an einen angeborenen entwickeln und, wie alle individuellen Reflexe, sehr veränderlich sind. Als Beispiel gelte die reflektorische Speichelsekretion des Hundes beim Einführen der Speise, dann beim Anblick derselben und schließlich bei einem Klingelzeichen, das regelmäßig mit der Futtervorlage verbunden wurde. Diese erworbenen Reflexe können durch jede neue Reizkombination verändert oder zum Schwinden gebracht werden. Auch die angeborenen Reflexe sind veränderlich, so verändert andere Stellung der Glieder den Reflex auf den Reiz des gleichen sensiblen Nerven (MAGNUS).

Die neuere Forschung geht offensichtlich von dem einfachen Reflexschema mehr zu der Betrachtung der Eigentätigkeit des Zentralorgans über, und wenn BETHE seinerzeit sagte: „Kein Nervensystem arbeitet, soweit bisher bekannt, aus sich selbst heraus, stets muß ein äußerer Anstoß (der auch im Körper seinen Ursprung nehmen kann) hinzukommen", so ist das natürlich richtig, wenn man die sog. „Blutreize" einbezieht. Dann besagt es aber auch nur, daß das Gehirn kein Leben für sich führt. Wollte man aber nur zu den exterorezeptiven die propriozeptiven Reize hinzurechnen, also doch nur solche, die z. B. aus den Muskeln, Sehnen, Organen auf dem Nervenwege im Zentrum einströmen, dann ist es nicht richtig.

Mir scheint die Auffassung von GR. BROWN den Tatsachen gut gerecht zu werden: „ — wir dürfen den Reflex nicht als die Grundeinheit ansehen, aus der sich die verwickelten rhythmischen Vorgänge zusammensetzen, sondern als eine momentane Aktivierung und Behaup-

tung eines Teils der rhythmischen fundamentalen Tätigkeit". Und:
„Für ‚Blutreiz' (im weitesten Sinne) muß das zentrale Organ als im
ganzen reagierend angesehen werden. Der afferente Mechanismus bietet
die Möglichkeit dei lokalisierten Wirkung des ‚Blutreizes' in einem
kleinen Areal des zentralen Organs. Die Möglichkeit der spezialisierten
Reaktionen des Organismus entsteht auf diese Weise."

Man sieht: von hier ist kein weiter Weg zu unserer Theorie der
intensitätsverteilenden Wirkung der Reize auf die Dauerabläufe in den
biorheutischen Elementarsystemen des Zentralorgans.

Wie stellen sich nun die Forscher die Tätigkeit des Zentralorgans vor?

Viele ältere und neuere — Schröder van der Kolk, Pflüger,
Verworn — im Sinne der Entladungshypothese, wobei die Rolle des
Sauerstoffs in verschiedenen Richtungen gleichzeitig beansprucht wird.
Einmal soll, wie erwähnt, der starke Sauerstoffverbrauch während der
Tätigkeit die Dissimilation anzeigen, zugleich aber soll doch in der Ruhe
Sauerstoff gespeichert werden, der dann bei den „Entladungen" frei
würde, also eigentlich nicht erst von außen benötigt wäre. Demgegen-
über betont Bethe mit Recht, daß danach erhöhte Oxydationsmöglich-
keit die Tatigkeit steigern müßte, Asphyxie hemmen, wahrend das
Gegenteil der Fall sei. Bei Wirbellosen, deren Nervensystem auf mäßige
Sauerstoffversorgung eingestellt ist, setzt Überreicherung daran die
Erregbarkeit herab (Gobius am Fisch, Bethe an Blutegel und Fluß-
krebs). Auch die Durchblutung des Gehirns bietet keine Anzeichen einer
Aktivitätssteigerung, wohl aber konnten Sherrington und Roy die
Blutfülle des Gehirns vermehren, wenn Extrakt aus totem Gehirn in die
Carotis injiziert wurde

Auch bei vollständiger Ruhe fließt stark venöses Blut aus dem
Gehirn ab, selbst bei hochgradiger Narkose noch viel dunkleres als aus
der Arterie (Bethe). Atwater konnte keinen Mehrverbrauch an
Sauerstoff bei geistiger Arbeit feststellen.

Bethe sagt: „Danach liegt der Schluß nahe, daß die Sauerstoff-
zehrung im Zentralnervensystem einen bestimmten Zustand, ein Gleichgewicht dauernd aufrechterhalt "

Übersetzen wir diese Schlußfolgerung aus der Gleichgewichts- in
die Ablauftheorie, so stimmen wir mit ihr überein

Wie groß die Sauerstoffavidität des Zentralnervensystems ist, das
lehrten schon Ehrlichs Farbstoffreduktionsversuche, das durchströmte
Gehirn ließ keinen Sauerstoff zur Oxydation der Farbstoffe ubrig,
andererseits trat Reduktion der Stoffe erst ein, wenn kein Sauerstoff
mehr zur Verfügung stand Das Indophenol wurde erst reduziert, wenn
die postmortale Sauerung des Gewebes begonnen hatte, sie nahm bei
Reizung zu

LANGLEY hat die Ganglienzellfunktion in Beziehung gesetzt zu dem Vorgang in sezernierenden Drüsen, den er in drei Phasen — Aufbau des Protoplasma, Bildung von Zymogen, Sekretherstellung aus Zymogen — geschehen läßt, einen ähnlichen Vorgang nahm GASKELL für den automatischen Herzmuskel an.

Erinnern wir uns des Befundes von SCOTT betreffend der NISSL-Schollen, so erscheinen uns diese Parallelen, die ja in unserer Ablaufvorstellung zusammenfließen, beachtenswert.

SHERRINGTON führt die Unterschiede zwischen direkter und reflektorischer Nervenleitung auf: der Geschwindigkeitsunterschied ist bei schwachen Reizen großer als bei starken, die Reflexleitung zeigt: Nachentladung, geringere Proportionalität zwischen Reizgröße und Reaktion, Widerstand gegen einzelne Impulse, Summation, Irreversibilität der Leitungsrichtung, Ermüdbarkeit, größere Veränderlichkeit der Reizschwelle, refraktäre Periode, Bahnung und Hemmung, Chok, große Sauerstoffabhängigkeit, großere Giftempfindlichkeit.

SHERRINGTON sucht die Unterschiede nicht in den Nervenzellkörpern, sondern mit der Annahme von Trennungsflächen zwischen den Neuronen zu begründen, er nimmt wie wir eine mehr physikalische Form der Fortleitung an, auf Grund der Flüchtigkeit und Schnelligkeit der Leitung und der leichten Erregbarkeit durch mechanische Mittel.

Von den aufgezählten Eigentümlichkeiten der Reflexleitung haben wir die meisten schon als unmittelbare Folgerungen aus der Theorie erhalten oder sie ergeben sich ohne weiteres. Eine kurze Betrachtung erfordern die Irreversibilität, die refraktäre Periode, die Nachentladung und der Chok.

Für die Einseitigkeit der Leitung wird man wohl die Struktur in erster Linie berücksichtigen müssen, die Aufsplitterungen zwischen den Neuronen, vielleicht auch den inneren Bau der Zellen. Die Theorie der Leitungswelle — sei sie einfach mechanisch oder als Elektrolyt-Kolloidreaktion gedacht — kann uns hierzu nichts sagen, es sei denn, es ließe sich eine konstante Beziehung zu der Richtung der hypothetischen Substanzverschiebung aufzeigen.

Die refraktäre Phase würde mit der konsekutiven Ablaufsteigerung zusammenfallen, von der Wellentheorie aus würde das ein Zusammentreffen der neuen — unwirksam bleibenden — Zuleitungswelle mit dem Quellungsanstieg bedeuten, die Elektrolythypothese könnte eine vorübergehende Ionenfesselung an die Kolloide annehmen.

Es erscheint nicht sehr zweckvoll, all diesen Einzeltatsachen mit Hypothesen nachzugehen, die sich der unmittelbaren Prüfung entziehen. Der Wahrscheinlichkeitswert solcher Spezialhypothesen scheint mir aber auch durch mathematische Formulierung nicht viel zu gewinnen, wenn der Ansatz doch mit solchen unbekannten Faktoren wie „fördernde und hemmende Ionen" (LASAREFF) gemacht werden muß.

Fruchtbarer für unsere Betrachtung wäre es, wenn sich etwa eine Beziehung zwischen Dauer der refraktären Phase und innerbiorheutischem Rhythmus der betreffenden Einheit aufzeigen ließe, wobei sich eine gleichmäßige Temperaturabhängigkeit der beiden ergeben müßte. Das würde besagen, daß die eintreffende Welle, um wirksam zu sein, in ihrer Rhythmik mit der ihrer Erfolgseinheit konsonieren oder wenigstens nicht zu sehr differieren sollte. VERWORN hat den Gedanken der Interferenz von Erregungen zur Erklärung von Hemmungen herangezogen, F. W. FRÖHLICH hat ihn weiter ausgeführt, vielleicht bietet unsere Theorie ihm weitere Stützen dar. Daß derselbe Reiz, der an sich hinreichend wäre, nur in der refraktären Phase nach einer Vorreizung unwirksam bleibt, widerlegt die Interferenzannahme nicht, denn durch die erste Reizung ist ja die Zellrhythmik verstärkt worden, d. h. im Bilde der Welle gesprochen: Wellenberge und -täler sind vergrößert und also auch ihre Vernichtungskraft bei der Interferenz.

Die Nachentladung ist dadurch gekennzeichnet, daß eine Verstärkung des Reflexreizes nicht in der Kontraktionshöhe, sondern in der Reaktionsdauer zur Auswirkung kommt und daß die eigentliche Reaktion von einem gesteigerten Tonus überdauert wird. Diese Erscheinung wird von unserer Theorie gefordert. Die der erregenden Hemmung folgende Ablaufsteigerung kann nicht ebenso steil absinken wie sie anstieg, sie muß nach Maßgabe ihrer Selbsthemmung und des Widerstandes, den das System der Substanzzunahme entgegenstellt, langsam abklingen Ob es zur Nachentladung oder nur zum Tonus kommt, muß von der Hohe der innerbiorheutischen rhythmischen Schwankungen abhangen und diese wieder von der Stärke der primaren Hemmung. Auf jeden Fall muß es zu einer vermehrten Substanzausfuhr im Nerven vorübergehend kommen. Die klonischen Kontraktionen nach corticaler Reizung, die Rindenepilepsie könnten so zustande kommen. EBBECKE stellt die Nacherregungen in Parallele zu den der lokalen vasomotorischen Reaktion folgenden assimilativen Vorgangen, sicherlich zu Recht.

Fruchtbar erscheint unsere Erregungstheorie weiter zum Verstandnis des Choks Diese Erscheinung wird bekanntlich durch sehr verschiedene Ursachen hervorgerufen Trauma, elektrischer Strom, psychische Erregung usw können ganz ausgedehnte Hirnpartien außer Funktion setzen, ohne daß die geringste strukturelle Veranderung nachweisbar ware. Von den Chirurgen in dieser Hinsicht besonders gefurchtet sind ausgedehnte Wunden mit Zerreißung, Quetschung und Zermalmung von Gewebsteilen und besonders Organen, ferner Abkühlung freiliegender Eingeweide, ausgebreitete Hautverbrennungen.

Die Symptome sind Temperatursenkung, Kollaps, stark herabgesetzte Sensibilität, Übelkeit, Erbrechen, Singultus.

Beim psychischen Chok wird eine übermäßige Entladung auf die visceralen Nerven (Herz, Atmung) angegeben.

Es sind also einmal übergroße Reize auf dem Nervenwege, dann direkte Hirnschädigungen (Commotio, apoplektischer Insult) und endlich auch humorale Ursachen, die die Nervenzentren außer Funktion setzen, ohne sie histologisch nachweisbar zu verändern.

Wir sehen sofort: es ist die plötzliche und mächtige Ablaufhemmung, es ist das vollkommene Seitenstück zu den besprochenen Erscheinungen bei der parenteralen Proteineinverleibung. Die Allgemeingültigkeit unserer Feststellung von damals, daß leichtere Ablaufhemmung konsekutiv steigert (Erregung), schwere lahmt, wird hier evident. Für die anderen Ursachen ist das ohne weiteres klar, wie ist es mit der psychischen? Wir nehmen an, daß die Stärke einer plötzlichen psychischen Erregung bedingt ist durch den Ausbreitungsgrad der gleichzeitigen corticalen Ablaufsteigerungen resp. durch ihre rasche Überleitung auf die visceralen efferenten Bahnen, daraus resultiert ein kumulativer Vorgang, der rasch ansteigt und zu bedrohlicher Stärke der Hemmung fuhrt

Wenn der Chok nicht zum Tode fuhrt, klingen seine Symptome rasch wieder ab

Nur um das Problem aufzuwerfen, seien hier ein paar Worte uber den Hirndruck angefugt.

Warum steigt der Druck beim Hirntumor, dem Hirnabsceß oder der Meningitis? Welchen funktionellen Sinn hat es, daß das Zentralnervensystem in eine geschlossene Kapsel gesetzt ist, mit einem in sich geschlossenen Lymphsystem? Man sagt: zum Schutze gegen Druckschwankungen, und bedenkt nicht, daß dagegen gerade umgekehrt eine nachgiebige, leicht elastische Umscheidung schützen wurde. Die Druckschwankungen in den Organen kommen doch nicht von außen, sondern von innen, aus den Blutdruckschwankungen und dem Turgor. Die feste Einfugung kann nicht anders als beim Brustkorb den Sinn der Aufrechterhaltung einer Druckdifferenz haben, im Schädel der eines Überdruckes.

Und wie kommt es in jenen Fallen zu einem erhohten Druck? Von einem vergrößerten Stromungshindernis fur das Blut kann doch in den seltensten Fällen im Ernste die Rede sein. Wenn die Blutfulle im Gehirn so wechseln kann, wie es angegeben wird (JENSEN), dann kann ein kleiner Tumor kein wirkliches Hindernis sein. Aber von der Frage der Entstehung der pathologischen Druckhohe abgesehen, sieht es nicht so aus, als ob der normale Überdruck von funktioneller Bedeutung wäre? Wir denken an die bekannten Symptome des pathologischen Hirndruckes: Pulsverlangsamung, Erbrechen, Tonussteigerungen, also eine vermehrte Impulsgabe durch die efferenten Bahnen (Vagus, Muskelnerven), die nicht wie der Sympathicus periphere Ganglien passieren müssen.

Der Gedanke drängt sich auf, daß der normale Überdruck im Zentralnervensystem der Substanzvorschiebung in den peripheren Nerven diene; das Problem darf jedenfalls einmal gestellt werden.

Und ist es nicht denkbar, daß ein Teil des Überdrucks Quellungsdruck ist und daß der Druckunterschied zwischen Schlafen und Wachen auf der Abnahme des Quellungsdruckes beruht?

Noch ein anderes anatomisch-funktionelles Problem darf vielleicht zur Diskussion gestellt werden: was kann es zu bedeuten haben, daß die Entwicklung des Gehirns bei den hochsten Formen in der Richtung der Oberflächenvergrößerung geht?

Durch die Furchenbildung wird ja der Fassungsraum für Zellen und Fasern nicht vergrößert, sondern dieser wurde bei kompakter Ausfullung am besten ausgenützt. Es bleiben meines Erachtens nur zwei Möglichkeiten des Verständnisses: entweder ist die Schaffung großerer Weglängen zwischen den Hirnteilen erforderlich oder die Oberflachenschicht mit ihren Strukturelementen darf eine gewisse Dicke nicht uberschreiten, wenn die Funktion möglich sein soll. Die erstere Annahme ist wenig plausibel, jener Zweck konnte ja auch durch gewundene Faserführung im kompakten Organ erreicht werden. Die zweite Annahme dagegen ist einleuchtend, wenn bei der Funktion der Oberflachenelemente der Arachnoidealraum irgendwie mitwirkt, wofur auch dessen Struktur (Arachnoidealzotten) zu sprechen scheint. Damit aber kame wohl als Nachstliegendes wieder der Gedanke an Quellungsvorgange in den Sinn.

Es unterliegt der Kompetenz des Gehirnanatomen, der Frage der raumlichen Beziehung der grauen Substanz im Zentralorgan zu den Flussigkeitsraumen im einzelnen nachzugehen, uns darf diese Erwagung wohl in der Hypothese, daß Quellungsprozesse bei den Gehirnvorgangen mitwirken, bestarken.

Die komplizierten kombinierten Reflexvorgange, die gegenuber dem bisher gebrauchten Schema die Wirklichkeit reprasentieren, haben zur Aufstellung von Begriffen gefuhrt, unter denen die Erhohung der Erregbarkeit, die Hemmung und Bahnung die wichtigsten sind.

Es gilt auch fur das Zentralnervensystem der allgemeine Satz der Reizphysiologie, daß ein Reiz nicht nur eine Erregungsreaktion hervorruft, sondern auch allgemein die Erregbarkeit des betreffenden Teiles erhoht

Wir hatten erschlossen, daß ein biorheutisches System um so „erregbarer" sein muß, je größer seine Ablaufgeschwindigkeit ist; wird diese durch einen Reiz (primäre Ablaufhemmung) gesteigert, so muß also auch die Erregbarkeit ansteigen. Für das Zentralnervensystem als Ganzes ist der zugrunde liegende Mechanismus einerseits die Ausbreitung des Reizes (der Ablaufhemmung mit konsekutiver Steigerung) innerhalb des Organs und ferner die Veränderung der biorheutischen Basis auf dem Wege über die visceralen efferenten Bahnen und ihre Erfolgsorgane.

Das sind uns schon bekannte Dinge, und es nimmt uns nicht wunder, daß die Erhöhung der Reflexerregbarkeit durch Reizzufuhr vielfaltig festgestellt ist (SHERRINGTON, EXNER, STEINACH, GR. BROWN u. a.). Wenn aber EXNER die Erscheinung als „Bahnung" bezeichnet, so bringt dieser Ausdruck eine theoretische Vorstellung hinein, die als sehr problematisch bezeichnet werden muß. Man kann wohl als sicher ansehen, daß eine eigentliche Veranderung der Leitung in der Faser, wenn sie uberhaupt stattfindet, den geringsten Anteil an dem, was Bahnung genannt wird, hat; wir beschranken uns darauf, die Tatsachen von unserer Theorie aus zu analysieren.

L. HOFBAUER ließ eine Versuchsperson taktmäßig mit maximaler Willensanspannung ein Gewicht heben, plötzlich fiel ein Schuß, die Leistung stieg.

Am Tiere wurde ein unterschwelliger Reflexreiz gesetzt und gleichzeitig die Hirnrindenpartie des dem Reflexe zugehörigen Neurons mit ebenfalls für sich reaktionslosen faradischen Strömen gereizt — die Reflexreaktion trat ein. War der Reflex an sich vorhanden, aber schwach, so wurde er durch die Kombination gesteigert. Es ist aber gar nicht nötig, daß die beiden Komponenten ganz gleichzeitig wirken, auch bei rascher Aufeinanderfolge in beiden Alternativen ist der Erfolg zu erzielen.

Eine spezielle Analyse ist nach dem Voraufgegangenen nicht mehr erforderlich, ebenso dürfen wir auf weitere Beispiele verzichten.

Daß die sich gegenseitig steigernden Faktoren auch von verschiedenen Teilen des Zentralnervensystems aus wirken können, lehrt die Beobachtung, daß bei einer einseitigen, herdförmigen Rindenlasion besonders die korrespondierenden Teile der anderen Hemisphare eine erhöhte Reflexerregbarkeit involvieren.

v. MONAKOW hat neben der chokartig wirkenden Ausbreitung der Funktionshemmung auf nicht unmittelbar betroffene Hirnbezirke, die er Diaschisis nennt, auch beobachtet, daß die Herabsetzung der Erregbarkeit in einem corticalen zentralen Gebiet „die Spannkräfte in einem anderen Gebiet über die Norm entladen kann" (Hypertonie, spastische Reflexe).

Der andere Begriff, mit dessen Hilfe die Forscher den Erscheinungen der Ausbreitung und Form der Reflexe theoretisch zu folgen versuchen, ist der der Hemmung.

Wenn wir in dem folgenden Abschnitt von „Hemmung" schlechtweg reden, so meinen wir die Funktionshemmung im Sinne der Autoren, während wir unsere biorheutische Hemmung, die ja sowohl Reiz wie Hemmung im Sinne der Funktion sein kann, als „Ablaufhemmung" bezeichnen wollen.

Daß die Hemmbarkeit ebenso eine allgemeine vitale Tatsache ist wie die Reizbarkeit, ist uns aus Früherem geläufig, trotzdem hat man die Hemmung im Zentralnervensystem auf spezielle Vorgänge beziehen zu müssen geglaubt. GOLTZ nahm auf Grund seiner fundamentalen Untersuchungen eigene Hemmungszentren an, und neuestens erklärt BERITOFF die Hemmungen im Bereiche der motorischen Zentralvorgänge als spezielle Funktionen spezieller subcorticaler Teile.

Die erste Entdeckung einer wirklichen, isolierbaren nervösen Hemmungswirkung geschah im Jahre 1845 durch E. H. und E. WEBER mit der Entdeckung der Vaguswirkung am Herzen. Hier war in der Tat durch Reizung eines Nerven ein Muskel außer Tätigkeit zu setzen, und zwar kann diese Wirkung, wie jetzt angenommen wird, ohne Beteiligung von peripheren Ganglien direkt am Muskel erzielt werden. CARLSON fand allerdings bei Limulus, daß sowohl Automatie des Herzens wie Hemmungswirkung an den Ganglien ansetzen, daß die Vagusgifte nur wirken, wenn sie mit den Ganglien in Berührung treten.

In der Folge ist dann im Bereiche des autonomen Nervensystems der Antagonismus von erregenden und hemmenden Nerven als die allgemeine Beherrschungsart der visceralen Organe aufgeklärt worden. Es ist nun üblich, die periphere nervöse Hemmung als von der zentralen grundsätzlich wesensverschieden anzusehen, ohne daß mir die Gründe einleuchtend erscheinen. Wir werden jedenfalls versuchen, beide Arten auf den gleichen Wirkungstypus zu beziehen

Wir knüpfen — bei Betrachtung der zentralen Hemmungen — an einen Satz von H E HERING an: „Hemmung ist auch eine Erregung, aber eine andere Erregungen störende " Und weiter: „Alle diejenigen Bahnen, die Muskelkontraktionen vermitteln, konnen auch Muskelerschlaffungen vermitteln "

Wenn man wie HERING die Hemmung auch als Erregung ansieht, so entwertet man diese Feststellung aber wieder, wenn man nun in die Erregungen qualitative Unterschiede hineintragt. Die Verwirrung auf diesem Gebiete ruhrt vor allem daher, daß man unter Erregung ohne weitere Diskussion alles vom Reize im Empfangsorgane an bis zum Vorgang im Erfolgsorgan subsumiert, daß man mit der Theorie nicht unter die Erscheinungen geht Wir werden sagen· Erregung ist immer

Erregung, aber ob eine auftreffende Leitungswelle eine Erregung setzt oder eine Hemmung oder gar nichts, das hängt von der Stärke der Welle und von dem Zustande der Empfangsstelle ab. Jedes erregbare Gebilde ist auch hemmbar und jede Leitungsbahn kann der Vermittlung des einen wie des anderen Erfolges dienen. Und zwar sind es nicht qualitative, sondern stets nur quantitative Unterschiede an beiden Erfolgspartnern, die die Art des Effektes bestimmen.

Diese Sätze erhalten wir unmittelbar aus unserer Theorie, es ist nun zu zeigen, daß sie mit den Tatsachen aufs beste ubereinstimmen.

Der Typus der zentralen Hemmung ist die des Antagonisten bei der reflektorischen Erregung des Agonisten, die Hemmung der Strecker beim Beugereflex und umgekehrt. VERWORN hat diese wie auch die periphere Hemmung als „Ermüdung" durch unterschwellige Reize gedeutet, dem ist aber vor allem die Erscheinung des sog. Hemmungsrückschlags entgegengehalten worden. Ein gehemmt gewesenes Neuron oder Erfolgsorgan zeigt nämlich nach Fortfall der Hemmung spontan oder auf Reflexreiz erhöhte Erregbarkeit und gesteigerte Erfolggebung. So schlägt das Herz nach einer vagotonischen Hemmung mit gesteigerter Kraft, der gehemmte Antagonist kontrahiert sich im nachfolgenden Reflex stärker. Weiter wird die Erscheinung angeführt, daß ein schwächerer Reiz genüge, um die Retardatoren als um die Aceleratoren des Herzens zu erregen.

Die Argumente gegen VERWORNS Theorie sind schwerwiegend, wenn man, wie er selbst auch, Ermüdung als einen Zustand der Erschöpfung eines Leistungspotentials ansieht. Denkt man aber an die oben skizzierte Gegensätzlichkeit von Ermüdung und Übermüdung, so gewinnt die Theorie wieder mehr Boden. Wir wollen aber mit dem unstrengen Ermüdungsbegriff nicht weiter operieren, sondern unsere konkreten Vorstellungen verwenden. Wir stellen uns vor, daß die hemmende Leitungswelle nur eine Ablaufhemmung von geringerer Stärke setzt, so daß die konsekutive Ablaufsteigerung i. e. Erregung nicht zur Erfolggabe ausreicht. Nun kommt es aber in Wirklichkeit gar nicht zu der konsekutiven Steigerung, denn — bei zeitlich nicht zu kurzer Reflexreizung — passieren dauernd neue Ablaufhemmungen ein und hindern den Erregungsablauf. Die Folge muß ja ein Eintritt dessen sein, was wir als Summation wiedererkannt haben, aber wenn die Ablaufhemmungen an sich sehr schwach sind, so kann die Summation sehr langsam vor sich gehen. Daß aber die Summation, wie die Theorie es fordert, doch in der Tat eintritt, das zeigt nicht nur der beschriebene „Rückschlag", sondern noch mehr die Beobachtung, daß bei langer Erregung eines Reflexes dieser plötzlich in den antagonistischen umschlagen kann und daß mit der Andauer eines bestimmten Reflexes die Wahrscheinlichkeit für einen anderen, mit ihm konkurrierenden ansteigt.

Vielleicht ist in diesem Zusammenhang auch der interessante Befund von MAGNUS zu erwähnen, daß Cocainisierung des statolithenfreien Labyrinths der einen Seite wie Erregung des anderen wirkte, zugleich eine Stütze für unsere Annahme der kontinuierlichen Abläufe (EBBECKES Dauererregungen).

Man entnimmt aus unserer Analyse aber sofort, daß die tatsächlichen Erscheinungen bei scheinbar sehr ähnlichen oder ganz gleichartigen Versuchsansätzen sehr verschieden ausfallen können. Soweit mir das Material bekannt ist, sehe ich aber keinen Fall, der sich aus diesem biorheutischen Mechanismus nicht verstehen ließe. So hat man auch von einer Ermüdung der hemmenden Komponente gesprochen, sie als zentral festgestellt (FORBES, BERITOFF) und daraus auf die „aktive" Natur der Hemmung geschlossen. Diese Ermüdung ist natürlich nichts anderes als das allmähliche Anwachsen der Summation, das die Fortdauer der Hemmung immer unwahrscheinlicher macht. Es wäre einmal zu untersuchen, ob sich durch Variation des reflexerregenden Reizes, z. B. durch langsames Steigern die Hemmungsdauer verlängern ließe.

Die Auswahl der bei einem Reflex jeweils gehemmten Zentren ist natürlich eine Folge der anatomisch-funktionellen Leitungsverbindung, sei es nun durch Kollateralen auf dem afferenten Neuron oder durch direkte Verbindungen der beiden Zentren, wie HERING annimmt. Man wird sich vorstellen dürfen, daß einerseits die strukturellen Bedingungen (Zahl der leitenden Elemente, Abzweigung oder direkte Bahn usw.) für die Entscheidung maßgebend sind, welche der betroffenen Neuronen erregt und welche gehemmt werden, andererseits aber auch der momentane biorheutische Status der verschiedenen Einheiten. So kann eine andere Lagerung des Körpers und seiner Glieder auf dem Wege über die dabei intonierten afferenten Neurone das gewöhnliche Verhältnis zwischen den von einem Reflexreiz antagonistisch affizierten Neuronen andern und damit die Reaktion. Ferner gibt SHERRINGTON an, daß wenn ein Receptor am Erfolgsorgan verschiedene reflektorische Wirkungen erzeugen kann, ein vorausgegangener anderswo recipierter Reflex der gleichen „letzten gemeinsamen Strecke" den Erfolg bestimmen kann. SHERRINGTON spricht von „alliierten und antagonistischen Reflexen". Auch manche pathologischen Reflexreaktionen wie das BABINSKI-Phänomen dürften in dieser Weise zu analysieren sein.

Daß es tatsächlich ein und dieselbe primäre Welle ist, welche die gleichzeitigen antagonistischen Wirkungen hervorruft, dafür spricht auch die Beobachtung SHERRINGTONs, daß die Intensität der Erschlaffung in sehr feiner Abstufung mit der der Reizung geht. Daß eine positive Tonusabnahme eintritt, das erklärt sich aus der Minderung der mit dem innerbiorheutischen Rhythmus abgehenden Impulse, wobei wiederum daran zu denken ist, daß vielleicht auch hier der Eigenrhythmus des Reizes und des jeweiligen Neurons für die Entscheidung, ob Hemmung oder Erregung, bedeutungsvoll sein kann. Ich möchte glauben, daß dieses Moment für die feineren und hochkomplizierten Reflexkombinationen, wie auch die psychischen Vorgänge sehr wichtig ist und daß F. W. FRÖHLICH mit dem Schwergewicht, das er darauf legt, recht hat. Ein Weg, experimentell tiefer einzudringen, wäre zu untersuchen, ob die Antagonisten, z. B. Strecker und Beuger, bei reflektorischer Innervierung einen verschiedenen Rhythmus der Reize zeigen.

Für das quantitative Verhältnis zwischen der Leitungswelle und der Alternative Hemmung-Erregung spricht auch die Tatsache, daß Strychnin die reziproke Hemmung in Erregung umwandelt, während die normale Reflexausbreitung im übrigen erhalten bleibt.

Wie es auch normalerweise gelingen kann, durch Abstufung der Reizintensität bald Hemmung bald Erregung zu erzielen, so daß rhythmische Bewegungen resultieren, zeigen die erwähnten JORDANschen Versuche.

Daß auch Hemmung ebenso wie Erregung sich ausbreiten kann, ist nach dem Gesagten, besonders auch dem über den Chok (Diaschisis) ohne weiteres zu verstehen. Es ist auch zu erwarten, daß bei hochgradiger chokartiger Hemmung lang andauernde Nachwirkung resultieren kann, je nach dem Grade der der Ablaufhemmung folgenden Autolyse vor neuerlicher Ablaufmöglichkeit; so können nach spinalem Chok die Reflexe Wochen und Monate ausfallen, und es ist fraglich, ob es dieselben Elemente sind, die den wiederhergestellten Reflex bedienen.

Für die psychologische und psychiatrische Betrachtung bedeutungsvoll ist, daß bei der Diaschisis vor allem diejenigen Funktionen betroffen werden, die im Laufe des Lebens in mühsamer Übung erworben sind, während die älteren und physiologisch tieferen persistieren (v. MONAKOW). Daß überhaupt auch nicht unmittelbar betroffene Teile bei Läsionen mit ihnen funktionell verknüpfter Neurone einige Zeit funktionsuntüchtig werden, mag zum Teil auf dem Fortfall von „Erregungsquellen" (v. MONAKOW), zum Teil aber auf dem Chok verwandten Ablaufhemmungen beruhen.

Der letzteren Gruppe von Erscheinungen dürfte auch die Beobachtung nahestehen, daß die Auslösung eines Reflexes durch anderweitige, genügend starke Reize gehemmt werden kann, z. B. der GOLTZsche Klopfversuch am Frosch. An diesen Vorgang ist wohl bei der Aufstellung der Interferenzhypothese besonders gedacht worden, doch könnte die Mannigfaltigkeit der zu dieser Hemmung befähigten Reize dagegen sprechen. Ich möchte glauben, daß es sich hier um eine mehr chokartige Wirkung (natürlich in kleinem Ausmaße), vielleicht auch um direkte Leitungskollisionen handelt, und möchte für unsere

biorheutische Interferenz mehr das Gebiet gerade der feineren Ko-
ordinationen ins Auge fassen.

Daß das Großhirn untergeordnete Reflexe hemmend beeinflussen
kann, weiß jeder aus der Erfahrung der Unterdrückung des Hustens, des
Niesreizes oder der reflektorischen Sphincterenöffnungen. Andererseits hat
aber wohl auch die Erfahrung, daß die Unterdrückung von dem Reflex überwunden werden kann, bei der Vorstellung der „Entladung" Pate gestanden.

Wie ist es mit dieser Entladung, die ja mit der Entladungshypothese
der Ganglienzellmechanik nicht unmittelbar verknüpft zu werden braucht?

Ich möchte glauben, daß ihr tatsächlich ein physiologischer Tat-
bestand entspricht, eine Art von kumulativem Spannungsanstieg, bei
dem ich in erster Linie an die Quellungshypothese der die Erregung
bezeichnenden Ablaufsteigerung denken möchte. Die psychischen
Unterdrückungsversuche wären dann fortgesetzte kleine Ablaufhemmungen, die auf die Steigerung in den betreffenden Reflexneuronen
aufgesetzt würden, aber demgemäß ja auch die endgültige Entladung
meist nur steigern. Andererseits besteht theoretisch und gewiß auch
faktisch die Möglichkeit, die „Entladung" in andere Bahnen zu lenken,
was ja nur ein Spezialfall der oben erwähnten Reflexmodifizierung
durch anderweitige Reize ist.

Besteht nun aber eine Art von Bilanz der Erregungen? Sammelt
sich immer neu Spannung an, die irgendwohin entladen werden muß?
So allgemein ist das sicherlich nicht zu bejahen, von einer Bilanz-
gleichung der einströmenden und ausgehenden nervösen Impulse kann
keinesfalls die Rede sein, weder im energetischen noch im Sinne irgendwelcher biologischer Summierung. Wohl aber möchte ich glauben, daß
als Funktion der Ablaufintensität, die ja nicht nur von den afferenten
Reizen, sondern vor allem von der biorheutischen Basis abhangt, eine
Spannungszunahme im echt physikalischen Sinne entstehen kann, die
sich zwar nicht wie eine Sprengpatrone entladet, wohl aber zu einer
erhöhten Ausfuhr von dem innerbiorheutischen Rhythmus entstammenden Wellen und wohl auch — zumal bei Spannungszunahme in toto
(Quellungsdruck) — von Nervensubstanz in der angenommenen Weise
führt. Nicht die motorische oder sonstige Reaktion läßt den inneren
Druck sich entladen, sondern der gesteigerte Druck fuhrt zu vermehrter
motorischer, sekretorischer usw. Reaktion.

Im Psychologischen ist aber daran zu denken, daß sich die Wirkung
auch „nach innen" kehren, zu intensiverer Denk- und Gedachtnis-
leistung umwandeln kann, wie noch deutlicher werden wird.

Von großer Wichtigkeit fur das Reflexproblem ist das Studium
der rhythmischen Reflexe, so des Kratzreflexes und vor allem der
lokomotorischen Rhythmen geworden

Im Gegensatz zu der älteren SHERRINGTONschen Ansicht, die den Rhythmus durch bei der Bewegung in den bewegten Teilen entstehende propriozeptive Reize entstanden dachte, nimmt GR. BROWN eine zentrale Entstehung des Rhythmus an. Er konnte zeigen, daß die rhythmischen Akte der Fortbewegung auch bei Abwesenheit aller selbstregulierender Impulse erhalten bleiben können. Ferner bezieht er sich auf die von FERRIER, HITZIG, EBBECKE studierte Erscheinung spontaner rhythmischer Kratz- und lokomotorischer Bewegungen in einem gewissen Stadium der Narkose, und zwar bei Narkosetiefen, wo die peripheren, exterorezeptiven Reflexe aufgehoben erscheinen. Bemerkenswert ist, daß Asphyxie den Eintritt des Phänomens befördern kann. GRAHAM BROWN nimmt zur Erklärung der Rhythmusbildung zwei koordinierte antagonistische Zentren an, die sich gegenseitig hemmen.

Wir erinnern uns des Exzitationsstadiums der Narkose, während dessen die von dem Gift gesetzte Ablaufhemmnug noch so mäßig ist, daß sie noch in Steigerung, das ist Erregung umschlagen kann. Die beiden antagonistischen Zentren sind höchst wahrscheinlich so gut wie nie im gleichen biorheutischen Status, die Ablaufsteigerung wird also in dem einen stärker sein und dem anderen seine ablaufhemmenden Wellen schicken, infolgedessen kommt das erste zur Erfolgsreaktion, im zweiten aber findet die Summation statt, es kommt zum „Hemmungsrückschlag", zum Reaktionserfolg und der Ablaufhemmung des ersten durch das zweite und so fort.

So ähnlich denkt sich auch GR. BROWN den Mechanismus, nur daß er natürlich nicht mit den biorheutischen Begriffen operiert.

Zum Abschluß dieses Themas, das natürlich in keiner Weise bis in alle Einzelheiten betrachtet werden konnte, sei mit wenigen Worten der peripheren nervösen Hemmungen gedacht. Der LOEWISCHE, inzwischen auch von anderer Seite bestätigte Befund der humoralen Übertragbarkeit der Vagusreizung ist im Sinne der Annahme, daß es sich auch hier um eine Ablaufhemmung handelt, wohl zu verwerten, es ist kein Grund einzusehen, warum der Vorgang nicht prinzipiell dem in den Zentren gleichen sollte. Daß der Hemmungsrückschlag auch hier festgestellt wird, scheint mir weiter dafür zu sprechen, daß auf die in der Automatie wirksame erregende Ablaufhemmung eine zweite daraufgesetzt wird, die deren konsekutive Ablaufsteigerung unterdrückt. Das im einzelnen hypothetisch weiter auszudenken, hat keinen Zweck, solange nicht neue Erfahrungen vorliegen. Vielleicht wird hier das Studium der spezifischen antagonistischen Gifte des autonomen Systems weiterhelfen.

*　　*　　*

Gehirn und Bewußtsein. Unser „Gesetz von der Notwendigkeit des Todes" hatte in der Theorie der ablaufenden biorheutischen Systeme seine positive Form angenommen, es führte zu der Erkenntnis, daß die vitalen Erregungen Steigerungen dieser assimilativen Abläufe seien, es kann nirgends anders gipfeln als in dem Satze: Seele, das ist die Totalität der biorheutischen Abläufe, von Anbeginn und in diesem, jedem Augenblick.

Das ist paradox, aber alle direkten Aussagen über das Seelenleben — Bewußtsein als Funktion des Gehirns, Gehirn als Instrument der Seele oder wie sonst — sind nicht minder primitiv als der Glaube, der Leib und Seele Gehäuse und Insasse sein läßt. Und sind wir nicht vielleicht am allernaivsten, wenn wir Körperleben und Seelenleben voneinander scheiden, und uns dann die philosophischen Köpfe über ihre doch unleugbaren Beziehungen zerbrechen?

Wir müssen uns entscheiden zwischen der Paradoxie des Lebens zum Tode und der Mystik von Leib und Seele. Wählen wir das letztere, so ist es gleich, ob wir die Mystik als Vitalisten über den ganzen Organismus ausdehnen oder sie als Mechanisten in der letzten Ganglienzelle verstecken, wir werden sie nicht los. Aber ich meine, das Leben zum Tode ist Wirklichkeit, von ihr sind wir ausgegangen.

Das WEBERsche sog. „psychophysische" Gesetz lehrt, daß der Reizzuwachs, der einen eben merklichen Empfindungszuwachs veranlassen soll, in einem bestimmten Verhältnis zu der vorhandenen Reizgröße stehen muß. Die physiologische Natur dieser Feststellung ist durch Nachweis der negativen Schwankung bei der Opticusreizung zu konstatieren. Es leuchtet ein, daß in derselben biorheutischen Systemeinheit eine eintreffende Reizwelle von einer gewissen Stärke einen sehr verschiedenen ablaufhemmenden und konsekutiv-steigernden Effekt haben wird, je nach der Intensität des vorhandenen Ablaufs, je nach der Zahl der in dem System gleichzeitig ablaufenden Biorheusen. Ist diese Zahl schon sehr vergrößert gegen den Normalzustand, so kann eine geringere weitere Steigerung etwa für den physikalischen Effekt der Wellenaussendung nichts mehr ausmachen, und es muß ein Maximum geben, über das die Steigerung nicht hinausgehen kann.

Wird — etwa unter einem Dauerreiz — die hohe Ablaufintensität länger aufrechterhalten, so tritt das ein, was als Anpassung an den Reiz bezeichnet wird, es hat sich ein neuer Gleichgewichtszustand hergestellt. Ihm folgt schließlich die Ermüdung, die natürlich auch ohne Anpassung eintreten kann, und die ja nichts anderes ist als unsere bekannte Hemmung nach der kumulativen biorheutischen Steigerung, die „Enthemmung", die Reaktionsentlastung von den Endstufen hält mit der Zunahme nicht Schritt

Ist somit das WEBERsche Gesetz nichts anderes als ein Spezialfall der allgemein-biorheutischen Gesetzmäßigkeit, so wird diese auch für das innerzentrale Geschehen gelten, wenn sie sich dort auch nicht mehr messend verfolgen läßt. Wenn wir z. B. mit Anstrengung in unserem Gedächtnis nach einem Erinnerungsgegenstand suchen, so setzen wir den zentral-peripheren Mechanismus der allgemeinen Intensitatssteigerung des Gehirnablaufes in Gang, die konsekutive Steigerung erhoht auch die von dem „suchenden", erregten Systemenkomplex ausgehenden Wellen, damit nicht nur ihre Ausbreitung, sondern auch die sekundären Ablaufsteigerungen, bis sie — jenem Gesetz analog — gewissermaßen „eben merkliche Empfindungszuwachse" werden.

An dieser Stelle ist es aber notwendig, das Denken vor einigen Gefahren zu schützen, welche die gewohnte psychologische Betrachtungsweise mit sich führt.

Wir pflegen von einer Bewußtseinsschwelle zu sprechen, von dem Auftauchen eines Gegenstandes in dem Bewußtsein und konnten jetzt in die Versuchung geraten, die Erregungen, die Ablaufe von einer gewissen Intensität an als „in das Bewußtsein eintretend" zu denken.

Das wäre ein verhangnisvoller Ruckfall in die psychophysische Funktionaltheorie. Das Bewußtsein ist immer eine Totalitat, mag ich einen einzelnen Gedanken angespannt denken oder vom Turme das weite Land mit einem Blick aufnehmen. Kein Bewußtseinsmoment ist einem anderen völlig gleich, alle sind nach Intensität und Extensität deutlich verschieden, aber die Ganzheit jedes Momentes ist nicht die eines irgendwie geschlossenen psychischen Raumes, sondern einer zeitlichen, historischen Wirklichkeit. Jeder Bewußtseinsmoment ist die biorheutische Wirklichkeit dieses Zeitquerschnittes.

Man ist immer wieder in der Gefahr, „hinter sich treten zu wollen", „mit" irgend etwas zu empfinden, zu denken, sei es nun eine Ganglienzelle oder eine transzendentale Apperzeption, sei man Materialist oder Idealist.

Die Selbstquälerei mit Subjekt und Objekt läßt sich nur als ein wahrer gordischer Knoten durchhauen, wenn das Leben, das wir erforschen, das Leben sein soll, das der liebende, hoffende, lachende und weinende Mensch wirklich lebt.

Auch manche Psychologen, die rein naturwissenschaftlich denken wollen, unterliegen immer wieder dieser Gefahr, etwa wenn sie wie BLEULER betonen, daß wir nicht die Gegenstände, sondern die Vorgänge in unsrem Gehirne wahrnehmen. Es ist so aufschlußreich, daß das Gehirn selbst nicht schmerzempfindlich ist, wir nehmen nicht die Vorgänge im Gehirn wahr, sondern unser Wahrnehmen, Denken usw. ist der Gehirnvorgang, nicht im Sinne der „Funktion des Gehirns", sondern dem seines kontinuierlichen Ablaufs.

Aber muß es nicht so etwas wie eine Bewußtseinsschwelle geben?

Gewiß, die verschiedenen Helligkeitsgrade, Wachheitsstufen des Bewußtseins lassen sich als Intensitätsabstufungen, wie es z. B. EBBECKE an den Beispielen der Narkose, der Halluzinationen, Träume, des Sinnengedächtnisses usw. ausführt und auf die „Dauererregungen" (unsere Abläufe) bezieht, auffassen, aber zwischen Bewußtsein und Bewußtlosigkeit (Schlaf, Ohnmacht, Narkose) muß doch trotz aller Bewußtseinsgradunterschiede eine grundsätzliche Scheidung obwalten. In der Bewußtlosigkeit muß etwas gar nicht stattfinden, was im Wachen in allen Intensitatsabstufungen, aber doch immer etwas vor sich geht.

Da der eine Zustand in den anderen allmählich ansteigend übergehen kann, so muß dieses Etwas funktional von der Intensitat der Abläufe abhängen, aber es genügt nicht, zu sagen: von einer gewissen Intensität an werden die Erregungen bewußt oder entsprechen ihnen Bewußtseinsvorgänge. Die Feststellung muß die Form haben: von einer gewissen Intensität an können die Abläufe die und die Besonderheit annehmen. Das Wort „Bewußtsein" darf hier gar nicht benötigt werden, sondern jene Aussage muß durch ihren Inhalt Einzeltatsachen des bewußten und unbewußten Geschehens als unterschiedlich verstehen lassen, auch wenn wir gar nicht wüßten, was Bewußtsein sei.

Wer sich in die Grundanschauung unserer ganzen Darstellung eingedacht hat, der kann nicht im Zweifel sein, wie der Inhalt jener Feststellung aussehen muß. Sie kann nur lauten: alle biorheutischen Abläufe im Gehirn, die mit der Bildung von Struktur einhergehen, sind Bewußtseinsvorgange. Das Wort „Struktur" ist dabei wieder so weit zu fassen, wie wir es fruher erlautert haben

Es ist aber noch einiges auszufuhren, damit der Satz richtig verstanden werde Einmal: der Nachschub von Substanz in die Nervenbahnen ist zwar Stoff-, aber nicht Strukturbildung, alle in Stoffbildung und Stoffausfuhr angenahert balancierenden Zellen, als die wir die der Reflexe ansehen werden, sind am Bewußtsein unbeteiligt. Fur diese letzteren Vorgange wurden auch wir den Ausdruck „Funktion" des Gehirns durchaus fur angebracht halten Die Entstehung eines Reflexes gehort, auf welchem Stadium der Entwicklung auch immer sie geschehe, durchaus in eine Linie mit den Bewußtseinsvorgangen, sein spateres Funktionieren nicht Es ist das Analogon zu dem Unbewußtwerden von zunachst bewußt eingelernten Fertigkeiten

Demgemaß kann die nach außen tretende Erscheinung des zentralen Vorgangs nicht als Kriterium fur seine Strukturdignitat dienen, es kann ja eben z B eine geordnete Bewegung einmal mit Strukturbildung eingelernt worden sein, um später ohne dieselbe — rein reflektorisch — abzulaufen

Unser Satz umfaßt in Wahrheit die ganze biorheutische Geschichte des Gehirns, psychologisch ausgedrückt: die Bewußtseinsgeschichte. Psychologisch würde unsere Formel ja lauten: alles was in das Gedächtnis eintreten kann, aber auch nur was in das Gedächtnis eintreten kann, kann bewußt werden.

Aber ist das Bewußtseinsproblem nicht vielmehr eine Frage der intracerebralen Lokalisation? So wenigstens wird es doch zumeist angesehen, nicht die Art, sondern der Ort der Vorgänge soll den Bewußtseinscharakter ausmachen, die „corticalen Erregungen" seien die Bewußtseinsvorgänge.

Ich meine, daß diese Definition einerseits zu eng, andererseits zu weit ist. Zu eng, denn die Bewußtseinsfärbungen, die Allgemeingefühle und Stimmungen nur auf die Hirnrinde zu beziehen haben wir keinen Grund, und das Bewußtsein ist ja keineswegs nur aus intellektuellen Inhalten gebildet. Auch die vergleichend-physiologische Betrachtung hat dazu gefuhrt, anderen Gehirnteilen, wie dem Kleinhirn Bewußtseinsvorgänge zuzuerkennen. Man muß sich davor hüten, Bewußtsein immer mit hellem Bewußtsein im menschlichen Sinne gleichzusetzen. Zu weit ist jene Definition, denn jenes „Absinken des Erlernten ins Unterbewußtsein" zeigt, daß auch corticale Vorgänge ohne Bewußtsein geschehen können.

Es ist aber überhaupt nur folgerichtig, wenn wir nicht eine vorbewußte und eine bewußte Geschichte des Menschen gelten lassen, sondern nur den einen biorheutischen Gesamtablauf, wenn wir im Sinne der oben entwickelten Gedanken die Bewußtseinsgeschichte beginnen lassen bei den untersten, phylogenetisch wie ontogenetisch tiefsten Reflexen. Es ist durchaus berechtigt, wenn Bücher, die sich Entwicklungsgeschichte des Bewußtseins oder der animalen Intelligenz nennen (z. B. S. I. HOLMES, LEGAHN), mit den untersten Reflexvorgängen beginnen, freilich bleiben alle solche Analysen, die in der psychologischen Analogisierung stecken bleiben und nicht zu den wirklichen biohistorischen Einzeltatsachen durchdringen, wenig fruchtbar.

Wir wissen nichts von dem Bewußtsein des Säuglings oder gar des neugeborenen Kindes, aber wenn wir bedenken, daß auch die ersten Kindheitsjahre mit ihrer gewaltigen Bewußtseinsentwicklung dem Gedächtnis völlig entschwinden, so werden wir mit negativen Urteilen vorsichtig sein. Positiv werden wir vielmehr erkennen, daß die Geschichte des Bewußtseins im Individuum von Schicht zu Schicht aufsteigt. Das ist nicht nur übertragen zu verstehen, sondern durchaus morphologisch-funktionell: die Schicht der Strukturneubildung steigt immer mehr an, phylogenetisch wie ontogenetisch.

Wir sagen damit ja nur Altbekanntes: daß ein vielgeübter Bewußtseinsvorgang „unter das Bewußtsein sinkt", wie man auch sagt „ma-

22*

schinell" wird und damit eine neue Bewußtseinslage freigibt. Und das ist durchaus morphologisch zu verstehen: die dauernde Strukturbildung in dem betreffenden Neuronenkomplex hat die biorheutischen Einzelsysteme, sagen wir ruhig die Zellen immer mehr in ein Gleichgewicht mit der Stoffausfuhr durch die Fasern gebracht, immer mehr zu reinen Durchgangsbahnen für die Fortleitungswellen werden lassen.

Ich stelle mir das ganz „grob mechanisch" vor, der Ablauf der Zellen selbst ist kein funktionelles Glied in der Kette der Leitungen mehr. Und nun können die Strukturbildungen in größerem Umfange auf andere Systeme übergehen.

Auch WERNICKE vergleicht ja die Bewußtseinsgeschichte mit der Erdgeschichte, auch er nimmt an, daß die Ganglienzellen mit der Funktion wachsen und resistenter werden.

Denn daß nicht in allen Teilen gleichzeitig ausgiebige Strukturbildung möglich ist, das erschließen wir — abgesehen von allen psychologischen Erfahrungen — aus Stoffwechselüberlegungen. Wenn schon normalerweise der Sauerstoffverbrauch des Gehirns ein maximaler ist, wenn geistige Anstrengung ihn nicht nachweisbar steigert, so muß das bedeuten, daß nur ein gewisser, nur beschrankt ausdehnungsfähiger Bezirk des Organs jeweils gesteigert assimilativ tätig sein kann.

Und dafür spricht ja nun auch die Tatsache, daß wir nicht gleichzeitig korperlich schwer arbeiten und geistig tatig sein können, so wenig wie wir zwei Empfindungen genau gleichzeitig wahrnehmen konnen (persönliche Gleichung der Astronomen) „Es ist eine Einrichtung des menschlichen Gehirns, daß nur e in solcher Wellengipfel zur Zeit vorkommen kann" (WERNICKE). WERNICKE nimmt an, daß immer nur ein bestimmtes Quantum an lebendiger Kraft für den Ablauf der „psychophysischen Bewegung" im Gehirn vorhanden sei

Gewiß wird auch die Tragfahigkeit der biorheutischen Basis der Ausdehnung gleichzeitig gesteigert ablaufender Systemkomplexe eine Grenze setzen, und wenn auch diese Tragfahigkeit, der Assimilationszustrom durch die oft erwahnten Mechanismen erhoht werden kann, so hat das auch seine Grenzen und geht auf die Lange nicht ohne Nachteil.

Geistige Arbeit zehrt. Wir haben in diesen Jahren des Mangels und der Proletarisierung der Geistesarbeiter genugsam erfahren, wie die schlechte Ernahrung auf die geistige Leistungsfähigkeit wirkt O KESTNER hat vollkommen recht, wenn er fur den Geistesarbeiter eine eiweißreiche Nahrung und eine solche von moglichst geringer Verdauungsarbeit fordert. Die Art, wie heute in Deutschland die Nahrung auf die Volksschichten verteilt ist — von der Reduktion in toto abgesehen — bedeutet eine geistige Abwartszuchtung des Volkes, gesteigert durch die Unmoglichkeit des Kinderreichtums der Intellektuellen, wie sie raffinierter unser ärgster Feind und Feind des Menschengeschlechts nicht erdenken könnte.

Als unser Volk sich „groß hungerte", haben wohl wenige Menschen wirklich gehungert, jedenfalls nicht die oberen Schichten an Geiste. Kulturgüter kann ein Volk ohne Schaden seiner Zukunft entbehren, Kulturtäter nicht. Es ist ein Hohn auf alle wohlfeilen Gerechtigkeitswünsche, aber es ist so, daß der Bierstudent von ehedem ein intellektuell brauchbareres Bildungssubstrat war als der Werkstudent von heute.

Das sukzessive Maschinellwerden, die zunehmende Präponderanz der Leitung über die Erregung (Ablaufsteigerung) in den nacheinander in die biorheutische Geschichte des Zentralorgans eingetretenen Schichten spiegelt sich wieder im Schwinden oder Erhaltenbleiben der Komplexfunktionen in Schlaf, Narkose, Diaschisis usw. und im Alter. Je geringer der Erregungsanteil an der Funktion, um so resistenter ist diese gegen jene ablaufhemmenden oder -mindernden Einflüsse. Andererseits lehrt die vergleichende Nervenphysiologie, daß, je mehr solcher Schichten in der Embryonalentwicklung in der Anlage vorbereitet wurden, um so weniger in dieser Zeit schon maschinell werden. So muß das Kind erlernen, was das Lamm oder das Füllen als angeborenen Reflex mitbringt. Die Strukturbildung als der zugrunde liegende Vorgang für angeborene wie erworbene neuropsychische Charaktere wird dadurch wiederum verdeutlicht, der Umfang der menschlichen Gehirnanlage läßt die Strukturbildung nach der Intensität gegen die der Tiere lange zurückbleiben. Zugleich wird damit wieder Licht geworfen auf den Zusammenhang von Gehirn und Lebensdauer sowie Reifungszeit, den man aus dem Umfang der angeborenen Reflexe und Instinkte, dem Grade der psychoneuronischen „Fertigkeit" des neugeborenen Tieres direkt entnehmen kann.

Wenn wir nun den Versuch machen, eine Anschauung von der biorheutischen Totalität des Gehirns und damit den Bewußtseinsvorgängen zu gewinnen, so gehen wir von zwei Tatsachen aus: der vergleichsweise zu der Dauer des Ablaufhemmungs-Ablaufsteigerungsvorganges verschwindenden Leitungszeit und der Ermüdbarkeit (Hemmung) der strukturbildenden Abläufe. Ersteres ist ohne weiteres klar, es hat zur Folge, daß die nacheinander von der Leitungswelle getroffenen Einheiten in ihren Erregungen (Ablaufsteigerungen) praktisch gleichzeitig werden, also nicht eine Summe, sondern ein Totum darstellen.

Das andere bedarf noch einiger Betrachtung. Die Ermüdung der biorheutischen Einheiten stellt — wie überall — eine Zunahme der hemmenden Substanzen, der nur langsam als wirkliche Endstufen strukturschaffend ausfallenden, gewissermaßen vorletzten Stufen dar.

War die primäre Ablaufhemmung und sekundäre Steigerung eine sehr plötzliche und intensive, so tritt auch die sekundäre Hemmung bald ein und kann in extremen Fällen zu einem Überwiegen der Autolyse gegen die Assimilation im Enderfolg führen. Wäre das gleiche Maß primärer Hemmung nicht auf einmal, sondern auf mehrere Wellen verteilt zugeströmt, so wäre der assimilative Enderfolg ein besserer gewesen. Psychologisch angesehen ist das die Erfahrung, daß einmalige intensive Einprägung einen geringeren Gedächtniserfolg erzielt als mehrfache, weniger betonte. Zugleich erhalten wir damit die Erklärung der „retrograden Amnesie", der bekannten Erscheinung, daß ein plötzlicher Insult (Apoplexie, Commotio, epileptischer Anfall) nicht nur die Zeit von dem Bewußtseinsverlust an in dem Gedächtnis leer läßt, sondern auch die Erinnerung an eine voraufgehende, an sich noch normale Bewußtseinsstrecke tilgt. Die plötzliche Hemmung, die länger und ausgiebiger wirkt, läßt schon gebildete Struktur wieder einschmelzen, ohne konsekutive Assimilation zuzulassen.

Man darf das aber nicht so verstehen, als ob jedem Erinnerungsstück ein qualitativ besonderes Strukturelement entspreche, das ist wohl sicher auszuschließen. Vielmehr macht die Gleichzeitigkeit der Strukturentstehung in den verschiedenen, assoziativ untereinander und mit anderen Komplexen verbundenen, also räumlich charakterisierten Elementen den jeweils besonderen Inhalt aus. Das „Auftauchen" einer Erinnerung stellt also wiederum eine gleichzeitige Ablaufhemmung und konsekutive Ablaufsteigerung in den bei der Entstehung jenes Strukturkomplexes beteiligten Zellen dar.

Unsere Theorie gibt uns auch Verständnis für das scheinbar unvermittelte plötzliche Auftauchen fernliegender Gedächtnisinhalte. Wir müssen uns nur immer den Anteil der biorheutischen Basis an den Ablaufsteigerungen oder -hemmungen gegenwärtig halten, nehmen wir nun an, daß eine Blutwelle biorheutisch anderer Dignität in das Gehirn einströmt, so werden die davon betroffenen Teile im Ablauf geändert, sei es primär gehemmt, sei es gleich gesteigert, in jedem Falle haben wir dort eine „Erregung", die sich dann innerhalb des Gehirns nicht anders auswirkt als eine auf nervösem Wege eingetretene Erregung. Es ist bezeichnend, daß gerade in einem gewissen Mattigkeitszustand diese Erscheinung mehr hervortritt, also bei an sich labilerer biorheutischer Basis, und daß gerade vegetativ labilere Menschen oder Lebensperioden zu solchem sprunghaften Denken neigen.

Die psychologische Erfahrung lehrt weiter, daß es verschiedene Arten der Gedächtnisbeanspruchung gibt, ein solides, dauerwirkendes Lernen und ein zeitweises Einpumpen von Wissensstoff, z. B. vor dem Examen, der nach kurzer Zeit wieder verloren ist. Im ersteren Falle sind die assoziativ gleichzeitigen Abläufe mehrfach und bis zu quantitativ erheblicher Endstufenausbeute vor sich gegangen, so daß zeitlich äquivalentes Material in dem Assoziationskomplex für die erinnernde Erregung (Hemmung—Autolyse—Steigerung) zur Verfügung steht. Im anderen Falle ist es nur zu einer über weite Bezirke ausgedehnten Anreicherung von vorletzten Stufen gekommen, deren assoziative Zuordnungen durch spätere, anderweitige Erregungen alsbald wieder zerstört werden. Wäre dem nicht so, so würde unsere Hirnkapazität wahllos von Erinnerungsmaterial sehr ungleichen Erhaltungswertes belastet und schnell angefüllt sein.

Es ist nicht zu leugnen, daß diese biorheutischen Vorgänge eine deutliche Verwandtschaft zu denen bei der Neuentstehung von Genen — Mutation — und der „Residualheredität" haben. Es wäre das also ein gewisser Kern von Richtigem in der SEMONschen Mnemetheorie, freilich in ganz anderem Sinne, als es dort gemeint war.

Eine andere Folgerung aus der biorheutischen Geschichte als Grundlage der Bewußtseinsbildung entspricht dem, was wir psychologisch über das Verhältnis von Verstehen und Behalten beobachten. Bekanntlich nimmt unsere Erinnerung einen Stoff um so leichter auf, hält ihn um so besser fest, je näher er sich unserem vorhandenen Wissensschatz anfügt. Ein systematisches Lernen verbürgt den meisten Erfolg.

Biorheutisch entspricht diese Erfahrung unserer Schichtenentwicklung. Wenn die neue „Gleichzeitigkeit" — welcher Ausdruck den einzuprägenden assoziativen Komplex kurz bezeichnen möge — sich den assoziativ verbundenen früheren so auflagert, daß möglichst viele Punkte (Zellen) des neuen Komplexes mit möglichst vielen des oder der voraufgegangenen assoziativ, d. h. durch Leitung verbunden sind, so ist ihr Dauerbestand am wahrscheinlichsten.

Die neuere Lokalisationsforschung, die klinischen Erfahrungen über den Ausfall einheitlicher Gedächtniskomplexe (z. B. fremde Sprachen) bei lokalisierten Störungen erlauben es durchaus, diese Vorstellungen ganz direkt morphologisch zu verstehen. Mir scheint die WERNICKEsche Methode, in der psychiatrischen Analyse von den lokalisierbaren Ausfallserscheinungen auszugehen, auch physiologisch außerordentlich fruchtbar zu sein. Vielleicht wird einmal an die Stelle der Psychologie eine Psychogenie treten und zugleich die Weisheit unserer Sprache, daß Geschichte eben Ge—schichte ist, sich bewähren.

An diesem Punkt öffnet sich auch der Blick auf eine biorheutische Denklehre, die wir nur in wenigen Umrissen andeuten wollen. Dabei interessiert uns weniger die logische als die produktive Seite des Denkens und die Intensitätskomponente des Vorgangs.

Zuvor aber noch einige Worte über das Gedächtnis. Auf die funktionellen, unkonkreten Begriffe „Engramm" und „Ekphorie" brauchen wir nicht einzugehen, sie sind nur Scheinübersetzungen des Psychologischen ins Physiologische. Wir betrachten eine von HELLPACH mitgeteilte Beobachtung: ein Seniler, der für die letzten 20 Jahre völlig, für Jünglings- und Mannesalter fast völlig amnestisch war, wurde von Erinnerungen aus allen Lebensperioden förmlich überfallen, wenn er eine starke Dosis Alkohol bekommen hatte. Auch im Fieber und vor dem Tode sind Regressionen des Gedächtnisses beobachtet, so daß nur noch frühere Erinnerungsbilder auftauchten und darunter solche, die dem Kranken gar nicht mehr zugänglich gewesen waren (RIBOT, CARPENTER).

In jedem Falle ist es also die verstärkte Autolyse — beim Alkohol nach der Hemmung — welche die den Erinnerungen entsprechenden Gleichzeitigkeiten wieder frei setzt, der Rest von Ablauffahigkeit, der noch vorhanden ist, geht auf diese jetzt ablaufgünstigsten Komplexe. Etwas Ähnliches hatten wir ja schon in den Remissionen der Paralytiker kennengelernt, es wäre leicht, diesen Mechanismus an allen psychischen Rückbildungen zu verfolgen, wir wollen uns mit diesen Hinweisen begnügen.

Wie das räumliche Sehen eine Rückprojektion der Empfindung nach außen ist, so scheint mir das logische Denken eine Reproduktion eines Stuckes der Bewußtseinsgeschichte zu sein. Biorheutisch ist das Wort Reproduktion unmittelbar wörtlich zu verstehen, wie nicht naher ausgeführt zu werden braucht. Das Denken ist ein Wiederleben des Gelebten, um so typischer, je näher dem Beginn der Seelengeschichte, um so individueller, je mehr dem Ende zu. Logik würde uns so zu einer Art von Projektion von Geschichte auf eine Ebene, die Gestalt dieser Flächenprojektion, also die sog. „formale" Logik, kann dann aber nicht nur die Bedeutung einer Form haben, in welche die Wirklichkeit sich als Inhalt ergießt. Wie dem zustandlich gefaßten Begriff einer Seele die Wirklichkeit der biorheutischen Geschichte gegenubersteht, ebenso muß der gewissermaßen räumlichen Logik die Zeitgestalt einer Wirklichkeit entsprechen.

Dieser Ansatz wurde das Thema einer besonderen Untersuchung bilden können, hier mag uns genügen, daß er geeignet erscheint, die Empirie von dem kritizistischen Gespenst zu befreien Uns wird dann nicht unser Intellekt eine Form sein, die wir an die Wirklichkeit herantragen, sondern die Wirklichkeit erzeugt unseren Intellekt von Anbeginn des Lebens in seiner Totalitat an bis auf diesen Augenblick.

Produktives Denken aber ist ein Stuck Entwicklungsgeschichte, ist das Entstehen neuer biorheutischer Gleichzeitigkeiten, neuer Schichten im echten Wortsinne.

Und es ist biorheutisch ungemein einleuchtend, daß produktives Denken — sei es wissenschaftlich, kunstlerisch oder praktisch — die intensivste seelische Tatigkeit ist, die wir kennen.

Wir sagen: ein Problem muß nach allen Seiten intensiv durchdacht sein, eine Idee muß ausreifen, dem Künstler wächst mit der zunehmenden Technik auch die Stärke der Intuition, wenn er Genie, d. h. innere Intensität hat.

Wir erreichen in unserer Seelengeschichte die nächsthöhere Lage nur, wenn wir die gegenwärtige „unter uns bringen", wenn sie „maschinell" geworden ist. Natürlich ist das nicht absolut gemeint, natürlich ist das keine glatte Architektonik, es ist gerade kein Gesetz der Notwendigkeit, sondern der Freiheit, nach oben — ganz wörtlich gemeint — sind wir frei, nach unten nicht.

Der Mensch kann — GOETHE und SCHILLER fanden, jeder für sich, das gleiche Bild — „seine Pyramide bauen", er muß es nicht. Er kann mit seinem Pfunde wuchern, er muß es nicht.

Wem die innere Intensität nicht ausreicht oder im Lebensschicksal zerging, der schont damit nicht etwa sein Gehirn, verlängert nicht etwa sein individuelles Leben, sondern er verkurzt es, er nützt das ihm zugemessene Lebensganze nicht dem Gehalte und damit auch nicht dem Umfange nach aus.

Das „Es wächst der Mensch mit seinen größeren Zwecken" gilt auch für sein zeitliches Maß.

Der große Gedanke der Bildung — wie gut ist das Wort gewahlt! — ist eine zentrale biologische Wirklichkeit.

Es bedarf nicht vieler Worte, um diese Ausführungen biorheutisch zu begründen.

Das Gehirn ist nicht nur negativ das Alternsorgan, es ist es auch positiv, seine Fassenskraft ist am größten, wenn sie am intensivsten und extensivsten ausgenutzt wird. Die Schichtenmächtigkeit der biorheutischen Lagerungen ist größer — der Möglichkeit nach — als der wahrscheinlichen Lebensdauer in den Schicksalen der Welt entspricht. Wenn aber die Intensität des Gehirnablaufs den übrigen Körper entlastet, wenn sie zugleich langsam von einer Schicht zur anderen verlegt wird, jede maximal durchformt, so bleibt der Reserveraum länger bewahrt, die Ablaufintensität länger auf der Hohe erhalten als im gegenteiligen Falle. Es sind wahrlich nicht die intensiven Gehirnmenschen, die frühzeitig vergreisen.

Wenn wir an dieser Stelle noch eines Argumentes gegen die Abnützungstheorie bedürften, so ware es hierin gegeben.

Die einzige biologische Möglichkeit, sein Leben zu verlängern, ist die, es auszufüllen, es im Maße des Menschlichen zu steigern. Jedenfalls ist das der Lebensgedanke des Mannes, wenn der des Weibes die Gattung, das Kind ist, der in biorheutischer Hinsicht mit den periodischen Regenerationen in den Schwangerschaften zum analogen Erfolge führt.

Dort Individuum, hier Gattung, dort die geistige Gestalt, hier die körperliche Formenfolge. In beiden Fällen die höchste Lebenserfüllung und — letztlich — das größte Opfer des Selbst. Die Wahrheit des Lebens ist überall eine.

In dem berühmten ersten großen Briefe SCHILLERS an GOETHE, in dem er, wie GOETHE antwortend sagt, mit freundschaftlicher Hand die Summe von GOETHES Existenz zieht, schreibt SCHILLER: „Von der einfachen Organisation steigen Sie, Schritt vor Schritt, zu der mehr verwickelten hinauf, um endlich die verwickeltste von allen, den Menschen, genetisch aus den Materialien des ganzen Naturgebäudes zu erbauen. Dadurch, daß Sie ihn der Natur gleichsam nacherschaffen, suchen Sie in seine verborgene Technik einzudringen."

Hätte er GOETHES ganzes Leben zu überschauen leben dürfen, er hätte wohl gesagt: aus den Materialien des ganzen Naturgebäudes wuchs er selbst heraus. Denn nur indem er sie nachschafft, wächst der Mensch aus der Natur heraus, das scheint mir der höchste Sinn all unseres Forschens zu sein.

Wir kehren noch einmal zum Vorgang des produktiven Denkens zurück. Durch die Intensitätssteigerung der Abläufe, deren wir uns als Anstrengung oder Erregtheit bewußt werden, wird auch die Fortleitungswelle und ihre Ausbreitung gesteigert, der Inhalt der assoziativen Gleichzeitigkeit gewinnt an Reichtum, und da jede Gleichzeitigkeit eine Totalität ist, so wird etwas Neues, nicht nur die einfache Summe bekannter Dinge daraus. Je intensiver die biorheutische Durchformung der jeweils höchsten Schicht ist, je mehr ihre Zellen gestaltet werden, um so weniger wird von der Erregungssumme in ihnen vernichtet, um so mehr werden die Wellen zu dekrementarmen, fast reinen Leitungswellen und damit steigen die Impulse zunehmend mehr in die hoheren Schichten auf. Was unten als Totalitat zahlreicher assoziativer Komplexe entstand, wird oben in kleinem Bezirke zum Impuls und kann neue übersummierende Totalitäten, immer in neuen Gleichzeitigkeiten mit alteren Einzelkomplexen erzeugen Jeder Produktive kennt den inneren Werdegang eines neuen Gedankens, einer neuen geistigen Gestalt. Wie erst dumpfe Ahnung wachst, dann plotzlich blitzartige Zusammenhangserkenntnisse aufschießen, mehr und mehr ein Nebel weicht und Einzelheiten hier und dort hervortreten. Unertraglich wäre dieses Erleben, wenn ihm nun nicht Arbeit von unten her begegnen konnte, wenn nicht der Zeitpunkt eintreten wurde, wo aus Idee und Technik — des Denkens, Forschens, Bildens — der Schaffensprozeß entstunde.

Was die psychographische Lebensschilderung großer Manner in Polarbegriffen wie Eros und Psyche, Damon und Genius darstellt, das erkennen wir als Intensitat, als biorheutische Basis, und als Extensitat, als die biorheutisch gewordene Struktur des Gehirns. Wir sehen auch sofort, was daran erblich ist, unveränderliche Grundlage, was erwerbbar durch Schicksal und Lebensgang: Temperament, Vitalität ist angeboren, doch Erziehung, Anspannung kann die angeborene Intensität steigern; Begabung, Talente sind Mitgift, aber Bildung kann die Extensität vergrößern.

Von hier aus ließe sich eine menschliche Typenlehre ableiten, die normale wie pathologische Konstitutionen beschreiben könnte. Ein Beispiel nur:

Intensität ohne Extensität — Einseitigkeit — Melancholie,

Extensität ohne Intensität — Phantast — Maniakalischer.

Zahlreiche einzelne Probleme schließen sich hier an, z. B. das der Aszese. Die Steigerung der geistigen Intensität durch geschlechtliche Enthaltung, die zum Zeloten, aber auch zum Heiligen führen kann, ist biorheutisch ebenso unmittelbar verständlich wie die Verbindung zehrender Krankheiten im jugendlichen Körper mit großer geistiger Lebendigkeit, meteorhaftem Aufstieg besonders in der Kunst (MOZART, SCHUBERT, SCHILLER) oder die von Epilepsie und Genie (CAESAR, NAPOLEON, DOSTOJEWSKI).

Aber Bewußtsein ist nicht identisch mit Intellekt, wir sind nicht Maschinen logischen Denkens, wir denken auch sehr unlogisch, und in unserer Seelengeschichte sind, das wissen wir gut, die alogischen Geschehnisse viel bedeutungsvoller als die logischen Gedanken. Wüßten wir es nicht von uns selbst, das Heer der psychogenen Kranken müßte uns dessen gemahnen.

Die Assoziationspsychologie erklärt dies alles mit dem Begriff der „überwertigen Vorstellung", und es ist nicht schwer, diesen Begriff biorheutisch zu unterbauen. Wir brauchen nur — und das ist nach den Erfahrungen mit Rauschgiften, Fieberdelirien, Laktationspsychosen, Pubertätsdepressionen usw. usw. sehr wahrscheinlich — die Labilität in die biorheutische Basis zu verlegen. Wenn diese sich von Mal zu Mal stark verschiebt, so kommen große Intensitätsschwankungen in den Gehirnablauf, die durchaus geeignet erscheinen, jene Überwertigkeiten zu erzeugen. Und Suggestion, Autosuggestion, Hypnose usw. wirken wahrscheinlich vor allem durch primäre Labilifizierung der biorheutischen Basis und — wo sie Heilerfolg haben — durch sekundäre Stabilisierung, beides auf dem Wege über das autonome Nervensystem.

Umgekehrt könnten Schizophrenien, Desorientiertheiten der Geisteskranken usw. von dem Gedanken lokaler, isolierter Ablaufsteigerung aus betrachtet werden.

Das sei den Psychiatern anheimgestellt, wir fragen uns jetzt, am Ende unseres Weges nur noch: Welches ist denn die Spitze, in die nun diese Pyramide des ganzen Lebens ausläuft?

Nur in uns selbst können wir noch suchen, und das, nach dem wir suchen, kann nicht etwas toto genere anderes sein als alles Bisherige — das zu suchen, überlassen wir Okkultisten, Theosophen und Anthroposophen — es muß in der Linie des Weges liegen, auf dem wir bis hierher gelangt sind.

Es muß etwas sein, was die ganze ausgebreitete Wirklichkeit alles Lebens noch einmal zusammenfaßt. Nicht in einen Satz, der sich aussprechen ließe. Es muß mit dem Erkennenwollen entschlossen haltmachen bei dem Grunde aller Erkenntnis — denn auch die Art des Gehirns haben wir als ebenso negativistisch erkannt wie die Entwicklung der Formen — bei dem Tode.

Ich finde nur eines: die Sehnsucht, das was GOETHE „Entelechie" genannt und worauf er seinen Ewigkeitsglauben gegründet hat, das Heimweh, das geheime Todessehnen, das auch und gerade in den Lebendigsten lebt.

Daß die Sehnsucht das stärkste und tiefste Leben der Seele ist und das Opfer die höchste Tat, das macht den Menschen zum Menschen.

Neue Bahnen in der Lehre vom Verhalten der niederen Organismen. Von Dr. **Friedrich Alverdes,** Privatdozent für Zoologie an der Universität Halle. Mit 12 Abbildungen. 1922. GZ. 2.3

Die Variabilität niederer Organismen. Eine deszendenztheoretische Studie. Von Dr. **Hans Pringsheim.** 1910. GZ. 7

Über die teilungsfähigen Drüseneinheiten oder Adenomeren, sowie über die Grundbegriffe der morphologischen System-lehre. Zugleich Beitrag V zur synthetischen Morphologie. Von **Martin Heidenhain,** Tubingen. Mit 82 Textabbildungen. (Sonderabdruck aus „Roux's Archiv fur Entwicklungsmechanik der Organismen".) 1921. GZ. 12

Einführung in die Experimentalzoologie. Von Prof. Dr. **Bernhard Dürken** (Zoologisch-zootomisches Institut der Universität Göttingen). Mit 224 Textabbildungen. 1919. GZ. 17

Die angewandte Zoologie als wirtschaftlicher, medizinisch-hygienischer und kultureller Faktor. Von Prof. Dr. **J. Wilhemi,** wissenschaftlichem Mitglied der Landesanstalt fur Wasserhygiene in Berlin-Dahlem. 1919. GZ. 2.4

Umwelt und Innenwelt der Tiere. Von Dr. med. h. c. **J. von Uexküll.** Zweite, vermehrte und verbesserte Auflage. Mit 16 Textabbildungen. 1921. GZ. 9; gebunden GZ. 12

Der Begriff der Genese in Physik, Biologie und Entwicklungs-geschichte. Eine Untersuchung zur vergleichenden Wissenschaftslehre. Von **Kurt Lewin,** Privatdozent der Philosophie an der Universität Berlin. Mit 45 zum Teil farbigen Textabbildungen. 1922. GZ. 8

Die Zweckmäßigkeit in der Entwicklungsgeschichte. Eine finale Erklärung embryonaler und verwandter Gebilde und Vorgänge. Von **Karl Peter,** Greifswald. Mit 55 Textfiguren. 1920. GZ. 10

Allgemeine und spezielle Physiologie des Menschenwachs-tums. Fur Anthropologen, Physiologen, Anatomen und Arzte dargestellt von Privatdozent Dr. **Hans Friedenthal,** Berlin-Nikolasee. Mit 34 Textabbildungen und 3 Tafeln. 1914. GZ. 8

Biologie des Menschen. Aus den wissenschaftlichen Ergebnissen der Medizin fur weitere Kreise dargestellt. Unter Mitwirkung von Dr. Leo Heß, Prof. Dr. Heinrich Joseph, Dr. Albert Muller, Dr. Karl Rudinger, Dr. Paul Saxl, Dr. Max Schacherl, herausgegeben von Dr. **Paul Saxl** und Dr. **Karl Rudinger.** Mit 62 Textfiguren. 1910. GZ. 8, gebunden GZ 9.4